LA
CONSERVE ALIMENTAIRE

LA
CONSERVE
ALIMENTAIRE

TRAITÉ PRATIQUE DE FABRICATION

PAR

Auguste CORTHAY

EX-OFFICIER DE BOUCHE DE S. M. LE ROI D'ITALIE

PARIS

DENTU, LIBRAIRE-ÉDITEUR DE LA SOCIÉTÉ DES GENS DE LETTRES

3, PLACE DE VALOIS. — 36 *bis*, AVENUE DE L'OPÉRA

1891

PRÉFACE

Jamais l'art de conserver les aliments ne fut plus pratiqué qu'en ce siècle. Jamais aussi il ne fut plus indispensable. C'est que les nécessités de la vie actuelle sont tout autres qu'autrefois. Les facilités des communications ont mis à la disposition de chacun les productions de tous les pays. Les agglomérations colossales des villes, l'augmentation des armées permanentes exigent des réserves de comestibles considérables.

Et le mouvement ne s'arrêtera pas. Chaque jour, au contraire, impose des obligations nouvelles, et l'on ne peut prévoir jusqu'où ira la transformation des usages culinaires qui en est la conséquence.

Car il ne s'agit plus seulement de conserver pour vivre, mais aussi pour *bien vivre*. L'importance de son rôle oblige le conservateur à améliorer sans cesse. En réalité, il n'a plus aujourd'hui le droit de produire des préparations inférieures, puisque, grâce aux progrès réalisés, il peut maintenant atteindre la perfection ou tout au moins l'à peu près de la perfection.

Il n'a plus le droit, non plus, de négliger certains produits à cause de leur difficulté de conservation, puisque, ainsi qu'il est prouvé dans ce livre, il n'est guère de produits qui ne se puissent à présent conserver.

L'histoire de la conserve est assez peu connue, à cause sans doute de sa modeste importance dans l'histoire générale de l'alimentation ancienne.

Il serait cependant intéressant de rechercher de quelle manière nos ancêtres conservaient les produits alimentaires. Leurs procédés différaient assez peu probablement de ceux encore actuellement employés par les peuplades plus ou moins civilisées du continent africain ou du nord de l'Europe.

Les premières conserves rudimentaires de l'Italie et de la Gaule consistaient en fruits secs et épices, en vins fabriqués avec le miel. Plus tard, le sel fut employé comme agent efficace de conservation pour les produits de la terre.

Une loi édictée par le Sénat romain interdisait aux marchands de poissons frais de s'asseoir pendant la vente, et en même temps confirmait dans son privilège la corporation des *salsamentarii*, ou fabricants de salaisons.

De cette date commence alors la conservation des viandes salées de bœufs et de porcs. Par l'emploi de la saumure l'industriel conserva l'olive verdale, les anchois, le poisson de mer, etc. Ce fut une nouvelle industrie pour laquelle le Sénat romain reconnut par édit le droit corporatif. De là les *olearii*, ou marchands d'huile.

A cette époque le beurre était encore inconnu; le barattage de la crème est essentiellement un procédé gaulois. Les peuples pasteurs, grands éleveurs d'animaux, furent les initiateurs de cette fabrication d'abord, des fromages ensuite.

D'après les découvertes de Pompéi, on a pu reconstituer certains usages anciens, pour la plupart faciles à retrouver encore chez les peuples, asiatiques au Caucase, en Turcomanie, etc.

La manière de faire la farine, de la pétrir, de la cuire, la forme des pains et galettes est aujourd'hui ce qu'elle était il y a vingt siècles et plus.

A mesure que la civilisation affinait et embellissait la vie, le goût se développait, le besoin des belles choses se faisait sentir.

Le service de la table se transformait aussi, et les noms d'amphithryons fameux et de cuisiniers célèbres sont parvenus jusqu'à nous. Les échanges sont devenus plus fréquents, les découvertes plus nombreuses.

Qui saura jamais les noms de ceux qui ont trouvé et appliqué les premiers procédés pour la conservation par la dessiccation des légumes d'abord, des fruits ensuite? Les viandes ont suivi, la charcuterie s'est développée.

Le cuisinier surtout ne reste pas inactif; les soupes, les préparations culinaires des viandes, volailles, gibiers, la fabrication des pâtés et des pâtisseries ne suffisent bientôt plus, et la confiserie, la bonbonnerie, prennent naissance avec la découverte du sucre.

Auparavant, les pâtisseries ou plutôt les friandises se faisaient avec le miel. Quelques rares spécimens de cette antique fabrication nous sont restés.

Les pains d'épice, les biscômes, ainsi que les dénomment les vieux livres, les croquets et les lékerlets de Bâle, sont, je crois, ce que nous connaissons encore de la vieille pâtisserie de nos pères.

Enfin, tout près de nous, qui se souvient encore des antiques boutiques d'épiceries (d'il y a seulement trente ans)? Qu'étaient à cette époque les produits mis en vente, comparés à ceux qui aujourd'hui sont exposés dans nos modernes aménagements luxueux, étincelants de lumière, dont les étalages sont la tentation permanente du consommateur.

Bientôt le marchand de comestibles remplacera peut-être le charcutier et l'épicier. De grandes usines de fabrication livreront journellement la nourriture prête, cuite, au goût, et pour un prix minime. Ce sera *fin de siècle!* Que deviendra le petit traiteur, dont le talent culinaire faisait venir les clients? Et quant à l'artiste cuisinier, l'époque actuelle, déjà mauvaise pour lui, le menace d'un avenir assez sombre.

Car on ne dîne guère maintenant, on *mange!* Le prix des mets, la délicatesse des entrées, le velouté des sauces, ne sont plus recherchés...On vit à la vapeur, à l'électricité. La table n'est plus un sanctuaire, c'est une formalité.

L'amphitryon ne s'inquiète plus de sa salle à manger, ses soucis sont ailleurs et il s'en remet à son entrepreneur, sans se préoccuper de la bonne chère, de sa santé et de celle de ses convives.

On parle du déclin de la cuisine, on proclame même sa déchéance. Elle ne provient que de là.

Quelques-uns, prenant l'effet pour la cause, s'en vont reprochant à Appert cette transformation, sous prétexte que c'est lui qui, grâce à son invention de la conserve moderne et aux perfectionnements qui ont suivi, a provoqué l'évolution.

Je ne veux pas ici rouvrir ce débat oiseux. Apôtre et admirateur d'Appert, j'ai poursuivi l'étude de son procédé, j'ai voulu connaître toutes les améliorations, tous les produits qui en ont été la conséquence. Je les ai expérimentés, et c'est après vingt années d'études poursuivies avec persévérance, que je puis donner, après lui, un traité résumant les derniers progrès de cette science, fille de la cuisine, et qui ne pouvait être établie et ne peut être poursuivie que par des cuisiniers.

Et s'il est un homme qui mérite d'être honoré à juste titre à ce sujet, c'est Appert d'abord, et avec lui tous les collaborateurs et novateurs qui, depuis un demi-siècle, ont maintenu sa découverte, l'ont perfectionnée et l'ont élevée à la hauteur d'un art.

Je tiens à déclarer, en terminant, que les idées dont ce livre est l'application sont à moi, et rien qu'à moi, et qu'après m'être décidé à cette impression, sans collaborateur, j'en conserve tous les risques de l'édition, laissant avec confiance au public spécial qu'elle concerne et à mes confrères le soin d'apprécier ma tâche et d'accueillir mes efforts.

Auguste CORTHAY

Janvier 1891.

Vue intérieure d'une usine modèle à conserves alimentaires montée par la maison Égrot.

INTRODUCTION

Mes chers Collègues,

Quelques praticiens ont essayé plusieurs fois de traiter l'important sujet de la conserve alimentaire.

Mais jusqu'à ce jour aucun ouvrage n'a réuni, malgré la bonne volonté de leurs auteurs, les données scientifiques qui sont si nécessaires dans une fabrication ; je ne cesserai de recommander à mes collègues qui veulent entreprendre et réussir la conserve d'une manière pratique : un soin scrupuleux dans le choix des légumes ou des autres produits ;

La fraîcheur ; le blanchiment ; le dosage et la cuisson à l'autoclave ;

La propreté minutieuse des appareils et la bonne qualité des eaux qui doit être abondante ; les eaux de puits saumâtres et salées doivent être mises de côté comme impropres à la conserve, la mauvaise qualité des eaux pouvant influencer le reverdissage et par conséquent le coup d'œil et la qualité.

Au courant de la plume, dans les diverses parties dont se compose ce livre, je traiterai du choix des semences, de leur culture spéciale, de la quantité à semer et la quantité à recueillir, de la méthode rationnelle pour arriver à un résultat définitif absolument sûr, de manière que la fabrication de la conserve alimentaire en petit ou en grand soit irréprochable.

Car il ne faut pas d'à peu près, il faut une certitude complète. Il est certain que du commencement à la fin d'une récolte vous ne pourrez pas toujours avoir du premier choix, la maturité, les intempéries s'y opposent, mais vous devez, en suivant scrupuleusement mes conseils, obtenir une belle moyenne et une fabrication marchande.

Pour les cuisiniers d'hôtels, de maisons bourgeoises, pour les marchands de comestibles et pour les charcutiers, tous y trouveront un métier attachant et instructif, car c'est incroyable ce que le conservateur en général met d'amour-propre, de travail, de temps à vouloir conserver un produit, cela l'occupe, le distrait, l'attache à son travail ; à tour de rôle, il est chimiste et industriel, il veut apprendre et se désespère souvent de ne pas savoir les principes de cet art découvert par Appert, et il voudrait arriver quand même au moment des récoltes, par un travail attrayant, à obtenir à peu de frais de splendides provisions d'hiver. Le cuisinier de maison bourgeoise, enfermé pendant la belle saison en pleine campagne, trouvera, au moyen d'un petit outillage indispensable, il est vrai, un moyen de conserver les produits de la campagne : légumes, fruits, poissons, volailles, gibiers, viandes, etc., etc.

Depuis longtemps déjà, lorsque j'étais à la cour d'Italie, où j'avais installé un laboratoire pour cette fabrication où tout se faisait, depuis la boîte métallique découpée et montée jusqu'à la soudure finale, je voulais publier ce petit recueil, mais j'ai reculé devant l'impression de ce livre par les raisons suivantes.

Je voulais bien faire profiter mes amis et collègues d'une branche importante de l'alimentation qui fait partie intégrante de l'art culinaire, mais j'étais retenu par la crainte que mes indications, mes procédés de fabrication inédits ne profitassent qu'aux étrangers et aux plagiaires de notre art. Mais MM. Urbain Dubois et Bernard, Gouffé, Garlin, etc., n'ont pas reculé devant la publication de leurs beaux et bons livres, et avant eux Carême et Appert n'avaient-ils pas livré au monde entier leurs divers ouvrages ?

Me voici donc à couvert des reproches et comme je tiens à m'expliquer et à apprendre *à ceux qui veulent conserver*, j'entrerai le plus longuement possible dans les détails de la manipulation, les remarques, les observations faites au courant du travail sont souvent et même toujours des indices qu'il ne faut pas négliger, car c'est l'expérience, et dans le métier et l'art de savoir conserver, l'expérience c'est le secret de la réussite.

Pour les légumes verts, l'opinion publique, le goût de l'acheteur, qui n'est pas toujours celui du médecin, veut un petit pois vert et un haricot vert. Plusieurs beaucoup même ont cherché à fixer la couleur verte du légume, mais hélas ! tous cherchaient la petite bête qui devait être pour eux comme le mouton à cinq pattes ; beaucoup d'essais, beaucoup d'argent perdu, j'en sais quelque chose, et ils n'ont pas réussi à trouver le procédé : chlorophylle ! ou colorant ! rien n'a pu donner un résultat définitif et certain ; aussi malgré les édits, malgré les anathèmes de la médecine, il a fallu revenir au sulfate de cuivre actuellement autorisé, et d'ailleurs complètement inoffensif à la dose que j'indique.

D'ailleurs, les légumes ne restant que quelques instants en contact avec l'eau sulfatée, il n'y a que l'épiderme du légume qui le subit, et qui conserve sa couleur d'une manière définitive.

Les légumes seuls sont traités avec le sulfate. Les fruits ont d'autres colorants plus vifs, plus inoffensifs. J'en parlerai à la partie des fruits.

Comme chaque livre de cet ouvrage forme un tout, tout ce qui se rattache à une partie spéciale se trouvera décrit dans un chapitre spécial (voir la table des matières à ce sujet) et le tout réuni formera un guide sûr pour le fabricant comme pour l'ouvrier.

Je commencerai d'abord par la première conserve de la saison, qui est l'asperge, et je continuerai au fur et à mesure que les autres produits arriveront à maturité. Quelques mots d'abord au sujet du matériel, et jetons un coup d'œil d'ensemble sur les diverses parties d'une usine ou laboratoire. Le matériel nécessaire à un chef de maison bourgeoise ou d'hôtel, et même à un marchand de comestibles, se compose de peu de chose.

Un bassin ou chaudron de cuivre étamé, quelques tamis ; à la rigueur, pour faciliter son travail, un panier perforé soit en treillis de laiton ou de cuivre étamé, et entrant entièrement dans la bassine, ce panier permet d'égoutter vivement et d'un seul coup, avec l'aide du palan et sans les briser, les légumes blanchis : un baquet assez vaste pour y plonger ce panier, et pour rafraîchir entièrement le légume, car toutes ces manipulations doivent se faire vivement, rapidement ; ensuite, l'établi pour souder soit à la marmite soit au gaz !

Ce dernier est préférable, et cette installation est peu de chose, et permet à l'ouvrier d'être rapidement organisé (voyez le chapitre installation de soudeur et la soudure). Puis le dernier outil, le plus nécessaire, le plus indispensable, car hors de lui il n'y a pas de salut, c'est l'autoclave et son thermomanomètre.

Pour un petit laboratoire, il y a des marmites autoclaves avec paniers (diaphanes) palans, robinets d'échappements, manomètre, etc., et pour un prix modéré (voyez *Autoclaves*).

Pour la grande industrie marchant par la vapeur, les bassines sont à double fond et en nombre suffisant pour la quantité de matières à traiter, les bassins à rafraîchir ont de l'eau en abondance, autant que possible entrant dans la bâche par son fond, surtout pour les fruits, afin de faciliter l'enlèvement des impuretés, mousses et débris, les autoclaves eux-mêmes marchent à la vapeur ou à feu nu à volonté, l'installation est à deux fins.

Actuellement les formes de l'autoclave ont subi une transformation ; au lieu d'être debout, l'autoclave est couché, et il est à double enveloppe, timbrée de 3 à 6 kilos de manière à pouvoir servir de cuiseur et de sécheur.

Par sa position couchée à niveau du sol, les diaphanes sont remplacés par des vagonnets de diverses formes pour boîtes, flacons, grilles, etc., ils fonctionnent sur deux fers-cornières formant rails, et du cuiseur sont roulés dans les magasins où ils sont déchargés.

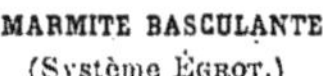

MARMITE BASCULANTE
(Système Égrot.)

Spéciale pour la fabrication des civets de gibiers.

Plus besoin ni de palans ni de grues, le travail se fait automatiquement et sans aucune dépense de forces, vite et bien ; voilà son utilité. Ce n'est pas que je veuille déprécier les autoclaves anciens, qui ont leur raison d'être ; certainement, le travail s'y fait tout aussi bien, et pour quelques articles mieux que dans le cuiseur. Mais il demande plus de temps, plus de forces pour l'homme employé à son maniement et cela dépend encore de l'installation que l'on possède ; avec un cuiseur, il faut de la vapeur, et on est exposé en pleine fabrication à un arrêt qui quelquefois se traduit par des pertes énormes et une ruine, si les réparations ne peuvent pas être exécutées immédiatement. Il faudrait, dans une usine modèle, que les autoclaves et les bassines fussent à deux fins, que les uns et les autres, puissent marcher à la vapeur et à feu nu ; pour les autoclaves cela est facile pour les bassines, elles ne pourraient pas être à double fond, mais avec serpentin, ce qui n'empêcherait pas le fonctionnement du feu nu, sitôt après le démontage du serpentin et l'allumage du foyer. Ce sont des questions qu'il faut résoudre, et au moment de l'installation peser bien le pour et le contre, afin de ne pas être, en plein travail, en pleine récolte, obligé de chômer et de perdre une saison.

Les bassines doivent avoir une contenance de 100 litres, afin de pouvoir faire de forts blanchiments, réguliers et répétés. La surface de chauffe doit être suffisante pour arriver à l'ébullition en quelques minutes, et surtout lorsque le blanchiment doit être pour des légumes verts, il ne faut pas que cela traîne. Blanchir et rafraîchir, sont deux opérations rapides et qui doivent l'être ; après chaque cuisson, un lavage à la brosse et à grande eau, afin que la bassine soit propre et nettoyée de toutes les impuretés qui sont des ferments au premier chef.

Remettez de l'eau toujours en quantité nécessaire, jamais plus : l'eau et le sulfate doivent être dosés et justes, le plus ou le moins influerait sur la couleur et ne donnerait pas une fabrication régulière.

Passons maintenant au soudage des boîtes. L'ancien système employé par les ferblantiers se faisait au moyen de fers chauffés au charbon de bois ; actuellement il se fait au gaz carburé et cela par le moyen du ventilateur qui, par un tube de caoutchouc et un tube à gaz, le tout réglé par des robinets, vous permet de chauffer votre fer à souder d'une manière continue ; un seul fer suffit lorsqu'il est forgé, limé et étamé, pour fabriquer et fermer une centaine de boîtes. Lorsque le fer est usé, c'est-à-dire arrondi, vous le battez de nouveau sur le tas, puis limez afin d'effacer les trous que la baguette de soudure imprime sur le cuivre, étamez de nouveau au moyen de la résine puis continuez à souder.

Le plus grand soin doit être apporté à cette opération, et toujours avec l'aide de la résine en poudre, jamais au moyen du sel ammoniaque, ni d'esprit de sel décomposé qui corrode le fer blanc, tache les boîtes et fait mauvaise impression. Autant que faire se peut, toujours employer des boîtes neuves ; les boîtes rouillées, ou qui ont été fabriquées depuis longtemps, sont sujettes à laisser des fuites. C'est la partie la plus difficile de la conserve, celle qui demande le plus de soins et le plus de pratique. Le soudage au gaz demande à être fait par des hommes du métier, pourtant il n'est pas difficile à apprendre, et lorsque l'École professionnelle de Cuisine et de Conserves Alimentaires existera, les jeunes élèves trouveront là les démonstrations nécessaires pour triompher de cette difficulté.

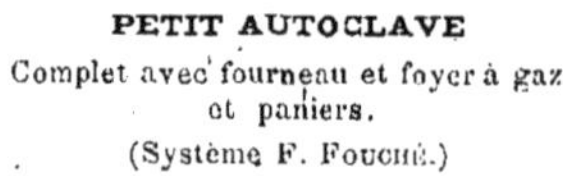

PETIT AUTOCLAVE

Complet avec fourneau et foyer à gaz et paniers.

(Système F. Fouché.)

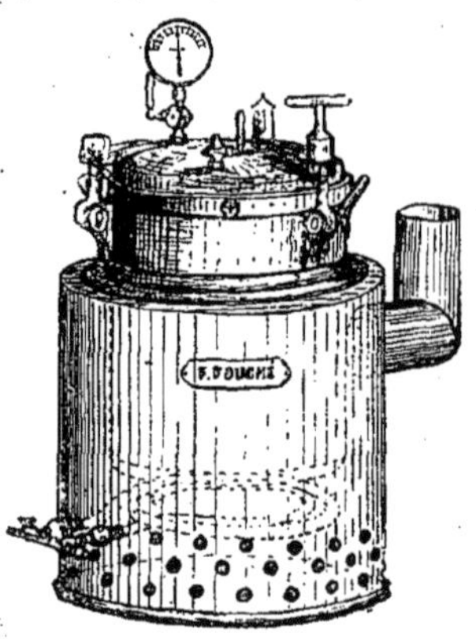

Pour cuisines et petit laboratoire.
Prix : 300 francs.

La soudure est composée de deux parties plomb et une partie d'étain pur, banca ou billington. Le matériel nécessaire à cet effet, se compose d'une marmite en fonte à bords évasés ; vous mettez d'abord le plomb à fondre, puis l'étain, vous y ajoutez de la résine afin de clarifier et épurer le mélange, puis vous écumez soigneusement et vous coulez vos baguettes au moyen d'une cuillère spéciale percée de sept trous s'emboîtant sur une plaque *ad hoc*, le dessin de ces objets se trouve décrit et expliqué au chapitre *Matériel*. Autant que possible, n'employez pas de vieux plomb ni d'étain de rebut, le résultat et l'économie nulle : temps et déchets perdus, mauvaise qualité de la soudure qui presque toujours est un composé de zinc et d'antimoine qui ronge et détruit votre fer, ce qui, tout compte fait, est une perte, puisque les fuites par l'effet des soufflures sont considérables.

Un ventilateur et un établi bien agencé ne sont pas une grande dépense et il ne faut pas lésiner sur ce chapitre ; il y a des ventilateurs depuis deux fers jusqu'à vingt, et lorsque le gaz fait défaut, à ce même ventilateur, on peut y adjoindre un hydro-carburateur, fournissant air et gaz nécessaires pour le travail des soudeurs et pour l'éclairage du laboratoire, ce qui n'est pas à dédaigner. D'ailleurs tous ces divers agencements sont fabriqués par des maisons spéciales et à des prix minimes. Au chapitre *Matériel* vous trouverez les différents modèles usités à ce jour.

Pour les fermetures des boîtes, depuis quelques années, un fabricant parisien a inventé une machine à sertir, pouvant, au moyen d'un moteur à bras, sertir 4.000 boîtes par jour. Je ne discute pas l'invention qui est appelée, dans la grande industrie, à supprimer le soudeur de profession, mais jusqu'à présent le dernier mot n'est pas encore dit. L'obturation s'obtient au moyen de gutta ou de caout-

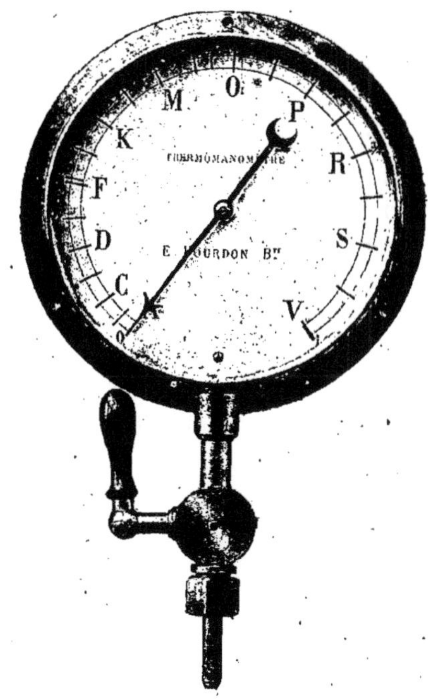

THERMOMANOMÈTRE POUR LA CONSERVE ALIMENTAIRE
(De la Maison E. Bourdon à Paris.)

chouc, la fermeture en est hermétique et à l'autoclave, sous la pression de 110 à 115 degrés, l'obturation se trouve parfaite par suite du bombage de la boîte; mais, et c'est là où est le défaut, la boîte, en se refroidissant, conserve sa dilatation et au bout d'un mois ou deux, après avoir fait une belle fabrication, vous êtes tout étonné de retrouver vos boîtes bombées et fuites, par conséquent perdues.

Ce procédé, excellent pour les conserves qui n'ont pas à supporter l'autoclave, n'a pas réussi pour la grande quantité de produits qui ont besoin d'un degré élevé de cuisson. La fabrication de la conserve depuis Appert a fait de notables progrès; il n'a pas connu l'autoclave ni le thermomanomètre, construit par la maison E. Bourdon de Paris et spécialement fait pour les cuissons de conserves alimentaires. Je crois donc nécessaire d'en donner la description et la méthode de s'en servir.

Le point de départ est A correspondant à 0 de pression, c'est-à-dire qu'il ne commence à marquer que lorsque l'eau bouillante est arrivée à 100 degrés de chaleur ; il se termine à W équivalant à 20 degrés de chaleur, soit 1 atmosphère.

Les lettres qui sont sur le cadran correspondent aux degrés suivants : A 100, C 102, D 104, F 106, K 108, M 110, O 112, P 114, R 116, S 118 et W 120 par conséquent F équivaut à 1/4 atmo. O à 1/2, R à 3/4, W à 1 atmo. Cet outil est la cheville de la fabrication. Sans thermo, impossible de travailler, impossible d'être certain que la conserve que vous venez de faire se conservera indéfiniment et sous toutes les latitudes, car le travail de l'autoclave, non seulement permet de conserver les viandes et les gibiers qui ont besoin, pour que la fermentation soit neutralisée, que tous les ferments ou microbes soient détruits par une chaleur de 110 degrés au minimum. A cette température il faut non seulement une boîte solide, mais une fermeture hermétique.

Le légume ne demande pas généralement une pareille température, sauf l'asperge, aussi tous les produits n'ont-ils pas les mêmes cuissons et même les diverses qualités d'un produit demandent des cuissons différentes et à chaque article la fin sera toujours accompagnée du temps de cuisson et du degré qu'il doit obtenir en partant toujours du moment où il est arrivé à ce point-là, le temps nécessaire pour amener l'ébullition, ainsi que la pression ne compte pas ; c'est la même chose pour le blanchiment, si vous devez laisser un légume deux minutes à l'ébullition, elles ne comptent que du moment où l'ébullition recommence et pas du moment où vous versez le légume.

Ceci bien compris et bien retenu, passons à la fabrication de l'asperge et à ses diverses transformations.

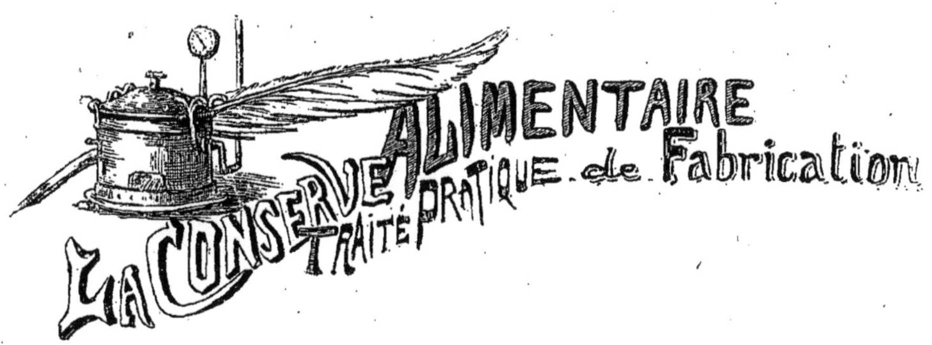

LIVRE PREMIER

L'ASPERGE

Asperges en branches. — Asperges vertes. — Pointes d'asperges vertes.
Pointes d'asperges blanches. — Asperges d'Argenteuil.

Asperges en branches.

De toutes les variétés d'asperges, celles d'Argenteuil sont préférées pour la conserve ; cette qualité se cultive beaucoup dans les environs de Paris, notamment à Compiègne et à Montmorency, où se trouvent les spécialistes pour les fournitures à faire aux grandes maisons de fabrication.

Choisissez toujours les asperges de primeurs. Si vous voulez un choix extra, fraîchement cueillies et d'une longueur régulière, les cultivateurs ne les livrent que choisies en trois qualités ou grosseurs : extra-grosses, moyennes et petites ; elles ne sont ni lavées, ni bottelées, et sont toutes de la même longueur : 22 centimètres ; elles se vendent au kilo, marché ferme, comme prix pour toute la saison, ce qui est préférable pour le fabricant.

La boîte à asperges est spéciale à ce légume ; elle est carrée longue et porte le nom de 4/4 Potin pour les boîtes de 2 kilos, et 1/2 Potin pour celles de 1 kilo. Le détail se trouve au chapitre consacré à la fabrication de la boîte métallique, grandeurs, contenances, prix, tarif, etc.

Lorsque vous recevrez vos asperges, la première opération est le *tri*, qui consiste à choisir les grosseurs avant la taille et le grattage, afin de régulariser le travail du blanchiment.

Sitôt choisies, rangez vos asperges dans les formes à découper, la tête appuyant sur le fond de la forme, et d'un coup de couteau à lame forte et longue vous égalisez les tiges d'asperges dépassant les bords de la forme.

Les éplucheuses feront ensuite attention de n'effeuiller la tête qu'au quart, et de gratter doucement le restant de l'asperge, en ayant soin de n'enlever que l'épiderme et de laisser l'asperge saine et sans coups de couteau.

VUE D'UNE USINE A VAPEUR
installée par la maison F. Fouché.

Composée de générateurs à vapeur, autoclave et bassines, appareils de lavages, bacs à rafraîchir, etc.
Pour la fabrication des conserves alimentaires.

L'essuyer immédiatement après le grattage, sans la laver.

Si vous opérez sur une petite quantité d'asperges, pour que le blanchiment soit fait dans de bonnes conditions, il faut botteler et lier avec un large ruban de fil vos bottes d'asperges et les poser debout, la tête en l'air, soit dans une bassine à fond plat, ou dans un panier de fil de fer étamé.

Le blanchiment demande non seulement des soins, mais de l'exactitude, et afin d'arriver à une régularité parfaite, ne blanchissez qu'une seule grosseur à la fois.

Vos asperges debout dans la bassine, ne mettez que deux centimètres d'eau avec une poignée de sel marin, uniquement pour baigner l'extrémité du blanc, faites partir en ébullition, remarquez l'heure, et montre en main laissez trois minutes.

Ajoutez ensuite la même quantité d'eau que précédemment, afin que le tiers de vos asperges soient en cuisson ; évitez que le bouillonnement couvre les têtes ; quelques gouttes d'eau froide calmeront l'effervescence.

Laissez encore trois minutes à l'ébullition, ce qui fait six minutes ; à ce point précis, accélérez le feu, couvrez la bassine avec un couvercle hermétique, et laissez donner sur les têtes un large bouillon, afin qu'elles soient simplement échaudées.

TYPE DE CHAUDIÈRE
à vapeur inexplosible
multi-tubulaire.
(Système F. Fouché.)

Petit volume pour la fabrication des conserves alimentaires.

Cette opération doit durer huit minutes en tout ; enlevez ensuite vivement la bassine ou le panier, et laissez rafraîchir à l'eau courante pendant une grande heure, deux si vous le pouvez, afin de dégorger le sel et blanchir l'asperge.

A ce moment l'asperge doit être ferme d'un bout à l'autre ; le pied seul doit être simplement cuit. Cette opération est très importante, car c'est du pied mal cuit que proviennent les ferments. Les têtes, au contraire, ne demandent qu'à être échaudées afin qu'elles dégorgent le principe amer. Vous avez remarqué que les asperges pour la conserve ne doivent pas être lavées, ni par le cultivateur ni par le conservateur, elles ne doivent sentir l'eau que pour être blanchies et le pied seulement, puis à pro-

BASSINE A FEU NU
(Système F. Fouché.)

Pour la fabrication des légumes avec paniers
et appareils de levage.

fusion pour les dégorger ; par ce moyen vous aurez, lorsque vous mettrez en boîtes des asperges dures, fermes, la tête naturelle et le corps blanc.

Emboîtez ensuite en bien remplissant les vides et tête-bêche, c'est-à-dire les queues de la deuxième rangée sur les têtes de la première ; remplissez au-dessus la boîte afin que le fond du couvercle les presse en le fonçant, soudez les boîtes sans jus, à vide, car un modèle long comme la boîte d'asperges ne peut être fabriqué ni fermé qu'au moyen d'une ratière (voyez *Matériel*); une fois vos boîtes soudées, rangez-les debout dans des porteuses ou plateaux *ad hoc*.

Par la capsule, au moyen d'un petit entonnoir, jutez-les (terme du métier signifiant le remplissage des boîtes par les jus, cuissons ou sauces); il ne faut pas les remplir jusqu'au débordement ; d'ailleurs en pressant dans vos mains les fonds de la boîte, vous faites jaillir par la capsule le trop-plein du liquide ; il ne reste plus au sou-

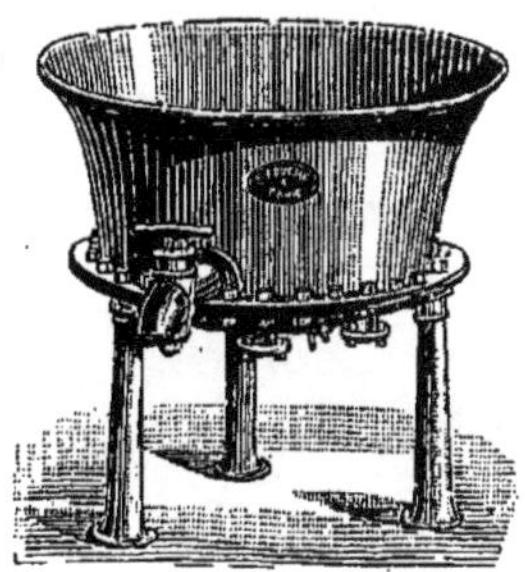

BASSINE A VAPEUR FIXE
(Système F. Fouché.)

Spécialement pour la cuisson
des légumes, fruits, etc.

deur qu'à poser sur la capsule la goutte de soudure nécessaire à l'obturation ; ce travail se fait debout, en maintenant la capsule en place au moyen de la pointe d'une brochette ou grande aiguille ; pendant que la soudure se refroidit, ajoutez sur la capsule un atome de résine afin de vous faciliter cette dernière façon; puis rangez vos boîtes en les chevalant dans le diaphane. Pendant ce temps vous aurez déjà mis à l'ébullition l'eau de votre autoclave ; enlevez le diaphane ou panier perforé avec la grue, faites-le descendre doucement dans l'autoclave ; que toutes vos boîtes soient recouvertes d'eau, fermez hermétiquement, chauffez si l'autoclave est à feu nu, ou alors ouvrez le robinet de vapeur, faites monter vivement en pression, purgez votre soupape, afin que l'air se dégage ; dégagez aussi le thermo de l'air comprimé qui se trouve dans le tube, puis ces opérations faites, laissez l'aiguille du thermomanomètre arriver à 115 degrés, entre les lettres P et R, et maintenez, montre en main, ce degré pendant 15 minutes pour les boîtes de 2 kilos, et 11 minutes pour les boîtes de 1 kilo.

J'ai dit montre en main, il s'agit là d'une réussite complète d'une fabrication ; il ne faut pas d'oubli, le conservateur, une fois l'autoclave sous pression, ne peut et ne doit penser qu'à ce travail; cette cuisson n'est que pour les asperges de pleins champs, les choix extra en qualité; lorsque l'asperge deviendra plus boiseuse, plus dure dans la saison, le blanchiment sera toujours augmenté, et l'autoclave pourra pour ces qualités arriver à 116, mais jamais à 120; il suffit d'ouvrir le robinet d'échappement de vapeur, de fermer le foyer ou la vapeur, pour se maintenir scrupuleusement à cette pression; puis le temps écoulé, ouvrez la soupape d'échappement, et laissez retomber le manomètre à 0; puis dévissez, ouvrez et rafraîchissez avant d'enlever le diaphane ou le vagonnet, ou une à une rangez vos boîtes d'asperges sur les dalles, si vous ne pouvez pas rafraîchir dans l'autoclave à grande eau; à ce moment toute boîte non bombée est à mettre de côté, elle est fuite, et pour ne pas perdre les asperges qui sont dedans et qui sont encore mangeables, mais impropres à la conserve, car elle ne se recommence pas deux fois, faites-les refroidir dans un baquet d'eau froide, puis faites dessouder le couvercle, sans abîmer la boîte qui, réparée immédiatement, peut encore resservir.

BASSINE AVEC PANIER SPÉCIAL
Pour la cuisson des asperges.
(Système EGROT.)

Plus vos asperges seront fraîches comme primeurs, plus vous devrez soigner le blanchiment et vous en tenir au temps strictement exigé; de cette manière vous aurez des conserves blanches à tête verte et fermes, tenant debout et pouvant se réchauffer dans leur jus, mais la boîte ouverte, et sans crainte de les voir tomber en marmelade et pencher leur tête comme des branches de saule pleureur, et si vos qualités d'asperges sont très délicates, diminuez après essais le temps de la cuisson à l'autoclave et jamais le degré du thermomanomètre, 12 minutes pour les 4/4 et 10 minutes pour les 1/2; d'ailleurs essayez une première boîte à l'autoclave, puis faites-la refroidir à l'eau courante: au bout de quelques heures en l'ouvrant vous vous rendrez compte juste du temps de cuisson qui est nécessaire pour la qualité sur laquelle vous opérez.

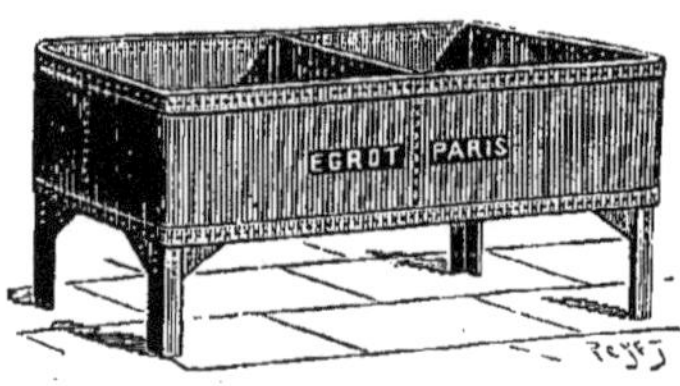

BAC A RAFRAICHIR
(Système EGROT.)

Pour légumes, fruits, etc.

Jus pour les asperges.

Faites bouillir dans une bassine très propre la quantité d'eau que vous croyez nécessaire pour juter vos boîtes, mesurez les litres, et ajoutez par *chaque litre d'eau froide* 60 grammes de sel blanc; ce jus est spécial pour les asperges en branches.

Pointes d'asperges vertes.

N. B. — Les asperges vertes dites d'Ulm ou de Brunswick, très abondantes en Belgique et dans le nord de la France, à de rares exceptions ne peuvent pas servir pour la conserve : les têtes généralement effilées ne se soutiennent pas ; mais comme pointes d'asperges, elles sont délicieuses ; à cet effet, cassez-les au point juste où la partie boiseuse commence, taillez les têtes, mettez-les de côté, continuez de tailler en bâtonnets de 15 millimètres le restant de la tige verte, puis mettez dans une bassine la quantité d'eau que vous jugerez nécessaire pour les blanchir à grande eau ; ajoutez à cette eau au moment de son ébullition, 1 gramme de sulfate de cuivre pilé et de premier choix par litre d'eau, laissez fondre pendant une seconde le sulfate, puis mettez vos pointes d'asperges, laissez bouillir un bouillon, ajoutez les têtes, et au second bouillon, enlevez et rafraîchissez pendant une heure à l'eau courante, afin que l'écume et l'amertume disparaissent ; mettez en boîtes rondes 1/2 ou 4/4 à volonté, ou en flacons ; la boîte est préférable.

Jutez avec un jus composé seulement :

de 50 grammes de sel blanc par litre d'eau ;
de 1 gramme d'alun en pierre par litre d'eau.

MARMITE AUTOCLAVE
(Système Egrot.)
Spéciale pour les cuisiniers de maisons bourgeoises, hôtels et restaurants.

Le dessin ci-dessus représente une autoclave posée sur un fourneau de cuisine avec tous ses accessoires : thermomanomètre, soupape de sûreté, robinet d'échappement et de vidange avec cages pour boîtes et flacons.

Mettez à l'autoclave sitôt soudé et après avoir observé les opérations de purge, laissez monter en pression :

Pour les 4/4 soit 1 kilo 10 minutes à 115.
— 1/2 soit 500 gr. 8 — à 115.

A ce point les têtes seront vertes et fermes et pourront servir pour les macédoines de légumes, ou pour les garnitures usagées.

Je ne crois pas nécessaire de donner ici la manière de faire la conserve d'asperges pour le ménage, cette fabrication ne peut se faire qu'au moyen de l'autoclave ; à feu simple, la réussite en est trop problématique.

Têtes d'asperges blanches.

Cependant, si l'industrie a ce monopole, ce qui peut se faire en petit laboratoire ce sont les têtes d'asperges ordinaires, asperges de jardins qui ordinairement sont coupées à 15 centimètres de longueur ; celles-là se conservent très bien dans les boîtes de litres, en suivant les mêmes opérations que pour l'asperge en branche : une fois refroidies, et coupées juste de la hauteur de la boîte, rangez-les en les serrant le plus possible, ce qui sera facile puisqu'elles sont très fermes, et que les têtes n'ont pas touché l'eau chaude, jutez-les avec le même jus que pour l'asperge en branche, soudez et donnez 60 minutes d'ébullition dans une chaudière qui ferme bien ; on emploie de cette manière toutes les têtes d'asperges cassées lors de la fabrication, ainsi que les tronçons des queues, après les avoir épluchés de leur bois ; en usine ; cette fabrication est pour la famille : rarement un conservateur mettra dans le commerce cette qualité qui, quoique excellente, n'est appréciée que par l'amateur. Une fois vos boîtes d'asperges refroidies, rangez-les en caisses, et entourez-les de sciure de bois bien propre, afin de conserver à vos boîtes le brillant et le neuf.

La boîte ronde dite double litre n'est plus usitée pour les asperges, elle n'était pas pratique pour voyager, les têtes arrivaient toujours abîmées, et une asperge extra pour grands dîners qui n'a plus sa tête, ne fait pas bonne figure.

Asperges d'Argenteuil.

Je viens d'indiquer la conservation des asperges dites d'Argenteuil, mais la méthode suivante est spéciale pour l'asperge de Paris, où la nature du sol et sa culture demandent un procédé de conservation spécial.

L'asperge de Paris venant d'Argenteuil et de ses environs immédiats est blanche de tige, la tête rose, et serrée ; au moment du triage, rejetez celles qui sont creuses, plates, ou dont la tête sera fleurie et verte, n'employez que l'asperge ronde et ferme, coupez-la dans la boîte à la longueur voulue, effeuillez et grattez, essuyez avec un linge et rangez-la en paniers suivant grosseurs.

Les paniers à asperges sont spéciaux à cette conserve (voyez le dessin au chapitre *Matériel*). Une fois votre panier plein, et bien serré afin que l'asperge au blanchiment reste droite et en place, évitez avec soin le dérangement intérieur du panier, que l'asperge ne puisse ni se coucher ni flotter sur l'eau de la bassine.

Laissez pendant quelques instants votre panier plein dans un baquet d'eau très froide afin que vos asperges se raffermissent du pied.

Ayez votre bassine à vapeur ou à feu nu pleine aux trois quarts et plus si cela est nécessaire ; vous devez avoir assez d'eau dans la bassine

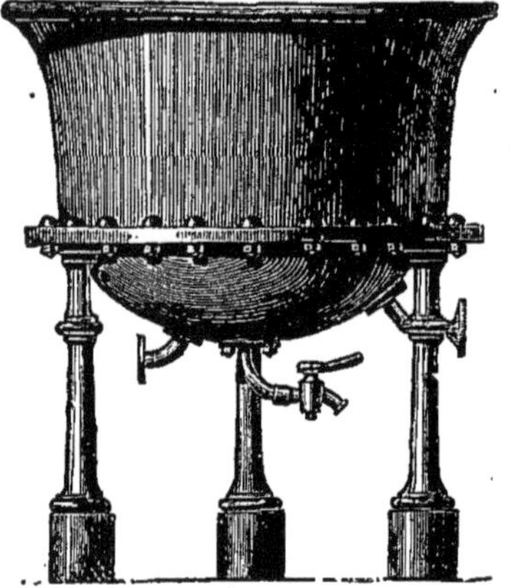

Opération du blanchiment des asperges d'Argenteuil. — Panier à asperges en fil de fer étamé.

pour que le panier puisse y plonger entièrement et recouvrir les têtes d'au moins 5 centimètres.

Au moment où l'eau entrera en ébullition, votre panier étant suspendu au-dessus au moyen d'un petit moufle, vous le plongerez doucement dans l'eau à une profondeur de 2 centimètres, et au moyen du moufle vous le maintenez dans cette position pendant trois minutes, l'eau doit bouillir modérément ; réglez pour cela le feu du foyer si vous travaillez à feu nu, ou le robinet si vous opérez à la vapeur.

Après trois minutes d'ébullition descendez le panier encore de 3 centimètres, et laissez deux minutes : à ce moment le blanc de l'asperge doit être atteint ; pour vous en assurer, fendez une asperge dans sa longueur au moyen d'un couteau, l'intérieur doit être complètement blanchi, vous vous apercevrez du contraire en remarquant une partie restée blanche ; il faut alors continuer le blanchiment du pied jusqu'au résultat indiqué.

Lorsque le tiers de l'asperge aura été complètement atteint par la cuisson, vous plongerez encore le panier d'un autre tiers et vous laisserez encore deux minutes ; arrivé à ce point, vous poserez sur vos asperges une grille ronde du diamètre du panier ; cette grille doit être assez lourde pour empêcher l'asperge de sortir de sa place.

A ce moment il y aura déjà sept minutes que vos asperges seront en cuisson, ouvrez alors en grand la vapeur ou le foyer, puis en pleine ébullition, laissez descendre au fond de votre bassine doucement le panier, laissez donner au-dessus des têtes un bouillon bien couvert, retirez alors le panier sans enlever la grille et plongez-le dans le rafraîchissoir d'eau courante bien froide ; laissez-les pendant une heure se raffermir et blanchir, puis retirez le panier, laissez-le égoutter.

Versez-le ensuite sur la table à emboîter sur laquelle vous étendez une nappe de toile blanche.

Continuez l'opération en mettant en boîtes comme il est indiqué aux *Asperges en branches*, soudez, jutez avec un jus bon en sel, c'est-à-dire 1 kilo de sel blanc de table pour 50 litres d'eau.

Faites capsuler et, vos boîtes bien rangées dans le diaphane, recouvrez-le d'une chape de fonte, afin que pendant l'ébullition à l'autoclave, elles ne puissent pas se déranger.

L'eau de l'autoclave étant presque bouillante, descendez le diaphane, et que l'eau recouvre vos boites d'au moins 30 centimètres ; poussez le feu vivement afin d'amener l'ébullition complète, c'est-à-dire que l'autoclave doit bouillir de tout côté, et pas seulement à une place.

Remarquez l'heure, puis réglez l'ébullition afin que l'eau ne sorte pas par-dessus bords, ne fermez pas entièrement le couvercle de l'autoclave, et laissez à l'ébullition libre le temps suivant :

45 minutes pour les boîtes de 1 kilo.

55 — — — 2 —

40 — — — 1/4 de kilo.

50 — — — double litre rondes.

Arrivé à ce temps précis de cuisson, videz l'eau de l'autoclave et laissez rafraîchir sans changer ni remuer le panier de l'autoclave le temps nécessaire pour que vos boîtes soient entièrement refroidies ; ce rafraîchissement est nécessaire pour les asperges, afin d'arrêter la cuisson et les empêcher de jaunir en boîtes.

Vous remarquerez aussi que le blanchiment de l'asperge d'Argenteuil, surtout la primeur, se fait sans sel ;

Que l'ébullition est à l'air libre, et que le feu doit être vivement poussé afin d'arriver à l'ébullition le plus vite possible.

Une cuisson, qui traîne faute de feu ou de vapeur, est préjudiciable pour la qualité du légume, qui est mou, flasque et jaune au lieu d'être blanc et ferme.

Le jus doit être clair, limpide et légèrement salé.

Si vous opérez sur des asperges d'arrière-saison ou fanées, vous ajouterez au jus 10 grammes d'alun en pierre par 50 litres d'eau que vous ferez dissoudre préalablement dans un verre d'eau bouillante.

Pour vous assurer du blanchiment parfait de vos asperges, faites comme il est indiqué plus haut.

Prenez de part en part dans le panier une asperge, trempez-la à l'eau froide, puis fendez-la au couteau : il ne doit rester dans l'intérieur aucune place blanche si ce n'est la tête qui, pour qu'elle se conserve ferme et bien entière, ne doit recevoir au blanchiment qu'un seul bouillon.

L'opération bien conduite doit durer huit minutes; si l'asperge est boiseuse de sa nature, vous pourrez prolonger le blanchiment du premier tiers une ou deux minutes en plus.

AUTOCLAVE A FEU NU
(à couvercle, basculant automatiquement)
Fabriqué par la MAISON EGROT, 23, rue Mathis, Paris.

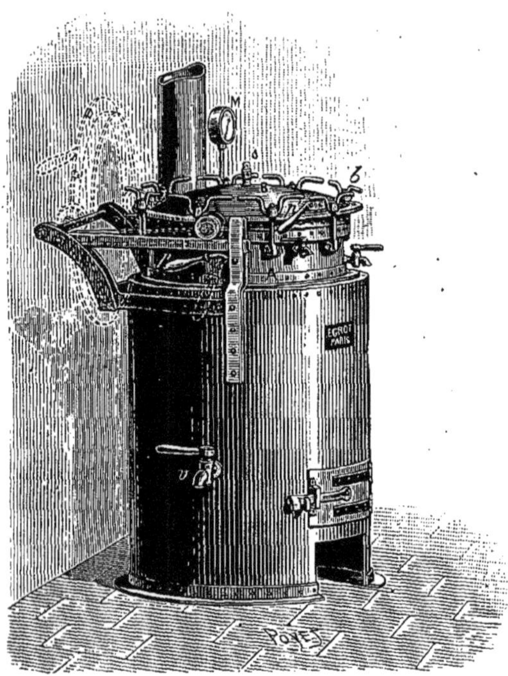

L'autoclave à feu nu comprend comme accessoires :
1° 1 diaphane ou cage pour boîtes;
2° 1 panier-cage à pression pour les flacons;
3° 1 thermo manomètre;
4° 1 grue et palans, pour le chargement et le déchargement des cages;
5° Robinets de vidange, d'échappement et soupape de sûreté.

Ne mettez jamais dans vos paniers des asperges de plusieurs grosseurs; chaque grosseur demande un blanchiment séparé.

PETITS POIS

SERPETTE, DANIEL, MICHAUT, CLAMART, ETC.

Le petit pois reverdi.

Pour cette fabrication, les soins et les remarques ne seront jamais superflus.

De toutes les variétés de petits pois, et elles sont nombreuses, deux seules sont irréprochables ; le petit pois Serpette d'Auvergne et le Daniel ou pois de Clamart, dit pois de Paris, dont la qualité est extra, mais qui a le défaut de vite grossir, et par conséquent ne fait pas l'affaire du conservateur qui, pour que la fabrication soit rémunératrice, doit trouver dans la quantité de pois écossés un tiers d'extra-fins, un tiers de fins et un tiers de moyens n° 1, ou mi-fins. D'ailleurs, les noms des qualités sont élastiques : tel fabricant appellera l'extra-fin « fine fleur » ; l'autre encore superlativement. En somme, le crible donne, au moyen des tôles perforées, les grosseurs que vous désirez, cinq si vous voulez, et il restera encore les gros, qui se conservent quand même, trouvant toujours acheteurs si le prix est en proportion.

Pour le chef de maison ou le petit laboratoire, quelques tamis en peau de porc, ayant des trous de différents diamètres, n° 25 pour les extra-fins, 26 pour les fins, 27 pour les moyens, pourront suffire amplement au travail (voyez *Matériel*). Pour la grande industrie, le crible diviseur système Pernolet est de rigueur ; pour arriver au moyen du crible à un bon résultat, il est nécessaire de cribler excessivement doucement, longuement, afin que les pois passent bien dans leurs numéros. Le criblage doit se faire au fur et à mesure de l'écossage, travail se faisant par des femmes qui sont payées de 5 à 10 centimes par mesure d'un litre de petits pois écossés.

A cet effet vous distribuez aux écosseuses des boîtes usées ou abîmées, et vous relevez les boîtes faites de temps en temps afin de cribler, vous les payez au moyen de jetons ou de monnaie de billon ; les jetons, c'est mieux parce que vous pouvez contrôler la quantité de litres écossés et ensuite la quantité de litres ou demi-litres fabriqués ; il n'y a jamais trop de contrôle.

Je préfère comme fabrication le petit pois Serpette vrai, pour sa couleur verte.

pour son goût sucré et la régularité de ses grains en primeurs, c'est-à-dire les premiers cueillis ; ce ne sont que des extra-fins, puis à mesure que la récolte s'avance, le fin et le moyen continuent. Le rendement est d'ailleurs plus avantageux au pois Serpette que pour n'importe quelle autre qualité. 100 à 120 kilos semés à l'hectare, en bonne terre bien fumée, produisent 2.500 à 3.000 kilos. Cette qualité est rustique, à fleurs blanches, vivace et se ramant, quoiqu'elle ne vienne jamais à plus de 1 mètre 50 de hauteur. La récolte commence fin mai et continue tout juin. Plus vous fabriquerez de bonne

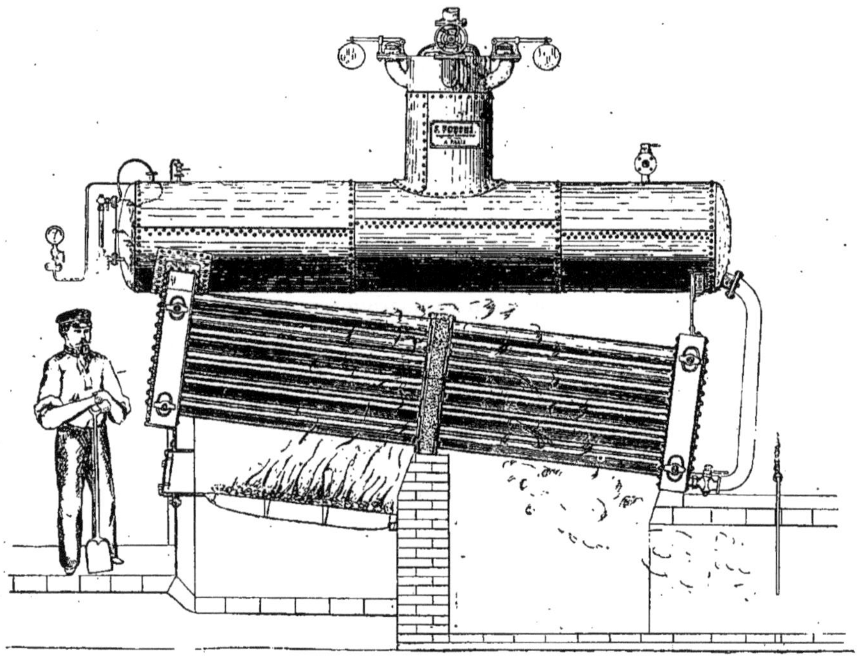

GÉNÉRATEUR MULTI-TUBULAIRE.
(Inexplosible)

(Système F. FOUCHÉ.)

A grand volume pour la grande industrie des conserves alimentaires.

heure avec le pois de primeur, si le prix vous permet de le faire, plus vous aurez de magnifique conserve, extra comme choix et comme qualité. De tous les fabricants de Paris, la maison Joret, L. Fontaine, successeur, a toujours dû, pour sa clientèle, commencer la fabrication du petit pois en pleine primeur ; le prix d'achat n'arrête pas dans ces conditions, et la fabrication en était toujours soignée et recherchée.

Mais toutes les maisons profitent du moment d'abondance, et le travail n'arrête pas, surtout *maintenant qu'une machine à écosser, très perfectionnée, et ne laissant rien à désirer, peut faciliter le travail*, ce qui permettra de soigner la mise en boîtes et d'accélérer les cuissons.

Lorsque vous voyez que la quantité de petits pois criblés est suffisante pour faire une cuisson, pour le procédé suivant, prenez 50 litres de petits pois écossés, que ce soit de l'extra, du fin ou du moyen, faites bouillir 50 litres d'eau, au premier

bouillon ; jetez 50 grammes de sulfate de cuivre pulvérisé, laissez fondre, puis immédiatement versez dans cette eau bouillant à gros bouillon 50 litres de petits pois,
remuez avec une cuiller en bois ou spatule afin que la couleur enveloppe bien le pois d'une manière uniforme ; remuez jusqu'à ce que le bouillonnement recommence et couvrez la bassine, laissez cinq minutes montre en main pour les fins, six minutes pour les extra-fins, sept minutes pour les moyens ; enlevez du feu vivement, égouttez-les, et versez-les dans une bâche à rafraîchir d'où l'eau vienne par le fond, afin de faciliter la sortie des écumes et des filaments. Malgré que les pois aient passé par le crible, ils sont remplis surtout de pellicules des fleurs qui nagent dans l'eau. Pour les enlever, promenez un tamis de Venise, que vous tenez à

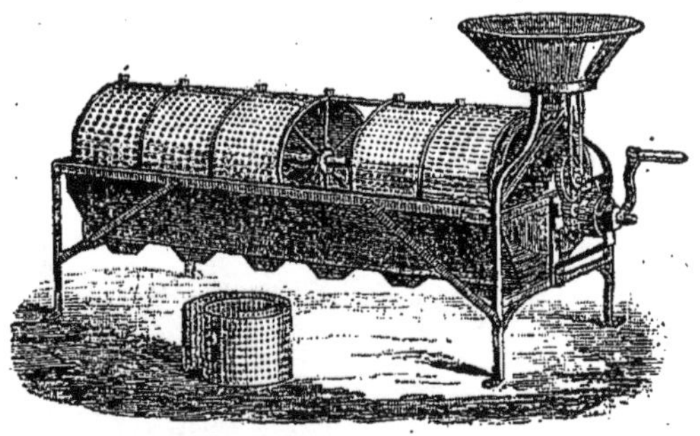

CRIBLE DIVISEUR
(Système PERNOLET.)
Marchant à la main ou au moteur

Le crible complet comprend les tôles de rechange pour les différentes qualités de petits pois :
Le n° 23 1/2 pour les extra n° 1 ;
Le n° 24 1/2 pour les extra-fins ;
Le n° 25 pour les très fins ;
Le n° 26 pour les fins ;
Le n° 27 pour les moyens n° 1 ;
Les moyens n° 2 sortent librement.

la main droite, et toutes les impuretés en suspension dans l'eau s'attacheront à la toile du tamis et en le secouant, se détacheront facilement.

Lorsque vous avez blanchi vos pois dans un panier fait *ad hoc*, le panier entre

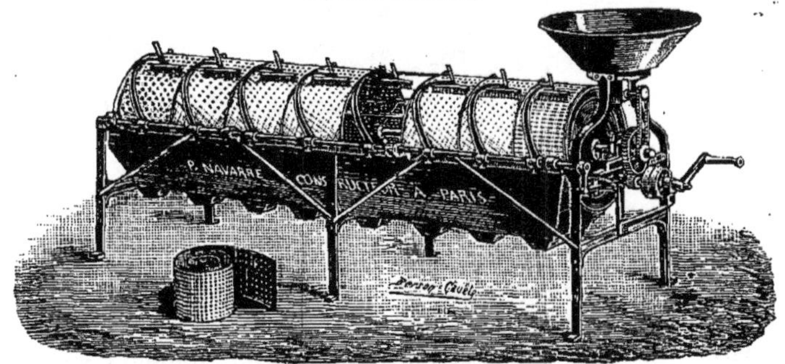

CRIBLE-DIVISEUR
(Système NAVARRE.)

Spécial pour la conserve alimentaire, pour le triage des petits pois et des haricots flageolets. Construction solide et perfectionnée. Les tôles se changent instantanément par un système de vis à déclenchement. Les rouleaux de bois sont remplacés par des brosses-frappeuses n'écrasant pas le petit pois.
Avec le crible complet se trouvent les boîtes contenant 50 litres de pois, construites à roulettes, pour recevoir chaque numéro de petits pois criblés.

dans la bâche, et une fois les pois froids et appropriés, versez-les dans des terrines vernies, que les emboîteuses commencent à mettre en boîtes vivement en triant chaque poignée, enlevant les pois jaunes, les parties de cosses qui n'auraient pas été enlevées par le tamis, puis les boîtes remplies jusqu'au jonc, c'est-à-dire à 1 centimètre du bord, et rangées dans les porteuses qui contiennent 20 à 24 1/2, 10 à 12 4/4, elles sont portées sur la table des soudeurs. Pendant que les emboîteuses travaillent cette première cuisson, le conservateur, après avoir nettoyé bassine, panier et bâche à eau, continuera les autres cuissons qui ne se termineront qu'à la fin de l'écossage. Car si les femmes commencent à écosser la nuit, il ne faut pas

MACHINE A ÉCOSSER LES PETITS POIS VERTS

(Système breveté de P. NAVARRE.)

Le grand modèle écosse de 600 à 1,000 kilos de pois à l'heure, avec un moteur de la force de 1 cheval.
4 femmes suffisent pour la manœuvre de l'écosseuse.
Immense économie de temps et d'argent, la machine se trouve payée dès la première année de fabrication.

Vue de l'avant.

songer à terminer le travail avant que les pois du jour soient complètement terminés.

Sitôt que vos boîtes sont remplies, afin que la couleur ne s'abîme pas à l'air, jutez-les de suite ; il ne faut pas laisser les petits pois à l'air après les avoir rafraîchis sans les juter ; aussi préparez dès le matin ou la veille, afin d'avoir toujours vos jus froids, les compositions suivantes.

Jus pour les petits pois fins et extra-fins.

Faites bouillir 100 litres d'eau fraîche, 2 kilos de sel blanc, 1.900 grammes de sucre en pain, faites bouillir le tout jusqu'à entière dissolution, puis passez ce jus dans un récipient soit en *fer-blanc neuf* ou en terre vernie au travers d'un filtre en flanelle, molleton, ou un tamis de soie. Ne jutez les légumes que lorsque le jus sera refroidi.

Ce jus peut être fait à froid.

Jus pour les petits pois moyens et gros.

Au jus ci-dessus ajoutez, au moment de l'ébullition, 500 grammes d'oignons

MACHINE A ÉCOSSER LES POIS

(Système P. Navarre.)

Vue de l'arrière.

Le petit modèle marchant à la main écossant 150 à 200 kilos à l'heure, sera prêt à fonctionner pour la saison prochaine 1891.
Pour tous renseignements s'adresser à l'auteur.

nouveaux émincés, le blanc seulement, quelques cœurs de laitues ou de laitues nouvelles et un bouquet de sarriette nouvelle, en quantité suffisante, pour 100 litres d'eau 10 grammes de sarriette, laissez bouillir dix minutes à couvert, ajoutez au dernier moment 10 grammes par 50 litres de carbonate de soude, puis filtrez et laissez refroidir en couvrant toujours le récipient d'une mousseline afin que la poussière n'altère pas le liquide.

Si vous avez du jus en trop de la veille, le lendemain, avant de vous en servir, faites-le rebouillir, ou mêlez-le après ébullition au jus nouveau.

N. B. — Le carbonate de soude dans le jus du pois moyen le conserve clair et limpide, et empêche la formation blanchâtre et visqueuse du liquide après la cuisson.

Cuissons à l'autoclave.

Vos boîtes doivent se souder au fur et à mesure du remplissage, et dès que vous avez un diaphane ou un vagonnet prêt, mettez-le à l'autoclave, les boîtes toujours recouvertes d'eau, activez le feu afin de précipiter l'ébullition, car il est à remarquer que bien que l'eau de l'autoclave soit en ébullition au moment où vous y plongez

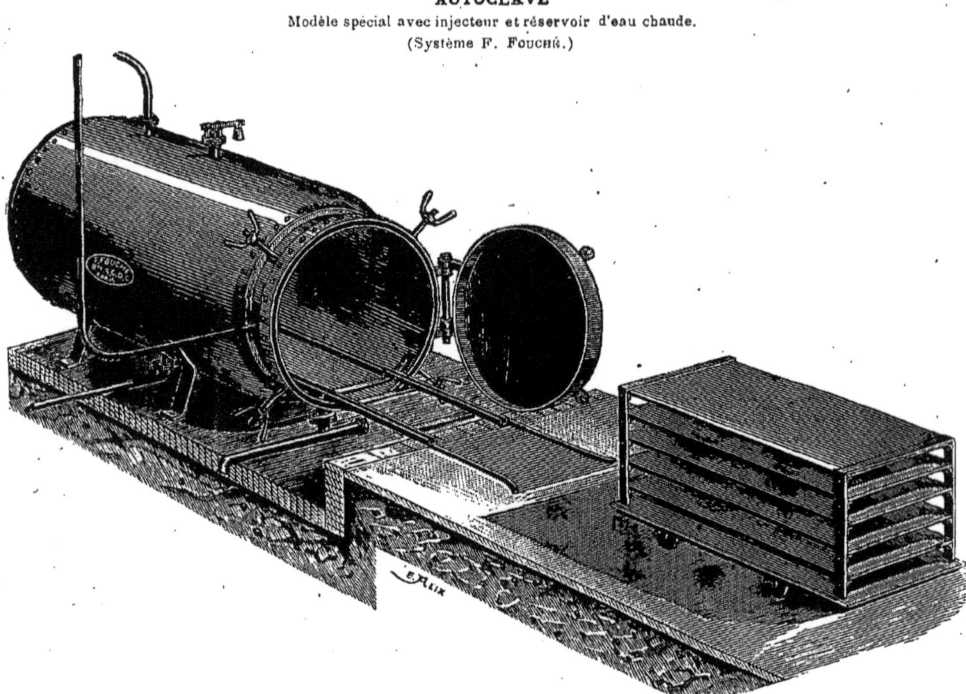

Cuiseur-horizontal avec vagonnet pour boîtes, flacons pour la fabrication des conserves alimentaires, des légumes, viandes, etc.

les boîtes froides, l'ébullition de l'eau ne reprendra que lorsque l'intérieur de la boîte aura acquis la température extérieure ; donc couvrez, fermez hermétiquement, purgez souvent pour faire évaporer l'air et l'eau des tuyaux, et laissez monter rapidement en pression et la montre à la main ; pour plus de sûreté, ayez un morceau de craie ; lorsque le thermo arrivera à son point, marquez l'heure à la craie sur le couvercle de l'autoclave, et laissez le temps suivant :

12 minutes à 110 degrés pour les 1/2 boîtes.
16   —   110   —   —   4/4   —
20   —   112   —   —   doubles litres.
24   —   112   —   —   4 litres.

C'est à ce degré que vous devez marquer l'heure, et au bout du temps indiqué pour les grandeurs des boîtes, vous monterez la dernière minute à 112-114 pour les fins et les extra-fins, et 114-115 pour les moyens et les gros.

Puis éteignez le foyer, ou fermez la vapeur, ouvrez les robinets d'échappement et de la soupape, laissez retomber, avant d'ouvrir les écrous, le manomètre à zéro ; afin d'éviter les accidents, enlevez le couvercle, sortez le panier ou le vagonnet, et étalez les boîtes sur les dalles afin qu'elles refroidissent les unes à côté des autres ; choisissez celles qui ne sont pas bombées, elles sont fuites, rendez-les aux soudeurs ou, si les fuites sont à la charge du fabricant, sitôt refroidies à l'eau froide, faites-les dessouder sans les abîmer, sortez le petit pois qui ne vaut plus rien comme pois marchand, lavez-le à l'eau fraîche, remettez-le en boîte, jutez-le de jus n° 2, que ce soit du fin ou du moyen. Remarquez ces boîtes afin qu'elles ne se mélangent pas, et elles vous serviront à la fin de la saison pour faire la purée de pois, pour le potage Saint-Germain.

Vos boîtes refroidies, faites-les essuyer avec de la sciure de bois bien propre, rangez-les dans les caisses de mesures, étiquetez la caisse en indiquant sur la fiche le jour de fabrication et si vous avez quelques remarques sur la qualité, puis mettez en piles dans les magasins jusqu'au moment des livraisons.

Si vous avez sur une boîte quelque remarque à faire, ou le nom du produit à inscrire, employez à cet effet soit avant, soit après la cuisson de l'autoclave un crayon de nitrate d'argent ou pierre infernale, cela ne s'efface jamais et ne salit pas les boîtes comme les acides.

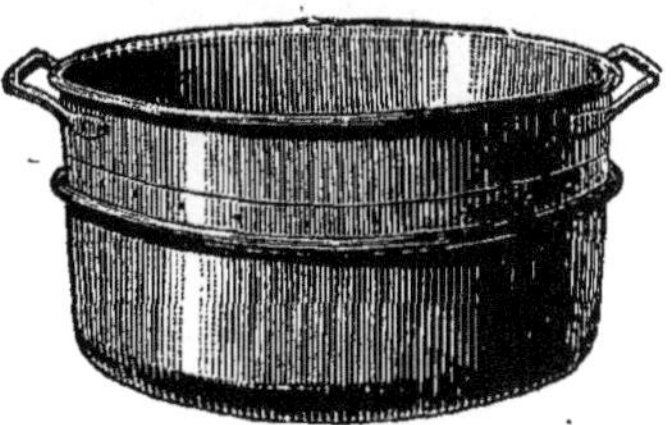

BASSINE A CONSERVES A FOND PLAT
(Système Égrot.)

Pour une cuisine ou un petit laboratoire, servant aussi pour les distillateurs pour cuire le sucre au caramel pour les eaux-de-vie.

Les accessoires qui vont avec cette bassine de la contenance de 25 à 50 litres, sont :
1 panier à asperges ;
1 panier perforé ;
1 presse pour flacons.

Si vous n'avez à la fin de la journée que quelques boîtes de fuites, vous pourrez rébullitionner à la bassine couverte le temps suivant :

30 minutes pour les 4/4 ou litres.

45 — — doubles litres.

1 heure — 4 kilos.

Pour éviter que les ébullitions prolongées ternissent ou blanchissent les boîtes, vous mêlerez à l'eau de l'autoclave ou de la bassine un morceau, ou mieux quelques débris de graisse de bœuf fraîche ; l'huile ou le saindoux ne font pas le même effet, la graisse vaut mieux.

Après chaque cuisson l'eau des autoclaves doit être changée, et de temps en temps, lorsque l'autoclave est encore chaud, graissez-le avec un nombril de porc ou un morceau de rognon de bœuf, afin d'empêcher que le fer se corrode par la rouille et n'abîme les boîtes.

Chaque soir après le travail, le laboratoire doit être propre, lavé avec soin à grande eau et arrosé pour finir, si on est à même de le faire, avec une dissolution énergique du désinfectant Labarre. La chaleur et l'humidité développent facilement et rapidement les ferments, lorsqu'on laisse les ustensiles et le sol sans être parfaitement nettoyés.

Petits pois à la française.

Bien que le petit pois reverdi soit actuellement autorisé, il est nécessaire de savoir préparer le petit pois naturel ou petit pois à la française; le reverdi est à l'anglaise, probablement à cause de l'habitude anglaise qui est de manger le petit pois simplement cuit à l'eau, auquel on ajoute dans le plat un morceau de beurre frais, sel et poivre.

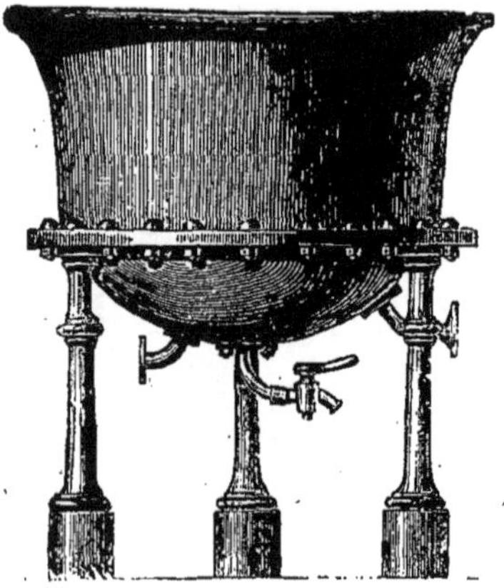

BASSINE A VAPEUR OU A FEU NU
Spéciale pour la conserve alimentaire contenant 100 litres, fabriquée par la maison EGROT, 23, rue Mathis, Paris.

La bassine comprend comme accessoires :
Un panier perforé pour le blanchiment des petits pois, haricots verts, etc.;
Un panier en osier pour les champignons, fonds d'artichauts, carottes, navets, etc.;
Un panier en cuivre étamé et perforé spécial pour le blanchiment des épinards et de l'oseille.

Les catégories de petits pois au naturel sont les mêmes que les précédentes. L'ébullition se fait dans les mêmes conditions, mais avec de l'eau en abondance, *et sans sulfate*. Blanchir, rafraîchir, emboîter et juter avec le jus n° 2, en ayant soin que le goût de la sarriette domine un petit peu. Soudez et cuisez à l'autoclave dans les mêmes conditions, savoir :

16 minutes à 112 degrés pour les 1/2 boîtes.
20 — 112 — — 4/4 —
22 — 114 — — doubles litr.
25 — 114 — — 4 litres.

Et que l'aiguille pendant ce temps de cuisson se maintienne toujours de 114 à 117 pour les 4 litres.

Si le coup d'œil est plus appétissant pour le petit pois reverdi, en revanche le pois naturel est supérieur comme goût, et comme apprêt, surtout lié au moment de servir, après avoir été réchauffé dans son jus et bien égoutté, avec un bon morceau de beurre frais, quelques cuillerées de crème double et un jaune d'œuf, une pincée de sucre et un peu de sel.

Petits pois conservés en saumure.

Le conservateur a intérêt à cette conserve, c'est pour la fabrication des macédoines de légumes. — Lorsque votre petit pois est criblé, surtout les petits pois d'arrière-saison, faites-les blanchir en doublant la dose d'eau et de sulfate, ce qui fait pour 50 litres de grains, 100 litres d'eau et 75 grammes de sulfate pulvérisé; faites blanchir longuement; il faut presque que le pois puisse s'écraser sous les doigts; rafraîchissez copieusement, laissez égoutter, mettez en barils de bois ou de grès.

Le baril, pour plus de commodité, vous le défoncez d'un bout, le dressez sur un petit chantier assez haut pour y mettre une cannelle en bois pouvant couler dans un seau, à l'intérieur et devant le trou de la cannelle mettez un petit torchis de branches assez serrées pour que le petit pois ne bouche pas le robinet. Versez vos pois dans le tonneau dans lequel vous aurez mis de la saumure à 12 degrés ; comme le tonneau est défoncé continuez à le remplir au fur et à mesure du travail, en ayant soin de soutirer tous les deux jours la saumure, de la faire rebouillir en y ajoutant la quantité de sel nécessaire pour ramener la densité à 12 degrés. Votre tonneau terminé, c'est-à-dire bien plein de pois, faites-le refoncer soigneusement, et par la bonde, introduisez de la saumure fraîche ; vous pourrez ajouter dans le tonneau, avant de le foncer, un bon bouquet de sarriette fraîche, qui parfumera vos petits pois ; d'anciens barils à vinaigre sont très bons pour cet usage. Pour employer ces petits pois, il suffit de les faire revenir à l'eau tiède pendant quelques heures, et de les jeter ensuite à l'eau bouillante ; si c'est pour les manger laissez-les cuire jusqu'à cuisson définitive et accommodez-les suivant votre goût ; si c'est pour employer dans les macédoines, un blanchiment est suffisant. Égouttez, rafraîchissez et opérez vos mélanges.

N. B. — Si vous avez conservé par ce procédé des petits pois extra fins, ils vous seront très utiles en cuisine, pour vos garnitures de potages, julienne, brunoise, etc. ; vous pourrez terminer leur cuisson dans le grand bouillon.

Les *fins* et les *moyens* vous seront d'une grande utilité pour vos légumes d'office.

Pour le conservateur, c'est par ce procédé qu'il emploiera ses boîtes fuites de petits pois mais il ajoutera à la saumure 10 grammes d'alun par 50 litres de saumure.

Petits pois de Clamart.

Je viens de décrire ci-dessus la fabrication des petits pois Serpette, Quarentain, Daniel, Michaut, etc., continuons par le pois de Clamart, conserve essentiellement parisienne et d'une qualité sans égale.

La forme du pois de Clamart est longue avec une pointe très accentuée, d'une couleur vert tendre et d'un brillant incomparable, c'est la fine fleur des petits pois, surtout à Paris.

Après l'avoir criblé soigneusement, et doucement, car il est difficile et il ne fournit pas beaucoup d'extra n° 1, mais beaucoup d'extra fins, fins et moyens, continuez les cuissons comme il est indiqué plus haut par 50 litres de petits pois, employez 80 litres d'eau, au premier bouillon de la bassine jetez 80 grammes de sulfate de cuivre par cuisson si vos pois sont très fins ;

70 grammes pour des fins ;

50   —   —   moyens ;

puis plongez vivement le panier contenant les petits pois, remuez vivement avec la spatule afin de fixer la couleur d'une manière bien égale, laissez donner un grand bouillon afin que les écumes et les impuretés sortent du panier et tombent dans la bassine, ce qui se fait naturellement, la bassine ayant son bouillonnement au centre ; toutes les écumes sont rejetées sur les côtés ; comme les bords de votre panier sont de quelques centimètres au-dessus du niveau de l'eau, l'écume passe par-dessus et retombe dans l'eau d'ébullition ; cette opération doit être facilitée avec la spatule pendant la première minute.

Sitôt que votre pois aura blanchi pendant une minute, écrasez un grain sous votre doigt s'il est atteint par la chaleur jusqu'au centre, arrêtez la vapeur ou le feu et laissez encore une minute vos petits pois dans la bassine sans les remuer, et sans ébullition afin de bien fixer la couleur.

Puis au moyen du moufle, enlevez le panier et plongez-le ensuite dans l'eau fraîche et bien courante, laissez rafraîchir dix minutes, retirez le panier, laissez-le égoutter, puis versez vos pois dans de grandes terrines émaillées, contenant 25 litres, et emboîtez ; à cet effet préparez le jus indiqué, soit :

MARMITE BASCULANTE
(Petit modèle.)

Pour tripes ou petits pois au beurre, dits pois à la paysanne.
Ce modèle est en tôle émaillée.

100 litres d'eau froide ;
1 kilog. de sel blanc ;
1 — de sucre.

Laissez fondre le tout, puis versez ce jus sur vos pois, afin qu'ils baignent, et emboîtez avec la cuiller à pot.

Faites souder, et donnez à l'autoclave sous pression l'ébullition suivante :

11 minutes à 112 pour les 1/4 et les 1/2.
14 — à 112 — 4/4.

A ce point précis et exact, ouvrez le robinet d'échappement de vapeur, et videz votre autoclave, puis rafraîchissez à demi dans l'eau froide.

N. B. — Le petit pois ne demande pas à être entièrement rafraîchi, du moment que vous pouvez tenir la boîte avec la main, retirez le diaphane de l'autoclave, et rangez en caisses..

Petits pois de Clamart au beurre.

Prenez pour cette conserve du Clamart trié mais non criblé, c'est-à-dire qu'à l'écossage vous faites enlever les gros à la main.

Puis ayez une bassine émaillée : cette conserve ne doit pas se faire dans du cuivre étamé ni dans de la fonte · seule la bassine émaillée à fond plat et couvrant hermétiquement vous donnera de bons résultats.

Après avoir lavé à l'eau fraîche 25 litres de petits pois écossés, mettez-les dans la bassine, ajoutez 1 kilo de beurre frais extra fin ;

5 cœurs de laitues pommées et bien lavées ;
1 botte de petits oignons épluchés ;
500 grammes de sel ;
500 — de sucre blanc.

Ajoutez la quantité d'eau nécessaire pour baigner les petits pois, mais sans les recouvrir de liquide, mettez à l'ébullition, au premier bouillon couvrez la bassine hermétiquement afin d'éviter l'évaporation trop rapide.

Après une heure et demie de cuisson, votre jus devra être presque complètement réduit, et votre pois cuit entièrement, retirez-le dans une terrine vernie, emboîtez-le tout bouillant et faites-le souder de même.

Ne touchez pas à vos petits pois avec des ustensiles de métal, toujours avec une spatule et une cuiller en bois.

Il ne doit pas rester de jus, il doit être presque complètement évaporé sans pour cela que votre petit pois soit sec ni défait, il doit au contraire être bien entier, et d'un bon goût de sel et de sucre sans que l'un ou l'autre domine.

Donnez à l'ébullition sous pression le temps suivant :

1/2 litres 16 minutes à 116 ;
4/4 — 18 — à 116.

A l'air libre :

55 minutes pour les 1/2 litres ;
1 heure 15 — 4/4.
Rafraîchissez.

Petits pois au lard.

Cette spécialité est excellente ; pour qu'elle soit irréprochable, il faudrait, comme pour le petit pois au beurre, la conserver dans une boîte émaillée, à l'abri du métal. Cela viendra !

Préparez votre petit pois comme il est indiqué ci-dessus ; pour le Clamart au beurre lorsqu'il y aura une heure et demie qu'il sera en cuisson ajoutez la quantité de lard maigre de poitrines de porc salé et fumé.

Coupez en petits dés carrés longs, faites-les blanchir deux minutes à l'eau bouillante, égouttez soigneusement, et dans chaque boîte pendant le remplissage, mettez quelques morceaux de lard.

Et terminez comme pour le pois au beurre.

Petits-pois au jambon.

Se préparent pareillement.

N. B. — Une remarque générale sur les petits pois après la description des divers procédés est la suivante:

1° Toutes les manipulations diverses, écossage, criblage, blanchiment, emboîtage, soudage et cuisson, doivent être rapidement exécutées.

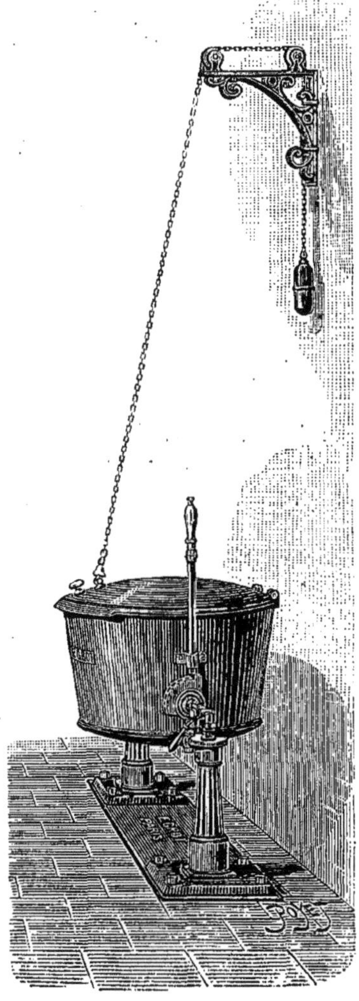

Marmite spéciale pour la cuisson des petits pois au beurre, des cardons, des tomates, etc., etc.

2° Ne laissez jamais vos boîtes jutées trop longtemps avant de les souder et de les cuire, le jus s'aigrit rapidement surtout étant sucré et il devient visqueux.

3° Le petit pois reverdi, au naturel ou au beurre, n'est bon qu'au bout de deux mois de fabrication, excellent encore pendant un an ou deux, après il ne gagne plus en qualité, il perd plutôt.

4° Les cosses vertes du petit pois s'emploient ou s'utilisent de différentes manières, en les vendant aux nourrisseurs, pour les vaches à lait ;

En les cuisant à la vapeur pour les passer ensuite au tamis, afin d'utiliser la pulpe comme farine de pois, il faut pour cela un matériel spécial.

L'eau qui a servi à cuire les cosses plusieurs fois est assez sucrée pour fermenter ensuite, et produire de l'alcool, mais pour arriver à un bon rendement, il faut broyer les cosses à cru, les infuser à l'eau bouillante. et les traiter comme la betterave ; les cosses en pleine fraîcheur contiennent environ douze pour cent de sucre.

Petits pois panachés.

Le petit pois est quelquefois demandé panaché, surtout pour l'exportation. Dans ce cas conservez la qualité dite fins ou moyens n° 1, et servez-vous des demi-boîtes à haricots verts, et pour ne pas abîmer, ayez le soin de blanchir complètement le petit pois, rafraîchissez, emboîtez ensuite le pois le premier, le haricot ensuite. Jutez avec le jus à petits pois extra-fins et laissez à l'autoclave :

6 minutes à 108 pour les 1/2 ;
5 minutes à 108 pour les 1/4.

Rafraîchissez avant de les retirer.

HARICOTS VERTS

Haricots verts reverdis.

Après la guerre de 1870, la France a été empoisonnée par toutes espèces de semences soit de petits pois soit de haricots verts, qui ne valaient absolument pas nos belles qualités françaises si bonnes, si productives ; enfin l'essai est fini, ce n'est pas trop tôt ! Le malheureux conservateur avec ces mélanges hétérogènes a eu bien du mal, et malgré ses soins a souvent fabriqué une marchandise qui laissait beaucoup à désirer, sous le rapport de la couleur.

Le meilleur haricot vert pour la table et pour la conserve, c'est le haricot nain de Lyon, à graine brune ; cueilli en vert, le haricot est mince, rond, allongé, d'un vert tendre, et la chair succulente, sans grains formés et surtout sans fils.

Ayez soin de les faire effiler, le plus fraîchement possible, et les effileuses doivent les trier par qualités, savoir les plus petits, les plus fins, pour en faire les extra ; et les grosseurs suivantes les fins, les mi-fins, les moyens et les gros.

Que chaque qualité soit bien séparée et sitôt que vous aurez la quantité suffisante faites une cuisson. Le blanchiment doit se faire à grande eau, excessivement bouillante ; le panier doit plonger dans l'eau et le légume doit pouvoir s'y retourner facilement ; pour 50 litres d'eau, mettez 15 grammes de sulfate, remuez avec la spatule ; ne laissez donner qu'un seul bouillon couvert une minute au plus, enlevez, rafraîchissez et versez dans les terrines ou laissez dans le panier, pour l'emboîtage. Tout doit se peser ; à cet effet, ayez une balance à plateau, à proximité du panier et de la table autour de laquelle sont les emboîteuses, pesez 250 grammes de haricots pour faire une 1/2 boîte qui jutée devra peser 550 grammes ; 500 grammes pour 1 litre qui juté pèsera 1050 grammes, 1000 grammes pour le double litre.

Posez la pesée à côté de l'emboîteuse ; qu'elle choisisse dans son tas une poignée de haricots réguliers, ronds, fins pour les extra ; le restant, elle le met en boîte sans le ranger, mais la poignée qu'elle a conservée est pour habiller le dessus de sa boîte, bien régulièrement, tous du même côté et surtout de la même longueur, afin que le dessus de la boîte, lorsque vous l'ouvrirez, ait un beau coup d'œil ; il faut que la quantité de haricots remplisse entièrement la boîte, qu'il n'y ait pas de vide ; jutez immédiatement et faites souder, et que la boîte, une fois soudée, soit toujours tournée le dessus en bas, soit à l'autoclave soit pour refroidir, ou au magasin ; il ne faut pas que le dessus d'une boîte de haricots reste sans liquide, vous devez juter jusqu'au jonc ; agissez de même pour toutes les catégories ; les blanchiments doivent se faire au fur et à mesure de l'emboîtage, le haricot ne doit pas rester à l'air : sitôt rafraîchi, il doit être emboîté puis juté avec le jus suivant à froid.

Opérez de cette manière, faites fondre à chaud dans quelques litres d'eau 2,050 grammes de sel fin, puis lorsqu'il est complètement dissous, versez-le dans 100 litres d'eau en tout, c'est-à-dire que l'eau qui a servi à dissoudre le sel est comprise dans les 100 litres. Remuez, puis filtrez.

Une fois vos boîtes jutées, elles peuvent attendre d'être soudées, la fermentation est nulle dans le haricot ; lorsque votre diaphane est plein, mettez à l'autoclave, opérez comme j'ai indiqué pour les petits pois, lorsque l'aiguille du thermomètre marque 110, n'en bougez plus. Marquez l'heure, et laissez au même degré le temps suivant :

6 minutes pour les 1/2 ;
12 — — 4/4 ;
15 —. — doubles litres.

Arrivé à ce point, fermez le feu, ouvrez les robinets, laissez tomber la pression à zéro et rafraîchissez dans l'autoclave ou rangez les boîtes les unes à côté des autres, sur les dalles et à l'air, afin qu'elles refroidissent en les arrosant d'eau, toujours l'ouverture en bas ; choisissez les fuites, mettez-les de côté pour sauver les boîtes ; pour l'intérieur, il n'y faut plus songer, il ne peut plus servir à rien, tâchez de faire resservir les boîtes le plus vivement possible car elles se rouillent facilement.

Le temps nécessaire au blanchiment du haricot vert peut se compter ainsi à dater de la reprise de l'ébullition :

1 minute pour les extra ;
1 m. 1/2 — fins ;
2 minutes — moyens et les gros ;
1 — — coupés.

Haricots au naturel.

Comme pour le petit pois, si le haricot au naturel n'est pas beau comme coup d'œil, il est meilleur comme goût, et de fait c'est que la conserve du haricot, et du petit pois au naturel est plus sujette à se détériorer que lorsqu'il est reverdi. Au naturel il a une tendance bien prononcée à fermenter ; c'est pour cette raison que le degré de cuisson est plus élevé ; opérez pour le haricot au naturel comme pour le reverdi, en supprimant complètement le sulfate. Une remarque sur ces deux légumes :

Le petit pois et le haricot, suivant le climat, suivant la nature du terrain et de la fumure, les mêmes qualités de semences, prendront plus ou moins la couleur, c'est un essai à faire avec la première livraison ; le pois comme le haricot vert doivent être d'un vert tendre et il faut augmenter ou diminuer la dose de sulfate, suivant que la couleur sera plus ou moins foncée, c'est un tâtonnement inévitable lors d'une première fabrication; une fois fixé sur ce point, la fabrication marche toute seule, en lui aidant bien entendu.

Je n'emploie comme colorant que le sulfate de cuivre rectifié, d'un bleu net et limpide, pilé et par dose pesée; je trouve des inconvénients très nombreux à dissoudre le sulfate en bouteille à la dose de 100 grammes par litre et de 10 grammes de liquide par litre d'eau, les doses ne sont pas régulières et il y a déperdition de couleur au bout d'un certain temps; je préfère la dose pesée juste et pilée.

Haricots verts coupés au naturel.

Dans la quantité de haricots reçus à l'effilage, il se trouve par suite du tri, à la fin du travail, une certaine quantité de gros haricots qui, par leurs dimensions, ne peuvent entrer en boîtes; une fois effilés, il y a deux manières de les employer.

Faites-les tailler au couteau dans le sens de la longueur en deux ou trois parties; ordinairement, à ces gros haricots, le grain est déjà formé; mettez tout, grains et chair, faites-les blanchir sans sulfate, une minute, comme il est indiqué plus haut; rafraîchissez et emboîtez. Cette conserve excellente n'est ordinairement employée que pour les ménages, ou pensions, et l'emboîtage se fait dans des calibres de trois kilos; vous remplissez la boîte le plus possible, donnez 15 minutes à 112 pour les grandes boîtes, et rafraîchissez.

Haricots verts conservés à la saumure.

Ceci est la vraie conserve de ménage, facile à faire ne demandant pas de boîtes ni d'autoclaves; c'est la provision pour la ferme et pour la famille assurée. Opérez avec des haricots verts fraîchement cueillis, effilez-les de suite, faites bouillir de l'eau dans un grand chaudron ou dans la chaudière à lessive, choisissez une corbeille d'osier grossier qui entre bien dans l'intérieur du chaudron ou de la chaudière. Mettez vos haricots préparés dans le panier, plongez-le pendant deux minutes à l'eau bouillante, retirez le panier, et rafraîchissez à grande eau les haricots, puis rangez-les par lits, et dans le sens de leur longueur, dans des pots de grès ou des barils à choucroute ou à salaisons, après les avoir bien échaudés; lorsque le pot ou le baril est bien rempli, bien tassé, mettez une planchette sur le légume, avec un gros caillou, puis préparez une saumure cuite, à 10 degrés au pèse-sel, ou, comme on n'a pas toujours un pèse-sel, faites fondre du sel à froid dans de l'eau; lorsque l'eau supportera une petite pomme de terre ou qu'un œuf cru nagera sur le liquide, tirez le liquide à clair, faites-le bouillir, laissez refroidir et passez-le au travers d'un linge fin sur vos haricots, le liquide doit dépasser de 5 centimètres le légume.

Chez tous les opticiens vous trouverez un pèse-sel pour le prix de 1 franc. Faites cette dépense, et comme cela vous pourrez faire votre saumure à dose certaine. Si vous en avez fait de trop, conservez-la. Il va de soi que vous pouvez faire chaque jour la quantité de haricots voulue; lorsqu'ils sont rafraîchis, vous les remettez sur ceux de la veille et vous continuez à remplir le vase; au bout de trois jours égouttez la pre-

mière saumure, faites-la rebouillir, pesez-la afin de vous rendre compte si elle est bien
à 10 degrés, remettez du sel au cas contraire, puis une fois refroidie, versez de nouveau sur les légumes. Huit jours après, nouvelle vérification, qui doit être la dernière ; si
la saumure n'a pas diminué de densité, c'est que le légume a rendu toute son eau de
végétation ; finissez par faire bouillir, écumez, passez au travers d'un linge, et recouvrez les légumes pour la dernière fois. Conservez en cave dans un endroit frais et sec,
à l'abri de la lumière.

Compote de haricots verts.

Ce moyen plus rapide et pouvant se faire en grand, n'arrive pas comme qualité
au résultat du procédé ci-dessus.

Opérez ainsi, cueillez le matin de bonne heure ou l'après-midi, afin que le haricot
se ressuie un peu à l'ombre ; ne les effilez pas. Mettez en panier, faites donner une
minute d'ébullition dans une chaudière contenant 15 grammes de sulfate de cuivre
pour 100 litres d'eau ; au bout d'une minute d'ébullition couverte, après avoir eu soin
de remuer les haricots avec un bâton, rafraîchissez à l'eau vive, et laissez-les
égoutter ; pesez-les. Préparez 50 grammes de sel fin par kilo de haricot, rangez vos
haricots par lits, saupoudrez-les avec le sel, puis mettez une planche par-dessus et un
gros poids ; au bout de 48 heures, le tassement sera fait ; enlevez pierres et couverts ;
continuez à remplir le tonneau avec d'autres haricots, salez de nouveau et chargez.
Lorsque votre tonneau sera plein, et bien tassé, enlevez la charge, faites refoncer le
tonneau, recerclez soigneusement afin qu'il ne fuie pas, couchez-le et, par la bonde,
finissez de le remplir avec de la saumure à 10 degrés. Par ce moyen, le légume pourra
voyager des mois et se conserver excessivement longtemps.

Pour l'employer, ne prendre que la quantité nécessaire, l'effiler, la mettre à l'eau
froide dans un récipient étamé ; chauffer lentement, laisser dégorger dans cette eau
tiède pendant deux heures le haricot vert, puis le rafraîchir dans de l'eau fraîche ; après
cela, faites-le cuire dans de l'eau bouillante jusqu'à complète cuisson. Si le légume a
été bien blanchi, la première fois, il devra conserver sa couleur naturelle ; accom-
modez-le, suivant votre goût, comme du haricot vert frais.

Haricots verts séchés.

Lorsque vous aurez blanchi et rafraîchi votre haricot comme il est dit à l'article
précédent (paragraphe 2), au moyen de fil blanc et d'une aiguille formez-en des
chaînettes ou colliers, suspendez ces colliers à des baguettes fixées sur des perches en
plein air, au soleil et à l'air. Laissez-dessécher puis suspendez le tout en gerbes dans
une chambre bien aérée et à l'abri de l'humidité.

Pour les employer, faire tremper une nuit ou douze heures la quantité voulue dans
de l'eau fraîche tiédie. Il faut que le haricot revienne dans sa forme naturelle ; faites
cuire ensuite avec un morceau de lard salé, ou de jambon gras, à petit feu, afin que
la chaleur pénètre lentement.

Ce procédé comme résultat ne vaut pas la saumure ; il n'est d'ailleurs employé que dans les endroits trop chauds, manquant de caves fraîches ou de celliers.

Pour terminer *la série du haricot vert*, un dernier emploi, spécial celui-là au conservateur, c'est de tailler ses gros haricots en losanges, soit avec le couteau, soit à la petite machine ; une fois coupés, faites blanchir en reverdissant, rafraîchissez, mettez en tonneau à la saumure, et ayant soin de poser une grille par-dessus. Puis, conservez jusqu'au moment où vous fabriquerez vos macédoines de légumes. Vous trouverez de cette manière vos légumes tout taillés, blanchis et prêts à être employés, après un lavage à l'eau bouillante. Bien entendu que vous devrez souvent, pendant le remplissage du tonneau, faire rebouillir la saumure et la remettre à son degré ; si par suite des diverses manipulations, vous voyez que la saumure est devenue verte ou louche, jetez-la et mettez-en de la nouvelle pour finir votre dernier remplissage après le fonçage du tonneau. Bondez et laissez en cave.

N. B. — Les boîtes de haricots fuites, ouvertes immédiatement au sortir de l'autoclave, lavez et refroidissez le haricot et mettez-le au sel, en renforçant la saumure ; ils peuvent encore s'employer dans les cantines mais difficilement.

Haricots verts panachés.

Cette conserve peu demandée dans le commerce est cependant très appréciée par les marchands de comestibles et les spécialités pour l'exportation.

Après avoir blanchi haricots verts et flageolets, emboîtez d'abord les flageolets, remplissez la boîte à demi, continuez par les haricots verts, jutez à l'eau salée et laissez à l'ébullition libre :

35 minutes pour les 1/4 has diamètre de la 1/2 boîte à haricots verts ;

45 minutes pour les 1/2 boîtes.

Et rafraîchissez complètement après ébullition.

N. B. — Ayez soin de blanchir complètement les flageolets.

N. B. — La conserve de haricot vert n'est belle que la seconde année de fabrication, la première année le reverdissage laisse à désirer, et dans les boîtes il y a plusieurs teintes qui n'existent plus la seconde année, le haricot vert se conserve dix ans sans altération.

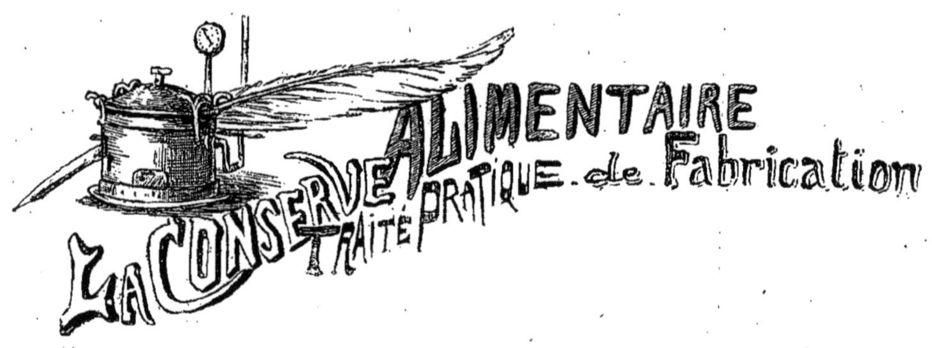

HARICOTS FLAGEOLETS

Haricots flageolets.

Malgré qu'en toute saison on trouve du flageolet sec, facile à cuire et à accommoder, il ne vaut pas celui conservé en boites au moment de sa fraîcheur.

Le flageolet est unique en France, c'est là seulement qu'il arrive à sa maturité parfaite; partout ailleurs, pour le récolter dans de bonnes conditions, il faut renouveler la semence tous les deux ans.

Le flageolet chevrier, originaire de l'Auvergne comme le petit pois serpette, a le grain toujours vert, d'une teinte claire, ne changeant pas à la cuisson. Lorsque la semence est dégénérée, le grain redevient blanc à la maturité et à la cuisson. Il est toujours très productif, remontant, c'est-à-dire poussant toujours après chaque cueillette; il est comme le pois serpette toujours par deux cosses.

Quelques agriculteurs le récoltent avant complète maturité, avant que la cosse très parcheminée n'ait changé de couleur et lorsqu'elle est encore verte; ils la font sécher au soleil et à l'air, avec le grain dedans. De cette manière, à l'écossage, le grain est encore vert pâle, et peut passer pour du premier choix. A la cuisson la thèse change, la couleur disparaît à moins qu'on ne la fixe au moyen du sulfate de cuivre.

Le flageolet ne peut pas se manger en cosse; il est trop parcheminé et le grain trop vite formé. Il ne peut donc être employé qu'écossé. Arrivant en automne après le haricot vert, et par conséquent le petit pois, c'est le dernier légume à conserver. A cet effet, changez les toiles du crible diviseur, remplacez-les par les toiles perforées employées pour le flageolet; faites écosser dans les mêmes conditions que pour le petit pois, 5 centimes par boîte de un litre bien plein, prix de l'écossage des pois, haricots, etc. Criblez et faites blanchir à feu modéré. Il ne faut pas que le bouillonnement soit précipité, afin que la chaleur pénètre lentement l'intérieur du grain sans faire éclater l'épiderme.

Blanchissez en moyenne 12 à 15 minutes suivant les grosseurs, la fraîcheur surtout. Il ne faut pas que vos grains soient tachés par la terre ou la rouille, chose fréquente à l'arrière-saison; employez pour le blanchiment la même quantité d'eau et de sulfate que pour le haricot vert extra-fin, rafraîchissez, versez dans les terrines, puis, faites trier afin d'enlever tous les grains défectueux.

Ayez soin de ne remplir vos boîtes qu'aux trois quarts, car le grain gonfle à l'autoclave. Lorsque vous blanchirez le flageolet, il faut avant de le retirer du feu que vous puissiez écraser le grain sous la pression du doigt. Il est alors à point, retirez-le et terminez comme ci-dessus. Vous éviterez la viscosité du jus en rafraîchissant longtemps et en employant le jus bien froid.

AUTOCLAVE HORIZONTAL
(Système ÉGROT.)

La disposition de cet autoclave permet, grâce à l'introduction de vagonnets chargés de boîtes, de simplifier la main-d'œuvre.
Sa disposition intérieure permet, après la sortie de l'eau d'ébullition, de rafraîchir les boîtes au moyen d'un injecteur.
Son réservoir à eau permet d'utiliser les eaux d'ébullition et économise le combustible.

Jus pour les haricots flageolets.

100 litres d'eau que vous ferez bouillir avec 3 kilos de sel fin et un gramme de carbonate de soude par litre d'eau, puis filtrez et laissez refroidir.

Cuisson à l'autoclave.

Laissez monter lentement en pression en purgeant souvent à 110; lorsque vous arriverez à ce point, marquez l'heure, et laissez :

20 minutes à 110 pour les 1/2;
25 — à 110 pour les 4/4.

Pour les moyens et les gros.

20 minutes à 112 pour les 1/2 ;
25   —   à 112 pour les 4/4.

Terminez l'opération comme pour les petits pois ; triez les boîtes fuites, faites-les ouvrir aussitôt, rafraîchissez à l'eau courante, égouttez et mettez en saumure pour les garnitures macédoines.

CHARIOT A FLACONS
(Système Égrot.)

Ce chariot est spécialement construit pour l'ébullition des bouteilles, flacons et à fruits et à tomates.

Le haricot flageolet demande à être rafraîchi au dedans ou au dehors de l'autoclave.

Laissez cuire doucement le tout pendant vingt minutes, emboîtez ensuite avec la cuiller à pot jus et flageolets, faites souder et laissez à l'autoclave à air libre.

Tarifs d'épluchage et d'emboîtage.

Dans les usines, les éplucheuses sont aux pièces et non à la journée ; le travail de l'écossage n'arrêtant jamais ni jour ni nuit, la paye à la boîte est donc préférable. Je répète donc que pour le petit pois, la paye est de 5 à 10 centimes par litre écossé, ce qui fait environ 2 kilos de pois en cosse, — 12 centimes par douzaines de boîtes pour les emboîteuses, que ce soient des 1/2 ou des litres ; travail de triage très soigné.

La mise au jus se fait par une femme ou un employé spécial, toujours le même, à cause de la régularité du remplissage. La personne avant de juter devra vérifier si les boîtes apportées par les emboîteuses sont bien à point, ni trop ni trop peu, le jus devra arriver au cordon de la moulureuse.

CHARIOT A ÉTAGES
(Système Égrot.)
Pour autoclave horizontal.

La construction de ce chariot est spécialement faite pour étuve à fruits, légumes, etc.

Les boîtes sont livrées au soudeur au fur et à mesure de ses besoins, et au moyen de porteuses ; on emploie souvent pour cet usage les caisses à fer-blanc vides ; on enlève les clous, on ajoute aux deux bouts un tasseau de 10 centimètres qui formera poignée ; c'est solide et pas cher.

Pour le haricot vert et pour le flageolet même système. On pèse aux effileuses par lots de 5 kilos, elles doivent effiler le haricot sans couteaux ni ciseaux, et le choisir en même temps.

Pour cela, faites des groupes de trois corbeilles, rangez vos effileuses autour en étiquetant les corbeilles suivant qualités extra, fins, moyens ; quant aux gros, après l'épluchage des 5 kilos, elles vous les remettront, en reprenant une nouvelle pesée.

5 à 10 centimes par kilo;

15   —   pour la mise en boîte par douzaines,

avec dessus de boîte artistiquement fait.

5 centimes par kilo pour éplucher, effiler et couper les gros, soit en effilades, soit en losanges.

Même prix pour les flageolets que pour les petits pois.

Au chapitre *Matériel*, je dirai les prix, tarifs et conditions exigées par messieurs les soudeurs de profession.

N. B. — Si la machine à écosser les pois ainsi que la sertisseuse arrivent à bonne fin, il y aura encore de beaux jours pour les conservateurs, et beaucoup moins de cheveux blancs à la fin de chaque campagne de fabrication.

Haricot flageolet au beurre.

Le haricot flageolet, après avoir été blanchi entièrement, presque à cuisson, et bien rafraîchi, peut très bien se conserver accommodé de la manière suivante.

Sitôt rafraîchi et bien lavé, remettez le flageolet dans la marmite basculante en tôle émaillée, couvrez-le d'eau fraîche, dans laquelle vous aurez fait fondre 40 grammes par litre de sel fin; ajoutez pour 25 litres de flageolets 1 kilogramme de beurre très fin, un bouquet de sarriette, un oignon piqué de clous de girofle.

45 minutes pour les 1/2 boîtes.

1 heure 5 m. pour les 4/4 de boîtes.

Rafraîchissez entièrement avant de les manipuler.

CAROTTES

Carottes tournées au jus.

Prenez au printemps, toujours en primeurs, de la petite carotte dite de Hollande, courte, obtuse, d'une couleur foncée et ayant peu de cœur.

La carotte jaune longue et de couleur fanée ne donne pas un bon résultat.

Choisissez toutes les petites; tournez-les, soit à la main avec le couteau, soit avec un outil spécial, qui n'est pas absolument nécessaire. Faites blanchir vos petites carottes dans de l'eau légèrement salée, juste à point pour qu'une aiguille puisse transpercer le légume sans résistance, égouttez le légume, laissez-le rafraîchir et dégorger pendant quelques heures à l'eau courante.

Emboîtez en rangeant le mieux possible les carottes à la partie supérieure ; jutez avec le jus suivant :

Jus pour carottes au naturel.

Par litre d'eau que vous ferez bouillir :

   50 grammes sel fin ;
   50 — sucre.

Filtrez et versez chaud sur vos carottes.

Petites carottes au beurre.

Même travail que le précédent, le jus après filtrage, faites-le bouillir et ajoutez par litre de jus 40 grammes de beurre frais, laissez bouillir et jutez vos boîtes de carottes très chaud.

Conservez les grosses carottes pour votre garniture flamande (voyez cette fabrication en suivant).

Cuisson à l'autoclave.

Vos boîtes jutées et soudées, ce qui peut et doit se faire à chaud — c'est mieux que de les laisser refroidir, — mettez à l'autoclave, et chauffez rapidement ; laissez le temps suivant :

20 minutes à 110 pour les 1/2 ;
25 — à 112 pour les 4/4,

et terminez l'opération comme pour les flageolets.

Si au sortir de l'autoclave, vous trouvez des boîtes fuites, le mieux est de les mettre au vinaigre, si vous avez l'emploi ou la fabrication des pickles, sinon cherchez la fuite ; faites un petit trou dans la gorge de la soudure avec le fer chaud, remplissez de nouveau la boîte avec du jus frais, ressoudez en bouchant la fuite, et mettez à l'ébullition simple :

30 minutes pour les 1/2 ;
45 — pour les 4/4.

Pour les épluchures des carottes que vous venez de tourner, lavez-les soigneusement ; faites-les blanchir et emboîtez-les dans des boîtes à capsules de 5 kilos sacrifiées pour cet usage, jutez avec jus et mettez à l'autoclave pendant une heure à 110 degrés, puis mettez à part ; vous retrouverez ces boîtes plus tard pour faire vos potages Crécy, pendant l'hiver, au moment des macédoines de légumes.

Carottes tournées à la flamande dites jardinières.

Les carottes qui se trouvaient trop grosses pour être tournées au couteau, employez-les pour la jardinière flamande.

A cet effet, après les avoir tournées pour faire la tête ronde comme un champignon, opération qui se fait facilement en cuisine, vous tournez le corps de votre carotte au moyen du couteau cannelé.

Pour que cette opération se fasse vivement, après avoir fait la tête de la carotte, faites-la blanchir à fond ; de cette manière, après refroidissement, le cannelage sera régulier et facile à faire ; mettez vos carottes en boîtes, jutez-les avec le jus beurré et mettez l'autoclave :

20 minutes à 112 pour les 1/2 ;
25 — à 114 pour les 4/4.

Même emploi pour les fuites, et même emploi pour les épluchures, c'est-à-dire les conserver pour en faire des purées Crécy.

NAVETS ET GARNITURES

Navets tournés au naturel et au beurre.

La conserve du navet demande toujours un navet de primeurs, soit venu sur couches ou autrement mais de qualité extra; le meilleur est le navet rose dit de Paris. Ne le prenez que de la grosseur nécessaire; il ne faut pas que la navet soit plus gros que la carotte afin d'éviter la perte; s'il est trop long, vous pouvez le couper en tronçons de longueur régulière, trop gros c'est une perte.

Ceci dit, tournez votre navet, comme une carotte, autant que possible, même forme; à mesure, jetez-le dans une terrine d'eau froide contenant par litres, 5 centilitres d'extrait liquide, que, pour plus de facilité, je désignerai sous le nom de *conservateur*.

Lorsque vos navets sont terminés, faites-les blanchir à grande eau légèrement salée; lorsque l'eau sera en pleine ébullition, versez dedans le contenu de la terrine : soit navets et liquide.

Laissez blanchir quelques minutes, en essayant de temps en temps l'aiguille afin de vous assurer de la cuisson; sitôt que l'aiguille entrera sans résistance, retirez même au fur et à mesure de la cuisson en laissant les plus durs quelques minutes de plus. Rafraîchissez à l'eau courante pendant une heure au moins; puis, emboîtez en rangeant toujours le dessus des boîtes; ordinairement, pour les carottes et les navets, on remplit les boîtes le mieux possible; puis, jutez avec la composition suivante :

Jus pour navets au naturel.

Pour 1 litre d'eau :

> 50 grammes *sel marin;*
> 1 centilitre conservateur liquide.

Faites bouillir, filtrez et versez chaud sur les navets.

Pour les navets au beurre, suivez exactement la même opération, ajoutez seulement 50 grammes de beurre frais et 50 grammes de sucre par litre au jus ci-dessus ; faites bouillir et jutez bouillant. Faites souder de même.

Cuisson à l'autoclave.

20 minutes à 110 pour les 1/2.
25   —   à 110 pour les 4/4.

Navets flamande.

Mêmes opérations que pour les carottes à la flamande, même jus beurré que
pour les navets ci-des-
sus, et même temps de
cuisson à l'autoclave.

N. B. — Pour les
fuites, ainsi que pour
les épluchures, peu ou rien à sauver, le navet ne peut pas se réemboîter, à part que
comme pickles, au vinaigre, il n'y a pas d'autres emplois.

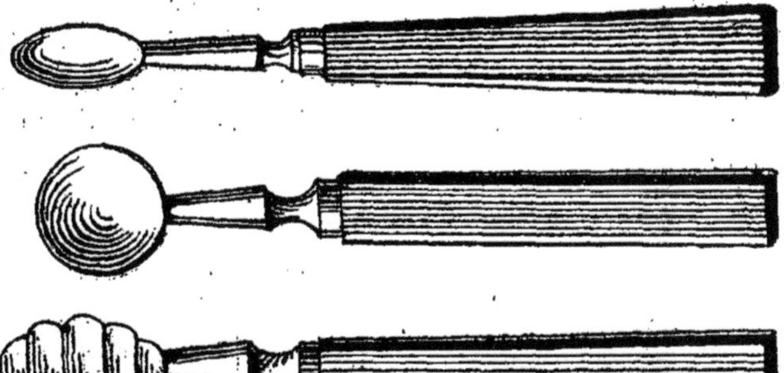

Servant à la fabrication des Macédoines à la cuiller, des Printaniers, Jardinières
et autres garnitures.

Garniture flamande.

A côté des carottes et des navets tournés, il y a les garnitures flamande et nivernaise. Commençons par
la première.

Emboîtez soigneu-
sement en litres, ou
demi-litre et par lits
successifs.

Carottes tournées
et cannelées.

Navets tournés et
cannelés.

Choux - fleurs en
bouquets blanchis pen-
dant une minute dans
la même cuisson que
les navets.

Quelques petits fonds d'artichauds conservés à la saumure.
Une poignée de petits pois de saumure.
Une poignée de haricots, en losanges de saumure.
Tassez bien le tout afin de remplir les vides, jutez avec le jus suivant :

Jus pour garniture.

50 grammes de sel par litre d'eau. Faites bouillir et jutez chaud.

Cuisson à l'autoclave.

Faites partir lentement, purgez et montez en pression à 110.

20 minutes pour les 1/2.
25 — pour les 4/4.

Les fuites peuvent resservir en rafraîchissant immédiatement les légumes, et traitez alors comme pour les fuites de carottes.

Garniture nivernaise.

Elle ne diffère de la précédente que par la forme du légume. Au lieu d'être en longueur, il est taillé en quartiers imitant la gousse d'ail, les côtés cannelés.

Vous pouvez employer pour cela des gros légumes ; faites blanchir identiquement comme les carottes et navets tournés, rafraîchissez, rangez en boîtes en alternant, par lits ou bouquets suivants :

Un chou-fleur de saumure, carottes, navets, quartiers d'artichauts, pois moyens, flageolets moyens, têtes d'asperges, crues ou conservées en saumure.

(Voir le chapitre *Légumes et fruits au vinaigre ou à la saumure*) et pour terminer chaque boîte un fond d'artichaut.

Jutez avec le jus précédent, soudez et même cuisson à l'autoclave.

Ces garnitures demandent beaucoup de soins et de goût, afin que les légumes restent bien entiers et bien naturels dans chaque boîte. Le chef conservateur y tiendra la main afin que cela ne laisse rien à désirer. Comme les légumes sont en saumure, mettez le temps nécessaire, ce travail doit être fait attentivement. Un filet de bœuf servi avec une de ces garnitures, bien remises en place autour du filet, est un plat luxueux partout.

APPAREILS DE LEVAGE
(Système F. Fouché.)

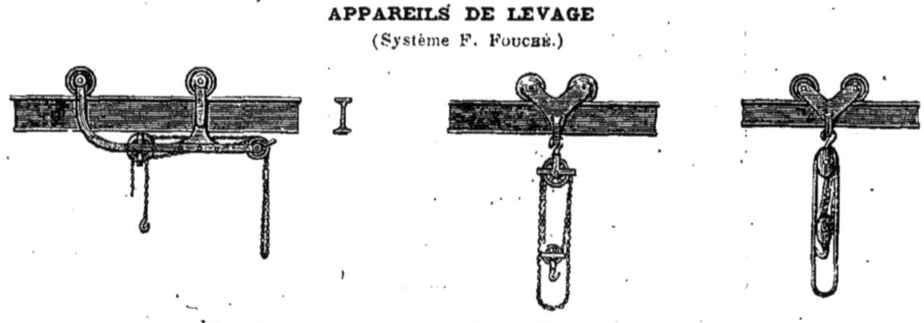

Pour la manœuvre des paniers à blanchir et des autoclaves.

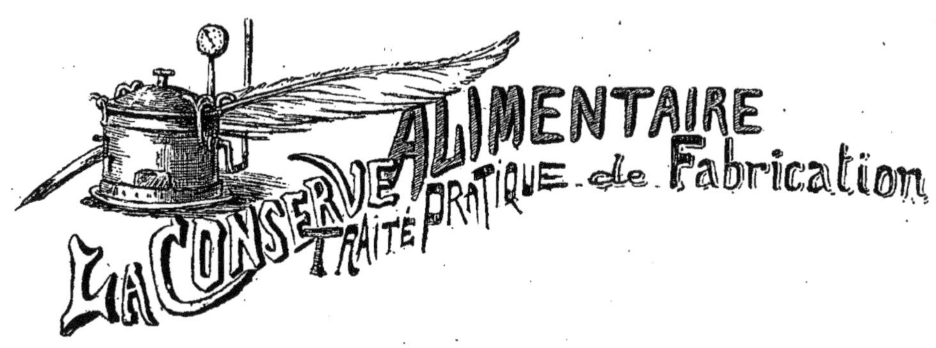

MACÉDOINES DE LÉGUMES

A la colonne, à la cuiller, à l'emporte-pièce.

A l'article asperges, pois, haricots, flageolets, une partie a toujours été au moment de la fabrication mise de côté pour les macédoines et les garnitures.

En automne, au moment de la récolte des grosses carottes, des gros navets, ou raves, il faut fabriquer alors les macédoines, employer toutes les réserves.

C'est l'emploi complet de tous les déchets de la fabrication.

La macédoine, comme vous le voyez, a son matériel et peut se faire :

1° Au moyen d'une machine marchant au moteur, coupant et détaillant les légumes de différentes grosseurs et dessins ;

2° Au moyen de petites machines à main possédant plusieurs filières de dessins différents et suffisantes pour la petite industrie et pour le cuisinier ;

3° A la cuillère, outils cannelés ou unis, fabriqués par différentes maisons (voyez l'*Outillage*) ;

4° Au moyen de la boîte à colonne, travail long, peu régulier, et faisant beaucoup de déchets.

N'importe quel outillage vous choisissiez, pour les uns et les autres la manipulation est la même.

Macédoine à la colonne.

Elle se compose de carottes découpées par les machines décrites ci-dessus, dans les proportions suivantes ; deux parties carottes, une partie navets.

A mesure que vous découpez les légumes, si c'est les carottes, triez-les afin de n'employer que les colonnes découpées régulièrement et laissez-les jusqu'à la fin du travail dans de l'eau fraîche.

Pour les navets, après les avoir épluchés et détaillés, laissez les colonnes dégorger, dans une eau composée de 5 centilitres extrait, par litre d'eau, puis, blanchissez les légumes séparément presque à cuisson, égouttez et laissez rafraîchir à l'eau courante. Blanchissez les navets, en les jetant à l'eau bouillante qui contiendra 5 centilitres de conservateur par litre d'eau; laissez blanchir quelques minutes, et rafraîchissez comme les carottes à l'eau courante.

Puis ensuite opérez le mélange composé :

Carottes, deux parties ;

Navets, une partie ;

Pois moyens ou fins, ou extra-fins, suivant la qualité de vos macédoines ;

Haricots verts coupés en losanges ;

Haricots flageolets ;

Quelques têtes d'asperges ;

Quelques choux de Bruxelles ;

Un bouquet de choufleur ;

Un fond d'artichaut par boîte.

Ces derniers légumes sont ceux que vous aurez mis en saumure, et ne les mélangez en macédoine qu'après les avoir laissés dégorger à l'eau tiède et subi une ébullition.

Le jus pour la macédoine est le même que pour les haricots verts.

Cuisson à l'autoclave.

16 minutes à 110 pour les 1/2.

20 — à 110 pour les 4/4.

25 — à 112 pour les doubles litres.

Cuisson au bain-marie.

45 minutes pour les 1/2.

55 — pour les 4/4.

Les fuites ne peuvent être sauvées que dans les purées pour potages.

Macédoine à la cuiller.

Les carottes et les navets, se découpent à l'emporte-pièce, appelé cuillère à légumes (voir le tableau au *Matériel*). Même blanchiment et même accompagnement d'autres légumes. Jutez avec le même jus et même cuisson, soit à l'autoclave, soit au bain-marie.

Croûte au pot.

Cette macédoine, préparée spécialement pour garniture de potage, ne doit se faire qu'au gras.

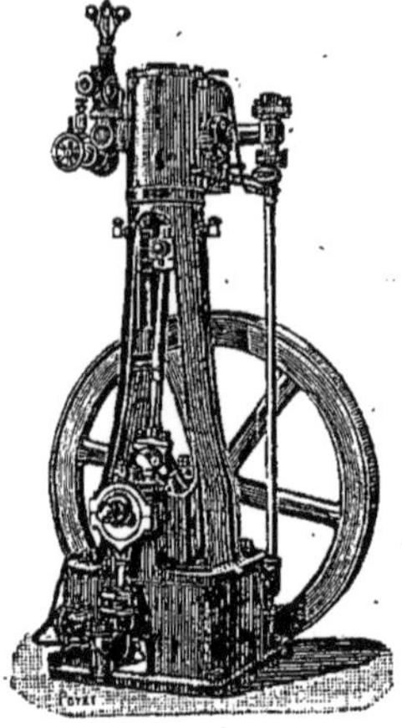

De 1 à 15 chevaux pour l'industrie de la fabrication des conserves alimentaires.

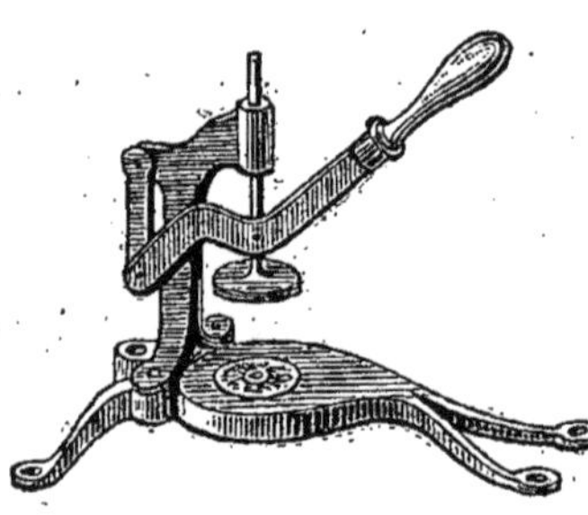

Outils spéciaux pour la fabrication des macédoines de légumes, printaniers et jardinières.

Opérez ainsi : Prenez autant de kilogrammes de viande de bœuf que vous désirez employer de bouillon. Un kilogramme de bœuf doit vous donner trois litres de liquide. Faites un pot-au-feu bien garni d'aromates, laissez cuire après l'avoir salé et écumé pendant quatre heures, retirez alors la viande et servez-vous du bouillon pour cuire doucement dans la bassine émaillée : carottes de Hollande épluchées et blanchies, choux de Milan blanchis et ficelés, poireaux et navets ; retirez tous ces légumes après cuisson, après les avoir parés, rangez-les en bouquets dans des boîtes de forme basse, ajoutez un bouquet de haricots verts ainsi que des petits pois. Jutez avec un peu de bouillon réduit, soudez et laissez à l'ébullition à air libre :

1 heure 15 pour les 1/2 boîtes.

1 heure 35 pour les 4/4 —

Rafraîchissez.

JULIENNES, BRUNOISES ET PURÉES
POUR POTAGES

Julienne maigre.

Après avoir épluché vos carottes et vos navets, émincez-les en julienne au moyen des machines-outils, usités pour cela (vous trouverez les modèles au *Matériel*) ; faites-les blanchir séparément, rafraîchissez ; mélangez avec les carottes et les navets, quelques choux frisés, ou choux verts émincés au taille-choucroute, ainsi que la quantité de poireaux suivante. Les carottes et les navets doivent être taillés à 5 centimètres de longueur, et les légumes ne doivent au blanchiment que donner un tour de bouillon couvert. Mélangez ensuite en proportion :

10 kilos carottes ;
6 — navets ;
5 — choux effilés et blanchis par un seul bouillon ;
1 — poireaux émincés ;
1 — pommes de céleris taillés en julienne et blanchis ;
5 — petits pois ;
1 — haricots verts taillés en losange.

Vous faites blanchir le tout ensemble dans une grande bassine. Un seul bouillon, retirez, rafraîchissez, et emboîtez ; les légumes doivent être très fermes, les boîtes bien remplies et tassées jnsqu'aux trois quarts ; jutez avec le jus indiqué aux macédoines ; soudez et même ébullition à l'autoclave et au bain-marie. Afin que le mélange soit parfait, il faut le faire dans son jus, en remarquant que les légumes verts iront toujours au fond du récipient ; veillez à obtenir un mélange parfait.

Julienne au gras.

Au lieu de jus, employez un bon bouillon de pot-au-feu, bien clair, et bien dégraissé, donnez alors vingt minutes à 112 pour les 1/2 et vingt-cinq minutes à 114 pour les 4/4.

Julienne au beurre.

A la julienne emboîtée comme il est dit ci-dessus, jutez les boîtes avec le jus suivant :

> 20 litres d'eau ;
> 500 grammes sel de cuisine ;
> 250 — sucre.

Faites bouillir pour fondre le tout, passez à la serviette, ajoutez 250 grammes de beurre très frais. Jutez chaud, soudez de même, et même ébullition que pour la julienne au gras.

Brunoise au maigre.

Même quantité de légumes que pour la julienne, seulement, tous les légumes, au lieu d'être effilés en 5 centimètres de longueur, sont au contraire coupés à la filière en petits carrés de 4 millimètres. Blanchissez, rafraîchissez comme pour la julienne au maigre.

Brunoise au gras.

Mêmes recommandations que pour la julienne au gras et même cuisson à l'autoclave.

Brunoise au beurre.

Identiquement comme pour la julienne au beurre.

N. B. — Toutes ces juliennes et brunoises sont des garnitures de potages ou de soupes, qu'elles soient liées ou claires ; faire toujours chauffer le légume dans son jus, l'égoutter et versez le potage chaud dessus ; il est inutile de faite cuire.

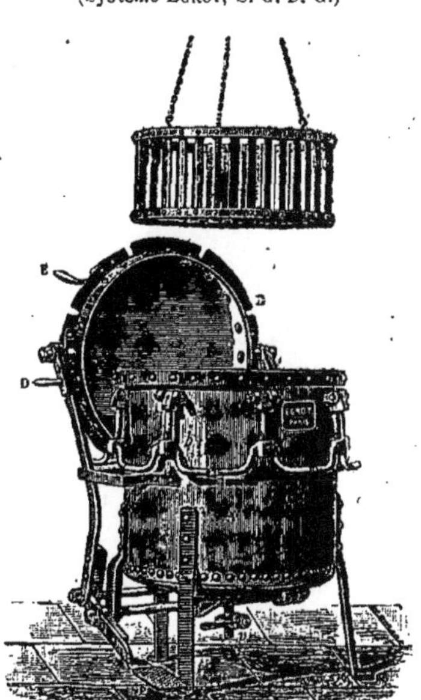

PETIT AUTOCLAVE A VAPEUR
(Système ÉGROT, S. G. D. G.)

Cet appareil à couvercle basculant automatiquement peut servir pour la petite industrie à usages multiples.

Purée crécy.

Dans les chapitres traitant de la conserve des carottes et navets nouveaux, j'ai indiqué l'emploi des épluchures ; maintenant c'est le moment de les employer, en y comprenant les déchets de la fabrication des juliennes, macédoines, brunoises, etc. ; la composition est la suivante :

> 2 kilos oignons ;
> 20 — parures carottes :
> 5 — parures navets ;
> 5 — pommes de terre.

Le blanc de cinq poireaux, un pied ou une pomme de céleri.

Épluchez tous ces légumes, taillez-les grossièrement, et mettez-les cuire à petit feu à bassine couverte et juste assez d'eau pour baigner le tout, remuez souvent afin que le fond n'attache pas, puis tout chaud passez au tamis à purée ; il faut que tout passe, rien ne doit rester sur la toile, remettez alors cette purée dans la bassine, faites chauffer, ajoutez une poignée de sel, et si la couleur n'est pas assez vive, quelques gouttes de carottine (voyez *Rose nouveau*) ; il ne faut pas trop charger en couleur ; mettez en boîte, soudez et ébullitionnez vos boîtes chaudes, afin de conserver l'arôme des légumes ; il faut que votre purée soit très épaisse, pour arriver au résultat désiré.

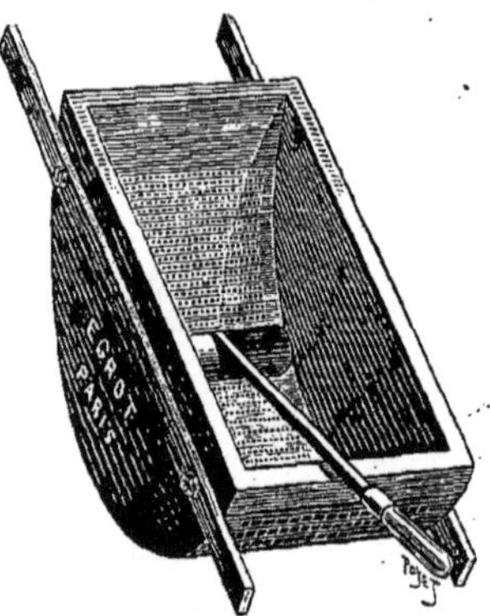

TAMIS EN NICKEL
(Système Corthay.)
Construit par la maison Égrot.

Ce tamis en forme de demi-cercle, à toile perforée en nickel, ayant plusieurs diamètres, est d'un emploi forcé dans les usines et laboratoires.
Son prix très modique est à la portée de la petite et la grande industrie qui ont plusieurs grandeurs à leur disposition.

Cuisson à l'autoclave.

20 minutes à 110 pour les 1/2.
25 — à 110 pour les 4/4.

Cuisson au bain-marie.

1 heure 1/4 pour les 1/2.
1 — 1/2 pour les 4/4.

Emploi de la purée crécy.

Pour vous rendre compte du résultat, faites bouillir 4 litres d'eau, avec une poignée de sel, 150 grammes beurre frais, au premier bouillon, ajoutez une boîte d'un litre de purée, remuez ; et au premier bouillon, ajoutez une pointe de muscade rapée, un peu de poivre moulu, goûtez si votre potage est assez assaisonné ; comme cela vous saurez le résultat.

Crécy au riz.

A la dose d'eau ci-dessus, au premier bouillon, ajoutez quatre poignées de riz lavé, laissez cuire quinze minutes, ajoutez la purée, voyez l'assaisonnement et servez.

Pour terminer vos potages, au moment de les manger, ajoutez, mais sans faire bouillir, aux doses ci-dessus, un verre de crème double et trois jaunes d'œufs, mélangez avec la crème, ajoutez quelques croûtes passées au beurre, une fois la liaison dans la purée, elle ne doit plus retourner au feu.

Purée de petits pois.

Au moment de la fabrication des petits pois, je vous ai indiqué de mettre de côté tous vos pois de triage, de fuites, et ceux d'arrière-saison.

Débouchez toutes vos boîtes, ainsi que le pois de saumure, le moyen et le gros qui pourraient vous rester de la fabrication de vos macédoines, faites-les blanchir à grande eau pour les laver, rafraîchissez longuement. Pendant ce temps, pelez et lavez des pommes de terre farineuses ; il vous faut 5 kilos de pommes de terre épluchées pour 20 litres de pois ; faites cuire à petit feu et longuement, les pois, les pommes de terre, 500 grammes d'oignons épluchés et un beau bouquet de sarriette ; remuez souvent et après cuisson passez au tamis à purée ; tout doit passer, sauf l'épiderme des pois ; remettez la purée dans une bassine, faites chauffer et réduire s'il y a nécessité, ajoutez une poignée de sel, et colorez d'un beau vert tendre, avec quelques gouttes de vert confiseur. (Voyez *Colorants*.)

Mettez en boîte, comme pour la Crécy, soudez et ébullitionnez.

Cuisson à l'autoclave.

20 minutes à 110 pour les 1/2.
25   —   à 110 pour les 4/4.

Cuisson au bain-marie.

1 heure 1/4 pour les 1/2.
1   —   1/2 pour les 4/4.

Emploi de la purée de pois.

4 litres d'eau pour 1 litre de purée.
150 grammes de beurre frais.

Un peu de muscade rapée, poivre et sel ; même liaison à la crème et au jaune d'œuf que pour la Crécy.

La purée de pois se sert aussi naturelle, il faut alors la beurrer grassement ; comme potage avec du riz, ou tout autre garniture de légumes, mais en petite quantité. Et pour arriver à un bon résultat, il faut mieux passer sa purée deux fois que de la passer grossièrement.

N. B. — Toutes les purées de légumes se font de même, et elles sont nombreuses :
Purée de cardons ;
Purée de céleris ;
Purée de haricots ;
Purée de fèves, etc., etc.
Pour les conserves qui vont suivre, comme il est nécessaire d'employer l'acide sulfureux, voici sa préparation. Mais je dois dire qu'il est interdit ; que son résultat dans le travail est appréciable, mais que sa saveur devrait interdire de s'en servir :

Fabrication de l'acide sulfureux.

10 litres d'eau;
1000 grammes acide chloridryque;
500 grammes bi-sulfite de soude.

Faites bouillir l'eau, versez-la ensuite dans une terrine de grès pour la laisser refroidir, puis ensuite dans une bombonne de verre; ajoutez dans la bombonne le bi-sulfite de soude, et l'acide chlorydrique. Laissez reposer quelques jours avant de vous en servir. Cette formule m'a mieux réussi que celle du codex indiquant l'emploi de l'hyposulfite, car avec le premier procédé j'en usais en place de jus de citron et d'acide citrique; mais je n'indique ce procédé qu'en cas de besoin urgent, autant que faire se peut, le conservateur, le cuisinier, le comestible, le boucher, le charcutier, en un mot tous les métiers employant, la viande, la volaille, le poisson, devront faire usage de l'extrait liquide. Comme le brevet n'est pas dans le domaine public, la vente en sera ultérieurement annoncée ainsi que les dépôts.

L'extrait liquide.

Assainit les viandes, détruit les germes de fermentation ou décomposition putride ou épidémique, détruit la trichine du porc, ainsi que le rouge de la morue; il empêche d'une manière complète la formation du rance dans les salaisons de porc, conserve les saumures et évite l'emploi du sel à haute dose: il est incolore, ni odeur, ni saveur, et ne laisse aucune trace, le flacon d'essai 1 litre, 2 fr. 75; son emploi est indéfini, soit pour les sirops, soit pour les fruits; il tue la fermentation et neutralise les liquides d'une manière définitive; étant employé en si petite dose, c'est pour ainsi dire une dépense nulle. Dans les chapitres suivants, j'indiquerai les multiples applications de ce produit, qui jusqu'à présent n'a pu être complet qu'à l'état liquide. Nul doute que les nouveaux essais réussiront à le faire à l'état de sel; jusqu'à présent nous n'y sommes pas encore arrivés.

CARDONS

Cardons d'Espagne.

Il y a plusieurs espèces de cardons ; les plus estimés, sont les cardons épineux dits d'Espagne, ou de Tours. Choisissez en novembre ou décembre les plus blancs et tendres ; détachez les tiges du tronc en tournant avec le couteau, rejettez toutes les côtes vertes et poreuses ; ne coupez de la longueur de 10 centimètres que celles qui sont blanches et pleines, jetez les tronçons, au fur et à mesure, dans un baquet d'eau fraîche contenant en dissolution 5 centilitres d'extrait liquide par litre d'eau ; en coupant vos tronçons de la longueur de 10 centimètres, vous devez arriver à la hauteur des boîtes, les cœurs des troncs doivent être épluchés et blanchis à part, après les avoir parés par tronçons réguliers au moyen d'un emporte-pièce de la boîte à colonnes.

Lorsque toutes vos tiges et troncs sont prêts, faites bouillir une bassine émaillée contenant de l'eau en suffisante quantité pour que vos tronçons blanchissent sans être serrés ; délayez une certaine quantité de farine dans un peu d'eau froide, suffisante pour blanchir l'eau de l'ébullition. Lorsque l'eau arrivera à son premier bouillon, mêlez la dilution de farine en remuant avec une spatule ; ajoutez 5 centilitres d'extrait liquide par litre d'eau ; puis, au moyen d'une grande écumoire, prenez vos tronçons de cardons dans le baquet, jetez-les dans la bassine, et laissez-les bouillir à petit feu et couvert pendant dix minutes ; assurez-vous, au moyen d'une aiguille, du degré de cuisson ; lorsque l'aiguille commencera à les transpercer, commencez à retirer à mesure qu'ils cuisent, les tronçons les plus tendres, et remettez-les à rafraîchir dans de l'eau fraîche contenant aussi 5 centilitres d'extrait, les cœurs seront les plus durs à cuire, laissez-les ; puis, avec la main, lavez les tronçons de cardons dans leur eau tout en les parant, et posez-les sur un tamis afin qu'ils égouttent. Rangez-les en boîte, debout, et le cœur au milieu ; tassez bien vos tronçons, afin que les boîtes soient bien garnies, n'y laissez aucun vide ; la forme des cardons se prête très bien au remplissage ; les côtes les plus grosses, les plus larges, doivent s'appuyer contre les parois des boîtes, au centre n'y mettez que les petites côtes, ainsi qu'un morceau de cœur ; vos boîtes garnies, jutez-les avec le jus ainsi composé, il en faut très peu, les boîtes étant remplies par les cardons.

Jus pour les cardons.

Pour 1 litre d'eau ; ajoutez par litre 50 grammes de sel fin, 1/2 centilitre extrait liquide, 20 grammes farine de riz, 10 grammes beurre frais, faites bouillir le tout après avoir bien remué afin de délayer la farine ; au premier bouillon, retirez du feu, videz dans une terrine de grès ou si vos boîtes sont prêtes, jutez de suite et remplissez la boîte jusqu'au plein bord ; laissez reposer au moins une nuit avant de souder, afin de laisser le cardon, s'imbiber de jus ; si vous avez du jus de reste, conservez-le, car le lendemain il y aura des boîtes dans le nombre que vous serez obligé de juter à nouveau.

Ayez soin, avant de remplir vos boîtes, de bien les essuyer avec un linge propre et d'y mettre au fond une tranche d'oignon excessivement mince, blanche et crue, un atome de feuille de laurier et un clou de girofle. Avant de faire souder, essuyer soigneusement le bord des boîtes afin d'éviter les soufflures, et mettez à l'autoclave. Vos cardons devront être encore fermes au toucher lorsque vous les emboîterez, à ce point vous pourrez les laisser quelques minutes de plus à l'autoclave.

Pour grande usine, couvercle articulé permettant l'enlèvement et la mise en place sans le secours de la grue, le Panier-Cage est construit pour boîtes et presse à flacons.

Cuisson au bain-marie dans l'autoclave.

1 h. 15 m. pour les 1/2.
15 minutes pour les 4/4.

Si vos cardons étaient de qualité très tendre et qu'ils aient été vite blanchis, vous diminueriez le temps de leur cuisson à l'autoclave, de quelques minutes, et rafraîchissez avant de les retirer.

La conserve du cardon est, comme d'ailleurs toutes les autres, longue et minutieuse à faire ; vous ne devez employer que les belles côtes, mais vous ne perdez pas pour cela, les autres débris, parures, petites côtes et les tronçons des cœurs. Après avoir blanchi la première catégorie, servez-vous de la cuisson pour cuire tous vos débris ; soignez-les, rafraîchissez, puis après les avoir nettoyés mettez-les en boîte, jutez avec le bon jus bien conditionné, ajoutez la rouelle d'oignon et accessoires, soudez et même temps d'ébullition ; cela c'est la provision de la famille ou de l'office, excellente pour employer comme purée pour potages, ou au gratin comme légumes (Voyez aux champignons l'article *Gratin*).

Cardes ou côtes.

De la famille des bettes ou betteraves comestibles, à large feuille verte et possédant une côte large, blanche, charnue, que vous dépouillez de sa partie verte, que vous découperez en tiges de la même longueur que les cardons ; vous suivrez pour leur cuisson, les recommandations de l'article précédent. Même emboîtage et même jus, même temps d'ébullition à l'autoclave, ayant soin de les retirer du blanchiment encore très fermes. Les cardes peuvent très facilement remplacer le cardon ; c'est un excellent article pour l'exportation et la modicité de son prix le rend accessible aux plus petites bourses, et comme le cardon il est excellent au gratin.

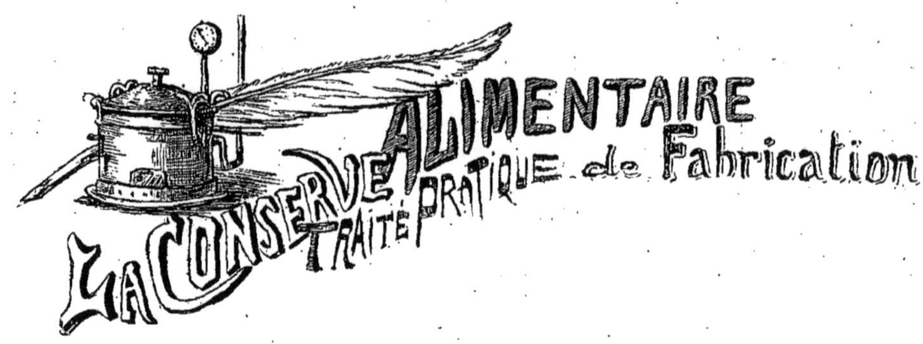

ARTICHAUTS

Artichauts en quartiers. — Fonds d'artichauts. — Artichauts entiers.
Artichauts en saumure. — Fonds d'artichauts séchés.
Emploi des gros artichauts, a la barigoule a la provençale, à la juive

Lorsque le moment de la récolte est arrivé, arrangez-vous, dans la grande industrie, à y aller vivement ; préparez vos baquets, vos saumures et une ample provision
d'extrait liquide.

Pour le cuisinier ainsi que pour le petit industriel qui ne dispose que de petites
quantités à la fois ; il faut mieux préparer dans un endroit frais un tonneau défoncé
d'un de ses fonds et contenant une certaine quantité de saumure cuite à 10 degrés et contenant 5 centilitres d'extrait liquide par litre d'eau. Au fur et à mesure de la
récolte, il mettra dans cette saumure les artichauts qu'il aura reçus, après leur avoir
fait subir la première manipulation, et il pourra alors faire sa fabrication et sa cuisson
d'un seul coup. Pour que l'artichaut ait encore de la valeur et qu'il soit de bonne
qualité, il faut le cueillir étant encore vert, avant que le foin n'ait fait sauter le fond.

Artichauts en quartiers.

Choisissez pour cela les gros, ayant un fond ou cul très épais, coupez-les en trois
ou quatre quartiers, suivant grosseur ; trempez, sitôt coupés, vos morceaux dans un vase
contenant de l'extrait au dixième, soit 10 centilitres par litre d'eau ; il n'en faut que la
quantité nécessaire pour mouiller le quartier, et mettez chaque quartier dans un panier ;
il ne faut pas les mettre dans l'eau, trempés dans la solution, ils ne noirciront plus
jamais ; cette première opération terminée, faites bouillir la quantité d'eau nécessaire
à leur blanchiment et employez le restant de votre solution à saturer votre eau d'ébullition ; jetez vos quartiers dans cette eau ; laissez-les blanchir pendant trois à six minutes,
suivant leur degré de fraîcheur et de maturité. Avant de couper vos artichauts, vous en
aurez effeuillé les fonds, et parés au couteau afin d'avoir une surface blanche, sans taches
vertes, ni trous, vous n'aurez laissé que 2 centimètres de longueur aux feuilles de la

couronne. Après quelques minutes de blanchiment rafraîchissez en les prenant avec une écumoire grillée, et ne changez pas l'eau. A ce point, vous devez pouvoir enlever facilement le foin des quartiers, parez-les avec de gros ciseaux, taillez les feuilles et si vous en avez assez, emboîtez dans des boîtes spéciales plus larges que hautes et ayant la dimension de l'artichaut que vous reformerez en mettant les trois ou quatre quartiers, les uns à côté des autres, faites deux lits, afin que les fonds d'artichauts touchent les fonds des boîtes, et que les feuilles soient dans le milieu.

Si vous n'en avez pas assez, mettez ces quartiers dans le tonneau à saumure, en attendant une nouvelle provision.

Outil à faire les fonds d'artichauts.
(Système COTTE.)

Si vous n'avez pas d'extrait liquide, vous le remplacerez par 1 centilitre d'acide sulfureux par litre d'eau, dans toutes les manipulations où il est indispensable; il faut qu'au sortir du blanchiment vos quartiers soient encore crus, afin de ne pas les effeuiller.

Si vous n'avez pas de boîtes spéciales pour quartiers d'artichaux, employez des boîtes de litres; il faut de douze à seize quartiers pour remplir la boîte.

Si vous ne tenez qu'à faire des provisions, vous pourrez, sans employer les boîtes, les conserver dans la saumure; pour cela, vous retirerez du tonneau vos quartiers, vous les rangerez dans des pots de grès ou des barils, mais le plus serrés possible et bien tassés, vous mettez par dessus une planchette les maintenant en place au moyen d'un tasseau Vous remplirez le baril de saumure fraîche à 10 degrés, contenant 5 centilitres d'extrait, et par dessus le tout un peu d'huile d'olive, de noix ou d'huile blanche comestible, surtout pas d'huile à brûler, ou de mauvaise qualité.

Si vous emboîtez les quartiers, jutez-les avec la cuisson suivante :

      10 litres d'eau ;
      500 grammes sel ;
      15   —   alun ;
      50   —   farine de riz ;
      1 centilitre acide sulfureux.

Délayez le tout à froid, sans faire bouillir, au moyen d'un petit fouet de bouleau, jutez et ébullitionnez comme suit :

A l'autoclave.

20 minutes à 110 pour les 4/4.
25   —   à 116 pour les doubles-litres.
Ou à l'air libre 1 heure 15 pour les 1/2 litres.
—   1   25   —   4/4.

Fonds d'artichauts.

Généralement les fonds d'artichauts ne se font qu'avec les moyens et les petits; leur diamètre est celui des 1/2 et 1/4 de boîtes, forme haute, et cette opération se fait au moyen d'un outil spécial marchant au tour (voyez le dessin à l'outillage), par ce moyen la quantité de fonds tournés dans une journée est énorme, le couteau faisant 300 tours à la minute, ne met que 3 secondes pour faire le fond : après avoir effeuillé le fond de l'artichaut, vous le saisissez par les feuilles de la couronne, et vous plantez l'aiguille du découpoir en plein centre, appuyez fermement et retirez, trempez le fond de suite dans une solution au 10e d'extrait ou d'acide sulfureux, et mettez en panier d'osier autant que possible, jamais de métal, fer surtout, l'artichaut noircirait immédiatement, une fois les fonds terminés soit en 1/2, soit en 1/4, vous les plongez à grande eau bouillante saturée au 20e, soit d'extrait, soit d'acide, trois minutes en moyenne à cuisson couverte, six au plus. Rafraîchissez à l'eau fraîche, puis avec un couteau d'office, taillez le fond régulier au ras du blanc, avec une cuillère à café d'argent, nettoyez le foin qui reste adhérent, puis mettez de suite en terrine de terre vernie, contenant un peu d'eau coupée au 10e d'acide sulfureux ou acide citrique ; lavez-les bien dans cette eau en les parant, puis rangez-les en boîte en les chevalant afin qu'ils ne se collent pas. Jutez-les avec le même jus que les quartiers, etc.

Cuisson à l'autoclave.

Si vos fonds sont bien blancs et bien fermes, vous pourrez leur donner la pression suivante :
1 h. 15 minutes à 100 pour les 1/2.
1 h. 25   —   à 100 pour les 4/4.

Si contre toute attente vos fonds d'artichauts n'étaient pas bien blancs, ne les emboîtez pas, laissez-les blanchir dans la solution d'extrait ou si vous n'avez pas d'extrait dans le jus que vous avez préparé, couvrez les terrines d'une feuille de papier blanc et mettez au frais et à l'ombre. Si vous n'avez pas assez de fonds pour emboîter, mettez-les après les avoir bien parés dans le tonneau de saumure.

N'employez jamais de fer afin de ne pas noircir les fonds.

Les fonds d'artichauts sont très employés en cuisine, et si vous voulez les conserver pour votre usage particulier, après être restés à blanchir un certain temps dans la saumure, rangez dans un vase de grès ou de bois, couvrez de saumure fraîche et d'huile.

N. B. — La saumure n'a raison d'être que si vous employez l'extrait ; n'employez jamais l'acide sulfureux.

Et surtout rafraîchissez entièrement les boîtes avant de les sortir de l'autoclave.

Fonds d'artichauts.
(*Autre procédé.*)

C'est l'ancienne méthode, la plus usitée, et remplaçant l'outil par la main.

Après avoir coupé vos tiges d'artichauts au ras du fond, rangez-les dans les diaphanes de l'autoclave, recouvrez avec une plaque de fonte assez lourde ; pour les maintenir en place en les rangeant, ayez soin de mettre les feuilles en bas, puis au moyen de la grue mettez le diaphane dans l'autoclave, recouvrez d'eau fraîche, et laissez blanchir sous pression en serrant les vis du couvercle.

Au premier jet de vapeur marquez l'heure et laissez quinze minutes ; comme vous ne chargez pas la soupape, vous ne monterez qu'à 106 ; c'est suffisant pour blanchir à fond.

MARMITE AUTOCLAVE A VAPEUR
pour la cuisson des légumes sous pression.

Les artichauts entiers emplissent la cage.
La gravure ci-dessus représente le cuiseur retirant le panier plein après le refroidissement.

Videz l'eau et laissez rafraîchir avant de retirer ; rangez ensuite vos artichauts dans des paniers d'osier, et avec la main effeuillez les fonds en ne laissant que les feuilles qui entourent le foin.

Préparez des terrines d'eau acidulées d'acide citrique, prenez les feuilles de la main gauche et avec la main droite tournez le fond avec un couteau d'office bien tranchant.

Le fond terminé, en tournant, détachez d'un seul coup la pointe de feuilles, et avec le pouce enlevez le foin.

Parez ensuite le bord de l'artichaut, et mettez-le ensuite dans la terrine d'eau acidulée.

Ayez ensuite des paniers d'osier blanc, mettez-y les fonds contenus dans les terrines et plongez le panier dans une cuisson bouillante composée d'eau et d'acide citrique.

Maintenez la cuisson au point d'ébullition et laissez vos fonds blanchir entièrement, ce qui aura lieu en douze à vingt minutes.

La cuisson ne doit pas bouillir et peut servir pour plusieurs paniers.

Enlevez ensuite votre panier, trempez-le dans l'eau fraîche, emboîtez de suite, et jutez à l'eau salée et acidulée, légèrement.

Il ne faut pas que le goût d'acide domine, soudez et mettez à l'autoclave à l'air libre :

> 1 heure 15 minutes pour les 4/4.
> 1   —   pour les 1/2 et les 1/4.

N. B. — L'artichaut blanc blanchi entier demande moins de cuisson à l'autoclave que le procédé n° 1.

Rafraîchissez entièrement avant de sortir de l'autoclave.

En employant l'acide citrique, il faut deux mois aux fonds d'artichauts pour être complètement terminés.

Et acidulant l'eau de neutraline, à raison de 1 centilitre par litre, ils sont blancs immédiatement.

Artichauts entiers.

N'employez pour cela que des artichauts petits et jeunes, parez les fonds et les feuilles, faites-les blanchir quelques minutes, rafraîchissez, rangez-les en boîtes, jutez avec le liquide suivant : pour 1 litre eau 50 grammes sel fin, 1 gramme carbonate de soude ; il faut que vos légumes restent très fermes.

Cuisson à l'autoclave.

> 12 minutes à 110 pour 1 kilo.
> 16   —   à 110 pour 2 kilos.

Cette conserve est peu demandée ; pour les artichauts barigoule ou à la juive, il vaut mieux employer l'artichaut conservé dans la saumure.

Artichauts en saumure.

Blanchissez vos gros artichauts sans les effeuiller en y laissant même trois centimètres de tige et toutes les feuilles, au moyen d'une cuiller à légume, vous aurez retiré le foin de l'intérieur sans trop les briser, faites-les blanchir dans l'eau bouillante salée, rafraîchissez longuement à l'eau courante, puis laissez-les s'égoutter en les posant dans des paniers, les fonds en l'air ; rangez-les ensuite dans un tonneau, tassez et pressez au moyen d'un poids et versez la saumure habituelle ; au bout de huit jours, égouttez cette saumure ; si elle est amère et verdâtre jetez-la et remettez de la saumure fraîche ; huit jours après, pesez cette saumure, voyez sa densité : si elle marque 10 degrés, cela va bien, sinon faites rebouillir, écumez et ramenez-la à son point en y ajoutant du sel marin ; laissez refroidir avant de la verser dans le tonneau, et conservez dans un endroit frais et à l'obscurité. Pour vous en servir, faites-les dessaler pendant un jour ou une nuit dans de l'eau fraîche. Blanchissez-les à nouveau pour raviver la couleur verte des feuilles après le blanchissage ; laissez-les reprendre couleur dans une bassine d'eau contenant 5 grammes de sulfate de cuivre par 10 litres d'eau, puis faites-les cuire à point.

N'employez le sulfate qu'à la dernière extrémité et plutôt dans l'eau du blanchiment qu'à froid, l'artichaut ne demande pas à être trop reverdi.

Fonds d'artichauts séchés.

Au bout de huit jours de saumure, retirez vos fonds du tonneau, lavez-les, enfilez en chapelet avec du gros fil et une aiguille, et laissez-les sécher à l'air le plus longtemps possible. Si la température ne s'y prête pas, employez une étuve chauffée à 20 degrés.

Pour bien sécher, les fonds ne doivent pas se toucher ; pour les employer, les faire revenir longtemps à l'eau tiède, afin qu'ils reprennent leur forme, et les cuire ensuite dans une cuisson composée d'eau, farine, sel et beurre ; dans les campagnes, on emploie pour finir le séchage la dernière chaleur du four du boulanger, mais longtemps après la sortie du pain ; il faut toujours saumurer l'artichaut avant le séchage afin d'éviter la moisissure.

Les gros artichauts en saumure

s'emploient de la manière suivante :

Barigoule.

Hachis composé de mie de pain, persil haché, une gousse d'ail, une poignée de champignons, le tout bien assaisonné, garnissez l'intérieur de vos artichauts et faites-les cuire à l'étuvée avec un peu d'huile d'olive.

Provençale.

Même hachis ; vous remplacez les champignons par des cèpes ou des aubergines hachées.

A la juive.

Hachez une poignée de menthe fraîche, quelques gousses d'ail, ajoutez gros sel et poivre, faites entrer ce hachis au travers des feuilles, et finissez-les de cuire doucement dans l'huile, tout en les laissant se colorer légèrement :

Ou encore froid, sauce vinaigrette.

Ou à chaud, sauce au beurre ou suprême.

Les méthodes ne manquent pas pour apprêter les artichauts.

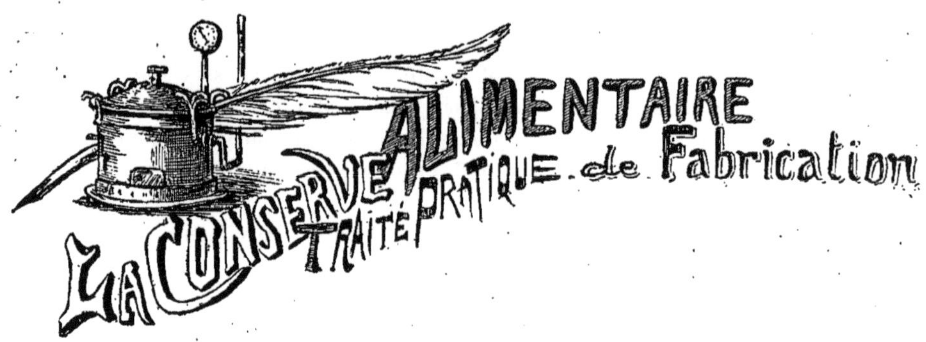

CÉLERIS

Céleris au naturel.

Choisissez à l'arrière-saison les petits pieds de céleri bien blancss, ne laissez aucune tige verte, taillez le bas du pied en pointe, coupez-les de la longueur des boîtes, si c'est pour des litres ou des doubles litres ; les petits céleris vont mieux pour des boîtes de litres.

Lavez-les bien afin d'enlever les parties terreuses et les insectes, vers, limaces, et faites-les blanchir cinq minutes à l'eau salée ; rafraîchissez, emboîtez, en les serrant bien les uns contre les autres, jutez-les avec le même jus que les cardons ; faites souder, etc.

Cuisson de l'autoclave.

20 minutes à 110 pour les 4/4.
16 — à 110 pour les 1/2.
Ou $1^h 15^m$ à air libre pour les 1/2.
$1^h 25^m$ — — 4/4.

Il y a beaucoup de déchets dans ce légume ; en le coupant, mettez de côté les feuilles tendres et après blanchiment emboîtez pour l'office ou pour la famille ; bien apprêté il est excellent.

Céleris au jus.

Remplacez le jus ci-dessus par du bouillon très fort, ou des jus de rôtis clairs et bien réduits, pas trop foncés de couleur. Jutez, soudez et même ébullition que précédemment.

Céleris au beurre.

Remplacez le jus par du beurre fondu et légèrement salé, et terminez comme pour les céleris au naturel.

Céleris en quartiers.

A l'automne, avant les gelées et lorsque les pommes de céleri sont prêtes à rentrer, coupez-les en trois ou quatre quartiers ; pelez-les soigneusement en leur donnant une belle forme, faites-les blanchir quelques minutes à l'eau salée, rafraîchissez et terminez absolument comme pour les pieds de céleri au naturel, au jus ou au beurre.

Les céleris se servent : 1° sauce demi-glace, au gratin, garnis de croûtons de moelle de bœuf, à l'italienne, braisés au jus, sauce suprême, etc., etc.

Les déchets ou les pieds mal blanchis se mettent en boîtes de 3 kilos pour les équipages ou les cantines.

TOMATES

Sauce tomates. — Purée de tomates. — Tomates en quartiers. — Tomates entières. — Pate de tomates entières. — Pulpe de tomates salée. — Tomates entières a la saumure. — Coulis de tomates a cru. — Glace de tomates.

La tomate tient une grande place dans l'alimentation publique et dans l'industrie de la conserve alimentaire.

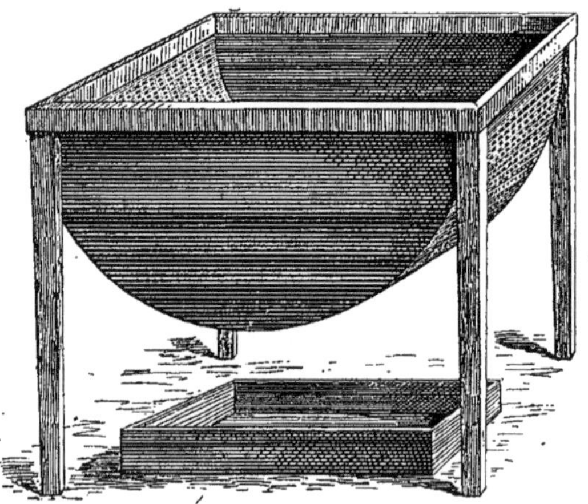

TAMIS ARTICULÉ
(Système Corthay.)
Construit par la maison Egrot, à Paris.

Ce tamis, indispensable pour les fabricants de conserves alimentaires, les fabricants de confitures, etc., est fait en plusieurs grandeurs. La plaque perforée est en nickel pur, inusable et n'oxydant jamais les fruits. Un homme seul peut passer dans une journée 4.000 kilos de tomates.

Malgré la falsification éhontée qui se fait de plus en plus forte, la vente sera toujours pour les fabricants qui se respectent. Depuis quelques années, des spéculateurs ont créé des usines de fabrication, mais incapables de bien faire, ils ont cherché dans l'avilissement du produit des profits illicites ; à la tomate ils ont ajouté de la carotte, du potiron, des pommes de terre, de la fécule, de l'amidon, etc., etc. Assaisonnant ce mélange, le colorant avec de la garance ou de l'aniline, le vendant à vil prix, ils ont fait un moment le désespoir des maisons sérieuses; mais le public est vite revenu aux fabricants honnêtes, et des truqueurs il ne reste plus que le surnom « suceurs de gousses d'ail ».

Sauce tomate.

Ne prenez pour cela que des tomates extrèmement mûres, bien colorées par le soleil, enlevez les feuilles et la tige, mettez sur le feu, remuez continuellement avec la spatule, ne laissez pas attacher le fond, ajoutez pour 100 kilos de tomates, 2 kilos sel, 1 kilo oignons émincés, cinq feuilles de laurier, quelques branches de thym ; faites cuire *longuement* à petit feu, passez tout chaud au tamis à purée ; il ne doit rester dans le tamis que les peaux et les semences. Les tamis spéciaux pour la grande ou la petite industrie sont fabriqués par la maison Egrot, à Paris. Plus votre tomate sera cuite, mieux elle passera, et plus lisse sera votre coulis ; remettez une fois passé sur le feu. Autant que possible, pour la tomate n'employez que des bassines émaillées. Laissez bouillir jusqu'à épaisseur nécessaire, goûtez ; si la couleur laisse à désirer, colorez avec quelques gouttes de rose nouveau (voyez *Colorant*) que vous préparez de la manière suivante :

BASSINE A VAPEUR BASCULANTE
(Système Egrot, 23, rue Mathis. Paris.)

Faites bouillir dans un vase de terre vernic ou émaillée 1 litre d'eau, 25 grammes de rose nouveau, délayez avec une baguette de verre, laissez refroidir et mettez en bouteille ; quelques gouttes suffisent pour un hectolitre.

Emboîtez bouillant, faites souder immédiatement afin d'en concentrer tout l'arome, et vous aurez une conserve de premier choix.

Mettez à l'autoclave, ne laissez monter le thermo qu'à 106 :

    25 minutes pour les 1/2.

    35   —   pour les 4/4.

Si votre tomate est soudée froide, laissez à l'autoclave :

    35 minutes pour les 1/2.

    45   —   pour les 4/4.

Cette bassine, en tôle émaillée, est spéciale pour la réduction des tomates, des sirops, jus et purées de fruits. L'émail malléable en rend l'usage facile à l'industrie.
Pour tous renseignements sur cette nouvelle application de l'émail, s'adresser à l'usine, rue Mathis, 23.

Comme au moment de la grande fabrication, il est impossible de mettre en flacons ou en bouteilles, mettez alors votre purée dans des calibres à capsules de 10 kilos, et pour vous en servir dessoudez la capsule au fer, en ayant soin de faire une prise d'air dans la soudure du montage.

La cuisson à l'autoclave pour ces grands calibres est de trois heures à 106.

La cuisson des flacons se fait dans les grandes usines dans un vagonnet spécial ou à feu libre dans une presse et au bain-marie par le moyen de la presse (voyez *Matériel*) ; il est inutile de ficeler, employez de bons bouchons, et laissez refroidir avant de dévisser.

Cuisson des flacons.

    5 minutes pour les 1/8 et 1/4.

  8 à 10   —   pour les 1/2 et les litres.

Tomates entières.

Cueillez les tomates de la grosseur de vos boîtes ou flacons, mûres à point, très fermes, sans crevasses, ni trous, laissez 1 centimètre de queue; mettez vos tomates à l'eau froide, chauffez doucement; à mesure qu'elles montent à la surface de l'eau, enlevez-les à l'écumoire, et plongez-les dessus dans un baquet d'eau froide, emboîtez et versez une cuisson froide composée d'eau et de 60 grammes de sel par litre, soudez et donnez pour les boîtes de 1 kilo dix minutes d'ébullition à chaudière fermée, mais sans pression; enlevez alors vos boîtes et, sans les brutaliser laissez-les refroidir sur les dalles, ou à l'eau froide dans l'autoclave.

BASSINE BASCULANTE A VAPEUR
(Système F. Fouché.)

Pour la cuisson des tomates, etc.
Le même modèle se fait émaillé.

Les tomates entières sont excellentes pour être farcies; pour cela, une fois votre boîte soigneusement ouverte, retirez vos tomates, laissez-les égoutter, coupez-les en deux moitiés, retirez les pépins, et remplissez les vides avec une chair à saucisses, aillée et bien assaisonnée, replacez les deux moitiés l'une sur l'autre et laissez gratiner au four en les arrosant de quelques cuillerées à bouche d'huile d'olive.

Pour cette conserve, toutes les variétés de tomates ne sont pas bonnes; ne choisissez que des fruits à peau lisse, bien rouges, charnus et très fermes.

Tomates en quartiers.

Même choix que ci-dessus, coupez-les en quatre quartiers, enlevez les pépins, rangez-les en boîtes, le moins de vides possible, assaisonnez chaque boîte avec un atome de laurier, une brindille de thym, 25 grammes de sel fin, peu ou pas de jus et une cuillerée à café de conservateur coupé au 20e.

Laissez à l'autoclave sans pression :

15 minutes pour les 1/2.
20   —   pour les 4/4.

Une fois vos boîtes soudées, ébullitionnez de suite pour éviter la fermentation et refroidissez entièrement après cuisson.

Tomates au sel.

Si vous voulez conserver vos tomates sans les mettre en boîtes, faites réduire vos tomates le plus épais possible, ajoutez, tout en remuant, 12 kilos de sel par 100 kilos de pâte, conservez alors en barils ou en vases de grès; je ne recommande pas ce procédé, la pâte de tomate est toujours trop salée et ne peut faire qu'un usage restreint.

Pâte de tomates à la napolitaine.

Prenez des tomates très mûres, et passez-les à cru au tamis; laissez égoutter l'eau au travers d'un molleton, puis mettez ce coulis dans des plats de terre vernie très larges et peu profonds; salez très modérément, ajoutez un peu de poivre moulu, la valeur d'un verre à liqueur d'huile d'olive par plat de 3 litres de purée; exposez ensuite vos plats au soleil ardent. Remuez souvent avec la spatule de bois, lorsque la masse sera devenue d'un rouge brun et d'une pâte ferme; conservez en pots de terre, recouverts de papier huilé, et employez suivant les us et coutumes de la cuisine italienne.

Si le soleil n'a plus l'ardeur voulue, ne faites pas votre purée à froid, mais cuisez-la comme pour la sauce tomate en terminant ensuite dans les plats. Ce procédé, très usité en Italie, devient maintenant d'un emploi de plus en plus grand dans toutes les cuisines.

ARMOIRE A VAPEUR
(Système EGROT, 23, rue Mathis, à Paris.)

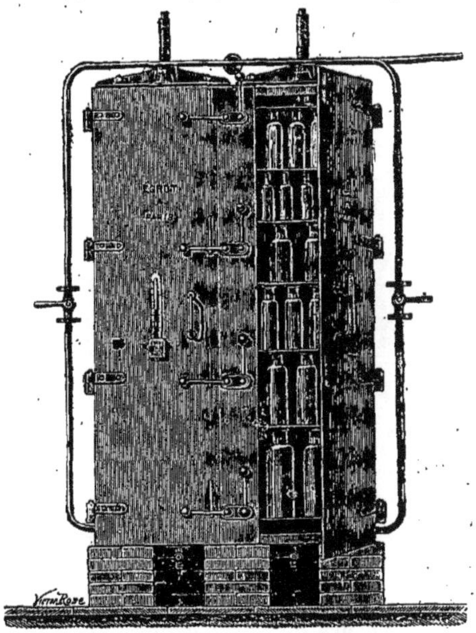

Spéciale pour les conserves en flacons de tomates, sauces, etc. Les dimensions d'armoires sont pour 50, 100, 200 et 300 flacons.

Tomates en saumure.

(Procédé de ménage.)

Ce procédé est essentiellement pour la conserve de famille ou pour consommer sur place, ne pouvant pas voyager.

Choisissez des tomates entières, plutôt petites que grosses, charnues et ayant encore leurs queues, que vous couperez à 1 centimètre; essuyez le fruit avec un linge fin, rangez-les à mesure dans un baril ou un vase en grès, ayez soin de ne pas endommager l'épiderme, ni déraciner la tige; ayez quelques poignées de feuilles vertes de chêne ou de framboisier, ou encore de cassis, rangez en lits réguliers sans vides, semez quelques feuilles entre chaque rang, ajoutez quelques feuilles de laurier, thym, poivre en grains et clous de girofle ; vos vases pleins, couvrez-les d'une assiette ou d'une rondelle de bois, sans trop les charger, afin de ne pas les écraser, faites une saumure cuite à 12 degrés au pèse-sel, et versez-la froide dans vos vases en ayant soin que le couvercle soit baigné au moins de 4 centimètres.

Au bout de huit jours, repesez votre saumure ; si elle n'a pas changé de degré, n'y touchez pas, conservez dans un endroit frais, sec et à l'obscurité, et pendant une année vous aurez des tomates fraîches et délicates comme au moment de la cueillette ; si vos tomates n'ont eu ni trous ni déchirures, le sel ne pourra pas y pénétrer.

Si vos tomates sont grosses, ne les mettez en vases qu'à l'état de fraîcheur absolue, plutôt avant complète maturité ; vous ajouterez à la saumure au moment de les couvrir, 1 gramme de sel conservateur par litre de saumure.

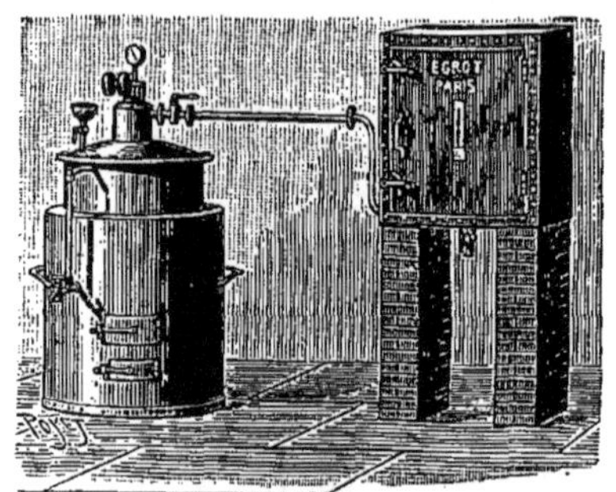

Modèle spécial pour la petite industrie, le comestible et le confiseur. Le bouilleur est à deux fins ; il peut servir aussi de marmite autoclave.

Purée de tomates à cru.
(Procédé nouveau.)

Choisissez des tomates bien mûres, plutôt plus que moins, pressez-les dans les mains pour faire écouler une grande partie de leur eau de végétation, passez au tamis à extinction ; votre purée doit être épaisse ; ajoutez par litre de tomates 2 grammes de conservateur, mettez en bouteille sans sel ni rien, bouchez avec un bouchon, mettez les bouteilles debout à la cave, et employez au fur et à mesure de vos besoins culinaires. Ce procédé ne demande ni cuisson, ni ébullition, ni même de bouchons, un papier suffit ; c'est peut-être la conserve de l'avenir ; dans tous les cas il ne peut être utilisé que comme conserve de ménage, n'étant pas connu dans le commerce.

Glace de tomates.

Faites réduire à extinction autant d'eau de tomates cuites et fraîches avec égale quantité de bouillon ou de jus de catacombes, que vous aurez dégraissé et passé à la serviette, en réduisant ce mélange à glace, vous obtiendrez un excellent condiment pour toutes les sauces de volaille ou de gibier. Je recommande de ne faire cette réduction que dans une bassine émaillée à fond plat, très large et à bords évasés, afin de faciliter l'évaporation, ou alors employer une bassine à vide spéciale pour les évaporations.

CORNICHONS

Cornichons. — Concombres. — Agourcis. — Gribouis ou cèpes. — Choucroute de choux blancs. — Choucroute de raves. — Choucroute de betteraves (*borch polonais*). — Choux rouges. — Choux-fleurs. — Capres.

Cornichons à la saumure.

Préparez un vase de grès ou tonneau que vous placez debout sur un chantier; après lui avoir enlevé un fond, qui doit vous servir de couvercle, ajoutez au bas du tonneau un robinet en bois, facile à manœuvrer et à hauteur voulue pour soutirer la saumure; faites une saumure cuite à 12 degrés, et versez-la dans le tonneau et, à mesure de la cueillette, des cornichons sans les trier, ni les essuyer, ni les piquer, et sans couper les extrémités; versez-les dans la saumure; tous les jours vous pouvez en ajouter; surveillez votre saumure afin qu'elle soit toujours au même degré de salaison, et si vous voulez les conserver dans cet état votre vase rempli; si la saumure ne bouge pas, laissez-la; si elle commence à blanchir, lavez vos cornichons à l'eau courante, sans les faire dégorger, remettez-les dans le tonneau que vous aurez échaudé et frotté avec quelques poignées d'orties, foncez de nouveau, cerclez-le et par la bonde introduisez de la saumure fraîche à 10 degrés, contenant par litre 1 centilitre de conservateur; fermez la bonde, remplacez le robinet du bas par un bouchon, et roulez en cave ou en magasin, ils se conserveront des années.

Cornichons au vinaigre.

Retirez vos cornichons de la saumure, faites-les dégorger pendant un jour à l'eau courante, égouttez-les et pour les reverdir plongez-les dans la bassine contenant de l'eau en suffisante quantité pour qu'ils baignent amplement; lorsque l'eau entre en ébullition, ajoutez pour 100 litres 15 grammes de sulfate de cuivre, et versez vos cornichons dans cette cuisson, mais sans les laisser bouillir; remuez-les avec la spatule de bois jusqu'à ce que vous les trouviez suffisamment colorés; rafraîchissez longuement ensuite à l'eau courante, égouttez de nouveau, rangez-les dans un vase de grès ou verni, ou en baril. Versez dessus la quantité nécessaire de vinaigre pour qu'ils baignent largement et laissez huit jours infuser, égouttez entièrement le vinaigre, garnissez vos vases avec des oignons blancs, quelques échalotes, thym, estragon, une gousse d'ail, au besoin, poivre en grain, clous de girofle, prenez du vinaigre frais marquant 6 degrés et demi à l'acétimètre Sailleron ; faites-le bouillir et versez immédiatement sur vos cornichons, couvrez et quinze jours après faites-le rebouillir encore une fois, et versez-le de nouveau chaud ; vos cornichons sont alors confits et prêts à consommer ; recouvrez vos vases d'une vessie ramollie dans l'eau et que vous ficellerez afin de la fixer. La saumure a la propriété de racornir le cornichon ; en l'échaudant et le rafraîchissant il reprend sa grosseur naturelle, et le premier vinaigre dont vous le saturez prend la place de l'eau et, lorsque vous l'égouttez, il n'a plus aucune valeur acétique.

Les personnes qui préfèrent le cornichon naturel, d'une couleur jaune gris, n'ont qu'à supprimer le reverdissage et continuer l'opération. Pour cela, supprimez alors autant que possible toute manipulation avec du cuivre et n'employez que des ustensiles émaillés.

N. B. — En rangeant vos cornichons en vases, ayez soin de les parer et de les choisir.

Concombres.

Pour le concombre, qui est un cornichon que l'on laisse grossir, le procédé de conservation est le même que pour le cornichon, mais il est peu usité ; malgré cela, il peut se préparer comme ci-dessus, en saumure, et pour le mettre au vinaigre, il vaut mieux le couper à la dernière façon en plusieurs tronçons.

Agourcis à la russe.

Cette variété ne vient pas si grosse ni si longue que le concombre, sa forme oblonde, à peau lisse, striée de bandes jaunes, est facile à reconnaître, et ne se conserve qu'en saumure. A cet effet, prenez des tonnelets goudronnés intérieurement et que vous laisserez longtemps, avant de les employer, pleins d'eau, renouvelée souvent, afin d'enlever l'odeur et le goût du brai ou goudron. La bonde de ces tonnelets doit être carrée, assez large pour y passer le bras ; ces tonnelets doivent toujours resservir, et ne jamais rester à sec. Rangez vos agourcis dans ces tonnelets en y ajoutant une poignée de fenouil vert, d'estragon frais, quelques feuilles de chêne ou de cerisier à défaut de groseiller ou de framboisier. Aromatisez avec thym, laurier, basilic et quelques grains de genièvre. Versez une saumure à 10 degrés contenant 2 centilitres de conservateur par litre, fermez vos tonnelets hermétiquement, mettez à la glacière à même la glace, ou dans une cave très fraîche et employez au bout de quelques semaines, sans jamais changer la saumure. Cette conserve est très usitée et d'une grande consommation en Russie et en Pologne.

Gribouis.

Le gribouis russe est une variété de cèpes ou bolets comestibles, particuliers à l'Europe du Nord; il faut croire qu'à cette latitude toutes les variétés de cèpes sont comes-

GÉNÉRATEUR VERTICAL A TUBES FIELD
avec bouteille alimentaire, sytème Egrot
et réservoirs dans les retours.

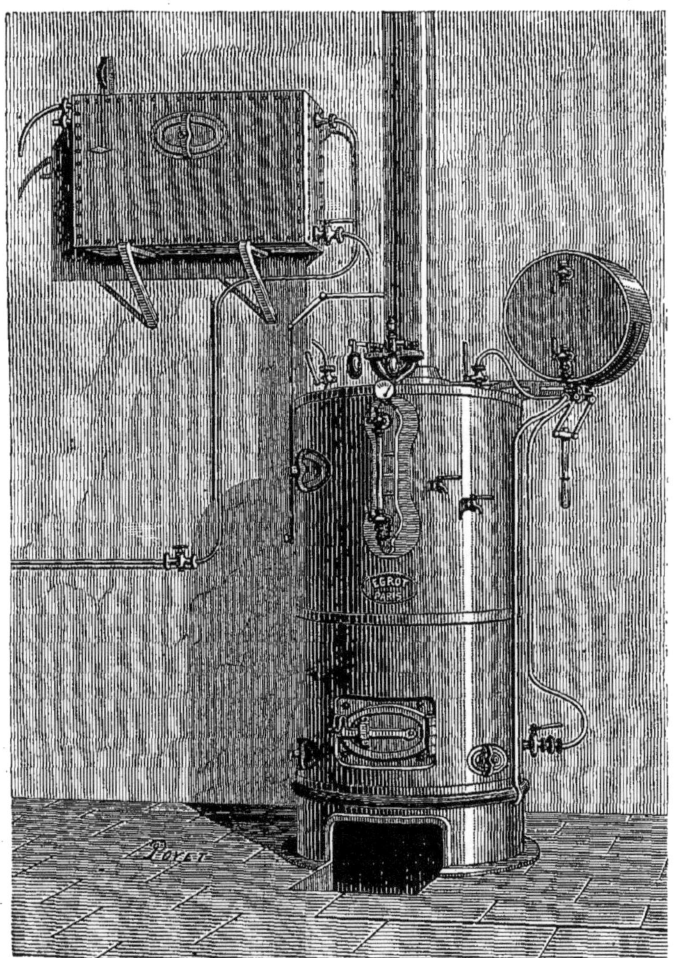

Modèle adopté pour l'industrie de la conserve alimentaire. Le mouvement articulé, permet
l'alimentation à l'eau bouillante du générateur en pression.

tibles, car on n'y en trouve aucun de vénéneux. Les marchés d'automne en Russie et en Pologne en ont des quantités, et les habitants les conservent secs ou en saumure et en mangent toute l'année. Choisissez toujours vos gribouis fermes et frais, coupez la queue au ras du pavillon afin de vous assurer qu'ils ne sont pas véreux. Rangez-les en tonneaux ou vases, par lits ; après les avoir lavés et égouttés, ajoutez 2.500 grammes de sel par 100 kilos ; couvrez, en les pressant légèrement, au bout de trois jours, enlevez l'eau de végétation qu'ils ont rendue et remplacez-la par de la saumure à 8 degrés ; mettez un dessus en bois, avec une charge moyenne afin de les maintenir au fond du baril et sous la saumure, et employez-les suivant vos besoins.

Les manières d'employer le gribouis sont très nombreuses dans la cuisine russe et sont hautement appréciées.

Les gribouis trop gros que vous n'aurez pas mis en saumure, pelez-les en les épluchant et sans les laver, taillez-les en lames fines et faites sécher à l'étuve, ou à four froid ou au soleil s'il est assez ardent ; la dessiccation doit être complète, et conservez-les en lieux secs, car les vers s'y mettent facilement.

Pour tous les autres procédés de conservation du gribouis, voyez les chapitres concernant les *Cèpes ou Bolets*.

Choucroute de choux blancs.

Encore une excellente conserve ménagère, qui malheureusement n'est pas assez employée en France, où elle serait d'un grand secours non seulement comme aliment, mais comme emploi de la quantité de choux qui, l'automne, faute de savoir conserver, sont donnés au bétail. L'Allemagne, l'Alsace, la Russie et la Prusse ont pour ainsi dire le monopole de fabriquer cet article.

Je le transcris ici, parce qu'à un moment donné le lecteur pourrait avoir à s'en servir.

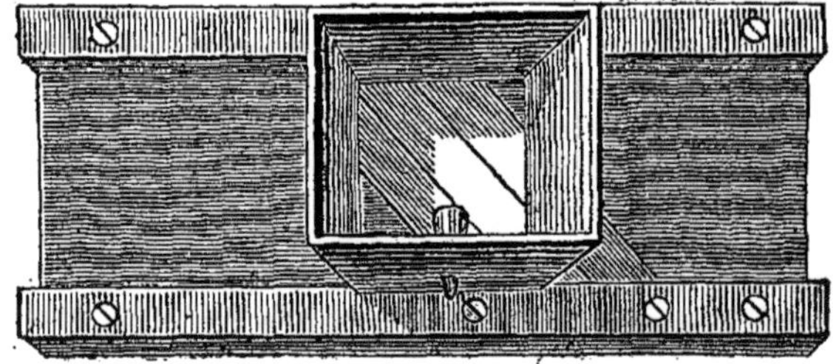

Pour la fabrication des choucroutes de choux de raves, de betteraves, des juliennes, etc.

La qualité du chou est de première nécessité, car toutes les espèces ne conviennent pas pour cette conserve. Le chou à employer doit être à feuilles lisses, et serrées blanches comme neige ; c'est le chou d'York ou chou Quintal, dont quelques-uns arrivent à une grosseur phénoménale et qui pèsent 50 livres. Le commencement de cette fabrication est octobre-novembre ; sitôt après les premières gelées blanches, commencez à préparer vos tonneaux spéciaux à cet usage ; ils sont plus hauts que larges, à douves droites, un seul fond, solides et bien cerclés. Si ce sont des fûts neufs, échaudez plusieurs fois et laissez de l'eau dedans quinze jours avant de commencer, et changez-la tous les quatre jours autant que possible ; il faudrait qu'ils fussent à presses, afin de les fouler à mesure qu'ils rendent l'eau de végétation. Au cas contraire, de grosses pierres serviront de presse. Commencez à enlever les feuilles vertes et dures de vos choux ; taillez-les en quatre quartiers, enlevez le trognon ainsi que l'extrémité des grosses côtes, puis rangez les quartiers dans le caisson de la machine à effiler (voir le dessin).

Ces machines ont toutes les grandeurs, depuis l'outil de ménage jusqu'à la grande industrie. Le chou coupé tombe dans des paniers ; pesez le contenu afin de régler l'emploi du sel, et tassez-les dans les tonneaux en vous servant d'un pilon de bois très plat afin de conserver la choucroute dans toute sa longueur. A chaque lit saupoudrez de sel et de quelques grains de genièvre ; il faut 25 grammes de sel par kilo, 2.500 grammes pour 100 kilos de choucroute. Continuez à remplir, puis recouvrez de quelques feuilles entières, une poignée de sel très fin par-dessus et posez le double fond. Serrez avec la presse ou avec des pierres, le sel se combinant avec l'eau des choux formera la saumure qui, en quinze jours, doit recouvrir les pierres au fur et à mesure du tassement ; à ce moment, elle est prête à la consommation ; ayez toujours soin d'égoutter l'eau avant de vous en servir, de laver soigneusement le double fond ainsi que les presses, afin d'enlever le limon, et une fois rechargé, de mettre de l'eau fraîche légèrement salée, afin d'éviter le contact de l'air.

La ravienne ou choucroute de raves.

Pour cette fabrication servez-vous de raves, et non de navets qui sont généralement trop sucrés, sauf les gros navets d'automne.

Commencez à laver vos raves dans la débourbeuse, ou dans un baquet quelconque ; dans l'industrie on se sert de la débourbeuse qui sert à laver les pommes de terre et la betterave dans les usines à sucre ou à distillation, puis pelez-les au couteau en enlevant l'épiderme boiseux, taillez-les dans le même outil que la choucroute, mais ayant des couteaux à julienne. N'employez pas les raves qui sont creuses ou filandreuses ; elles ne rendraient pas un bon produit ; les épluchures servent pour le bétail ; vos raves taillées en grosse julienne sont mises en tonneau, foulées doucement et salées au même taux que les choux.

Après fermentation, enlevez l'eau de saumure, remplacez-la toujours par de l'eau fraîche et salée, l'emploi en est le même que pour les choux blancs. Quoique ce procédé soit peu usité, il commence pourtant à se répandre et finira par entrer plus tard dans l'alimentation.

Plus loin vous trouverez, à l'article *Cuisson et emploi de la choucroute,* son mode de préparation.

Choux rouges en choucroute.

On trouve tout l'hiver du chou frais, mais à une certaine époque, ce légume devient fort et a perdu ses qualités, le tronc mange l'eau de végétation et fait éclater le cœur ; c'est pour cette raison que les choucroutes, en général, se font en automne lorsque le légume est en pleine vigueur et vient d'être cueilli.

Le choux rouges se préparent de la même manière que les choux blancs, et ni les uns ni les autres ne doivent se laver ; les éplucher, les visiter soigneusement, c'est tout ; en les lavant, vous empêcheriez la conservation ; d'ailleurs c'est inutile, le cœur en est si serré, que ni chenilles ni limaçons ne peuvent y entrer. D'ailleurs au moment de mettre vos choucroutes en cuisson, vous pouvez sans crainte les laver à grande eau ; le chou rouge conservé en saumure peut s'adapter à tous les usages culinaires, il ne conserve pas de sel. Pour ces produits il est inutile d'employer le conservateur qui arrêterait la fermentation et compromettrait le résultat.

Choux rouges au vinaigre.

Taillez vos choux rouges comme pour la choucroute ; rangez-les en les tassant dans des vases de grès ou même de bois ; garnissez de petits oignons bien épluchés et blanchis (voyez cette conserve), ails, échalotes, clous de girofle, poivre en grains, sel, et versez par-dessus du vinaigre bouillant ; couvrez et huit jours après, soutirez le vinaigre, faites-le rebouillir, et versez bouillant afin que les choux soient bien recouverts, mettez une presse légère pour faire monter le liquide. Huit jours après le condiment est prêt, vous pouvez ou le conserver ainsi en recouvrant le vase d'une vessie ramollie et ficelée, ou faire vos flacons, que vous remplirez alors de vinaigre frais et ayant bouilli ; le premier employé peut toujours resservir pour confire d'autres choux. La consommation de ce condiment (*vickles*, en Angleterre), est considérable ; la Belgique et la Hollande en envoient des tonneaux préparés à la saumure, et qui sont terminés par des maisons anglaises suivant leurs usages et exportés par navires entiers dans les colonies. Ce genre de conserves n'a pas encore été pratiqué, en grand par nos industriels, cela ne tardera pas. Sauf les vinaigriers faisant spécialement le flaconnage, le conservateur n'a pas commencé ; mais au moyen de la saumure et des préparations ci-dessus, tout négociant ou cultivateur pourra conserver ses récoltes et les livrer à la consommation au moment propice, au printemps où en général les légumes frais n'ont pas encore fait leur apparition, ou sont encore en état de primeurs. Le chou en général varie comme prix entre 2 et 5 francs les 100 kilos ; la rave 1 fr. 50 à 3 francs, le chou-fleur de 1 franc à 4 francs la douzaine.

Betteraves, cols-raves, etc.

Je ne veux pas terminer sans indiquer le procédé de conserver les betteraves rouges, qui dans le Nord sont d'un grand emploi. La meilleure manière de les cuire (sans les laver) est le four à pain. Sitôt que le pain est retiré du four, poser les betteraves sur des planches assez épaisses pour ne pas se voiler, et garnies d'un petit rebord, laissez toute la nuit au four, retirez au matin celles que vous trouverez cuites, conservez les autres pour recommencer l'opération, puis refroidies, pelez-les, coupez-les en lames, rangez-les dans des vases en grès, avec la même garniture que les choux rouges, versez du vinaigre bouillant, recommencez et terminez comme pour le chou rouge.

La betterave en Russie et en Pologne se prépare à cru identiquement comme la ravienne, et en tonneaux avec sel et sous presse, et son emploi est très usité dans toutes les classes de la population pour leur potage national, le *borch*.

Le col-rave.

Même préparation que la ravienne. Ne se prépare qu'en saumure, et doit fermenter légèrement avant d'être prêt à la consommation.

Choux-fleurs au naturel.

Depuis l'invention du conservateur, il est presque inutile de conserver le chou-fleur en boîtes, puisqu'il peut, ainsi que tous les autres légumes, se faire à la saumure et faire le tour du monde à l'état frais. Les colonies ne manqueront plus de légumes ; elles peuvent recevoir en tonneaux d'immenses approvisionnements, se conservant largement d'une année à l'autre, sans déperdition, et sans soins autres que de renouveler au besoin de temps à autre la saumure.

Vous choisirez toujours des légumes frais cueillis, très fermes et à grain serré, épluchez-les en bouquets, jetez-les à l'eau bouillante salée ; un seul bouillon suffit, retirez et laissez dégorger longtemps à l'eau courante ; si vous désirez les mettre en boîte, tassez-les le plus possible en bien rangeant vos bouquets ; ne mettez pas trop de tiges, remplissez les vides avec de petits éclats, jutez avec un jus salé avec 50 grammes de sel par litre d'eau et 1 gramme de conservateur, soudez et mettez à l'autoclave :

18 minutes à 112 pour les 4/4.

16   —   à 112 pour les 1/2.

ou au bain-marie :

1 heure à 100 pour les 1/2.

1 h. 10 m. à 100 pour les 4/4.

et rafraîchissez entièrement avant de sortir les boîtes de l'autoclave.

Si cette conserve est pour du premier choix, vous ajouterez sur chaque boîte, avant de souder, 15 grammes de beurre extra-fin par boîte de 1 kilo et 10 grammes par boîte de 1/2 kilo.

Le chou-fleur en cuisine a des emplois multiples et fait partie des conserves et des provisions pour le garde-manger.

Les plus usités sont, outre son emploi comme garniture et pour les macédoines :

1° A la crème, ou sauce hollandaise ;

2° Au gratin à la béchamel ;

3° Au beurre noir à la milanaise ;

4° Frits, en salades, ou sautés au beurre.

Si vous voulez le conserver en tonneau dans la saumure, sitôt rafraîchi, laissez-le égoutter longuement ; rangez les bouquets en tonneaux ou vases de grès, pas de métal ; puis versez-dessus, en les maintenant sous presse, la saumure à 10 degrés et contenant 1 centilitre de conservateur par litre d'eau ; faites toujours la saumure à chaud, et pesez-la froide au pèse-sel. Ne mettez le conservateur qu'au moment de la verser sur les légumes. Surveillez de temps à autre la saumure afin qu'elle ne baisse pas de degré ; une fois la saturation complète, vous pourrez, pour les expéditions et les livraisons, changer vos choux-fleurs de récipient, et toujours les recouvrir de saumure fraîche, car la première, se saturant d'eau de végétation, a toujours un goût et une odeur forte, que vous éviterez et effacerez par le renouvellement des saumures. Pour vous en servir, faites-les dégorger quelques heures, puis amenez à l'ébullition lentement la première eau de leur blanchiment ; rafraîchissez et continuez leur cuisson jusqu'au point désiré. Pour les envois dans les colonies ou dans les pays chauds, ne faites les expéditions que lorsque la saumure sera fixe à son point de départ, qu'elle ne subira plus de variation ; pour cela il faut quinze jours, il n'y aura plus de fermentation à craindre, et le produit sera d'une longue conservation.

Choux de Bruxelles.

Identiquement le même travail que pour les choux-fleurs ; il peut se reverdir et se conserve en boîtes ou à la saumure. Suivez exactement les indications contenues dans le procédé ci-dessus.

Chicorée.

Encore une conserve d'arrière-saison, pour ne pas dire d'hiver. Il s'en fait de deux qualités : la verte et la blanche, usitées commercialement toutes les deux, et d'une nécessité absolue dans les pays chauds ; mais elles doivent être préparées au beurre ou au jus de viande, afin que la chaleur torride ne développe dans la boîte, jutée à l'eau de sel, un arrière-goût de foin vert, désagréable au palais. Opérez ainsi : commencez à couper de vos chicorées toutes les parties vertes, que vous mettrez à part ainsi que les blanches, lavez-les à plusieurs reprises, sans les laisser séjourner, car l'eau a la propriété de développer l'amertume de la chicorée d'une manière prodigieuse. Pour la première qualité, ne prenez que la partie blanche, bien lavée. Blanchissez à l'eau bouillante salée et contenant 1 gramme par litre de conservateur et 2 grammes de carbonate de soude ; rafraîchissez au bout de cinq minutes d'ébullition, égouttez, sans la briser, comme vous avez laissé le tronc avec la partie blanche, elle doit être entière ; enlevez les troncs alors avec un couteau ; rangez votre chicorée en boîtes après l'avoir pressée dans vos mains pour en extraire le plus d'eau de cuisson possible, mais sans la déformer, afin que vos boîtes aient un beau coup d'œil ; versez par-dessus du beurre fondu bien frais, ou en cas contraire, du beurre clarifié, 25 grammes de sel fin par boîte de litre et 25 grammes par 1/2 litre. Soudez et mettez à l'autoclave :

1 heure à 108 pour les 4/4.
45 minutes à 108 pour les 1/2.

La deuxième qualité se compose des parties vertes ; après les avoir lavées soigneusement, blanchies à l'eau salée tout simplement, vous rafraîchissez afin d'enlever le goût vert, vous égouttez et pressez afin d'extraire l'eau ; vous pouvez la mettre en boîtes telle qu'elle est ou la hacher au couteau ; le meilleur résultat est d'entraîner le plus d'eau possible en la serrant en petites boules dans les mains, la tasser immédiatement en boîtes, recouvrir de beurre ou de jus de viande, ou mieux avec du bouillon de bœuf réduit et d'un bon goût de pot-au-feu. Faites souder et laissez à l'autoclave :

1 heure 1/4 à 110 pour les 4/4.
1 — à 110 pour les 1/2.

Si vous ne faites votre conserve qu'avec de petites chicorées vertes, laissez toujours les pieds et rangez-les en boîtes, en forme de couronnes, se chevalant les unes sur les autres. A bord des navires, l'emploi de la chicorée comme légume devrait être ordonné une fois au moins par semaine; étant en boîtes, elle peut être d'un usage hygiénique et le docteur devrait souvent l'ordonner.

Laitues.

Choisissez les jeunes laitues tendres et fraîchement cueillies, enlevez les quelques feuilles qui sont plus ou moins avariées, avec le couteau taillez le tronc en pointe et lavez-les longuement à l'eau courante, afin d'enlever les terreaux restés dans le cœur; il faut manipuler le plus doucement possible les laitues, afin que toutes les feuilles restent attachées au tronc.

Pour le blanchiment amenez à l'ébullition une pleine bassine d'eau, légèrement sulfatée, 50 centigrammes de sulfate par litre d'eau; au premier bouillon, plongez vos laitues dans la bassine, ne laissez blanchir qu'une minute à grand bouillon, enlevez ensuite le panier avec le palan, et laissez refroidir les laitues à l'eau fraîche, retirez-les ensuite une à une en les serrant dans la main pour les sécher; rangez-les ensuite en couronne dans des boîtes rondes et basses, jutez-les avec un peu de bouillon blanc ou de beurre clarifié, soudez et laissez à l'autoclave 55 minutes pour les 1/2 boîtes et 1 heure 15 minutes pour les 4/4.

OSEILLE

Oseille en feuilles pour potages.

Choisissez les feuilles les plus tendres et les plus petites afin de ne pas employer les côtes, pesez l'oseille après l'avoir lavée et égouttée ; mettez dans la bassine émaillée autant de fois 20 grammes de beurre frais que vous avez de livres d'oseille ; faites fondre le beurre, ajoutez l'oseille, sitôt fondu, emboîtez-la dans des bouteilles ou des boîtes émaillées et mettez à l'ébullition sans laisser refroidir :

1 heure pour une 1/2 boîte.

1 heure 15 pour un 4/4.

Oseille en purée.

Cette conserve est faite par des spécialistes, à cause de l'outillage qu'elle comporte ; mais, pour la campagne ou la petite industrie, sa valeur étant très minime, elle a les mêmes préparations que la tomate.

Sitôt cueillie, lavez-la, égouttez longuement, puis mettez l'oseille sur le feu dans une bassine ou chaudron sans eau ; elle fondra de suite, vous en mettez toujours, la première fondue en cuisant fond la suivante ; laissez cuire à petit feu et longuement ; si elle est trop aqueuse, enlevez avec l'écumoire ou laissez égoutter sur des toiles, puis passez-la au tamis à purée, lorsque vous en avez une grande quantité ; pour l'égoutter, tendez une forte toile grossière sur les quatre pieds d'une table renversée, vous cordez solidement et vous laissez égoutter tout à l'aise. Une fois passée au tamis, faites rebouillir, puis emboîtez comme la sauce tomate chaude, et vivement à l'autoclave ; donnez la même ébullition que pour la chicorée ; de cette façon, vous aurez de l'oseille acide, mais pas aigre.

Oseille au sel en tonneau.

Lorsque vous remettez vos oseilles à bouillir, ajoutez-y 3 kilos de sel fin par 100 kilos d'oseille passée ; mettez en tonneau, fermez la bonde après complet refroidissement et conservez à la cave indéfiniment; si votre oseille est de la récolte de fin de saison, mettez 5 kilos de sel, afin d'empêcher la fermentation aigre.

Salsifis.

Même travail que pour les cardons, et même cuisson ; ils peuvent aussi être conservés au beurre ou au bouillon blanc.

Fèves de marais.

Voyez la conserve de flageolets, le travail est le même ; mais je conseillerai l'emploi du beurre très frais, ou du jus comme pour le flageolet.

ÉPINARDS

Épinards au naturel.

Choisissez pour cette conserve le moment où les épinards sont abondants et tendres, ceux de printemps sont les plus recherchés.

Lavez vos épinards à grande eau, retirez les racines et les feuilles jaunies, et laissez égoutter dans des corbeilles.

Amenez au point d'ébullition une bassine contenant 100 litres d'eau sulfatée avec 75 grammes de sulfate ; au premier bouillon mettez premièrement le panier, et ensuite vos épinards, remuez avec la spatule, afin de les saturer, laissez bouillir pendant cinq minutes, écumez, enlevez ensuite le panier avec le palan, en le laissant égoutter, puis rafraîchissez à l'eau froide avec abondance.

Retirez vos épinards et laissez-les rendre leur eau dans une manne doublée d'une toile blanche. Hachez-les ensuite finement soit au couteau à 5 lames ou à la machine à hacher. Remettez-les ensuite dans une bassine étamée ou émaillée, remuez jusqu'à ébullition, salez, ajoutez un peu d'eau afin que votre légume ne soit ni trop épais ni trop clair ; ajoutez à ce moment une pointe de muscade râpée. Emboîtez ensuite tout chaud et faites souder de même.

Mettez à l'autoclave sous pression :

> Pour les 1/2 boîtes 18 minutes à 114.
> — 4/4 — 22 — à 114.
> — 3 kilos 40 — à 114.
> — 5 — 1 heure à 114.

Au bain-marie sans pression :

> 35 minutes pour les 1/2.
> 45 — pour les 4/4.
> 1 heure 15 — pour les 2 kilos.
> 2 heures pour les 3 et 4 kilos.

Épinards au beurre.

Au dernier moment, lorsque vous ajouterez la muscade, mettez 20 grammes de beurre très frais par boîte de 1 kilo. Laissez cuire deux minutes, puis emboîtez en donnant ensuite le même temps de cuisson à l'autoclave ou au bain-marie que pour les épinards au naturel.

Cette conserve, excellente sous tous les rapports lorsqu'elle est bien faite, et surtout bien hachée, se conserve très bien dans des boîtes de fer-blanc, mais ce qu'il faudrait pour que l'oseille et les épinards fussent irréprochables même après plusieurs années de fabrication, c'est la boîte émaillée ; après bien des essais, la boîte en tôle émaillée pour toutes les conserves est enfin trouvée ; pas pour toutes les grandeurs, mais la boîte ronde de 2 à 10 kilos est dès aujourd'hui à la disposition des fabricants de conserves qui en désireraient.

Je tiens à leur disposition les types et prix qui sont actuellement en usage.

CHAMPIGNONS

Cèpes, Gribouis, Oronges et Ovoli, Morilles, Chanterelles, etc., etc., etc.

Cette famille comprend tellement d'espèces que je ne donnerai que les principales et surtout celles qui donnent un résultat pour la conserve.

Champignons de couches dits champignons de Paris.
(*Agarics comestibles.*)

Les champignonnistes parisiens et des environs ont tellement perfectionné cette culture et la récolte est si abondante, que les conservateurs trouvent sur le carreau un de leurs principaux articles de fabrication.

Mais une des principales qualités de cette conserve, c'est qu'elle doit être faite immédiatement après la cueillette ; elle ne peut pas attendre sans se détériorer complètement ; aussi plusieurs conservateurs parisiens font-ils la première préparation du blanchiment sur place, au sortir des carrières, et finissent le produit une fois à l'usine, au moyen du conservateur ; une fois blanchi, il est sauvé.

Sitôt cueilli, épluchez en enlevant les taches, en parant le pied terreux. Ne les mettez pas dans l'eau sitôt après l'épluchage, et ne les blanchissez qu'en petite quantité, afin d'éviter la maturité ; tout en les épluchant, triez tout de suite en trois catégories :

Premier choix, les têtes ;

Deuxième choix, têtes avec queues ;

Troisième choix, tout venant.

Après cela restent les galipettes, c'est-à-dire les noirs trop ouverts, les queues sans têtes, les débris ; cela doit faire le gratin et se mettre à part.

Puis préparez de petites bassines avec la cuisson suivante :

10 litres eau.

500 grammes sel *marin*.

10 grammes alun.

10 centilitres conservateur.

A côté de vos bassines ayez un baquet de bois contenant 10 litres d'eau et 25 centilitres de conservateur ; lorsque votre bassine est près de l'ébullition, jetez dans le baquet la quantité de champignons que vous voulez blanchir ; lavez-les vivement avec les deux mains, mais sans les briser ; puis, avec une grande écumoire, dite panier, égouttez et jetez-les dans la bassine qui bout, couvrez votre bassine et laissez blanchir pendant quelques minutes, égouttez alors vos champignons en les plongeant dans l'eau froide ; vos eaux de lavage et de cuisson peuvent resservir plusieurs fois ; vous vous apercevrez à leur couleur ou à leur saturation du moment de les changer. L'eau de lavage doit se jeter, mais l'eau d'ébullition doit se mettre en terrines vernies, jamais dans le métal. Lorsque tous vos champignons seront blanchis et auront dégorgé dans l'eau fraîche, chaque choix bien séparé, vous pourrez emboîter.

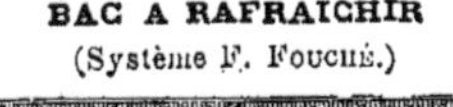
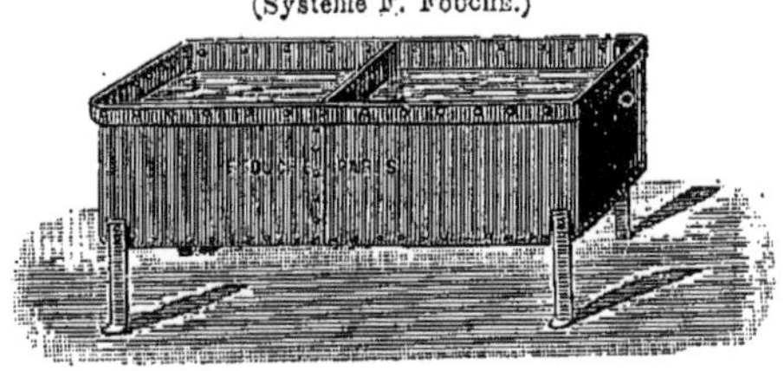

BAC A RAFRAICHIR
(Système F. Foucué.)

Pour légumes et fruits.

Vos champignons blanchis et restés dans l'eau fraîche peuvent y séjourner quelques heures ; si vous voulez attendre plus longtemps, quelques jours par exemple, égouttez-les dans des paniers d'osier, remettez-les après égouttage dans des tonneaux défoncés, puis versez dessus une saumure contenant par litre d'eau 25 grammes de sel et 5 centilitres de conservateur. Ayez soin alors, avant de les emboîter, de les ébullitionner dans de l'eau ordinaire.

Lorsque vous emboîterez, voici le poids exact de la quantité à mettre dans chaque boîte :

      Pour 1 litre, soit 1 kilogramme : 450 grammes.
        — 1/2   —   1/2   —   225   —
        — 1/4   —   1/4   —   110.   —
        — 1/8   —   125 grammes   50   —

Vous les juterez avec la composition suivante, en employant le jus ou la saumure que vous aviez préparée pour qu'ils restent en tonneau ; vous l'allongerez dans les mêmes conditions, savoir : 25 grammes de sel par litre d'eau et 1 centilitre de conservateur.

Vos champignons étant finis de blanchir, le jus des cuissons que vous aurez laissé reposer plusieurs heures dans des terrines vernies, vous le décanterez à clair et conserverez soit en bouteilles, soit en boîtes ou même en tonneau précieusement ; il doit servir pour les conserves de viandes et de volailles.

Cuisson à l'autoclave.

      Pour les 1/2, 1/4 et 1/8 à 110 : 15 minutes.
        —   4/4   à 112 : 20   —

Vous juterez vos champignons au jus froid, faites souder et laissez refroidir sans l'autoclave.

Avant l'emploi du conservateur, voici les compositions des cuissons et des jus usités dans la fabrication.

Pour la bassine de cuisson.

10 litres eau.
500 grammes sel.
10 grammes alun.
La chair de 4 citrons.
10 grammes acide sulfureux.
10 grammes acide citrique.

Le jus.

Eau froide 20 litres.
Sel 100 grammes.
Le jus de 8 citrons.
15 grammes acide sulfureux.
15 grammes acide citrique.

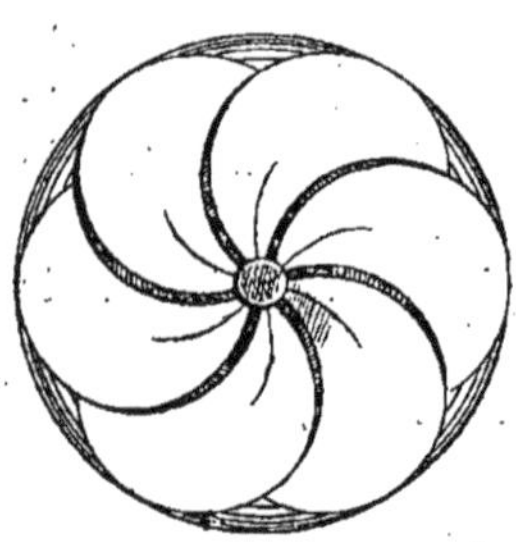

Dessin de champignons décorés,
par V. MORIN.

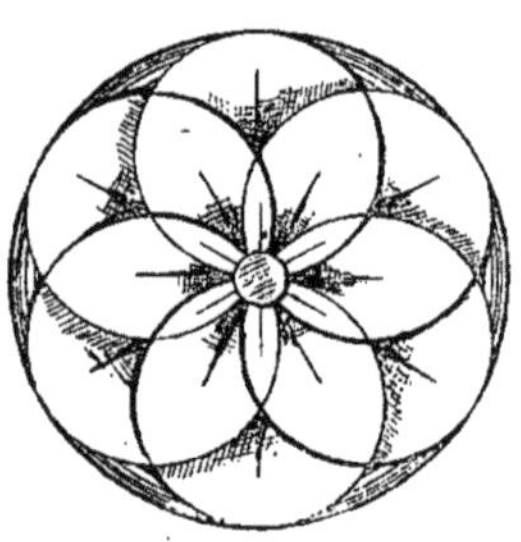

Dessin de champignons décorés,
par V. MORIN.

L'emploi des acides citriques et sulfureux ainsi que le jus des citrons donnaient aux champignons un goût aigre et acide ; il n'y avait pas possibilité de le conserver blanc autrement et ce procédé était onéreux. Par l'emploi du conservateur, vous obtenez un champignon blanc comme neige, ferme au toucher et conservant son goût de noisette ; le jus peut vous servir sans crainte, son arome étant pur ; il a de plus l'avantage que votre boîte peut rester ouverte, et que jamais il ne noircira, ni ne se gâtera à l'air. Rien que pour le champignon, l'invention du conservateur a sauvé cet article, et facilité sa fabrication dans d'excellentes conditions. Le champignonniste éloigné, au lieu de le livrer à l'état frais, le livrera cuit, et dans d'excellentes conditions.

AUTOCLAVE

(Système F. FOUCHÉ.)

Champignons tournés au beurre.

Cette conserve sort par sa qualité des marchandises courantes ; ce sont des champignons choisis à l'épluchage, tournés et ciselés au couteau, puis blanchis à part, rafraîchis à l'eau courante et emboîtés à pleine boîte, c'est-à-dire que pour les 1/2, au lieu de 225 grammes, vous en mettez 350, et 700 pour les 4/4 ; vous ajouterez à chaque boîte un morceau de beurre extra-frais de 10 grammes pour les 1/2 et 15 grammes pour les 4/4 ; même temps pour la cuisson à l'autoclave. Vous ne trouvez généralement cette qualité que chez les grands marchands de comestibles. Même en cuisine et dans la petite industrie le choix des champignons s'impose ; nos besoins ne sont pas toujours les mêmes, et quelques boîtes soit d'extra, soit de deuxième choix, trouvent toujours leur emploi ainsi que les galipettes ; auparavant cette qualité n'était pas acceptée ; ces déchets étaient jetés. Aujourd'hui vous mettez, pendant l'épluchage, soigneusement de côté vos débris défectueux ; à

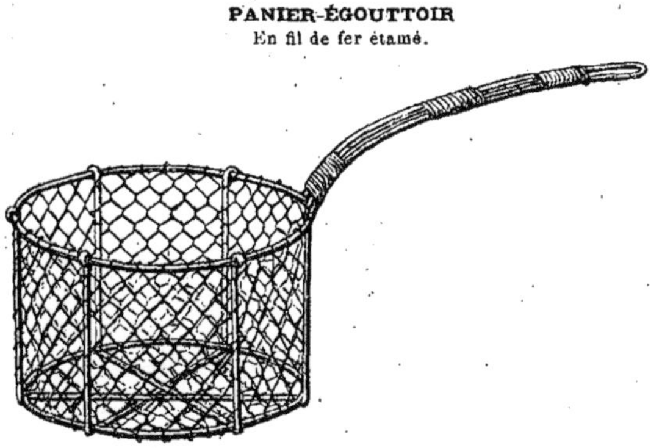

PANIER-ÉGOUTTOIR
En fil de fer étamé.

Servant à retirer des rafraîchissoirs les macédoines de légumes, les champignons, etc., etc.

la fin vous en faites une cuisson ; et tout, jus et débris, vous les versez dans une terrine ; emboîtez dans un calibre ou une boîte hors service (ce qui dans une usine ou une cuisine ne manque jamais, et lorsque vous aurez un gratin à faire, vous les retrouverez (voyez *Gratin aux fines herbes*).

 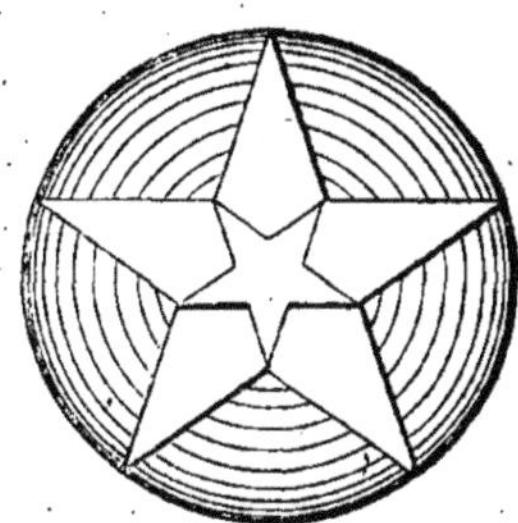

Dessins de champignons décorés, par V. MORIN.

CÈPES ET BOLETS

Cèpes et bolets au naturel, à l'huile, à la provençale, au beurre, au vinaigre.

On trouve des cèpes partout, cèpes en France, gribouis en Russie, bolets en Suisse, funghi en Italie; il y a peu de différence dans la famille. La France produit en abondance les cèpes; les meilleurs sont ceux cueillis dans les forêts de châtaigniers, dans les Alpes-Maritimes et dans les environs du lac de Côme; ces qualités se retrouvent dans les bolets des montagnes de la Savoie, aux environs de Genève; le meilleur moment de les cueillir est septembre en pleine lune; j'ai souvent remarqué qu'à ce moment l'épiderme à la cuisson devenait d'un rouge vif et que cette couleur se conservait en boîte, qu'ils restaient fermes et d'une belle chair jaune clair. La grosseur des bolets de montagne est moindre que celle des cèpes, mais ils sont plus fermes et se blanchissent facilement.

Cèpes au naturel.

Ne prenez pour cela que les moyens et les petits; conservez les gros pour les mettre à l'huile; il faut qu'ils soient fermes; parez-les au couteau en enlevant la queue et les bavures, puis lavez-les soigneusement dans de l'eau contenant le dixième de conservateur, ne les laissez séjourner dans l'eau que le temps du lavage, et blanchissez-les immédiatement dans une cuisson bouillante et salée, à laquelle vous ajouterez, par 10 litres d'eau, 1 litre de lessive de cendres de bois, ils ne doivent blanchir que quelques minutes à bouillons couverts; les retirer, les égoutter en corbeilles, les ranger en boîtes pleines et les couvrir du jus suivant :

10 litres d'eau.

500 grammes de sel fin de cuisine.

1 verre à vin de bon vinaigre.

1 feuille de laurier, thym et persil frais dont vous ferez un bouquet.

200 grammes d'oignons émincés.

10 grammes de poivre en grains ou moulu.

10 grammes d'alun.

Faites cuire le tout jusqu'à complète cuisson des oignons, ajoutez la quantité d'eau afin d'avoir vos 10 litres de liquide, passez au tamis ou au molleton, jutez vos cèpes largement et laissez à l'autoclave :

15 minutes à 110 pour les 1/2.
18   —   à 112 pour les 4/4.

Cette conserve de cèpes est spécialement faite pour les ragoûts ou garnitures; les gros cèpes pour farcir, se font autrement.

Cèpes pour farcir.

Choisissez pour cela les plus beaux, bien ronds, bien épais et fermes; après les avoir épluchés, faites-les cuire dans l'huile, comme pour friture, mais évitez qu'ils colorent, ou qu'ils frient de trop; retournez-les afin que l'huile pénètre partout et diminue l'eau de végétation; retirez, laissez égoutter sur des grilles jusqu'à complet refroidissement; emboîtez, jutez au même jus et même cuisson à l'autoclave que précédemment.

Eau de lessive.

Prenez un seau de cendres de bois ou de sarments de vignes, les cendres de bois dur ou de charbon de bois sont préférables aux cendres de sapin; versez deux seaux d'eau, laissez bouillir, remuez et laissez refroidir, vous filtrerez cette eau afin de l'avoir limpide et conservez-la en bouteilles ou en bonbonnes.

AUTOCLAVE A FEU NU
(Système F. Fouché.)

Avec fourneau en tôle.

Emploi de l'eau de lessive.

L'emploi de l'eau de lessive pour blanchir les cèpes est une précaution des plus sérieuses contre les vénéneux; tout champignon cuit ou blanchi par ce procédé, devient comestible, et l'eau de cendres peut se faire partout et vivement.

Cèpes à l'huile.

Après avoir épluché vos cèpes, coupez la queue au ras du pavillon, faites-les frire à l'huile d'olive de deuxième qualité; faites cuire sans trop chauffer. Il ne faut pas que les cèpes se racornissent; retournez-les afin que la cuisson soit régulière et égouttez sur des grilles jusqu'à refroidissement ; emboîtez vos cèpes les uns à côté des autres en mettant dans chaque boîte :

        1 clou de girofle.

        3 grains de poivre.

        1 atome de feuille de laurier (1 feuille doit faire 10 boîtes).

Recouvrez vos cèpes d'huile d'olive de premier choix ; faites souder et cuisez à l'autoclave :

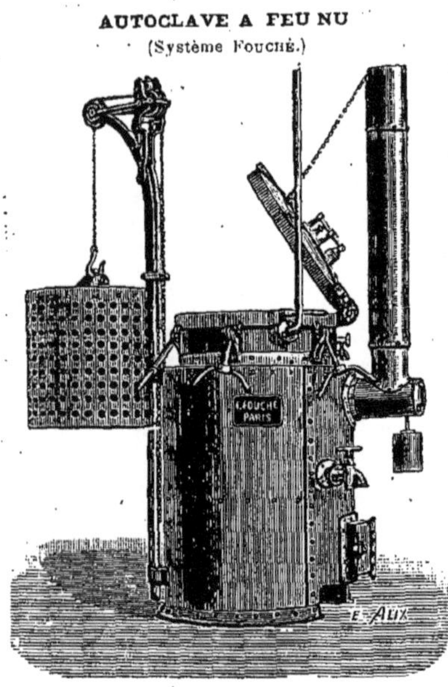

Avec grue et palan.

20 minutes à 115 pour les 1/2.

25   —   à 118 pour les 4/4.

Au bain-marie.

1 heure 1/2 pour les 1/2.

2 heures pour les 4/4.

Emploi des petits cèpes.

Dans la quantité vous trouverez toujours de petits cèpes, qui ne peuvent entrer dans les catégories ci-dessus ; parez-les soigneusement, lavez, et blanchissez comme pour le champignon tourné au beurre, mettez en boîtes, cuisson et cèpes, ajoutez le beurre indiqué, et laissez à l'autoclave le même temps que pour les champignons tournés. Ces petits cèpes conservés au beurre sont la plus belle garniture financière que vous pouvez imaginer, et elle n'est pas à dédaigner.

Emploi des queues de cèpes.

Les cèpes ayant généralement des tiges très grosses, fermes et blanches, leur emploi est tout trouvé. Choisissez tout ce qu'il y a de plus ferme et de plus blanc, tournez-les comme des champignons, faites-les blanchir de la manière suivante : après les avoir lavés dans de l'eau contenant au moins le dixième de conservateur, mettez-les dans la bassine en les couvrant aux 3/4 d'eau froide ; il ne faut pas qu'ils soient recouverts par le liquide ; en versant l'eau, mesurez-la, mettez 50 grammes de sel par litre, 10 grammes de beurre fin, une gousse d'ail non écrasée, laissez bouillir cinq minutes à grand bouillon ; retirez, versez en terrine, puis emboîtez en pesant 350 grammes pour les 1/2, 700 grammes pour les 4/4. Recouvrez avec le jus de leur cuisson et retirant l'ail, soudez et cuisez à l'autoclave :

A 108 : 20 minutes pour les 4/4.

    —   15   —   pour les 1/2.

Vous pouvez supprimer le beurre et le remplacer par un 1/2 centilitre de conservateur par kilogramme de cèpes, que vous versez dans chaque boîte avant de souder.

Il ne vous reste alors comme débris que les déchets de l'épluchage, les véreux, les difformes et les pelures des queues que vous venez de tourner ; lavez bien le tout pour enlever la terre, hachez tout cela finement, et dans vos mains exprimez encore l'eau de végétation qui peut y rester, puis mettez le tout dans une bassine. Recouvrez votre hachis avec la cuisson des têtes que vous avez mises de côté, ou avec des cuissons de champignons, laissez cuire dix minutes tout en remuant afin que le hachis ne s'attache pas ; il ne doit plus rester d'eau de cuisson, et votre hachis doit former une masse épaisse ; incorporez-le dans le mélange suivant :

Avec accessoires, monté sur pied et, avec serpentin à vapeur.

Gratin aux fines herbes.

Prenez pour cela vos galipettes de champignons de couches, le hachis de cèpes ci-dessus ; hachez le tout ensemble comme une chair à saucisse, la machine à hacher fait bien ce travail ; ajoutez à cette masse et dans les proportions suivantes :

Pour 10 kilos de hachis :
 1 kilo d'oignons hachés.
 250 grammes de persil haché.
 50 — de ciboulettes.
 1 gousse d'ail par kilo (facultatif).
 40 grammes de sel par kilo.

faites cuire oignons, persil, etc., pendant quinze minutes dans un litre de cuisson, mélangez le tout, emboîtez ce gratin et mettez à l'autoclave le même temps que les autres cèpes, vous vous en servirez pour farcir vos gros cèpes, pour faire vos bruxelles, ou vos artichauts à la barigoule ainsi que vos tomates entières.

Emboîtez généralement dans des 1/4 ou des 1/8.

Cèpes à la provençale.

Même travail et mêmes manipulations que pour les cèpes à l'huile ; vous ajouterez, après avoir rempli vos boîtes, et avant d'y verser l'huile, le hachis suivant ainsi composé :

 400 grammes d'oignons épluchés.
 100 — d'ails et échalotes, parties égales.
 100 — persil et ciboulettes.
 30 — sel et poivre.

Hachez le tout, mettez après dans les boîtes de cèpes la quantité suivante à cru :
 2 cuillerées à soupe pour 1 boîte de 4/4.
 1 — pour 1 — 1/2.

Recouvrez le tout d'huile surfine, soudez et cuisez à l'autoclave :

25 minutes à 110 pour les 4/4 ou litre.
20   —   à 110 pour les 1/2 ou 1/2 litre.

N. B. — Inutile d'ajouter que la quantité d'aromates est facultative, soit en plus, soit en moins ; d'ailleurs vous pourrez toujours vous rendre compte du fait : ouvrez une boîte après cuisson et rafraîchissement, versez-la dans un plat à gratin, poussez au four après avoir saupoudré d'une poignée de chapelure ou mie de pain, et goûtez chaud si le fumet est de votre goût, et corrigez alors en conséquence.

Bolets au beurre.

Quoique toutes les manipulations ci-dessus puissent s'appliquer aux bolets, celle-ci est spéciale à leur genre.

Le bolet ne vient pas si gros que le cèpe, mais vous pouvez préparer les gros identiquement à ceux-ci ; mais pour les bolets au beurre, choisissez les petits et les moyens, sans bavures, ni morsures ; lavez-les à l'eau froide contenant de l'eau de lessive, puis, après un lavage très minutieux, égouttez dans des corbeilles, pesez-les, mettez-les dans une bassine ou une casserole plate (sauteuse), ajoutez 50 grammes de sel par kilogramme, deux oignons émincés (non hachés) très finement, un bouquet de persil, 5 grammes de poivre blanc moulu, une gousse d'ail entière, le jus d'un citron par kilogramme, mettez sur le feu doux, couvrez hermétiquement en versant un verre d'eau fraîche par kilogramme de bolets, laissez cuire à petit feu vingt minutes, et que le fond n'attache pas ; égouttez vos bolets avec une écumoire sans les briser, mettez en boîtes, laissez réduire votre cuisson de manière qu'il ne vous en reste que juste la quantité pour recouvrir vos boîtes ; ajoutez pour chaque boîte 10 grammes de beurre fin par 1/2 et 15 grammes par boîte de 1 kilogramme, versez la cuisson bouillante par-dessus, faites souder et cuisez à l'autoclave :

25 minutes à 115 pour les litres.
20   —   à 115 pour les 1/2 litres.

Au bain-marie.

1 heure 1/2 pour les 1/2.
2 heures   pour les 4/4.

Bolets au vinaigre à l'italienne (*funghi à l'aceto*).

Ce procédé rentre dans les condiments pour la table, comme les pickles anglais, et peut s'adapter à toute la famille des cryptogames, clavaires, corail, hypodris hépatique, barbes-de-bouc, hydre-sinué, gyrole, potiron, agaric aromatique, agaric comestible, mousseron, oronge, agaric poivré, etc., etc.

Tous sont excellents, tous sont comestibles, et vous pouvez les préparer tous en suivant scrupuleusement la formule des bolets au beurre, car à part les morilles qui se vendent généralement séchées, tous les autres sont de consommation journalière et des provisions du ménage.

Pour les *bolets au vinaigre*, ne prenez que ceux qui sont à peine formés, gros comme le bout du doigt; épluchez soigneusement, lavez à l'eau de cendres froide et égouttez en panier; épluchez de petits oignons blancs ou prenez-en dans la saumure la quantité que vous jugerez convenable; mettez vos petits bolets, vos petits oignons dans une bassine à fond plat ou sauteuse, ajoutez ail, échalote, laurier, thym, poivre en grains, piment rouge, sel et la quantité de vinaigre pour baigner le tout, ajoutez un verre d'huile d'olive pour 5 kilos, mettez sur le feu, laissez cuire, tout en remuant pendant 20 minutes, versez le tout dans un vase de grès ou de verre, couvrez d'une vessie ramollie; un mois après votre condiment est prêt, vous pourrez alors retirer le vinaigre, y ajouter quelques cuillerées de moutarde et poudre et recouvrir le tout; l'huile que vous avez mise lors de la cuisson remontera à la surface, et la conservation sera parfaite sous tous les rapports.

Morilles au beurre.

Choisissez des morilles bien fraîches et opérez comme pour le bolet au beurre.

Morilles séchées et en saumure.

Enfilez vos morilles au moyen d'une aiguille et du fil, suspendez à l'air sec et chaud.

Pour vous en servir, faites-les revenir à l'eau tiède; quoique ce procédé soit facile et très anciennement pratiqué, il n'est pas bon du tout; je préfère les morilles à la saumure; à cet effet, rangez vos morilles, après trois jours de séchage à l'air, dans un vase de terre ou de verre ou un petit baril, recouvrez-les de saumure à 10 degrés et contenant 2 centilitres de conservateur, mettez une presse légère sur vos morilles afin qu'elles baignent continuellement; de cette manière vous les conserverez pendant des années, et elles seront toujours prêtes à employer.

Cèpes et bolets séchés.

On n'emploie généralement pour cela que ceux qui sont énormes, mous, déjà passés comme maturité et impropres à la conserve, traitez-les comme les gribouis; après les avoir nettoyés, coupez-les en lames, et faites-les sécher soit au soleil ardent, ou à l'étuve, de 25 à 40 degrés; plus la dessiccation sera complète, plus la conservation le sera; l'humidité agit toujours sur le champignon sec, et les vers s'y mettent très souvent. Il faut surveiller cette provision qui est très utile en ménage, mais moins dans le commerce, car nos bons paysans ne se gênent nullement pour incorporer aux cèpes desséchés une égale quantité d'aubergines traitées de la même manière, et l'œil seul du praticien peut reconnaître cette fraude, car l'aubergine séchée n'a aucun prix, ni emploi culinaire.

POMMES DE TERRE NOUVELLES

Si toute l'année on a la pomme de terre, on ne possède la hollande comme primeur que pendant six semaines.

Choisissez la hollande en pleine primeur et fraîchement cueillie, que l'épiderme se détache facilement au toucher, et soit à la main, soit avec un linge grossier

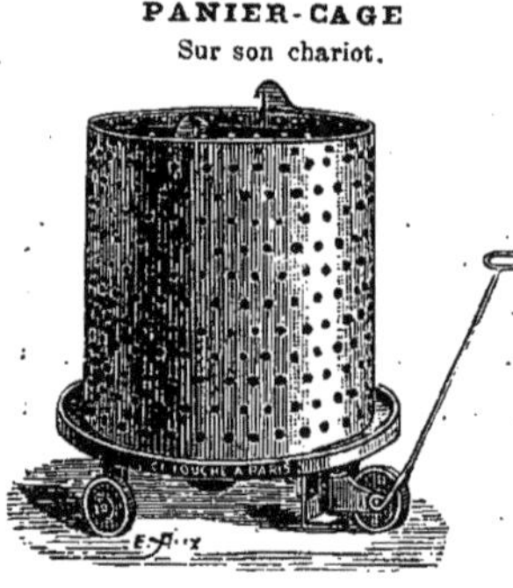

PANIER-CAGE
Sur son chariot.

enlevez-le et jetez de suite, après cette opération, votre pomme de terre dans de l'eau fraîche contenant 5 centigrammes par litre de conservateur. Si vous avez de grandes quantités à traiter, passez-les au sac avec quelques poignées de sel de cuisine, et en quelques minutes l'épiderme sera levé, lavez-les à l'eau froide ; avant de mettre dans l'eau ci-dessus, il faut que vos pommes de terre soient soigneusement épluchées. Lorsqu'elles sont terminées, égouttez-les dans un panier, mettez de l'eau dans la bassine en grande quantité, ajoutez à l'eau du blanchiment l'eau saturée dans laquelle vos pommes de terre ont séjourné. Sitôt le premier bouillon, versez dedans vos pommes de terre, laissez bouillir une minute et rafraîchissez à l'eau froide, emboîtez en boîtes bien remplies, jutez les boîtes avec le jus suivant :

Par litre d'eau froide :

50 grammes de sel fin.

1   —   d'alun.

1 centigr. de conservateur (sél).

Faites souder et laissez à l'autoclave :

20 minutes à 108 pour les 4/4.

15   —   à 110 pour les 1/2.

Attention, au sortir de l'autoclave, de ne pas bousculer les boîtes avant complet refroidissement, vous feriez éclater la pomme de terre ; elle doit être cuite juste à point, car pour l'employer, et il y a 170 manières de le faire culinairement : il faut qu'elles soient assez fermes pour subir toutes ces manipulations.

Au bain-marie sans pression :

45 minutes pour les 1/2.
55 — pour les 4/4.

C'est la cuisson au bain-marie qui est la plus certaine en ayant soin après de refroidir les boîtes avant de les manipuler.

TRUFFES NOIRES ET BLANCHES

Truffes noires.

Ce n'est pas seulement le Périgord et le Vaucluse qui ont le monopole de la truffe; sans cela elle serait à un prix inabordable.

En Italie, Norcia et Spolète dans les États Romains, et l'Espagne en envoient chaque année des grandes quantités en France, d'où elles se répandent en quantité innombrables dans tous les pays du monde, partout ou presque partout il y a de la truffe, mais elle n'a pas les qualités comestibles et l'arome du Périgord, elles sont musquées ou boiseuses, dans tous les cas, la supériorité est sans conteste aux truffes françaises, et Carpentras tient le grand marché de ce produit. Les chercheurs de truffes accompagnés de leur chien, ont la spécialité d'habiller, ou de garnir les vides de la truffe; avec la terre rougeâtre de leur pays et des petits cailloux ils remplissent les vides, au besoin raccommodent les truffes cassées, et de plusieurs petites en font une grosse. Truqueurs va! Ils ont trouvé le moyen de vendre la terre ingrate où croît la truffe 25 à 50 francs le kilog. Ceux-là ne demandent pas d'impôts sur les truffes étrangères; ils sont restés libres-échangistes, à l'opposé des vignerons, qui quadruplant leurs récoltes par le vin de raisin sec, voudraient qu'il soit prohibé afin de rester tout seuls.

Ne prenez pour vos conserves de truffes que des bonnes qualités bien mûres, c'est-à-dire noires; elles arrivent généralement à ce point en janvier, faites-les tremper à l'eau fraîche, pour ramollir la terre; brossez-les avec une brosse de chiendent; il faut que toutes les parties terreuses et caillouteuses disparaissent : il faut compter de ce chef sur un déchet considérable, 15 et 20 pour cent, si ce n'est plus; ce procédé, tout intelligent qu'il soit, laisse beaucoup à désirer comme honnêteté. Si vous désirez conserver vos truffes au naturel, à la serviette, sitôt brossées, mettez en boîte de calibre, soit de 5, soit de 10 kilos, si c'est pour la grande industrie; en boîtes de 500 grammes à un kilo pour la cuisine. Une pincée de sel par-dessus, soudez, et sans jus, sans liquide mettez à l'autoclave en les maintenant au fond; car comme elles sont vides de liquide elles surnageraient. Mettez à l'autoclave sans pression trois heures pour les calibres de 5 kilos et diminuez pour les petits; laissez refroidir dans l'autoclave, et votre provision finie,

lorsque vous désirez faire vos boîtes, vous dessoudez vos capsules, versez en terrines
et faites votre choix, par ce procédé, l'arome de la truffe reste, le parfum ne s'évapore
pas comme lorsque vous les cuisez à l'air libre, puis la couleur des truffes est plus
nette, elles sont plus noires et partant de premier choix. La déperdition du poids est
subie, votre truffe ne subira plus d'altération ni de volume ni de poids; emboîtez

BASSIN-ALAMBIC
(Système ÉGROT. Breveté s. g. d. g.)

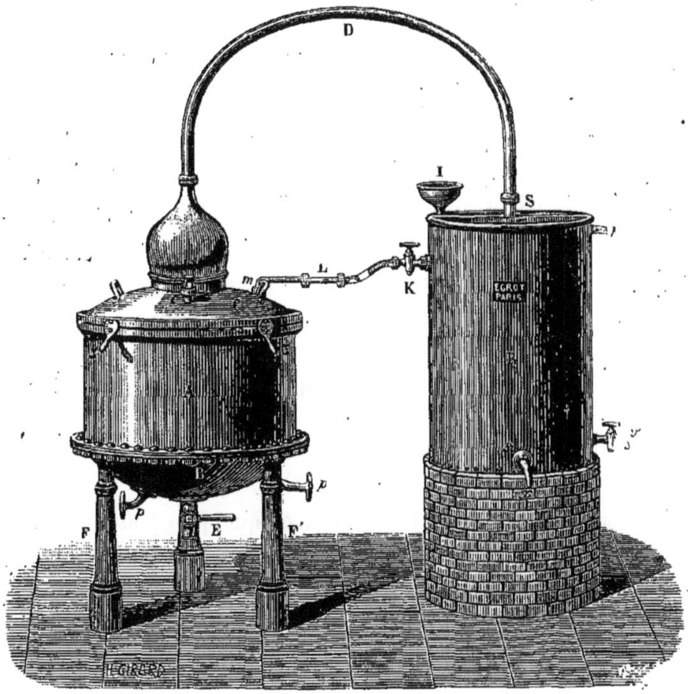

Cet appareil spécial pour la fabrication de la conserve alimentaire, est à plusieurs fins.
Il sert comme bassine à blanchir les légumes, fruits, etc., et pour la distillation des eaux
parfumées et aromatiques, toutes les bassines à vapeur dans une usine doivent être
faites sur ce modèle.

alors en les pesant et rendez-vous compte du prix en confrontant le poids brut d'achat
avec la quantité qu'il vous reste cuite.

Pour les truffes brossées à la serviette.

Lorsque vous les remettrez en boîte ajoutez au jus naturel de la truffe qu'elle aura
rendu pendant l'ébullition à l'autoclave, une quantité selon appréciation, de bon
champagne, sel, et gros comme une noix de bonne glace de volaille, soudez la boîte,
remettez à l'autoclave et donnez:

Pour les boîtes de 1 litre, 20 minutes à 115.

—   — de 1/2 — 15   —   à 115.

En flacons ou bocaux, il faut mettre à l'eau froide les flacons enveloppés de paille, et donner deux heures pour les flacons de 1 litre et laisser refroidir dans l'eau.

Pour servir les truffes-serviettes, faites chauffer la boîte à l'eau bouillante, sans l'ouvrir, pendant trente minutes ; ouvrez alors et servez truffes et jus dans une casserole couverte, ou un légumier bien chaud.

Truffes pelées.

Sitôt vos truffes brossées, pelez-les au canif en faisant le moins d'épluchures possible et d'une finesse extrême ; sitôt pelées, mettez-en dans des boîtes, soudez à sec, en ajoutant un peu de sel, et ébullitionnez à l'air libre sans pression, le même temps que pour les truffes-serviettes ; votre provision finie, ouvrez les boîtes, faites vos choix : truffes extra, truffes deuxième choix brunes, truffes plus petites pour garnitures, ajoutez au jus naturel de la truffe la quantité de madère sec nécessaire, remettez dans des boîtes neuves après les avoir pesées, faites souder et laissez à l'autoclave à 115.

25 minutes pour les 4/4.
20   —   pour les 1/2.

Au bain-marie.

2 heures   pour les 4/4.
1   —   1/2 pour les 1/2.

Les épluchures se mettent en boîtes à cru avec quelques gouttes de madère et de sel ; cuisson très prolongée, trois heures pour les litres, deux heures pour les demi ; les charcutiers en ont un grand emploi, ainsi que les cuisiniers pour leurs sauces.

Débris de truffes et leur emploi.

Se mettent au madère, s'ébullitionnent longuement et servent pour la fabrication des terrines de foie gras ou des pâtés.

Truffes blanches.

Spécialité du Piémont, où elles sont, suivant les années, très rares ou très abondantes ; — la truffe blanche a la peau lisse comme une patate, d'un jaune clair strié de veines rouges lorsqu'elle est fraîche, et devenant grise et terreuse à mesure qu'elle sèche ; la chair est blanche, appétissante, ferme et lourde et d'une odeur fortement *aillée*. Lorsque la truffe a cet aspect, vous pouvez être certain de sa bonté ; cette truffe ne se conserve pas, ne se cuit pas ; elle se mange crue accompagnant plusieurs plats de la cuisine piémontaise dont voici les principaux, — inutile de dire que les amoureux de la truffe blanche en sont fanatiques.

Omelettes au *fromage* et aux *truffes fondues (fontina) polenta, risotto*; mais pour le Piémontais, fût-il même roi d'Italie, le triomphe de la truffe blanche, c'est le *Bagno-Caldo*. — Voici sa préparation :

Dans une petite casserole de terre vernie ou émaillée émincez finement cinq ou six gousses d'ail par personne, les filets de quatre anchois salés — toujours par personne, — gros comme une noix de beurre extra-frais trois cuillerées à bouche d'huile d'olive ; laissez mijoter doucement sur des cendres chaudes ou à feu doux ; lorsque vos filets d'anchois fondus auront lié le beurre, ajoutez alors vos truffes blanches émincées au (*taglia-trifoli*) et plongez dans ce coulis l'extrémité des côtes de cardons blancs crus et goûtez cela, et vous comprendrez pourquoi il y a tant d'amateurs.

J'espère prochainement arriver à conserver la truffe blanche à l'état nature ; je ne puis rien affirmer encore ; le temps ne m'a pas permis encore de dire : J'ai trouvé.

Estragon en bouteilles ou en flacons.

L'estragon étant très usité en cuisine, sa conservation à l'état frais demande à être bien soignée ; il peut se faire de deux manières : au naturel et reverdi.

Opérez ainsi :

Au printemps, lorsque l'estragon est en primeur et d'un vert tendre, commencez par effeuiller les tiges, ne conservez que les feuilles saines ainsi que les sommités ; faites-les blanchir à l'eau sulfatée, dosage des haricots verts ; après quelques bouillons, retirez le panier de la bassine et laissez-le rafraîchir longuement à l'eau courante, puis emboîtez les feuilles ainsi que les sommités dans de petits flacons ; il en faut très peu afin qu'il ne se tasse pas ; jutez avec de l'eau salée ; bouchez à la machine immédiatement, et mettez en cuisson à l'autoclave. Dans la presse, laissez trente minutes, videz l'eau et laissez refroidir avant de les retirer.

Le flaconnage, le bouchage, ainsi que l'ébullition doivent se faire rapidement, car l'estragon fermente de suite.

Même opération, mais sans reverdissage, pour le naturel, jutez avec l'eau de cuisson.

Fabrication des nouilles fraîches (*en italien Tagliarini*).

Pâte à nouilles.

1 kilo belle farine 1ʳᵉ de cylindre, tamisée ;
35 grammes sel fin ;
14 à 16 œufs entiers.

Après avoir tamisé votre farine, sur le tour faites un puits, en écartant la farine avec la main, mettez le sel et les œufs, que vous aurez eu soin de casser en les flairant afin d'écarter les avariés ou sentant la paille ; commencez à mélanger doucement les œufs et la farine et terminez-la au moyen de la paume de la main ; il faut que la pâte soit très ferme, très cordée, c'est-à-dire qu'elle ait du corps et que le mélange soit parfait. Vous jugerez du résultat, lorsque vous verrez votre masse lisse, luisante et ne s'attachant plus aux mains, ni à la table.

Si vous n'avez qu'une petite quantité de pâte à faire, servez-vous comme il est indiqué ci-dessus, de la main; mais pour de grandes quantités, il faut une broyeuse en marbre ou granit, et fonctionnant à la vapeur ou au moteur hydraulique. Ces nouilles se fabriquent au fur et à mesure de la vente si elles doivent être consommées fraîches; si c'est pour être conservées, séchez-les lentement au séchoir et conservez-les dans des boîtes de fer blanc, dites boîtes à biscuits, soudées et auxquelles vous donnerez six minutes de vapeur sèche dans le cuiseur à 120 0/0. Maintenant, avec la pâte à nouilles fraîches vous pouvez faire :

Les Lasagnes à la génoise ;
Les Cappelletti de Bologne ;
Les Agnolotti de Turin ;
Les Ravioles de Gênes ;
Les Ravioles à la polonaise.

N. B. Comme la teinte de la pâte à nouilles doit être d'un beau jaune, au cas où les jaunes d'œufs ne seraient pas assez colorés employez alors quelques gouttes de teinture de safran (safran cuit à l'eau).

Lasagnes à la génoise.

Les nouilles sont ordinairement coupées très fines, d'une longueur de 50 à 60 centimètres et d'une largeur de 1 à 2 millimètres.

Les lasagnes sont au contraire très courtes et d'une largeur de 1 à 2 centimètres.

Taillez votre pâte à nouilles en bandes de 6 centimètres de longueur sur 2 de largeur; faites-les blanchir à l'eau bouillante et salée pendant deux minutes; retirez du feu; égouttez, rafraîchissez à l'eau froide, rangez-les en boîtes, humectez-les avec un peu du bouillon de la cuisson afin qu'elles ne s'attachent pas ensemble. Couvrez ensuite chaque boîte avec un peu de beurre clarifié.

Faites souder, et mettez à l'autoclave.

25 minutes à 106 pour les 4/4.
15   —   à 106 pour les 1/2.

Ravioles à la génoise.

Prenez 500 grammes de chair de veau dénervée et hachée finement, passez au beurre deux oignons blancs moyens, émincés, ajoutez 300 grammes de jambon cru haché gras et maigre; faites revenir pendant quelques minutes à bon feu; ajoutez la chair de veau hachée et remuez sur le feu comme pour faire un hachis. Ajoutez, suivant la saison, une bonne poignée de feuilles de bourrache, de poirée ou d'épinards; retirez ensuite du feu, pilez au mortier ou hachez à la machine à sébille; assaisonnez avec 10 grammes de sel, 2 grammes de poivre moulu, une pincée de droghe (quatre-épices) trois œufs entiers s'ils sont gros, quatre s'ils sont petits, 150 grammes de fromage de parmesan râpé.

Le travail au mortier est préférable en ce sens qu'il lie mieux le hachis; pour finir, opérez ainsi :

Après avoir étendu notre pâte à nouilles au moyen d'un rouleau à poignée, il faut qu'elle soit très mince, avec une poche de toile ou de papier ayant une douille à son extrémité ; couvrez l'abaisse de la pâte de petites noisettes de farce lorsqu'elle sera complètement garnie, mouillez avec un pinceau trempé dans l'eau tous les intervalles entre chaque noisette et appliquez une deuxième abaisse pour former le couvercle, découpez ensuite chaque raviole de grosseurs différentes.

Pour les garnitures de potages, il les faut rondes et à bords, cannelés de 1 centimètre et demi de diamètre ; comme légumes, vous pouvez les couper au moyen de la roulette et d'une grosseur de 3 à 4 centimètres.

Pour les blanchir, jetez-les à l'eau bouillante bien salée, pendant huit minutes ; égouttez ensuite sur des tamis ; rangez en boîtes ; arrosez-les, soit avec l'eau de leur cuisson ou mieux avec du bouillon très limpide de veau ou de volailles, et même avec un peu de beurre clarifié ; soudez et mettez à l'autoclave.

20 minutes à 100 pour les 4/4 ou litres.

15 — à 100 pour les 1/2 ou 500 grammes.

Pour les servir, ouvrez la boîte, rangez symétriquement vos ravioles dans un plat à gratin, saupoudrez d'une poignée de parmesan râpé et arrosez avec une des compositions suivantes à votre choix :

1° Beurre noisette ;

2° Jus de bœuf réduit avec une cuillerée de sauce tomates ;

3° Sauce tomate au naturel ;

4° Sauce financière ;

5° Sugo à la Napolitaine ;

Après les avoir arrosées avec l'une ou l'autre de ces désignations, poussez dix minutes au four pour les chauffer et les gratiner légèrement.

Agnolotti de Turin.

Même procédé que ci-dessus, avec veau ou volaille cuite ou même porc frais rôti ; mais supprimez la verdure bourrache, poirée, ou épinards et terminez comme les ravioles.

Ravioles à la polonaise.

Faites un hachis avec des chairs crues de veau auxquelles vous ajoutez le tiers de lard gras, et pour 500 grammes de veau une cuillerée de fines herbes hachée dans lesquelles vous mêlerez quelques sommités vertes de fenouil, assaisonnez avec sel épicé 20 grammes par livre et terminez comme pour les ravioles à la génoise la cuisson de ces ravioles a demandé quinze minutes, afin que les chairs soient bien cuites.

A défaut de fenouil vert et frais, vous pouvez mettre une poignée d'orties hachées (orties blanches); ajoutez un verre de crème double ; il faut que le hachis soit moelleux ; ne mettez ni parmesan, ni œufs, puis terminez comme les ravioles à la génoise.

.Pour les servir, sortez-les de la boîte, et rangez-les par lits dans une timbale de pâte feuilletée, ou de pâte à pannequets, saucez légèrement avec une sauce blonde, et faites chauffer à feu doux pendant une heure, ou encore de la manière suivante :

Faites chauffer la boîte au bain-marie pendant quinze minutes ; pendant ce temps faites réduire par kilo de ravioles :

> 50 grammes de glace de viande ;
> 2 décilitres de bouillon ;
> 1 décilitre de marsala.

Lorsque cette réduction est à glace, ajoutez, pour finir, 150 grammes de beurre frais, peu à la fois, afin de lier le tout hors du feu.

Ouvrez votre boîte, égoutez-la, versez les ravioles dans un plat à gratin, saupoudrez d'une poignée de parmesan ou gruyère râpé, arrosé avec la réduction bouillante et servez chaud.

N. B. — Toutes ces préparations sont des provisions de voyage, utiles et nécessaires et indispensables pour l'approvisionnement d'un yacht ou d'un navire, où souvent le matériel manque, et sous des latitudes où le climat ne permet pas toutes ces préparations culinaires.

Pour les conserver en boîtes jutez-les avec le bouillon de cuisson et donnez à l'ébullition libre :

> 35 minutes pour les 1/2 boîtes ou   500 grammes.
> 50   —   pour les 4/4 —   ou 1000   —

Capelletti de Bologne ou Tortellone.

Fabrication spéciale à cette ville, pour conserver en boîtes faites-les cuire sitôt après leur fabrication et terminez comme ci-dessus.

Fabrication des Capelletti

Prenez 400 grammes de veau ou volaille cuite, 200 grammes de gorge de porc cuite et froide, une cervelle de porc cuite, pilez le tout ensemble, passez au tamis, mettez cette farce dans une terrine, assaisonnez de sel épicé 40 grammes par kilo, une poignée de parmesan râpé (*extra vecchio*), deux œufs entiers et une pincée de persil haché et reverdi.

Prenez ensuite de la pâte à nouille, abaissez-la finement, coupez-la en losanges, et au centre de chaque losange, mettez une petite boule de farce, humectez les bords, soudez-les en les tournant autour des doigts pour leur donner la forme d'un chapeau. Soudez les deux pointes et avant d'emboiter faites cuire sans bouillir pendant cinq minutes à l'eau salée, emboîtez ensuite et soudez.

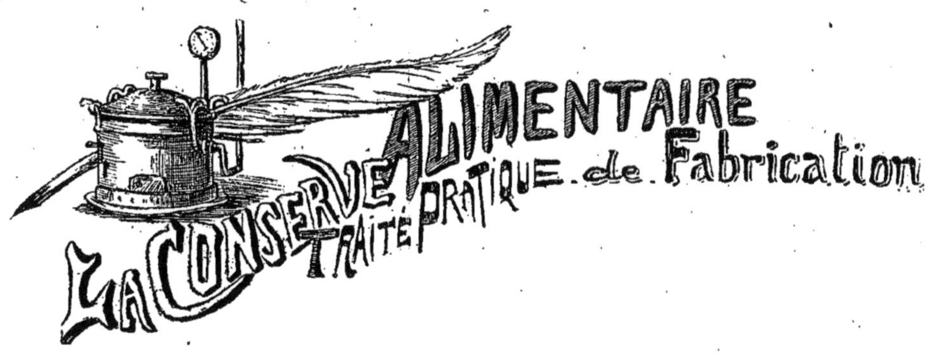

PLUM-PUDDING A L'ANGLAISE

Plum-pudding à l'anglaise *(Fabrication et conservation).*

500 grammes graisse de rognons de bœuf ;
400   »   farine ordinaire ;
400   »   cassonade blonde ou sucre cristallisé ;
400   »   raisins Smyrne et Corinthe ;
400   »   raisins Malaga égrenés ou épeppinés ;
100   »   cédrat confit ;
100   »   orangeat confit ;
100   »   citronat confit ;
200   »   marmelade ou confiture d'abricot ;
200   »   pommes crues hachées ;
50   »   sel fin de table ;
1 zeste de citron râpé et 1/4 de noix de muscade râpée ;
2 décilitres cognac ou rhum ;
6 œufs en tiers ;
400 grammes mie de pain (chapelure blanche).

Commencez d'abord par hacher finement la graisse crue avec la moitié de la farine afin de faciliter le travail, puis prenez la mie de pain que vous roulerez avec le restant de la farine, afin que toute la mie soit sèche et puisse passer au travers du tamis en fil de cuivre n° 4.

Égrenez vos malaga, et coupez-les grossièrement avec quelques coups de couteau épluchez aussi corinthe et malaga, hachez assez fin les écorces de cédrat, orangeat et citronat, pelez et hachez les pommes et mêlez le tout dans une terrine, pétrissez longuement cette masse et y ajoutant les œufs entiers ; il faut que le tout soit bien mélangé ; si votre masse était par trop ferme ajoutez pour la détendre un peu de crème ou de lait.

Préparez vos linges à plum-pudding de la manière suivante : prenez de la grosse toile, neuve et forte, beurrez le centre du carré sur une surface assez grande pour envelopper complètement la quantité de masse que vous devez y mettre ; cette surface grassement beurrée, saupoudrez-la de farine en la forçant à entrer dans le beurre afin de calfeutrer complètement les pores du tissu. Ceci fait, prenez la quantité de masse 1 ou 2 kilos, mettez-la en boule ronde au milieu de la toile, ramenez les coins au centre en n'y laissant aucune fissure, serrez fortement dans la main gauche, la toile ainsi fermée et concentrez la masse en une forme ronde et serrée, ficelez de la main droite au raz du poing avec une forte ficelle que vous terminerez en nœud coulant afin de pouvoir suspendre le plumpudding après cuisson.

Ce travail fini, faites partir en ébullition une marmite ou bassine couvrant bien et contenant une grande quantité d'eau, afin que l'ébullition, si longue qu'elle soit, ne soit pas arrêtée faute d'eau ; lorsque l'eau sera en pleine ébullition, laissez plonger un des linges et n'en remettez un autre que lorsque l'ébullition recommencera, il faut veiller attentivement que la cuisson ne s'arrête jamais ; sur un fourneau à gaz, l'ébullition est régulière.

Cet appareil spécial pour la ferme permet de cuire tous les produits nécessaires à l'alimentation des bestiaux et sert aussi pour la distillation des cidres, vins, poirés, marcs, etc.

Pour un plum-pudding de 1 kilo, il faut une ébullition de cinq heures.

Pour 2 kilos huit heures.

L'emploi d'une forte toile est compréhensible, le contact avec l'eau bouillante resserre les tissus, qui sont imprégnés de beurre manié, et forme alors une enveloppe qui ne permet pas à l'eau de dissoudre la masse.

Après le temps de cuisson retirez les linges de l'eau et suspendez-les par la boucle à l'air afin qu'ils refroidissent pendant 12 heures.

Enlevez alors les ficelles, et déballez doucement le plum-pudding, remplacez la grosse toile de la première cuisson par un linge fin mousseline ou autre, sanglez de nouveau et mettez en boîtes de grandeur, soudez sans ajouter aucun liquide, et laissez à l'autoclave :

1 heure 20 minutes pour 1 kilo.

1 — 40 — 2 »

Rafraîchissez avant de retirer.

Vous pouvez employer une autre méthode, lorsque vous ne voulez pas avoir des plum-puddings façon anglaise, c'est-à-dire dans des linges comme il est indiqué ci-dessus. Beurrez alors des linges dans la longueur et roulez la masse du plum-pudding en forme de galantine, ficelez les deux bouts, puis sanglez le centre avec des cordons à pieds (voyez *Charcuterie*), puis laissez-les cuire à l'eau bouillante pendant six ou huit heures suivant leur poids, laissez ensuite refroidir, après avoir eu soin de resserrer les cordons, afin que le diamètre du pudding soit bien le même que celui des boîtes à remplir, une fois refroidi déballez et coupez en morceaux réguliers afin de remplir entièrement la boîte.

Soudez et laissez à l'autoclave :

1,20 pour les boîtés de 1 kilo.
1,40 pour les boîtes de 2 kilos.

Une heure pour tous les autres types au-dessous de 1 kilo.

Avant de sortir de l'autoclave, rafraîchissez entièrement.

Pour les boîtes de 125, 250, 375 et 500 grammes, il n'est pas nécessaire de faire la cuisson au linge, remplissez les boîtes avec la masse crue, soudez et mettez à l'autoclave :

2 h. 1/2 à 106 pour les 125 grammes.
3 h.   » 106   »   250   »
3 h. 1/2 » 106   » :   375   »
4 h.   » 106 .   »   500   »

Ce temps de cuisson est nécessaire pour que la masse atteigne le degré de fondu de moelleux nécessaire à cette conserve, qui doit toujours se servir chaude. Lorsque le plum-pudding est dans un linge, il suffit de faire réchauffer la boîte à l'eau bouillante pendant quelques heures, retirer la boîte de l'eau, l'ouvrir, déballer le pudding en le renversant sur un plat ; cloutez avec des amandes mondées et effilées, saupoudrez de sucre (cassonade blonde), arrosez avec du rhum et, au moment de servir, mettez-y le feu, comme à un punch.

Pour les autres plumpuddings cuits sans toile ouvrez les boîtes sans les réchauffer, découpez ensuite en tranches que vous rangerez sur un plat beurré, poussez au four, arrosez avec rhum et sucre, et faites flamber comme ci-dessus.

Avec les débris des boîtes, vous pouvez en faire des tartelettes que vous servirez chaudes sortant du four, arrosez et imbibez l'intérieur avec un sirop au rhum.

Le plum-pudding est le plat traditionnel pour le dîner de Noël en Angleterre ou en Amérique.

RENSEIGNEMENTS SUR LA CULTURE

DES

PETITS POIS, HARICOTS VERTS, HARICOTS FLAGEOLETS POUR LA CONSERVE

Petits pois.

Comme primeurs, le Quarantin, le Daniel, et le Michaud, ces trois espèces peuvent se mélanger pour la conserve.

Comme demi-hâtif le « serpette vrai amélioré » demande à être conservé seul, il demande moins de reverdissage que les trois premiers.

Le dernier tardif c'est le Clamart ou pois de Paris, il dure toute l'année, il demande beaucoup de reverdissage.

La quantité de semences en petits pois est de 100 kilos à l'hectare, si vous semez avec le semoir à blé en obturant le cinquième soc, afin de faire un sentier qui facilitera la cueillette.

Si le terrain est bon et bien fumé de l'année précédente, le rendement peut varier de 5 à 6,000 kilos par hectare.

Le petit pois demande des engrais riches en potasse, et surtout les eaux d'égout.

Le serpette a l'avantage sur toutes les autres variétés d'être rustique et de ne pas exiger de soins trop spéciaux.

Il convient cependant de planter de mètre en mètre, un tuteur très branchu de 1^{m}50 de hauteur hors de terre, afin de soutenir les tiges et laisser circuler l'air afin d'éviter le jaunissement des planches, et aussi de permettre le passage des cueilleuses.

Le moment de la cueille est d'une grande importance; aussitôt la première floraison, lorsque les cosses sont bien formées et qu'elles commencent à se gonfler, il faut veiller de très près, car quelques jours suffisent pour la formation du grain.

Il doit être récolté la cosse bien verte, et en écossant, il faut que la queue du petit pois reste attachée au grain et non à la cosse, en cas contraire le pois est trop mûr, il faut alors cueillir sans perdre de temps.

Au moment des grandes chaleurs de fin juin ou du commencement de juillet un jour suffit quelquefois pour jaunir une récolte.

Au fur et à mesure de la cueille, mettez vos petits pois à l'ombre, et bien étendus afin qu'ils ne s'échauffent pas, et ne les mettez en sacs qu'au dernier moment.

Sitôt à l'usine, étendez-les au frais et à l'ombre et écossez rapidement.

La récolte du petit pois dure environ vingt jours pour chaque espèce, en espaçant les semailles vous pouvez faire durer la fabrication de quarante à cinquante jours.

Le terrain se trouvant libre dès la première quinzaine de juillet, vous pouvez immédiatement semer du haricot-flageolet qui sera bon à cueillir en octobre, ou faire une seconde récolte de petits pois si vos terrains sont facilement arrosables.

Pour activer la germination des semences, faites-les tremper trente-six à quarante-huit heures dans de l'eau fraîche avant de semer.

Pour les haricots verts, le petit gris ou le cent pour un sont les qualités préférées; semez à 5 centimètres seulement de profondeur et en touffes, c'est-à-dire de cinq à sept grains dans chaque trou, la terre doit être riche en fumure.

Pour les flageolets, la meilleure semence est le chevrier toujours vert, il faut souvent changer les semences et le terrain, sans cela la semence dégénère et la teinte verte disparaît.

Dans l'industrie, la paye pour l'écossage varie suivant les pays ou la culture, ordinairement vous donnez aux éplucheuses des boîtes vides contenant 2 litres, et pour chaque boîte bien pleine de petits pois écossés tout-venant, vous payez de 10 à 20 centimes, ce qui représente environ 5 centimes par kilo de pois en cosses.

Pour les haricots verts, 10 centimes par kilo trié de trois grosseurs.

Pour les haricots-flageolets, 10 centimes par litre écossé.

Les emboîteuses pour les petits pois sont à l'heure, si votre pois est bien propre, jutez dans la terrine, et emboîtez avec la cuiller à pot, autant que possible émaillée, cette manière est la plus pratique et la plus expéditive, une personne seule au courant du travail peut emboîter 6,000 boîtes dans une journée.

Les emboîteuses pour les haricots verts, sont à la journée ou mieux aux pièces, elles reçoivent 15 centimes par douzaine de boîtes, que ce soient des 1/4, des 1/2, des 4/4 ou des doubles litres.

L'emboîtage des flageolets et des macédoines de légumes se fait comme le petit pois.

Pour le soudage des boîtes, le tarif des fermetures est imposé par la Chambre syndicale de la corporation des ferblantiers-boîtiers, vous n'avez qu'à vous soumettre.

Le tarif, vous le trouverez au chapitre relatif à la fabrication des boîtes.

LA CULTURE DU CHAMPIGNON

DE COUCHES

La culture pratique du champignon de couches.

Presque tous les procédés préconisés pour la culture de champignons de couches (agarics comestibles), je les ai expérimentés, le procédé suivant m'a donné d'excellents résultats, aussi je me fais un plaisir et un devoir de recommander cette méthode de M. Salle, qui permet de faire venir partout des champignons dans des caves ordinaires et même dans des greniers.

Les endroit non pavés sont pourtant préférables.

A cet effet, vous emploierez des crottins secs de chevaux, d'ânes, de mulets ou de moutons. Ramassez chaque jour des crottins, faites les sécher à l'ombre, à l'abri de la pluie (et des poules), ne les mettez pas en couches trop épaisses, remuez-les sans les briser, afin d'éviter la moisissure ; en quinze ou vingt jours ils seront secs.

Pour les employer, il faudra les ramener à une température de 70 degrés centigrades ; pour cela, étendez-les sur une épaisseur de 15 centimètres, arrosez-les légèrement avec un litre d'eau par mètre carré, remuez et formez un tas conique en les foulant avec les pieds ; douze heures après ; remaniez, et reformez le tas de suite ; ils auront alors une température de 70 à 75 degrés.

Etendez ensuite ces crottins sur des chassis, sur des planches, ou des caisses superposées, faites un premier lit de 8 centimètres, serrez bien, tassez avec une pelle ou un morceau de bois *ad hoc*, recouvrez cette première couche de crottins secs, d'une nouvelle couche de 4 centimètres de crottins frais, refaites un troisième lit de 8 centimètres avec du crottin sec, et de distance en distance, à 20 centimètres d'intervalle, faites avec le doigt un trou dans lequel vous enfoncerez un morceau de blanc de champignon, recouvrez le trou en le tassant avec la main, nivelez bien la couche, et étendez par dessus une couche de 4 centimètres de terre sablonneuse et sèche, ou des gravats de démolition, mais tamisés, et mélangés avec moitié sable, recouvrez le tout de mousse des bois, afin que vos couches soient complètement à l'abri du vent et du jour, avec un thermomètre que vous introduirez dans la couche, vous surveillerez la température qui ne doit pas être au dessous de 40 degrés, ni supérieure à 45 degrés. Arrosez tous les quinze jours avec un litre d'eau par mètre superficiel, dans lequel vous aurez fait dissoudre 2 grammes d'azotate de potasse ou de salpêtre, en deux mois vous aurez des couches en pleine production.

Vous ferez tous les jours ou tous les deux jours la cueillette, suivant la saison, vous aurez soin, en récoltant, de ne pas déraciner le champignon, pour cela, vous le cueillerez, en le dévissant, par une se-cousse allant de gauche à droite.

Si vous arrachez de petits champi-gnons, en cueillant les gros, remettez-les dans le trou, et refermez avec la main, recouvrez toujours avec la che-mise de mousse ou de paille, la mousse est préférable. Votre couche donnera pendant cinq à six mois et même da-vantage, pourvu que l'atmosphère soit légèrement humide.

Le blanc de champignon vierge se trouve dans les vieux fumiers ; il est facile à reconnaître aux filaments blancs qui entourent le crottin.

A défaut de mousse, vous pouvez recouvrir vos couches avec du jeune gazon en pleine végétation ; vous pouvez aussi faire des couches avec du fumier chaud auquel vous mélangerez des crot-tins secs de vaches ; arrosez toujours avec de l'eau nitrée, et empêchez les li-maces de se promener sur les couches, en les entourant de cendres de bois ou de sciure.

CHAUDIÈRE BASCULANTE A FEU NU
(Système Égrot.)

Dans cet appareil pareil à l'alambic-brûleur, mais spécial pour la forme, peut facilement être transformé en alambic ou servir pour chauffer le lait pour la cuisson des légumes et comme lessiveuse automatique en adoptant dans l'intérieur le lexiviateur.

Une couche bien faite, avec du bon blanc, qu'au besoin vous pouvez vous procurer chez les marchands grainiers de Paris, chez MM. Vilmorin-Andrieux et Cie ou Dupanloup, quai de la Mégisserie, en caissettes de 1 à 10 kilos.

Lorsque vos couches seront épuisées, enlevez le dessus, la mousse peut toujours resservir ; enlevez ensuite soigneusement le blanc qui s'y trouve pour pouvoir recom-mencer.

La récolte doit se faire dès que le champignon est à point, c'est-à-dire ferme et bien fermé, et court de queue ; il y en a de toutes les grosseurs.

Dès qu'il commence à s'ouvrir et que le chapeau se détache sur la tige et qu'il s'ouvre comme un parapluie, il n'est plus guère comestible, ce sont des galipettes. Lorsque vous arrosez vos couches, ayez un petit arrosoir dont les trous de la pomme seront très fins, le mieux c'est une seringue de fleuriste.

Cette culture si facile, si attrayante, demande peu de place, et peu de soins, et peut se faire facilement dans les caissettes ayant de 15 à 16 centimètres de profondeur et que vous posez sur les rayons d'un cellier ou d'un fruitier.

Si vous êtes infestés par les rats, souris, mulots, qui sont des amateurs très friants de champignons frais, et qui détruiraient vos couches, procurez-vous chez le droguiste de la pâte phosphorée, que vous étendez sur des tranches de pain, comme un sandwiche, ou entre deux bardes de lard, que vous découpez en carrés de 2 centimètres et que vous posez de place en place ; il faut toujours protéger la récolte contre tous les animaux.

Contre les cloportes, vous en aurez raison avec des linges mouillés, que vous enlevez tous les matins, les cloportes aimant l'humidité auront été se réfugier en dessous.

Pour les moucherons, une bougie allumée les détruira facilement.

Pour les pucerons, arrosez la couche avec de l'eau contenant 2 grammes de chaux vive éteinte par litre.

Contre la molle, il faut nettoyer la place atteinte et l'arroser avec de l'eau contenant 50 grammes de sel de nitre par litre, remettre une nouvelle couche de terre, bien tassée, et la couche se rétablira.

LÉGUMES SECS

Renseignements sur la fabrication des petits pois, haricots verts et haricots flageolets secs.

Avant de terminer le livre Ier traitant de la conserve des légumes seuls, il me reste à indiquer un procédé qui n'est pas nouveau, mais qui peut s'adapter à celui d'Appert, c'est celui de *l'emploi des légumes secs*.

Par l'invention de l'écosseuse du petit modèle, devenant un outil de fermier et d'agriculteur, le cultivateur éloigné des marchés et d'un centre de fabrication, pourra récolter des petits pois en primeurs, en écosser sans peine 500 kilos par jour avec un enfant et l'écosseuse, et dessécher ce légume au soleil à l'état de primeur, et le revendre alors dans les prix de 35 à 50 francs l'hectolitre, suivant qualité ou grosseur. Le petit pois, criblé ensuite, ramolli à la vapeur d'eau pendant quelques heures, blanchi, reverdi et travaillé suivant le principe appliqué au petit pois frais, donne une conserve supérieure comme qualité à celle d'arrière-saison.

Traitez le blanchiment ainsi que la cuisson à l'autoclave avec beaucoup de soins, allez à feu doux; que votre jus soit celui employé pour les petits pois moyens, un bouillon de légumes, et cuisez à l'autoclave; la même cuisson que pour les flageolets.

Je laisse de côté les haricots verts; ils ne peuvent pas, une fois desséchés, se remettre en conserve; ils ont pour eux la saumure.

Pour le *flageolet* sec, même travail. Les fèves également; lorsque vous travaillerez avec des produits secs, faites toujours un premier essai, afin de vous rendre compte de la couleur et de la qualité; les natures de terrains influent beaucoup sur la coloration;

je crois plutôt que c'est l'engrais ; je n'ai pu que constater le fait, sans pouvoir l'approfondir.

Dans tous les cas, rendez-vous compte toujours d'un produit fabriqué, et ne continuez que lorsque vous arrivez au dosage voulu ; je n'ai pas la prétention de croire que ce qui conviendra au légume du nord, soit identique à celui du midi. Non, j'ai fourni une base mathémathique d'étude, c'est au conservateur sur place de trouver son point juste.

LIVRE II

DES FRUITS CONFITS

Fruits confits. — Oranges entières. — Angéliques en baton. — Marrons confits. — Pates de fruits. — Écorces confites. — Confitures d'oranges. — Jus d'oranges. — Curaçao double orange.

Mon intention n'est pas de faire un traité de confiserie, métier presque impossible à un fabricant de conserves qui, faisant de l'industrie, ne peut s'occuper d'une partie demandant un personnel et un matériel spéciaux, et des locaux bien appropriés à ce genre de travail.

Je traiterai cette fabrication au point de vue de la petite industrie, des négociants qui veulent, sans faire une spécialité, occuper leur matériel à conserver tous les produits, et, tout en travaillant le fruit confit, faire les *compotes de fruits, jus, sirops, pulpes et confitures*. Une des premières opérations du travail des fruits est le *soufrage*, qui peut se faire dans une grande armoire ou même un petit cabinet bien clos et facile à aérer, car le soufrage des fruits est nécessaire et essentiel pour les cerises, les abricots, les mirabelles, les poires, les figues, les coings.

D'abord le soufrage arrête la fermentation et la maturité, décolore entièrement le fruit, permet de le travailler dans de bonnes conditions et de le recolorer d'une teinte régulière. Le soufrage et le blanchiment doivent être faits avec beaucoup d'attention ; plus vous choisirez de fruits extra, plus vous obtiendrez un beau résultat ; les fruits inférieurs serviront pour les compotes, les purées ; ceux qui sont arrivés à une trop grande maturité pour les confitures.

ENSEMBLE D'UNE USINE POUR LA FABRICATION DES CONFITURES DES FRUITS EN COMPOTE,
DES JUS ET PULPES POUR CONFISEURS.

Deux cents usines installées par la maison Égrot, 23, rue Mathis, à Paris.

L'installation de cette usine modèle permet de faire toute la conserve alimentaire, en transformant les trois bassines basculantes et les remplaçant :

1° Une bassine basculante en tôle émaillée ;
2° Une bassine à légumes avec chapiteau de distillation ;
3° Une marmite-autoclave ;

L'armoire à vapeur grand modèle peut servir de soufrière pour les fruits.

CERISES

Cerises confites.

Ne choisissez que de gros bigarreaux avant complète maturité, afin d'avoir un produit très régulier ; rangez-les sur des clayons ou des tamis, mettez-les dans la soufrière ; il ne faut pas que le fruit soit tassé sur plus de 5 centimètres de profondeur ; la soufrière doit être arrangée de manière que les fruits soient au moins à 1 mètre au-dessus du soufre, qui doit être allumé au ras du sol, dans une marmite de fonte contenant au moins 500 grammes de fleur de soufre.

Suivant la quantité de fruits, allumez-en de 200 à 500 grammes.

Sitôt que vous verrez une petite flamme bleue commencer à flamber, fermez hermétiquement les portes de la soufrière, bouchez les jointures au moyen de bandes de papier collé, et laissez de six à huit heures avant de rouvrir les portes ; à ce moment vos fruits doivent être complètement blancs, sans couleur ; si ce point n'est pas atteint, remettez de la fleur de soufre et recommencez l'opération.

Retirez vos fruits lorsque toutes les vapeurs sulfureuses sont évaporées, afin de ne pas vous asphyxier, versez-les dans un ou plusieurs baquets ou tonneaux, couvrez-les d'eau fraîche et mettez-les à l'obscurité ; vous pouvez inpunément les laisser huit jours, et ne les dénoyauter qu'à mesure ; à cet effet servez-vous d'un dénoyauteur ; je ne suis pas partisan du travail à la main, pourtant il est utile que je l'indique. Si vous n'en avez qu'une petite quantité à faire, servez-vous d'un fil de laiton recourbé de la grosseur du noyau, entrez par le trou laissé par la queue que vous venez d'arracher, ne trouez pas deux fois ; il faut que le trou soit le plus étroit possible, afin de conserver au fruit sa forme entière ; sitôt dénoyauté, remettez-le à l'eau fraîche, toujours dans des terrines en terre, jamais de métal.

Lorsque vous possédez un dénoyauteur et que vous avez une certaine quantité de cerises à traiter, commencez d'abord par enlever les queues et les mettre à sécher au soleil ou à l'étuve ; elles valent en pharmacie 180 francs les 100 kilos ; enlevez le noyau et le jus qui peut s'écouler pendant cette opération et versez le tout dans un tonneau contenant un peu d'eau ou des lavures de sirops.

Votre tonneau doit avoir une bonde assez large pour y passer le bras ; c'est dans ce ou ces tonneaux que tous vos déchets de fruits, vos lavures et écumes sucrées devront aller, rien ne doit jamais être perdu ; tout a un emploi, que vous trouverez dans la suite, au chapitre de la *Distillation*.

Lorsque vos cerises seront dénoyautées, vous pourrez alors les mettre au soufre ; de cette manière vous ne perdrez ni les queues, ni le noyau, qui vous donnera une excellente eau-de-vie de noyau ou de kirsch.

Vos cerises soufrées, mettez-les à blanchir à l'eau froide à grande eau, et il faut assez de temps, car le soufre durcit le fruit et principalement l'épiderme ; lorsque le fruit s'écrase légèrement sous le doigt ou qu'une aiguille le transperce facilement, égouttez-le, mettez à l'eau froide et laissez-le rafraîchir quelques heures ; laissez-le ensuite égoutter dans des clayons d'osier, puis commencez la mise au sucre.

La forme de cette bassine est spéciale pour le travail des fruits en terrines ; avec chaque bassine il y a un égouttoir en cuivre perforé.

La mise au sucre constitue la première façon du fruit ; lorsqu'il est bien égoutté, mettez dans une terrine contenant environ 10 litres de liquide ; ces terrines doivent avoir cette grandeur ; pour commencer, ne mettez qu'environ 3 kilos de cerises blanchies, versez dessus 3 litres de sirop bouillant à 25 degrés au pèse-sirop ; mettez ces terrines ou cette terrine à l'obscurité dans une cave ou cellier au ras du sol ; le travail en cave est pénible et peut, vu la chaleur des terrines remplissant votre cave de buée, y entretenir une humidité qui favorise la fermentation. Un cellier bien clos, le plus sombre et ayant une ventilation est parfait, le fruit refroidissant vivement, et les abeilles et les guêpes n'y vont pas, car il n'y a que la fumée et l'obscurité pour éloigner ces vilains hôtes, la terreur des confiseurs. Douze à dix-huit heures après la première mise au sucre, reprenez votre terrine, égouttez le sirop ; pour cela il y a deux moyens : poser une grille ajustée sur votre bassine et vider votre terrine doucement, afin de ne pas brutaliser le fruit ; ou au moyen d'une mèche dite tarière, fonctionnant au vilbrequin, vous faites au ras du fond de notre terrine un trou rond de 1 centimètre de diamètre ; vous le fermez avec une cheville de bois de chêne à vis ; de cette manière, pour égoutter le fruit, vous n'avez pas besoin de vider la terrine ; en enlevant la cheville, le sirop coulera tout seul ; ce procédé est très long, car plus le sirop deviendra épais, plus il coulera difficilement ; remettez alors votre sirop sur le feu ; au lieu de 25 degrés il pèsera 8 à 10, l'eau du fruit est sortie et le sucre est rentré ; remettez du sucre dans le sirop pour le ramener à 25 degrés chaud ; puis versez de nouveau sur les cerises, et laissez deux jours ; recommencez ensuite ; lorsque vous arriverez au point de départ, c'est-à-dire lorsque, à la troisième ou quatrième façon, votre sirop bouillant restera à 25, forcez le sucre et mettez 3 degrés en plus, soit 28, versez bouillant, recommencez les façons de trois jours en trois jours pour arriver à 32 degrés.

Que vous ayez une terrine ou des milliers, le travail est le même : il n'y a que l'outillage qui change ; au lieu d'une petite bassine à feu nu en forme de cul-de-poule, vous avez des bassines à vapeur de même grandeur, à double fond, à pivot sur les tourillons, permettant le basculement sans arrêter la vapeur, le travail du fruit confit ne peut se faire que par petites parties ; lorsque votre fruit est confit, vous pouvez doubler vos terrines, en mettre trois dans une, les recouvrir de papier végétal, ou mieux d'un dessus de métal afin que les rats ou les souris ne commettent pas de dégâts, et alors les transporter dans des caves froides, à l'abri de la lumière.

Lorsque vous arriverez à 30 degrés, vous colorerez votre sirop avec quelques gouttes de rose nouveau, ce nouveau colorant qui, par la modicité de son prix, sa parfaite innocuité, la belle couleur que son nom indique, laisse derrière lui le carmin n° 40, qui souvent colorait le sirop et pas le fruit, à moins de le charger d'ammoniaque ; le rose nouveau produit l'effet contraire, c'est le fruit qui prend la couleur et le sirop qui se décolore ; n'en abusez pas, il vaut mieux un rose pâle que trop foncé ; d'ailleurs, le fruit a toujours tendance à se colorer. Lorsque vous arriverez à la dernière façon, la huitième ou la neuvième, que votre sirop pèsera 33, au pèse-sirop à chaud, terminez en y ajoutant un peu de glucose, pour éviter la cristallisation de votre sirop et de votre fruit, effet qui se produit souvent lorsque l'on travaille avec du sucre pur. Il arrive quelquefois que pour une cause ou une autre, souvent par raison d'économie, car le glucose en France vaut de 50 à 60 fr. les 100 kilos et le sucre le double, on confit les fruits par moitié glucose et sucre, et même glucose pur ; pour arriver à un bon résultat, à chaque façon, il faut mettre dans le sirop quelques gouttes d'acide acétique, comme aussi pour vos cerises ; vous pouvez y mettre à chaque façon quelques gouttes d'eau de laurier-cerise ; avec le glucose vous arriverez au même résultat, mais ne précipitez jamais le dosage ni les façons, vous arriveriez à racornir votre fruit, le sucre ne pénétrerait plus dans la chair, et n'arriverait jamais à la transparence cherchée.

POELON D'OFFICE

Pour sirops et jus de fruits.

Les mêmes se font en tôle émaillée à 1250 degrés de chaleur.

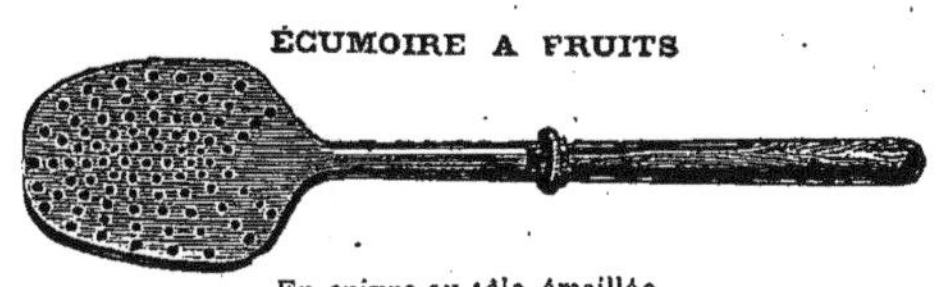

ÉCUMOIRE A FRUITS

En cuivre ou tôle émaillée.

Pour les premières façons, lorsque votre sirop est léger, par conséquent facile à fermenter, vous pouvez échauder le fruit deux fois à chaque façon, c'est-à-dire, lorsque vous venez de verser le sirop bouillant sur le fruit, vous attendez dix ou quinze minutes, vous l'égouttez de nouveau et le faites rebouillir un seul bouillon, et vous le reversez.

Vous pouvez facilement vous apercevoir si le fruit commence à fermenter : 1° à la mousse que fait le sirop lorsque vous le mettez sur le feu, puis à de petites taches blanches que vous apercevez sur le fruit ; il faut absolument arrêter cette fermentation, soit par des cuissons répétées, soit en ajoutant au sirop 1 gramme de sel conservateur par litre ; si vous travaillez dans un laboratoire surchauffé n'ayant pas de ventilation, l'emploi du sel conservateur est de rigueur pour le travail du fruit confit. L'emploi de ce sel, complètement inoffensif, prévient et arrête immédiatement toute décomposition ; il est indispensable surtout pour le travail des prunes et des mirabelles ; employé à la dose de 15 grammes par hectolitre, il neutralise tous les ferments, et par conséquent permet d'obtenir une coloration claire et une transparence du fruit parfaite, car le talent de l'ouvrier confiseur est la couleur, et n'est pas coloriste qui veut ! il faut pour cela avoir dans l'œil le rayon jaune, et j'ai remarqué que tous les ouvriers qui le possèdent sont tous des coloristes.

Lorsque après tant de travail vous arrivez à la dernière façon, que votre terrine de fruit est arrivée au résultat désiré, le fruit doit être gros, bien formé, plein de sucre et d'une transparence parfaite, comme je l'ai déjà indiqué, recouvrez-le d'une feuille de papier végétal ou de papier blanc huilé et séché, parfaitement rond et du diamètre de la terrine, collez-le sur le fruit même, posez sur la terrine soit un couvercle en planche, en métal ou en terre, que tous les potiers peuvent facilement faire.

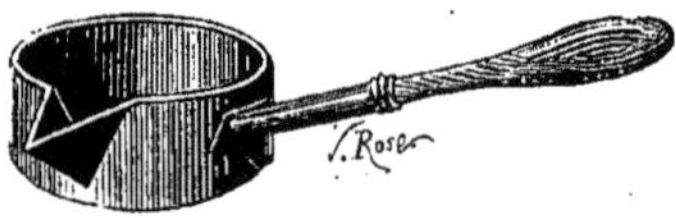

POELON A FOND PLAT EN CUIVRE

Permet de faire une petite quantité de caramel, sert aussi pour juter les boîtes de conserves. Pour les fruits il est en cuivre avec manche en bois; pour les conserves, en tôle émaillée.

Ce couvercle doit avoir un trou au milieu de la grosseur du doigt ; vous mettez les terrines en caves ou chambrées, à l'obscurité, les unes sur les autres, au moyen de tasseaux ou sur des rayons, et pendant plusieurs mois vous les surveillez de temps en temps, car il faut si peu de chose pour fermenter ! une goutte d'eau, le doigt d'un fouilleur ou d'un visiteur, suffit pour amener une catastrophe. Le bigarreau ou cerise confite se livre au commerce de deux manières.

1° *Égouttée.* — A cet effet, égouttez votre terrine dans un clayon, ou mieux, lorsqu'il y a du glucose, faites-la chauffer au bain-marie afin de faciliter le travail, puis renversez-les dans un égouttoir d'osier, sur une autre terrine, laissez égoutter à l'étuve pendant plusieurs jours avant de mettre en boîtes.

L'emboîtage du fruit est difficile; il demande surtout des emballages appropriés à ce travail, des papiers d'emballage bien spéciaux, dentelés ; le dessus des boîtes doit présenter un décor régulier, des fruits bien assortis comme couleur et comme grosseur. Je répète qu'il est inutile de confire des fruits de mauvaise qualité, il ne faut employer que de l'extra, du surchoix, si je puis m'exprimer ainsi.

La cerise égouttée se nomme mi-sucre.

2° *Cerise cristallisée.* — Pour cela, égouttez votre terrine après l'avoir fait chauffer au bain-marie; une fois égouttée, mettez sur le feu du sirop, soit celui de l'égouttage, soit un autre ; réduisez-le à 15 0/0 au pèse-sirop, puis versez vos cerises dans ce sirop, remuez-les avec la spatule de bois, bien chaudes, il n'est pas nécessaire de les faire bouillir ; égouttez-les dans un clayon, et rangez-les sur des grilles à fruits ou sur des tamis en toile de Venise, mettez au moins deux jours à l'étuve ; il ne faut pas que votre fruit s'attache aux doigts lorsque vous le touchez, il doit être bien étuvé ; rangez les cerises dans les candissoires les unes à côté des autres et sur trois rangs d'épaisseur, posez la grille par-dessus afin que le sirop ne les dérange pas. Mettez vos candissoires bien d'aplomb sur une table et versez dedans votre candi froid ; il faut que le candi recouvre bien votre grille et par conséquent vos fruits. Laissez candir pendant huit heures ; à ce moment, vos cerises doivent être assez cristallisées, égouttez vos candissoires très doucement en les dressant sur un des coins et les appuyant afin qu'ils ne glissent pas ; laissez égoutter un jour, et laissez bien sécher le candi avant de les désagréger ; cette opération demande beaucoup de soins ; si vous remuez les candissoires pendant la cristallisation, au lieu de cristalliser, les fruits se massent, ou bien ils ne prennent pas le sucre ; la méthode de mettre au candi est la même pour tous les fruits ; il faut que le fruit soit bien étuvé pour que le candi devienne sec et brillant. Sinon, c'est à recommencer.

Cuisson du sucre au candi.

Ne prenez que du sucre en pain de première qualité, à gros grains, le sucre terne et massé ne peut pas faire de beau candi. Mettez votre sucre dans un bassin bien propre, versez sur le sucre la quantité d'eau pour le fondre à froid ; il en faut très peu ; bien fondu, mettez sur le feu, écumez soigneusement, dégraissez à l'éponge et sitôt que vous arrivez à 33 0/0 au pèse-sirop, enlevez vivement, posez le fond du poêlon ou du bassin dans un récipient d'eau froide pour arrêter la cuisson, et laissez refroidir sans remuer, et surtout sans le toucher, à côté de vos candisssoires.

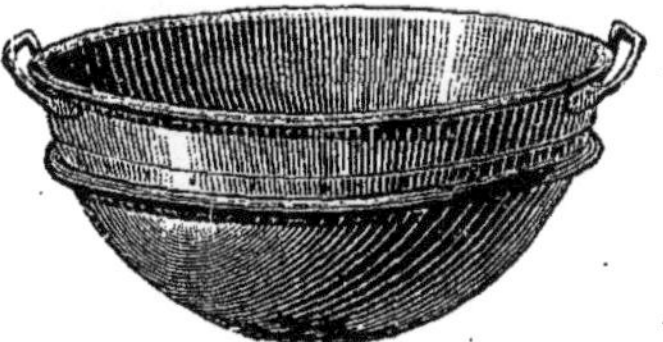

BASSINE A FEU NU A PANACHE

Le cuivre de cette bassine est plus épais et permet alors la réduction à grand feu des pâtes de fruits, confitures, etc.

Toute secousse ou mouvement que vous donneriez à votre candi suffirait pour le faire masser ; aussi évitez cet inconvénient. L'étuve à fruits doit toujours avoir une chaleur minima de 20 degrés, et comme tous les fruits demandent à être étuvés, à cet effet on installe dans une chambre un fourneau, la pièce doit être assez claire pour pouvoir y travailler.

Cuisson du sucre pour glacer.

Pour le glaçage des fruits, n'en faites que très peu à la fois, le glaçage ne réussit que par petite quantité ; il vaut mieux recommencer une cuisson pour chaque grille de fruits, que d'en faire trop à la fois, le fruit souffre, et le sucre se masse. Faites cuire au soufflé la quantité de sucre nécessaire pour baigner votre fruit ; lorsque la cuisson du sucre est à point, versez dedans vos fruits à glacer, laissez-les revenir, c'est-à-dire se chauffer, sans cuire, pendant une ou deux minutes ; retirez votre bassine, posez-la sur une chevrette à proximité de votre grille, qui elle-même doit être posée sur son égouttoir, puis au moyen d'une petite spatule, formez sur la paroi de votre bassine un peu de fondant ; roulez votre fruit dedans, deux ou trois à la fois, au moyen de la palette retirez-les de la glace ; rangez-les sans les toucher sur votre grille, toujours la plus belle surface sur le dessus, continuez jusqu'à ce que votre grille soit pleine, à peu près 1 kilo de fruits ; portez votre grille à l'étuve afin qu'elle refroidisse lentement. Posez-la à l'endroit le plus froid de l'étuve, car trop de chaleur ferait blanchir le sucre et c'est ce qu'il ne faut pas ; le glaçage du fruit ne doit pas être une enveloppe, mais un vernis, une pellicule, qui avive la couleur, mais pas la cacher; voilà le point où doit arriver celui qui glace, à conserver à son fruit, sa forme d'abord, puis sa teinte. Pour le petit industriel, il ne doit glacer qu'à mesure de sa vente; pour le gros fabricant, où c'est par vagons que le fruit confit s'enlève, il faut commencer des mois d'avance pour être prêt, en novembre et décembre pour les livraisons. Là il faut un fruit parfaitement étuvé et sec; que ce soit pour glacer ou pour cristalliser, il ne faut pas de suintement de sirop, et sitôt glacé ou cristallisé il faut le mettre en boîtes, caissons ou caissettes, cartonnages et corbeilles, afin qu'il ne subisse pas le hâle que lui donneraient l'air et le jour, s'il restait trop longtemps sans être emballé.

Pour le pâtissier, pour le confiseur, pour le cuisinier, les fruits une fois confits peuvent rester dans les terrines, et n'en sortir que la quantité nécessaire à ses entremets de fruits, pour son décor, ou pour ses desserts.

BASSINE-DOUBLE
A fond rond, à bain-marie, cuivre
ou tôle émaillée.

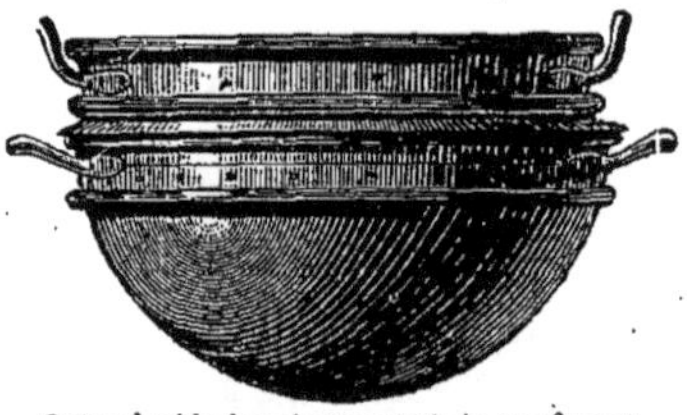

Cette double bassine permet de confire et
d'évaporer à feu nu, les fruits et liquides.
Contenance de 10 à 20 litres.

Et tout en travaillant, rappelez-vous que toutes vos égouttures, tous vos déchets, ainsi que les eaux de lavage des grilles ou des bassines doivent être versées dans le tonneau à déchets.

Le travail est le même pour toutes les variétés de cerises et de bigarreaux.

Abricots confits.

Comme pour la cerise, l'abricot demande à être cueilli à la main avant complète maturité; d'ailleurs, soit pour les fruits confits, soit pour les compotes, il n'y a rien à faire avec un fruit mûr.

Prenez les abricots dès qu'ils ont changé de couleur, qu'ils soient très fermes, sans taches, ni aucune défectuosité; au moyen d'un poinçon, faites sortir le noyau d'un seul coup, en faisant la plus petite déchirure possible, rangez vos abricots sur des tamis sur un seul rang; mettez à la soufrière, allumez la fleur de soufre, et laissez douze heures; au sortir de la soufrière rangez par 2 kilos dans des terrines; laissez couler de l'eau dessus pendant quelques heures, puis, terrine après terrine, faites-les blanchir en les mettant à l'eau froide, puis à feu doux; vos fruits commenceront à monter au-dessus du liquide; il ne faut pas qu'ils bouillent; amener au point d'ébullition, mais ne pas le dépasser. Lorsque sous le doigt vous les sentirez bien ramollis, que la chair sera atteinte par la chaleur ainsi que l'épiderme, enlevez-les l'un après l'autre avec l'écumoire, et posez-les délicatement dans une terrine d'eau froide où ils se raffermiront. Arrivés à ce point, égouttez-les en les posant sur des tamis de manière que l'eau de cuisson, qui est intérieure, s'écoule facilement; puis rangez-les en terrines par 2 kilos, et mettez au sucre à 25 °/₀. Vous ajouterez à ce premier sirop 1 gramme par litre de sel conservateur. Si pendant le blanchiment vous voyez que le fruit a une tendance à crever, que l'épiderme se fend ou se détache du fruit, c'est que vous avez trop chauffé ou que le fruit a subi dans la soufrière la chaleur du soufre; piquez alors vos fruits avec une grosse aiguille de cuivre rouge, ou une épingle de laiton. Si lorsque vous les sortez de la soufrière, vous vous apercevez que le fruit est mou, ajoutez alors dans la terrine d'eau où il se raffermit 2 grammes d'alun en poudre par litre et laissez-les quelques heures dans cette eau avant de les blanchir; on n'a jamais trop de soins ni de précautions, et cette eau alunée, vous pouvez la conserver pour y remettre vos fruits après le blanchiment.

Le soufrage et le blanchiment sont les deux principales opérations; si elles sont bien conduites, le restant ira bien et la mise au sucre se fera dans de bonnes conditions.

Pour confire, l'abricot le plus pâle est toujours préféré, car le sucre le colore suffisamment; en employant au lieu de sel conservateur, du conservateur liquide, vous empêcherez d'une façon sensible la coloration du fruit qui, en refroidissant, reprendra sa teinte naturelle, comme pour les cerises; lorsque vous apercevez des taches blanches sur le fruit, c'est un commencement de fermentation, faites rebouillir vos sirops, à la dernière façon avant d'ajouter le glucose; triez votre fruit, s'il s'en trouve quelques-uns de bridés ou d'aplatis, servez-vous de ceux-là pour fourrer les autres, c'est-à-dire remplacer le noyau par un morceau de fruit. Quelquefois la fabrication extra des abricots se fait au sucre pur avec quelques gouttes d'acide acétique et une cuillerée de glucose pour empêcher le massage, puis toutes les qualités secondaires au glucose pur, je ne prends parti ni pour un procédé ni pour un autre,

BASSINE DOUBLE A SOUPAPE
(Système Égrot.)

Cette bassine, pouvant supporter la pression, permet de confire les marrons et les écorces rapidement.

je fais les deux. Si le fruit travaillé au glucose est plus ferme, qu'il soit plus transparent et se finisse mieux, que ce soit à la cristallisation ou au glaçage, il a plus de coup d'œil et le produit une vente assurée; il se conserve plus longtemps sans se dessécher et voyagera dans de meilleures conditions, et ces qualités sont sérieuses pour la grande industrie, surtout en France où des contrées entières ne cultivent les fruits que pour les fabricants, les cueillant à point, à la main, les amenant aux usines dans des conditions de fraîcheur impossibles à rencontrer dans d'autres pays.

Le fruit confit au sucre pur a pour lui sa saveur, son goût délicat et le prix élevé de sa vente; c'est au fabricant de peser toutes ces considérations et d'agir en conséquence.

Lorsque votre abricot est trié, fourré, que sa dernière façon est faite, recouvrez la terrine comme pour les bigarreaux et conservez en cave.

Lorsque vous voudrez glacer ou cristaliser, égouttez après avoir chauffé la terrine au bain-marie, puis lavez vos fruits à l'eau tiède un par un, en les parant avec la main, posez sur des clayons, et étuvez jusqu'à entière sécheresse; vous ne devez pas laisser séjourner des fruits confits dans l'eau, les laver seulement à la main; quelques fabricants, pour les deuxièmes choix, confisent l'abricot avec le noyau et ne l'enlèvent qu'à la dernière façon, au moment du fourrage.

Prunes reines-Claude.

Fruit très difficile, demandant beaucoup de soins et d'attention, facile à fermenter à cause de son aquosité. Choisissez les prunes reines-Claude les plus grosses, ayant toutes leurs queues, piquez-les avec des aiguilles de cuivre et jetez-les à mesure dans de l'eau alunée où vous les laisserez quelques heures, puis mettez-les dans la bassine à blanchiment à grande eau, chauffez lentement, vos prunes deviendront jaunes, la peau se frisera, c'est bon signe ; ne poussez pas le feu ; colorez alors l'eau avec quelques gouttes de vert confiseur, très peu, laissez-les revenir jusqu'à entière

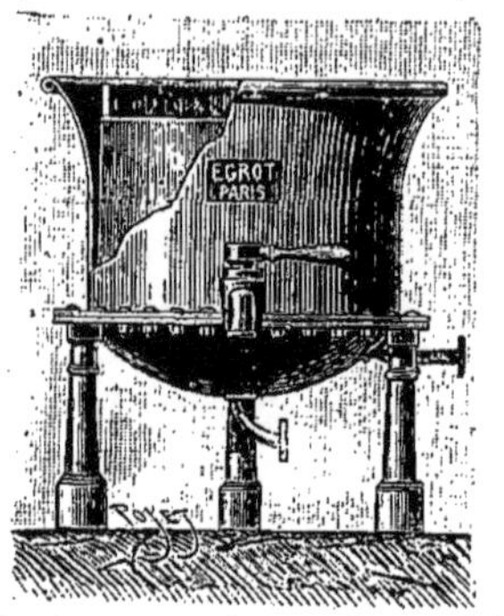

**BASSINE A VAPEUR
A FOND PLAT**
(Système Égrot, 23, rue Mathis, Paris.)

Bassine avec panier en cuivre perforé pour le blanchiment des fruits, la cuisson des écorces, etc.
Cette bassine se fait en argent, nickel, aluminium et tôle émaillée.

recoloration en les remuant légèrement avec une large spatule de bois ; poussez un peu le feu, et dès que vous verrez vos prunes monter à la surface, retirez-les avec l'écumoire et rafraîchissez par petite quantité dans des terrines ; elles devront être à ce moment d'un vert très pâle ; celles qui restent au fond de la bassine remonteront à leur tour lorsqu'elles seront bien atteintes.

Égouttez soigneusement vos prunes et rangez-les dans des terrines, versez votre sirop pas trop chaud pardessus, et qu'il ait 26 degrés pour les reines-Claude. Vous préparez un sirop contenant 2 grammes de sel conservateur par litre, et vous n'en mettrez qu'une seule fois. Au bout de huit heures, donnez une façon à vos reines-Claude, en les égouttant à la cheville et, lorsque vous verserez le sirop revenu à son point de départ, soit 26 degrés, ayez soin de le laisser tomber doucement sur les fruits afin d'éviter l'éclatement de la peau ; les trois premières façons sont difficiles, le restant va mieux. A la cinquième façon, ajoutez le glucose et terminez exactement comme pour les abricots. Les trois premières façons doivent se donner à intervalles rapprochés. En quarante-huit heures les trois façons doivent être terminées, ce qui est nécessaire, vu la fermentation. Aussi le refroidissement des terrines doit être fait le plus vite possible, et la nuit laissez les portes, les fenêtres grandes ouvertes, afin d'aérer les locaux.

Pour les prunes reines-Claude, j'emploie un procédé mixte : je fais les trois premières façons au sucre, et je continue ensuite avec du glucose pur à 28 0/0. Je conserve le sirop, soit pour d'autres prunes, soit pour d'autres fruits, et par ce moyen j'ai des prunes très fermes et se glaçant très bien.

Prunes mirabelles.

Les mirabelles se traitent comme les reines-Claude. Après les avoir passées deux heures à la soufrière, versez-les dans la bassine à blanchir, pleine d'eau froide alunée. Il faut beaucoup d'eau, laissez-les dégorger, puis chauffez doucement ; sitôt qu'elles viennent à la surface, enlevez-les, mettez en terrines dans de l'eau fraîche, pour ne pas les abîmer, ne les égouttez pas sur des tamis, laissez-les en terrines, après avoir enlevé la cheville, elles s'égoutteront seules ; faites un sirop à 26 degrés, chaud, mettez-y 1 centilitre par litre de conservateur liquide, et faites la mise au sucre. Deux heures après, donnez une première façon, remettez toujours votre sirop à 26 degrés, et six heures après encore une deuxième façon, puis laissez deux jours, si le temps est beau ; s'il est orageux, faites vingt-quatre heures après une troisième façon, avec votre sirop à 28.

Si, lorsque vous recuisez votre sirop, vous vous apercevez qu'il monte en écume et que vous ne puissiez pas le recuire, ayez à votre proximité une petite bouteille d'huile d'olive, quelques gouttes prises avec un bâtonnet suffisent pour calmer l'effervescence. Pour terminer, suivez exactement les mêmes opérations comme pour les autres fruits.

Fraises.

Choisissez des fraises fraîchement cueillies, soit des Marguerites blanches, ou des Ananas ou Docteur-Morère, prenez ce qu'il y a de plus gros, enlevez les queues, mettez en terrine par 2 kilos, versez dessus du sirop chaud à 30 degrés, couvrez votre terrine, laissez infuser deux heures, égouttez à la cheville, recuisez au même degré, et de quatre heures en quatre heures donnez les cinq façons ; à la troisième, le sirop que vous égoutterez, vous le mettrez en bouteille après l'avoir fait bouillir, et ajoutez 1 gramme par litre de sel conservateur ; passez au molleton, remplacez par du glucose que vous ramenez à 30 degrés ; ajoutez-y 1 centilitre par litre de conservateur liquide et 1 1/2 verre par terrine d'acide acétique. Si vous ne trouvez pas vos fraises assez colorées, ajoutez au glucose quelques gouttes de couleur fraise naturelle (voyez *Colorant*), et lorsque vous aurez à les employer, faites fondre la terrine au bain-marie, égouttez sur grilles, et en rassemblant trois ou quatre fraises ensemble, vous leur redonnez la forme d'une grosse fraise, ou bien les rouler en croquettes, les étuver un peu pour les glacer au fondant fraise nouvelle, et dressez sur papillotes ou bien vous les roulez dans du sucre cristalisé coloré à la fraise, ou blanc, ou encore après qu'elles ont été bien étuvées, roulez-les au tambour dans de l'amidon, laissez sécher, puis candisez à froid. Conservez précieusement les jus et les pulpes pour vos confitures de fraises, ainsi que pour les gelées.

Pêches vertes.

C'est plutôt comme couleur et pour avoir un fruit vert de plus que l'on travaille la pêche avant maturité. Cueillez-la extrêmement verte, cannelez avec le couteau à zester, piquez-les partout, blanchissez à grande eau et très doucement ; il faut attendrir le fruit ; colorez légèrement l'eau avec du vert confiseur, rafraîchissez à l'eau courante, faites la mise au sucre à 20 degrés, et continuez comme pour les abricots.

Pêches entières.

Choisissez des alberges blanches mûres, faites-les blanchir à l'eau de lessive ou même à la potasse, afin d'enlever l'épiderme ; sitôt que la peau est détachée, rafraîchissez et continuez le blanchiment à l'eau fraîche ; le noyau ne se détache pas ; continuez la mise au sucre comme pour les abricots, en ayant soin de mettre 2 centilitres de conservateur par litre de sirop ; vous en coupez en deux une partie après le blanchiment, et avant la mise au sucre ; et au moment du glaçage, vous remplacez le noyau par une amande d'abricot blanchie et mondée.

La *pêche dite de Montreuil*, prise avant maturité, se confit très bien et fait un produit hors ligne.

Les Américains nous livrent maintenant des machines à main pour dénoyauter et peler les pêches dures, d'une précision et d'un travail parfaits ; ces machines brevetées en 1889 sont le dernier mot de l'outillage et coûtent quelques francs ; avec une de ces machines un homme peut peler quelques centaines de kilos de pêches par jour ; rien que les pelures, qui auparavant étaient perdues par le blanchiment, et que vous pouvez employer en purée ou pour distiller, payent et au delà l'outil ; quant au dénoyauteur, son travail suit celui de la peleuse et ne laisse rien à désirer ; le noyau est détaché en deux coups, et les deux moitiés de la pêche sont prêtes à emboîter ou à confire.

Je conseille beaucoup aux conservateurs de la grande ou petite industrie de faire ces sacrifices, si vite compensés par la rapidité et la beauté du travail.

Poires blanches.

Toutes les variétés de poires ne sont pas aptes à confire ; les deux qualités qui, comme blancheur et grosseur, sont les plus usitées sont la Cramoisine et l'Anglaise ; la première arrive à son point fin juillet, elle ne dure que quelques jours, car la chaleur de cette saison active sa maturité ; il faut prendre la poire avant son complet développement, la cueillir à la main avec sa queue, la poser sur des clayons, jamais entassée ; soufrez-la au fur et à mesure de la cueillette pendant six à huit heures, puis au sortir de la soufrière, versez les clayons, sans les brutaliser, dans de l'eau fraîche en quantité suffisante pour baigner le fruit ; ne changez pas cette eau qui, saturée par les sulfures, conservera vos fruits très longtemps.

Il est d'usage de peler les poires dans le sens de leur longueur, et de dessiner les côtes au couteau ; les machines américaines les tournent en champignons ; de l'une ou de l'autre manière, le résultat est le même, c'est une affaire d'appréciation.

Lorsque votre poire est tournée ou pelée, que l'œil est enlevé proprement, la queue ratissée, au moyen d'un poinçon en cuivre que vous enfoncerez de l'œil à la queue plusieurs fois, afin d'ouvrir le cœur du fruit, vous pouvez faire blanchir vos poires à petit feu à grande eau contenant 1 centilitre de conservateur par litre d'eau ; lorsque vous verrez vos poires rester à la surface, que le poinçon les transperce facilement, que le cœur ne fait plus de résistance, retirez et laissez longuement rafraîchir ;

vos poires doivent avoir la blancheur du lait; si quelques-unes avaient encore une teinte verdâtre, blanchissez-les davantage, et mettez-les dans une terrine à part; elles seront bonnes pour la mise au rose comme pour les bigarreaux.

Les poires blanches ou roses peuvent se confire au glucose; commencez la mise au sucre avec du sirop à 22 0/0 dans lequel vous mettrez 1 centilitre de conservateur liquide par litre de sirop; de deux jours en deux jours continuez les façons; autant que possible n'égouttez pas vos fruits dans la bassine; réchauffez plutôt deux fois le sirop à chaque façon, vous les obtiendrez beaucoup plus blanches.

Celles qui laisseraient à désirer comme correction, tachées ou verdâtres, mettez-les au rose nouveau dès la première façon, et terminez identiquement comme pour les abricots.

Un procédé qui peut être employé avec succès, mais qui demande un matériel spécial, c'est de confire les fruits en soixante heures sans qu'ils refroidissent, au moyen du bain-marie chauffé au gaz ou à la vapeur; pour cela il faut avoir des bassines émaillées, à fond plat, très peu profondes, et s'emboîtant dans une caisse à eau que vous maintenez jour et nuit en ébullition; la bassine baignant dans l'eau chaude, le sirop ne peut pas bouillir, mais la partie aqueuse s'évapore lentement; vous la remplacez par du sirop toujours un peu plus fort; au bout de soixante heures, le fruit est confit, le sirop est à 36; pour cela, je le répète, il faut des bassines émaillées; le cuivre, le fer-blanc, l'étain, finissent par noircir le sirop et colorer le fruit; une fois le fruit confit, attendez son refroidissement pour le mettre en terrine, et finissez comme pour les abricots, en les triant soigneusement; vos poires doivent être blanches, légèrement opaques, et leur transparence doit être assez grande pour laisser apercevoir les pépins du cœur à travers la chair.

Pour la coloration des poires roses, ne mettez que quelques gouttes de rose nouveau; dans les façons successives, vous êtes toujours à même de colorer le sirop, et le sucre aidant, la teinte se fonce toujours assez, car il faut que votre poire reste rose, et non rouge.

N. B. — La *poire cramoisine*, qui se trouve une des premières à arriver à maturité, par sa forme et sa grosseur, ne vaut pas l'anglaise, qui est tardive et ne peut se confire qu'au commencement d'octobre, ce qui, pour la grande industrie, est un peu tard; les livraisons commencent ce mois-là. La forme de l'anglaise est un peu plus allongée que la cramoisine, très régulière comme grosseur, et la chair très blanche; c'est la poire qui réussit le mieux, car, quoique prise avant complète maturité, elle ne garde pas la teinte verdâtre des cramoisines; les autres qualités de poires sont trop volumineuses pour être confites entières, et en quartiers cela ne se peut.

Amandes vertes.

Laissez mûrir les amandes afin de les avoir le plus grosses possible; il faut qu'une aiguille puisse encore facilement les transpercer sans résistance; car si la coquille était déjà formée, le sucre ne pénétrerait pas et ce serait du travail inutile.

Choisissez les plus grosses afin de les canneler avec le couteau à zester à trous, et

faites-les tremper dans une lessive composée d'eau et de potasse d'Amérique très
forte; n'y mettez pas la main, vous vous brûleriez l'épiderme; laissez-les suffisamment
de temps pour que la première peau cotonneuse soit rongée, facilitez autant que possible ce premier travail en remuant très souvent, puis lavez-les ensuite à l'eau courante, et blanchissez largement dans de l'eau saturée par 2 centilitres par litre de
conservateur liquide, que dorénavant je dénommerai neutraline (acide neutre). Laissez-
les cuire entièrement, vous le reconnaîtrez lorsqu'elles s'écraseront sous le doigt.

Rafraîchissez à l'eau froide, puis remettez-les une deuxième fois dans la bassine
à blanchiment que vous teinterez légèrement de vert confiseur; ne les laissez que le
temps nécessaire à leur coloration, qui peut aussi se faire au moment de la mise au
sucre en colorant légèrement votre sirop; je ne conseille le reverdissage dans la bassine que pour éviter de colorer le sirop, qui, teinté en vert, conserve toujours un peu
de couleur, ce que vous évitez en teintant directement le fruit. Faites ensuite votre
mise au sucre ou au glucose, en commençant par le sirop à 20 degrés; allez très doucement afin que vos amandes se remplissent bien. Vous éviterez le racorni, qui sera
inévitable si le blanchiment n'a pas été suffisant ou le degré du sirop trop élevé lors
de la mise au sucre. Si vous faites votre travail en terrines percées, et que vous ne
vouliez pas faire la dépense de faux fonds percés, fabriqués entièrement par le potier,
ces faux fonds ont le diamètre de la terrine, mais peuvent y entrer aux trois quarts;
ils sont percés d'une certaine quantité de trous de 1 centimètre de diamètre, ce qui
fait que, lorsque vous versez votre sirop bouillant sur les fruits, c'est le faux fond
qui reçoit le premier choc, et le fruit n'est plus abîmé par la chute du liquide bouillant;
si vous avez une petite fabrication, vous pouvez remplacer le faux fond par une
feuille de papier huilé ou végétal, que vous trouez de place en place; le résultat est le
même.

La meilleure qualité d'amandes pour confire, c'est l'amande dite princesse, n'ayant
qu'une croise, ou coquille très tendre; elle parvient à la grosseur désirée.

Noix blanches.

L'espèce choisie se nomme Grelaude ou Savate; elle est très grosse de son naturel, la peau et la coquille très développées, mais le fruit très petit; comme c'est la grosseur qui est demandée, c'est tout ce qu'il faut. Il est nécessaire, pour la noix comme
pour l'amande, que l'aiguille puisse encore la transpercer sans résistance.

Épluchez vos noix en leur dessinant des côtes au moyen du couteau, puis jetez-
les dans de l'eau contenant par litre 2 centilitres de neutraline; changez l'eau chaque
fois que vous la trouverez trop noire, puis faites-les blanchir à l'eau froide, toujours
contenant la même quantité de neutraline; il faut qu'à force de blanchiment et de
changement d'eau, la noix de verte devienne blanche pour arriver au résultat parfait. Avant la mise au sucre, vous la laisserez dans un baquet saturé, pour finir, de
10 centilitres de neutraline par litre d'eau, et aussi longtemps qu'il sera nécessaire
pour arriver à la blancheur désirée, puis assurez-vous que le blanchiment est suffisant
pour la cuisson et mettez au sucre, en continuant vos façons le plus de temps possible;

pour permettre au sirop d'entrer dans la noix, ajoutez par chaque terrine un gramme par litre de sel neutre, à défaut de neutraline liquide.

Noix vertes.

Voyez l'article *Noix à l'eau-de-vie.*

Nèfles du Japon.

Ce fruit n'a que du coup d'œil ; la bonté, c'est le sucre qui doit la lui donner, et justement à cause de sa forme et de sa couleur jaune orange, il fait très bien dans les assortiments.

Cueillez les nèfles en leur laissant leur petite queue ; piquez-les au moyen du poinçon comme pour les poires ; mettez-les à l'eau alunée ; faites-les blanchir dans la même eau jusqu'au point où elles se détachent facilement de l'aiguille, rafraîchissez, faites la mise au sucre à 25 degrés (0/0) et continuez comme pour les abricots.

Figues d'or.

En général, toutes les figues sont bonnes pour confire ; celle généralement employée se nomme Bouton d'or ; la cueillir avant maturité, la passer au soufre longtemps, souvent deux fois, la blanchir dans de l'eau contenant par litre 2 centilitres de neutraline, rafraîchir et faire la mise au sucre à 25 degrés (0/0). Cette figue doit être d'une transparence extraordinaire et mériter son nom de figue d'or. Pour qu'elle se remplisse bien de sucre, piquez-la au poinçon ou à l'épingle et n'oubliez pas de lui donner un coup de poinçon de l'œil à la queue.

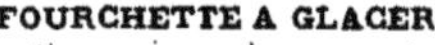

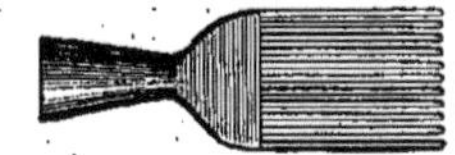
Pour fruits confits et principalement pour les marrons.

Les *grosses figues* à peaux vertes ou noires se pèlent et se passent au soufre, si, au sortir de la soufrière, elles étaient encore trop fermes, blanchissez-les ; ordinairement cela n'est pas nécessaire ; faites la mise au sucre à 25 degrés (0/0).

N. B. — Si vous êtes obligé de blanchir vos figues, teintez légèrement l'eau avec quelques gouttes de jaune d'or, excessivement peu, pour donner à vos figues une teinte citron clair.

Chinois verts.

Les maisons spéciales qui font la fourniture de cet article aux confiseurs, livrent les chinois verts, blonds ou dorés tout tournés et en fûts de 10 à 15.000 conservés à la saumure, ce qui permet non seulement le transport, mais facilite le travail de la cueillette et du tournage, opération qui se fait au moyen d'une machine à main.

Si vous avez des fruits conservés à la saumure pour votre travail, laissez-les bien dégorger à l'eau froide, en changeant l'eau souvent, puis faites-les blanchir à grande eau pour enlever toute trace de sel qui pourrait y rester ; au besoin, changez l'eau du blanchissage plusieurs fois, puis, piquez vos chinois à l'aiguille ; laissez-leur autant que possible leur petite queue qui souvent conserve plusieurs feuilles ; conservez-le tout autant que faire se peut.

Si c'est du chinois vert, teintez la dernière eau avec du vert confiseur, légèrement pour commencer, car ces fruits sont gourmands de couleur et, si la teinte verte est trop accentuée, aux dernières façons elle devient d'un vert noir, ce qu'il faut éviter. Faites la mise en terrine à 20 degrés ; il faut beaucoup de temps à ce fruit pour pomper et se remplir ; il faut quelquefois sur la quantité en recommencer une certaine partie qui, au lieu de s'arrondir, s'applatissent ; dans ce cas, recommencez le blanchissage complètement, ainsi que la mise au sucre. Par sa forme et sa nature, l'écorce du chinois a toujours tendance à se sécher ; il faut blanchir à fond et faciliter, au moyen du poinçon, l'entrée du sirop dans le fruit, et il en est gourmand !

Si vous travaillez une certaine quantité de chinois, à la fin du travail, vous pouvez les enlever des terrines, en les choisissant, et les ranger dans de grands ou petits tonneaux, à votre choix ; pour cela, il faut qu'ils soient entièrement confits. Ne remplissez jamais le tonneau à plus des deux tiers ; à ce point, au moyen d'un clayon d'osier que vous fixez sur vos fruits au moyen d'un ou deux tasseaux de bois, vous faites réchauffer vos sirops ; vous les passez à l'étamine ou au tamis, afin d'enlever tout le mucilage, et vous recouvrez entièrement vos fruits ; il faut que le clayon fixe qui les empêche de remonter soit toujours recouvert de sirop, puis conservez tout cela dans des caves froides et bien aérées et à l'abri des rongeurs de toute espèce. Pendant les opérations du glaçage, on prend quelquefois les chinois à la main pour les égoutter, et comme souvent les mains des ouvriers confiseurs sont, par suite du travail, d'une propreté relative, cela facilite la fermentation ; par des soins, vous éviterez cela, car il est déplaisant d'être obligé de recommencer ; la fermentation dans les chinois les vide complètement. Il faudrait, si vous vous apercevez de ce mécompte, commencer par faire rebouillir plusieurs fois de suite votre sirop en lui incorporant 2 grammes par litre de sel neutre, jamais de neutraline liquide. Vous les décoloreriez.

Chinois blonds.

Dans les chinois naturels, les trois teintes sont bien tranchées, le vert est déjà vert ; il est cueilli avant maturité ; le blond est presque blanc, celui-là vous le colorerez jaune d'or ; d'une belle teinte, il deviendra, en suivant le travail indiqué aux chinois verts, d'un jaune citron. Mêmes soins que pour les précédents, commencez en terrines et finissez en tonneaux ou en grands vases de grès.

N. B. — Par suite de sa teinte très blanche, ce chinois se prête facilement aux couleurs de fantaisie ; vous pouvez avec les colorants le faire rose fraise et il est très joli à l'œil, ou imiter les petites oranges en le forçant à cette couleur ; mais rose fraise il est plus joli et ne dépare pas les assortiments.

N'en abusez pas, ces fruits de fantaisie ne sont pas beaucoup appréciés.

Chinois dorés.

Même travail que pour le chinois blond, seulement vous le colorerez jaune orange, teinte franche, bien foncée, et suivez l'opération comme pour les chinois verts; il n'y a que le petit chinois qui soit employé en confiserie; les gros chinois, pour s'en défaire, sont confits à part et après lavage et essuyage, se glacent en quartiers; mais la défaite en est difficile; le gros-fruit n'a ni vente ni emploi; à la fin de la fabrication des chinois, des cédrats ou poncires, tous les sirops ont contracté une amertume et un goût caractéristiques. Pour les employer, lorsqu'il y en a des quantités, voyez les chapitres des divers sirops en déchets de fabrication; leur emploi est indiqué, et vous n'aurez qu'à choisir.

Quartiers de coings confits.

Prenez des coings bien mûrs, amortissez-les en les blanchissant tout entières sans les essuyer, dans une bassine d'eau froide ; au premier bouillon, enlevez les coings, rafraîchissez à l'eau froide, puis coupez-les en quartiers en les pelant ou plutôt en les côtelant au couteau; enlevez le cœur avec la cuiller à légume ronde; les Américains ont un outil spécial en forme de cuiller à café, coupant sur toutes les tranches, car il est nécessaire que le quartier de coing soit débarrassé de sa partie pierreuse qui enveloppe les pépins; à mesure que vous pelez, jetez vos quartiers dans de l'eau neutralisée à dose ordinaire, puis égouttez sur des clayons, et passez à la soufrière toute une nuit; rafraîchissez et blanchissez ensuite légèrement; votre eau ne doit pas bouillir, sans cela vos quartiers se mettraient en marmelade; surveillez chaque quartier attentivement. Vous ne pouvez en blanchir que peu à la fois, 2 kilos au plus; ne rafraîchissez pas, mais ayez à votre portée une terrine percée contenant du sirop chaud à 22 degrés; pour confire les quartiers de coings ayez soin de ne jamais verser le sirop bouillant, il se colorerait immédiatement; allez doucement à sirop tiède, et que la terrine soit toujours couverte d'un papier percé de trous.

Vous pourrez, pour les quartiers de coings, ajouter au sirop 1 centilitre de neutraline par litre.

Le sirop versé tiède sur vos quartiers empêchera qu'à la quatrième façon votre terrine ne se prenne en gelée; si cela vous arrivait, mettez-la en boîte ou en flacon, votre compote sera faite; il est inutile de recommencer l'opération, le fruit se colorerait et se confirait mal.

N. B. — Les pelures de vos coings ainsi que le mucilage et les pépins ne doivent pas être jetés. Si vous les avez épluchés proprement, mettez le tout sur le feu avec l'eau nécessaire pour recouvrir; faites cuire complètement à petit feu, autant que possible dans du cuivre, ou un récipient émaillé, jamais dans de l'étain ou du fer. Lorsque vous verrez que vos épluchures sont cuites, versez le tout dans un tamis au-dessus d'une terrine, laissez égoutter longuement; le jus servira pour vos gelées, et ce qui restera dans le tamis ira dans le tonneau à fermentation bonifier les lavures sucrées.

Il est je crois inutile de répéter constamment que toutes *vos épluchures de fruits*, sans exception, doivent aller dans le tonneau, sauf les épluchures de pommes qui ont un emploi déterminé.

Melons entiers et en quartiers.

Choisissez des melons avant complète maturité, ayant une belle forme et les côtes bien dessinées; coupez-les, avec une queue de 10 centimètres ayant une ou deux feuilles; au moyen de la pointe d'un couteau, faites un trou rond tout autour de la queue de manière à pouvoir la détacher, elle et ses feuilles, et avoir une ouverture assez large pour pouvoir vider le fruit avec une cuillère; conservez-le couvert, ayez soin de lui laisser tige et feuilles, et confisez-la à part si vous en avez beaucoup; avec le melon si vous n'en avez qu'une; puis votre melon vidé de ses cloisons et de ses semences, pelez-le avec le couteau d'office en lui laissant tous ses contours, ses rugosités, d'ailleurs il n'y a que l'épiderme à enlever et très mince encore ; ce travail fait, mettez vos melons entiers ou en quartiers dans de la saumure à 10 0/0 de sel, un peu plus salé que l'eau de mer qui n'en contient que 6 0/0 et cela pendant huit jours, bien au frais ou à l'ombre, puis blanchissez-le tout doucement dans de l'eau alunée, si vos

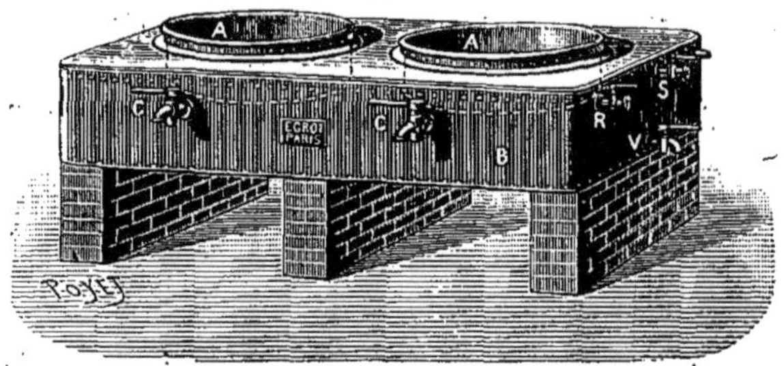

Cette disposition permet de confire en 60 heures, les écorces, poires, chinois, mandarines, cédrats, etc.; en 36 heures les marrons, supprime l'étuvage des terrines, ainsi que les pertes provenant des déchets et de l'égouttage.
Les bassines sont à fond plat en tôle émaillée, ce qui fait que les marrons ne se brisent pas par suite du tassement.

melons sont gros, difficiles à manier, il faut les envelopper dans une mousseline que vous trouez de place en place après qu'elle est ficelée, puis bien blanchis, vous rafraîchissez et rangez le tout dans une terrine ou vase où vos melons pourront baigner ; entourez vos melons entiers par des quartiers afin de tirer parti du sirop, et faites confire comme pour les abricots, en commençant par du sirop à 22 degrés ; espacez vos façons afin de laisser le sirop pénétrer le fruit, ce qui est long. Pour faciliter l'égouttage des melons entiers, comme vous ne pouvez les confire que posés sur champ, jamais sur les côtés, faites un petit trou au fond opposé à l'ouverture, cela facilitera l'entrée et la sortie du sirop que vous mettrez toujours chaud, mais pas bouillant; si vous voyez que par place votre melon blanchit, répétez les cuissons sans augmenter le degré, et ce commencement de fermentation disparaîtra et terminez comme pour tous les autres fruits.

Cédrats entiers ou en quartiers.

Au mois de novembre, à l'époque de la récolte de ce fruit, vous pouvez vous en procurer des deux sortes, encore verts ou alors jaunes complètement mûrs, les quartiers sont toujours livrés à l'eau salée, et se conservent dans leur saumure d'une année à l'autre.

Je donnerai tous ces détails au chapitre des écorces confites ; occupons-nous pour l'instant des cédrats entiers. Au moyen d'un emporte-pièce rond vous faites deux entailles, le plus profond possible, aux deux bouts de votre cédrat et enlevez ces deux bouchons ; laissez vos fruits huit à dix jours dans la saumure salée ; si le temps vous presse, faites-les blanchir alors en salant légèrement l'eau et à petit feu. Lorsque vous verrez par une des ouvertures faites au fruit que vous pouvez le vider au moyen d'une cuiller de fer solide, rafraîchissez et faites cette opération en enlevant tout l'intérieur composé de cloisons, de peaux, de semences comme au melon, remettez-le à blanchir ensuite dans de l'eau neutralisée, à très petit degré. Si vous voyez que la teinte de vos cédrats verts n'est pas franche ni régulière, colorez l'eau avec du vert confiseur, doucement toujours, arrivé à la couleur que vous souhaitez et votre blanchiment terminé, ce qui est à vérifier de près, il faut que le fruit soit atteint complètement, laissez alors dégorger un jour à l'eau courante, puis mettez vos cédrats bien debout, bien calés, dans un récipient, recouvrez grandement avec du sirop à 15 0/0 et mettez au bain-marie. Pour ces gros fruits le mieux est de les confire dans un bidon de fer-blanc haut et étroit, et baignant dans un

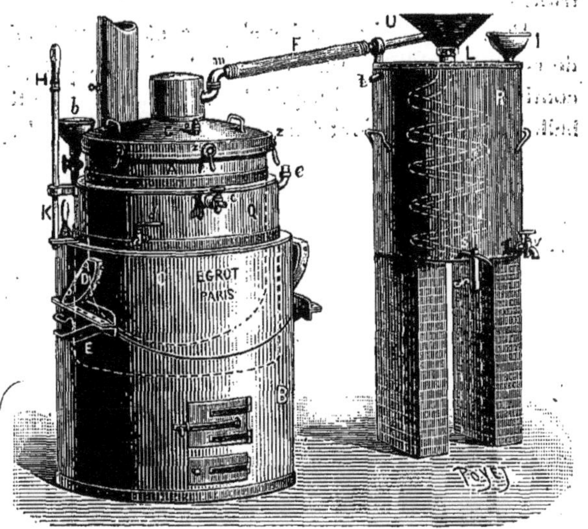

Appareil en plein fonctionnement créé par la maison ÉGROT, spécialement pour la distillation des fruits à noyaux, le même modèle se fait avec un agitateur mécanique permettant le nettoyage et empêchant la formation des croûtes au fond de la cucurbite.

chaudron d'eau ; chauffez pendant soixante heures, ne laissez jamais le bidon manquer ni d'eau ni de sirop. En soixante heures, le sirop à 15 0/0 doit être arrivé à marquer 34 0/0 chaud. Votre fruit doit être transparent, lourd ; vous verrez le travail se faire en remarquant les quartiers entourant vos gros cédrats. Laissez alors refroidir le tout avant d'essayer de les changer. S'ils sont bien dans le bidon vous pourrez les laisser, le fer-blanc n'attaque pas le fruit. Vous pouvez faire de cette manière tous vos cédrats verts ou jaunes ainsi que les quartiers ; il y a de cette manière économie énorme de manipulations et de sucre. Autant que possible, entourez vos cédrats entiers de quartiers, afin non seulement de les soutenir, mais de profiter de la quantité de sirop qui les baigne ; votre sirop définitif doit peser 36. Vous ne pouvez arriver à ce point sans cristallisation qu'en employant du glucose, tout ou partie.

N. B. — Plus vous blanchirez les fruits et les rafraîchirez longuement, moins vos sirops seront amers. C'est là le but à atteindre.

Bananes confites.

Choisissez un beau régime de bananes frais et bien vert.

Pelez soigneusement les bananes et trempez-les immédiatement après dans un bain composé de :

1 litre d'eau tiède ;
10 grammes d'alun bien fondu ;
2 centilitres de neutraline liquide.

Ce bain a cet effet d'effacer les marques de l'acier et de blanchir et raffermir le fruit.

Posez-le ensuite sur des clayons et passez-les deux heures à la soufrière ; faites de suite après la mise au sucre en terrines, employez du glucose réduit à 28 0/0 ; continuez les flacons jusqu'à 33 0/0 ; à ce moment les bananes doivent être d'une belle teinte jaune d'or ; étuvez longuement avant de procéder au glaçage.

ORANGES ENTIÈRES

Les plus choisies et appréciées pour ce travail sont les Jaffa, grosses oranges de forme allongée, à peau épaisse, et dont l'intérieur n'est pas fameux. Au moyen d'un coupe-pâte, détaillez un couvercle au sommet du fruit, l'ouverture doit être assez large pour laisser passer une cuillère à café.

Faites blanchir vos oranges, et le cœur ramolli, au moyen d'une cuillère, videz le cœur en tournant, si le cœur est assez chaud. Ce travail se fait vivement, et l'écorce qui vous reste est bien nette.

Continuez le blanchiment à fond, que la peau de l'orange soit bien cuite, retirez une à une de l'ébullition, et laissez dégorger et rafraîchir à grande eau pendant un jour, égouttez, rangez en terrines ou en bidons, les deux modes d'opérer sont excellents.

En terrines, il vous faut trois semaines pour mettre vos oranges à point ; au bain-marie il faut soixante

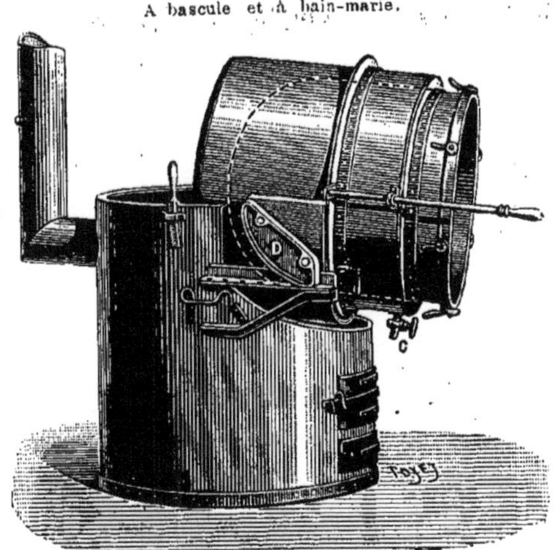

ALAMBIC-BRULEUR
A bascule et à bain-marie.

En basculement.

heures ; ceci est une affaire de travail, appréciez ; il faut surtout que pendant soixante heures votre feu ne s'éteigne pas, c'est à cette condition que vous obtiendrez un bon résultat.

N. B. — Autour de vos oranges entières pour garnir et occuper la place, garnissez avec des quartiers d'écorces ou de citrons, ou de petites mandarines et recouvrez toujours terrines ou bidons avec des feuilles de papier végétal trouées de place en place, afin de laisser libre l'évaporation.

Oranges pleines.

Après avoir fait à vos oranges l'ouverture indiquée plus haut, faites-les cuire à fond, que l'aiguille les transperce facilement sans résistance, égouttez et rafraîchissez longtemps ; faites la mise au sucre à 15 0/0 et suivez l'opération comme pour les oranges vidées et ne rebouchez l'ouverture qu'une fois complètement confites.

Si vous laissez refroidir les sirops, il faut les faire rebouillir avant de recommencer la concentration.

Mandarines confites.

Opérez exactement comme pour les chinois, et, si vos mandarines sont tachées de petits points noirs pendant le blanchiment, nettoyez-les avec une brosse en les mettant l'une après l'autre dans une terrine d'eau froide. Pour vous faciliter le travail, n'y faites point d'ouverture, mais poinçonnez beaucoup et partout, afin de faciliter l'entrée du sucre. Continuez les manipulations comme pour les oranges entières, opérez la mise au sucre à sirop tiède, ainsi que les façons suivantes ; si vous faites le travail en terrines, commencez le sirop à 15 0/0 et montez. Vous pouvez avant de confire vos mandarines et après le blanchiment, les découper en paniers, mais sans enlever les morceaux, afin de soutenir l'anse, et empêcher l'écrasement ; pour éviter la cristallisation, employez un peu de glucose pour finir.

ANGÉLIQUE EN BATONS

Angélique en bâtons.

La plus belle angélique pour confire vient des environs de Clermond-Ferrand, où des horticulteurs en font leur spécialité ; puis l'angélique cultivée, a une facilité de travail que vous n'obtiendrez pas avec celle qui croît naturellement, d'une venue forcée, elle est une primeur, tendre, et d'une couleur claire.

Commencez par couper vos bâtons de la longueur voulue, un peu en sifflet ; faites blanchir à grande eau et colorez au vert confiseur, puis rafraîchissez longuement, pendant ce temps, fourrez vos bâtons ; en introduisant dans les plus gros un calibre moindre et ainsi de suite, la tige entière doit rentrer en elle-même, et ne laisser qu'un bâton de 25 à 30 centimètres de longueur. Cette méthode force l'angélique, pendant le travail du fruit au sirop, à rester ronde; ayez un bidon ou une caisse carrée à fond plat, rangez l'angélique debout, qu'elle ne soit jamais couchée, et que vos bâtons, sans être trop serrés, ne puissent pas remuer ; autant que possible, votre récipient doit avoir un robinet pour égoutter le sirop, l'angélique ne doit pas se remuer, trouvez au récipient une place stable, que vous puissiez facilement égoutter votre sirop et le remettre. Semez par-dessus vos bâtons toutes vos parures et bouts coupés, afin que pendant le versement du sirop vous n'abîmiez pas le fruit, car il faut pour l'angélique verser le sirop bouillant, et à cause de l'épaisseur des bâtons recommencer deux fois à quinze minutes d'intervalle ; suivez les façons comme pour un autre fruit. Généralement ce travail ne se fait qu'au glucose. Avant de glacer, lavez les bâtons en les retirant les uns des autres, et glacez-les après un bon étuvage, en maintenant pendant le séchage sur les grilles la forme ronde.

Industriellement, il y a trois choix d'angéliques :

1ᵉʳ choix : bâtons choisis bien ronds et verts;

2ᵉ — bâtons aplatis, plus minces et moins réguliers ;

3ᵉ — débris servant aux confiseurs et aux fabricants de pain d'épices.

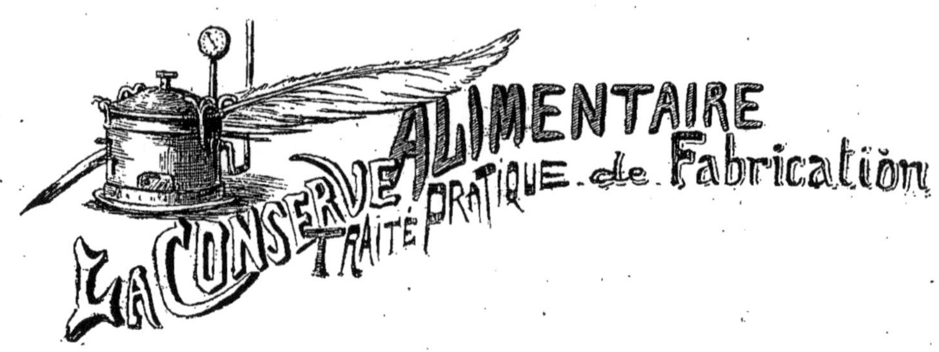

MARRONS GLACÉS

Même en petite quantité, il faut pour confire les marrons un matériel spécial, peu coûteux, il est vrai. A défaut de vapeur, il faut un fourneau à gaz ; un foyer mal alimenté ne peut faire un travail suivi.

Plus que tous les autres fruits, le marron demande à être fait d'après un principe. Voici le procédé qui, pratiquement et industriellement, m'a le mieux réussi. Je les ai tous essayés ; c'est le seul qui m'ait donné un résultat complet.

1° Il faut pour le blanchiment ou pour mieux dire la cuisson du marron, ou une bassine à vapeur à double fond, ou un bain-marie bien agencé et chauffant au gaz, et voici pourquoi, ceci pour la petite industrie de laboratoire.

Dans un chaudron ou bassine quelconque que vous ajustez sur un foyer à gaz, faites faire un panier à claire-voie en osier, fil de fer, ou fil de laiton, c'est égal. Ce panier doit entrer complètement dans le chaudron ou bassin et ne gêner en rien la pose du couvercle, qui doit être le plus hermétique possible ; ce panier doit pouvoir au minimum contenir 10 kilos de gros marrons. Avant de mettre vos marrons en paniers, avec la pointe du couteau à marrons, ouvrez une entaille dans la peau brune du talon, en faisant attention de ne pas toucher la seconde peau ; cette entaille est uniquement faite pour permettre à l'air contenu dans le marron de s'échapper sans le faire éclater.

Ceci fait, mettez le panier dans la bassine. Que vos marrons soient entièrement recouverts d'eau, au moins 10 centimètres ; chauffez doucement et laissez couvert quand vous apercevez que l'eau devient bouillante, que vous ne pouvez plus tenir la main dedans, diminuez le gaz et remarquez l'heure ; il faut que votre marron reste douze heures dans cet état, sans *jamais bouillir* pendant ces douze heures, vous enlevez toutes les quatre heures le panier ou les marrons, vous jetez l'eau et la remplacez par la même quantité d'eau bouillante propre.

Cette eau doit être presque d'un noir brun et c'est elle qui colore souvent le fruit. Remettez immédiatement le panier dans cette nouvelle cuisson ; pendant l'intervalle où vous avez retiré les marrons de l'eau, couvrez le panier avec quelques sacs afin qu'ils ne refroidissent pas ; si votre bassin est à robinet, ne touchez pas les marrons ; ouvrez le robinet et laissez égoutter l'eau ; répétez l'opération toutes les quatre heures. Que la température de l'eau soit toujours bouillante. Au bout de douze heures, votre marron doit être à point. Vous devez vous en assurer : la première peau doit s'enlever très facilement, à chaud, car vous ne devez sortir vos marrons de l'eau qu'au fur et à mesure de l'épluchage ; enlevez la première peau en commençant par le talon troué et la seconde en prenant la pointe, sans jamais l'entailler ; il ne faut pas que le marron reçoive un coup à faux. S'il est à point, il doit être excessivement cuit, mais conserve sa forme, la première peau lui ayant servi de moule, l'eau n'ayant pas pu pénétrer dans l'intérieur, il doit être comme une bouillie de farine et sur la langue se fondre comme une pâte ; s'il n'est pas à ce point, laissez-le encore quelques heures. A l'épluchage il ne doit y avoir presque pas de débris et il doit être si facile à éplucher, que les 10 kilos de la bassine, à quelques personnes ayant un peu l'habitude de ce travail, s'éplucheront en quelques minutes.

2° Il faut maintenant un bain-marie d'un autre genre ; au lieu du panier qui vous a servi pour la première opération, adaptez sur votre bassine un double fond, bas, à bords reposant sur les bords de votre bassine et dont le fond plat touchera l'eau du bain-marie. Un tuyau communiquera du dedans au dehors ou au travers de votre caisse, sur le côté ; ce tuyau vous permettra, sans rien déranger, de remettre de l'eau bouillante dans votre bassine lorsqu'elle sera évaporée. Le double fond devra pouvoir contenir les marrons épluchés ainsi que la quantité de sirop pour les baigner. Ce double fond devra, au moment où vous commencerez l'épluchage, contenir le sirop bouillant et vanillé titrant 25 .0/0. Dans ce sirop, vous mettrez vos marrons sitôt épluchés ; il ne faut pas que le marron refroidisse, c'est là une des conditions essentielles de l'opération.

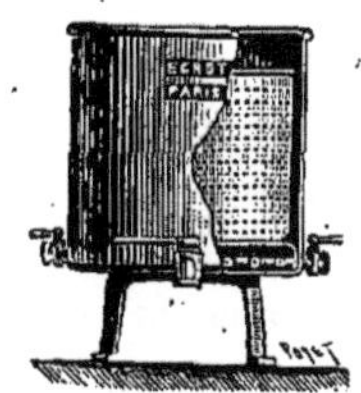

BASSINE A CONFIRE LES MARRONS

(Fabriquée par Écrot.)

Cette bassine avec un seul panier à couvercle hermétique à feu nu au gaz, ou à la vapeur, avec robinet de vidange, est spécialement construite pour le blanchissage des marrons.

Vous le retirez de l'eau bouillante, l'épluchez et au sirop sans intermédiaire. Vous pourrez mettre dans votre premier sirop 2 centilitres de neutraline pour la quantité de 10 kilos de marrons ; celui que vous ajouterez par la suite devra être naturel. Sitôt vos marrons épluchés, mettez votre double fond dans la bassine, et pendant trente-six heures laissez bouillir l'eau carrément ; de temps en temps vous pourrez arrêter l'ébullition pendant une heure, pour permettre au sucre d'imbiber le marron ; lorsque vous remettez du sirop pour remplacer celui qui s'évapore, ayez soin de le mettre toujours au même degré que celui qui existe, car l'évaporation n'enlève que l'eau et le sucre prendra de la densité. Pour que votre marron soit parfaitement confit, il faut que votre sirop arrive à 35 0/0. Pendant l'opération, ne remuez pas la bassine. Avant de toucher aux marrons, laissez-les refroidir entièrement afin qu'ils ne se brisent pas. Pour ce travail, vous pourrez ajouter au moins un tiers de glucose afin d'éviter la cristallisation qui serait désastreuse. Le marron une fois confit et à ce degré se garde des années, mais pour qu'il ne change pas de couleur, il faut le mettre dans des pots de terre vernis, et les couvrir : 1° d'une vessie et ensuite d'un couvercle de terre aussi, afin d'empêcher l'air et la lumière d'y pénétrer.

Dans la grande industrie le marron se poche (se cuit) dans des bassines à vapeur et dans des paniers perforés qui, au moyen d'un palan, se lèvent et s'abaissent à volonté; pour la mise au sucre, des caisses carrées en cuivre non étamé et de 1 mètre carré de surface et ayant 18 centimètres de hauteur et placées sur des tréteaux ayant serpentin pour la vapeur et tuyau d'échappement sont installées pour ce travail; l'arrivée de la vapeur est réglée afin d'éviter l'ébullition et le travail se fait sans interruption. Une caisse finie, elle est transportée dans les magasins et une autre prend sa place; chaque caisse peut contenir une balle de marrons, et dès le mois de novembre la fabrication n'arrête plus. Si à l'épluchage vous avez une quantité de débris assez grande, pour l'utiliser vous pouvez vous en servir de différentes manières :

1° En les mettant en boîtes avec du sirop à 32 degrés et vous leur donnerez deux heures d'ébullition ; ces débris au sirop s'utilisent, en été, chez les confiseurs pâtissiers et dans beaucoup de cuisines ;

2° Vous pouvez vous servir de vos sirops d'égouttage de marrons dans lesquels vous mélangerez les débris ; vous les cuisez au massé, et les mettez de côté pour les chocolatiers ;

3° Comme vos débris sont cuits à l'eau sans sel ni sucre, étendez-les sur des toiles ou sur des clayons et étuvez-les pour en faire plus tard de la fécule de marron ;

4° Si pour conserver vos marrons vous les mettez en boîtes, qu'elles soient bien pleines de sirop à 34 degrés, et donnez trente-cinq minutes d'ébullition par kilo et laissez entièrement refroidir la boîte dans l'eau de l'ébullition.

Il y a en confiserie de nombreuses manières pour employer les débris de marrons confits, pâtes de marrons cristallisés ou au fondant, croquettes, faux marrons, bonbons fourrés, etc., et maintenant tous les vieux sirops qui ont servi pour confire les marrons, très épais par le mucilage, et qui sont bien vanillés, sont massés et servent à faire le chocolat n° 12, dit de ménage, excellent et supérieur, surtout pour les enfants; en somme, rien ne doit être perdu, ni sirop ni résidus.

Dans le cas où, pressé, vous devriez accélérer le marron, vous pouvez enlever la première peau brune. Vous mettez vos marrons épluchés à l'eau froide et vous chauffez comme la première fois; seulement au lieu de douze heures vous le ferez en six; il y aura plus de pertes ; le marron, n'étant pas soutenu, éclatera davantage et sera beaucoup plus aqueux.

Maintenant il est très difficile de se procurer de vrais marrons de Lyon ou de Turin, de l'Ardèche ou du Var ; lorsqu'ils sont frais et authentiques, et que ce ne sont pas de grosses châtaignes, vous arriverez à un bon résultat. Souvent vous achetez de la marchandise très cher, et elle ne vous satisfait pas ; il vaut mieux payer le prix et avoir quelque chose de certain ; c'est toujours moins cher.

Pour glacer les marrons, ne les faites pas étuver ; égouttez-les et glacez par petite quantité. Pour les retirer de la bassine et pour les poser sur les grilles, on se sert d'une pelle en bois ayant quatre dents en métal, exactement une immense fourchette dont les quatre dents, longues de 15 centimètres sont emmanchées dans une poignée de bois. Cet outil si simple évite beaucoup de pertes, car lorsque le marron est brillant dans sa glace, il se brise facilement.

N. B. — Quelques gouttes de neutraline dans le premier sirop maintiennent la teinte blonde aux marrons.

PATES DE FRUITS

Vous ne pouvez faire les pâtes de fruits que lorsque les premières pommes blanches font leur apparition, car toutes les pâtes de fruits ont la pomme comme base du travail.

Commencez par peler vos pommes et les couper en quartiers bien épluchés, laisséz-les tremper pendant le moment de l'épluchage dans des terrines d'eau contenant 1 centilitre de neutraline, afin qu'elles soient toujours très blanches ; ne cuisez que de petites quantités à la fois, et les pommes coupées au moins en huit, couvrez-les d'un peu d'eau pour aider à la fonte ; remuez afin qu'elles ne s'attachent pas, puis sitôt fondues, passez-les au tamis très fin en toile de Venise, jus et pulpe, cela est la fondation de toutes les pâtes ; puis prenez, suivant votre fantaisie, soit des pulpes d'abricots, soit des pulpes d'autres fruits (voyez la série des pulpes aux chapitres *Fruits pour glaces*), faites le mélange avec la pomme, colorez et parfumez suivant le fruit que vous voulez imiter, puis faites cuire au boulé, la même quantité de sucre premier choix ; à ce point, versez dans le sucre la quantité de pulpe, soit livre pour livre, et finissez la cuisson à feu vif ; vous étendez la masse sur des feuilles de ferblanc destinées à cet usage, vous étuvez un jour, puis avec ces abaisses vous faites des *pastilles*, des *beignets*, des *nœuds*, des *brochettes*, et au moyen de moules en plâtre ou estampés, vous pouvez faire les imitations de fruits que vous étuvez et mettez au candi, car toutes les pâtes de fruits se cristallisent ; la liste est longue des imitations parfaites que vous pouvez obtenir.

Les recommandations sont pour le choix des pulpes et leur coloration ; il faut faire ce travail de jour ; la nuit, à la lumière, le travail des cuissons ainsi que des couleurs laisse toujours à désirer.

Pour la cuisson des pâtes de fruits, faites-la à feu clair, et sitôt que la masse forme la goutte, enlevez du feu, et moulez immédiatement, car la masse contenant beaucoup de pommes et de jus se solidifie promptement, et comme la beauté de ces pâtes réside dans le coup d'œil, il faut que la régularité en soit parfaite, que les nœuds, comme les brochettes, soient irréprochables comme dessin, grosseur et coloris.

Seuls les colorants chimiques vous permettront d'atteindre ce résultat ; les fabricants spécialistes sont arrivés dans cette partie à un tel degré de perfectionnement que leur fabrication est supérieure à tout ce que les confiseurs-pâtissiers, peuvent faire dans leur laboratoire, et je conseille à ces messieurs d'acheter ces produits tout faits ; c'est un bénéfice.

Pour toutes les pâtes de fruits en général, le candi se met chaud, tiède, et

PETIT ALAMBIC A BAIN-MARIE

(Système ÉGROT.)

Avec adjonction du système SOUBÉRAN.

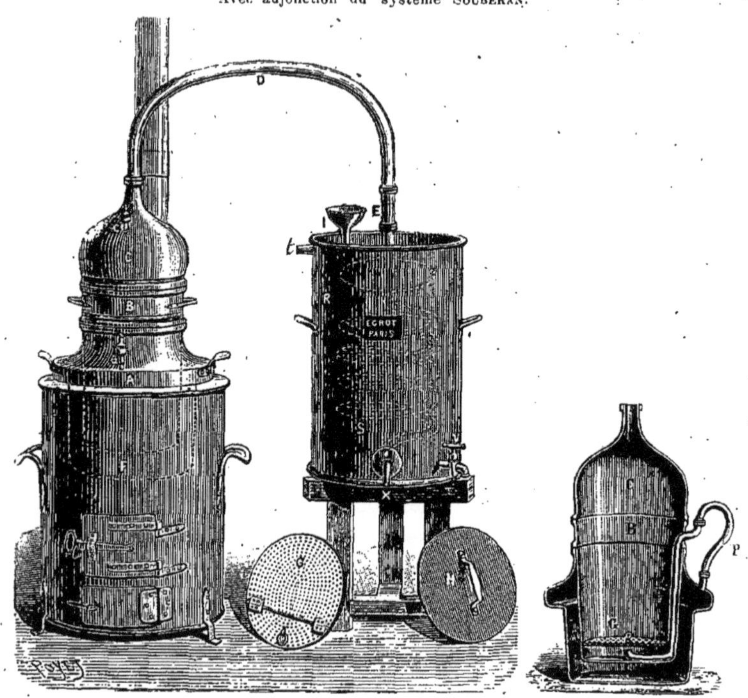

L'alambic est tout monté dans un fourneau de tôle, avec l'appareil Soubéran ajouté à l'alambic ordinaire, pour faciliter la production des eaux et essences aromatiques ; l'appareil consiste dans un tube de vapeur formé dans la cucurbite et arrivant sous la grille.

à l'étuve, la cristallisation est plus régulière et plus lisse ; en cas contraire, mettez le candi sur vos pâtes, le soir, au dernier moment, et égouttez de bonne heure le matin ; laissez complètement égoutter (voyez *Cristallisation des fruits*).

N. B. — Comme vanille pour parfumer les marrons, vous pouvez employer la vanilline, le résultat est le même.

ÉCORCES CONFITES

Citronats confits.

Si le fabricant se trouve sur les lieux de production cela va tout seul; il peut prendre les limons à sa convenance; mais si vous fabriquez au loin, là où ne fleurit pas l'oranger, il faut vous adresser aux maisons d'exportation, à Gênes, Livourne, Messine, Marseille, Alger et Tunis, qui sont maintenant en état de fournir la France de toutes ces spécialités.

La meilleure qualité de limons ou citrons pour confire sont à peau très épaisse et n'ayant presque pas de pulpe ni de jus, le citron à peau fine a ordinairement l'écorce mince, comme le Messine ; cela ne vaut pas, il n'y a pas assez de rendement, d'ailleurs les maisons d'exportation connaissent cela, et vous livrent des fûts énormes d'écorces à l'eau de sel; les citrons sont préalablement coupés en deux dans le sens de la longueur, puis le cœur, enlevé avec un outil de bois dur imitant la cuiller, est mis de côté, pour être broyé et pressé pour en extraire le jus qui est d'un grand usage dans la teinturerie,

Installation murale pour un laboratoire de marchand de comestibles et pâtissier-confiseur.
(Système Égrot).

le décatissage, et une foule d'autres industries, ou bien il est traité chimiquement pour la fabrication de l'acide citrique.

L'écorce, dont les parties sont emboîtées les unes dans les autres afin de faciliter le rangement, est mise; le tonneau plein est refoncé, puis par la bonde est rempli d'eau salée à 10 degrés; le tonneau bouché peut voyager pendant six mois pour arriver à destination.

De Sicile, d'Alexandrie, de Smyrne, ils vont jusqu'en Ecosse et en Angleterre, où des fabricants les reçoivent par navires entiers; cette fabrication, vu le bas prix du sucre en Angleterre, 40 à 50 francs les 100 kilos, permet de faire dans ce pays, où la vente de ce produit est assurée, une industrie des plus lucratives.

Les cœurs servent là-bas à alimenter les fabriques d'acides.

Si vous employez des écorces fraîches, vous n'avez pas besoin de les faire dégorger ; blanchissez immédiatement à petit feu et à fond, comme il est indiqué pour les oranges confites ; il faut que l'écorce ne fasse plus de résistance sous le doigt ; rafraîchissez, égouttez et mettez en terrines en les remettant les unes dans les autres, et les rangeant en cercles afin qu'il y ait beaucoup d'écorces et peu de sirop.

Si ce sont des écorces à l'eau salée, faites-les d'abord dégorger à l'eau courante, puis blanchissez à grande eau, rafraîchissez de même, et mettez soit en terrines, soit en caisses de fer-blanc pouvant contenir 100 kilos d'écorces qui bien rangées, et en lits superposés, ne tiennent pas beaucoup de place, puis passez à la mise au sucre.

Dans l'industrie comme chez le confiseur le grand coup est donné aux fêtes de l'an ; les terrines sont vides, les tonneaux aussi. C'est en janvier, février, que se fait le travail des oranges et des citrons ; aussi, avant qu'il commence,

Installation d'un petit laboratoire de distillation des fleurs, fruits, etc.
(Système ÉGROT).

commencez à rassembler tous vos sirops de la saison, les blancs ensemble, les rouges à part ; quant aux sirops de marrons, j'en ai déjà indiqué l'emploi ; mêlez les blancs avec ceux des oranges, des chinois, des cédrats, ramenez la densité à 25 0/0. Avec de l'eau, faites-les bouillir, écumez soigneusement et filtrez à la chausse, après avoir versé dans le liquide 500 grammes de neutraline par hectolitre. Le sirop filtré, débarrassé de ses impuretés, peut vous servir à confire vos écorces, versez-le à même sur les écorces, doucement pour commencer ; le sirop doit avoir 25 0/0. Maintenez toujours vos écorces en presse, sans pourtant les écraser, et recouvrez-les de sirop, que vous égoutterez de nouveau vingt-quatre heures après, de 25 0/0 il en aura 10 ; rajoutez soit du glucose, soit des sirops réduits, et infusez de nouveau ; il faut deux mois pour confire les écorces ; il est inutile de presser, il n'y a pas d'avances ; il vaut mieux laisser pénétrer le sucre et tripler le poids de l'écorce, car 100 kilos d'écorces d'oranges ou de citrons, emploieront 75 kilos de sucre, sans compter l'humidité, et pour les glacer 12 kilos en moyenne.

Après la première mise au sucre à 25 0/0, vous recommencez vingt-quatre heures après, puis tous les deux jours, jusqu'à ce que vous remarquiez au pèse-sirop que votre sirop ne se réduit plus ; ne passez jamais 25 0/0, pour les premières façons, le sucre trop élevé ne pénètre plus l'écorce ; montez de 2 degrés, mais à de plus longs intervalles ;

quinze jours pour les dernières façons, mais en remettant à chaque instant du sirop froid sur les écorces et toujours au degré de la dernière façon ; arrivé à 32 degrés, si vous n'avez plus d'anciens sirops, mettez un peu de glucose, jamais de sucre, et laissez au frais et à l'obscurité jusqu'au moment de les glacer.

Pour le glaçage des écorces, il faut d'abord les laisser égoutter dans des paniers pendant douze heures, puis les laver à l'eau tiède et les étuver ; sitôt glacées et refroidies, mettez en caisses afin d'éviter qu'elles ne blanchissent.

Les écorces s'emballent ordinairement dans des caissettes de bois blanc contenant 5, 10 et 25 kilos ; il ne s'en fait pas de plus grandes et la caissette est vendue brut pour net.

Les eaux qui ont servi à laver les écorces avant de les glacer, ainsi que les mucilages des sirops qui restent dans les chausses, doivent se mettre à part ; voici bientôt le moment de les utiliser.

Orangeat confit.

Le travail des écorces d'oranges est identique à celui des citrons, mais les eaux d'ébullition de blanchiment, les peaux, les cœurs, doivent, avec les eaux des lavures, se mettre de côté, car l'orange jusqu'en ses débris est une ressource. Vous opérez pour les oranges comme pour les citrons,

ALAMBIC-BRULEUR
à feu nu en basculement.
(Système ÉGROT.)

Cet appareil spécial pour la ferme permet de cuire tous les produits nécessaires à l'alimentation des bestiaux et sert aussi pour la distillation des cidres, vins, poirés, marcs, etc.

vous blanchissez à fond, cuisson complète, vous rafraîchissez de même et vous faites la mise au sucre en employant tous les sucres massés de vos glaçages, les sirops égouttés de poires blanches, coings, abricots, chinois, mirabelles, etc., après les avoir réduits et filtrés, vous pourrez vous en servir.

Si vous ne devez confire que de petites quantités, faites cela en terrines ; si industriellement vous opérez sur une masse, il faut précipiter le travail et avec le moins de main-d'œuvre possible ; faites le travail à la vapeur dans des caisses à confire (voyez les dessins au chapitre *Matériel*), vous supprimez le travail du tonneau, et la cuisson multiple des façons. Sitôt vos oranges coupées, rangez-les à cru par lignes régulières dans vos bassines, couvrez-les d'eau et d'une grille, ouvrez la vapeur, et laissez entrer en ébullition régulière au moyen du serpentin ; l'ébullition aura lieu sur toute la surface de la bassine ; ajoutez de l'eau pendant la cuisson, que les oranges baignent continuellement, la grille empêchant qu'elles se déplacent.

La cuisson opérée, ouvrez le robinet du fond, pour écouler l'eau de cuisson que vous mettez à part ; remplacez par de l'eau froide pour rafraîchir ; après dégorgement, égouttez cette eau qui n'a pas de valeur, et remplacez-la par du sirop à 25 0/0 ; vingt-quatre heures après, soutirez ce sirop qui sera à 8 ou 10 0/0 ; remettez-le à point et versez-le bouillant sur vos oranges ; recommencez cette opération le lendemain ; voyez de combien de degrés votre sirop est tombé ; chargez de nouveau et versez bouillant ; laissez reposer deux jours, puis pour la troisième fois pesez votre sirop, s'il est seulement à 22 0/0, laissez-le sur les oranges. Mais chargez en sucre, puis à ce moment *seulement* ouvrez la vapeur dans le serpentin, *la bassine ne doit pas bouillir ;* veillez à ce que la grille qui repose sur le fruit soit toujours couverte par le sirop, maintenez la chaleur pendant douze heures, qu'il n'y ait jamais ébullition, seulement évaporation ; laissez refroidir pendant douze heures, recommencez.

Votre sirop devra être arrivé à son point, c'est-à-dire 33 0/0 chaud ; comme il est composé en grande partie de glucose, il n'y a aucun danger de cristallisation, et comme à la clarification vous avez ajouté 500 grammes de neutraline par hectolitre, il n'y aura jamais de fermentation, vos écorces seront confites en huit jours au lieu de six semaines ; laissez refroidir, puis égouttez le sirop afin de faciliter la prise des écorces que vous rangez soigneusement et dans le même ordre dans des caisses zinguées, ou garnies de fer-blanc ; vous donnez une ébullition au sirop, laissez refroidir et versez-le définitivement sur vos écorces qui pourront maintenant attendre des mois tranquillement. Par ce procédé, vous ne touchez que deux fois les écorces aussi bien de citrons que d'oranges ; lorsqu'elles sont crues, et lorsqu'elles sont finies, il n'y aura presque pas de brisures, comme lorsqu'il faut à chaque instant les égoutter, les rafraîchir et les manipuler ; l'eau des cuissons et le rafraîchissement peuvent être faits au moyen d'un tube en caoutchouc, qui opérera à volonté.

La mise au sucre et les trois premières façons sont faites à part, pour la raison que l'écorce encore pleine d'eau ne lâchera cette eau que lorsque le sucre y pénétrera ; c'est pour cela que vous ne pouvez pas confire à la vapeur qui détruirait l'écorce, qui, manquant de sucre, ne résisterait pas à cette ébullition prolongée.

Voyons maintenant l'emploi des résidus des oranges.

ALAMBIC-BASCULANT A FEU NU
(Système ÉGROT.)

Cet appareil, muni de sa grille, empêche les herbes, graines ou écumes, de passer dans le serpentin et permet surtout d'égoutter les vinasses sans le vider.

CONFITURES D'ORANGES

Confitures d'oranges à l'anglaise (*Procédé Cross et Blackwell*).

Dans cette maison, l'orange est pelée mécaniquement afin que la pelure mette le cœur à nu ; les écorces, une partie seulement, sont effilées en julienne, toujours à la machine ; l'autre sert à faire des écorces confites, qui sont employées dans la maison, et traitées par le procédé ci-dessus indiqué.

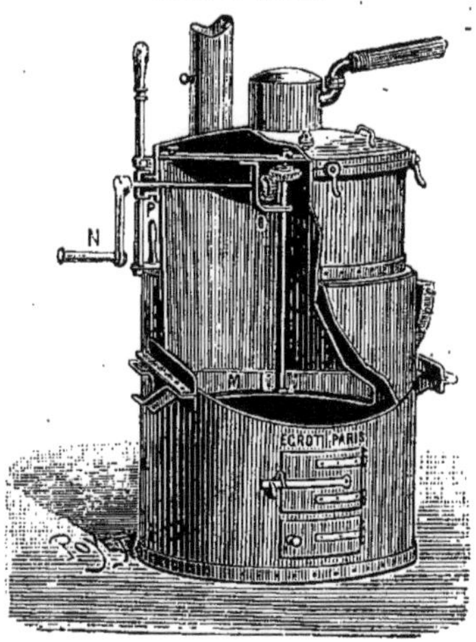

CHAUDIÈRE-ALAMBIC A BASCULE
et à agitateur, système ÉGROT,
pour la distillation des lies de vins et des
moûts de grains.

Voir l'explication.

L'agitateur monté dans l'alambic au moyen de quelques vis, et facilement démontable, empêche la formation des croûtes qui s'attachent au fond de l'alambic, et qui donnent à l'eau-de-vie un goût détestable.

Les cœurs sont alors livrés aux femmes qui, avec un couteau, les détaillent comme vous le feriez pour une salade d'oranges, enlevant les pépins, ne laissant ni peaux ni filaments, le jus qui reste est exprimé ; ce travail va très vite, et les ouvriers cuiseurs prennent 4 livres anglaises de cette pulpe, y ajoutent 4 livres de sucre, de belle qualité et pilé grossièrement, une poignée d'écorces en julienne, et au feu, doux pour commencer et ardent pour finir, cuisez à la goutte ou perle, comme toutes vos confitures, mettez immédiatement en pots, que vous laisserez refroidir avant de les couvrir suivant le procédé indiqué, et recommencez toujours la même quantité, la confiture d'oranges comme d'ailleurs toutes les gelées et marmelades gagnent à être traitées par petite quantité et à bon feu.

Confiture d'oranges à la française.

Après avoir lavé et brossé vos oranges, qui ne doivent pas être choisies dans le premier choix, les petites faisant très bien l'affaire, vous les faites cuire complètement à grande eau; il faut que votre orange soit atteinte, que l'aiguille ne rencontre pas de résistance, alors rafraîchissez et laissez égoutter, mettez vos oranges en terrines, versez du sirop bouillant à 25 0/0. Après avoir piqué les fruits au poinçon, donnez trois façons afin que le sirop revienne à son point de départ et laissez vos oranges infuser le plus longtemps possible. Pour votre confiture opérez ainsi. Prenez 4 livres d'oranges que vous couperez en quartiers réguliers; prenez 2 litres de jus de pommes à gelée, ajoutez 1 kilo de sucre et un 1 litre de sirop d'infusion, faites cuire le sirop à la geléé, ajoutez vos quartiers d'oranges, colorez, mais avec un atome de jaune-orange, recuisez au point voulu pour vos gelées. Mettez sitôt en vases, et laissez refroidir avant de les couvrir. Opération que vous trouverez décrite au chapitre *Confitures*. Pour faire cette confiture, employez dans les usines vos oranges confites qui se seront écrasées, et opérez de même avec les chinois, cédrats, etc. Ces confitures traitées au jus de pommes sont excellentes, et permettent d'employer avantageusement les choix inférieurs.

JUS D'ORANGES

Distillation et fermentation.

Si après avoir fait vos marmelades d'orange vous aviez encore des cœurs à employer, c'est d'en faire du vin pour la distillation après avoir conservé pour faire vos gelées d'orange la quantité de jus qui vous est nécessaire. La pulpe comme le jus d'orange enfermés dans leurs cellules, sont difficiles à exprimer sans les triturer. Au moyen d'un écraseur à raisin employé par les vignerons à la vendange, vous écrasez en pulpe vos cœurs, peaux et pépins compris, vous soutirez la quantité de jus que vous filtrerez au papier joseph et conserverez en bouteilles après ébullition de cinq minutes, pour la pulpe qui vous reste; soit au moyen de tonneaux défoncés que vous installerez dans une chambre ou réduit quelconque, mais que vous pourrez chauffer toujours à 20 0/0 par un poêle. Vous mettez dans ces tonneaux pleins à moitié de votre pulpe; vous faites après cela chauffer toutes vos lavures quelconques, tous vos résidus que toute l'année vous aurez mis précieusement de côté; versez sur votre pulpe tout cela, mais qu'au pèse-sirop le liquide remué de cette masse ne tire

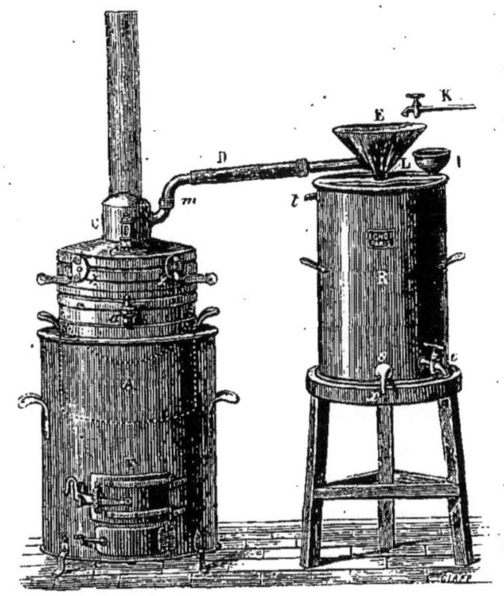

ALAMBIC-BRULEUR A FEU NU A BAIN-MARIE
(Système ÉGROT.)

Spécial pour la distillation des cerises, merises, prunes.
Modèle spécial pour la maison bourgeoise. Cet appareil produit du premier jet reparti, le kirsch, le quetsch et le marasquin de fruits à noyaux et par l'emploi du bain-marie, donne un produit supérieur pour la distillation des eaux aromatiques, liqueurs esprits alcooliques, obtenus du premier jet et sans repasse à 60 et 70 degrés; l'appareil est à usage multiple, il peut servir :
1° D'alambic simple;
2° D'alambic à bain-marie ;
3° De bassine à fond plat;
4° De bassine à fond rond ;
5° De bassine double;
6° D'autoclave pour boites et flacons.

pas davantage que 12 0/0; maintenez cette masse à 20 0/0 de chaleur et introduisez en remuant longuement 2 kilogrammes par hectolitre d'extrait de fruits Duvivier que vous obtiendrez en vous adressant à l'inventeur, *M. Duvivier-Sarran*, 59, rue Pascal, à Paris.

L'extrait mettra immédiatement en fermentation toute cette matière, que vous remuerez deux fois par jour ; cette fermentation, malgré sa composition, sera vineuse, c'est-à-dire alcoolique ; la fermentation arrêtée, le chapeau commençant à descendre, commencez à distiller, à feu doux, à l'alambic ordinaire afin d'avoir dans vos flegmes toutes les huiles et essences de l'orange ; vous mettrez de côté en tonneaux très propres tout l'alcool retiré et vous rectifierez à la fin après avoir désinfecté la distillation au moyen de 50 grammes par hectolitre de poudre de Santiago qui détruira, avant rectification, les éthers impurs et donnera une eau-de-vie d'orange d'un goût parfait, stomachique au premier chef et sans pareille pour la fabrication des curaçaos, que j'indiquerai plus loin.

Lorsque vous avez zesté vos oranges entières pour confire et même au moment de faire vos écorces, zestez-en une certaine quantité ; de ces zestes, que vous mettrez en bonbonnes à infuser dans l'alcool, vous retrouverez ces infusions au moment de la fabrication des essences. Dans une fabrique de fruits confits, jamais vous ne devez acheter un litre d'alcool ; vos résidus de fruits, de sirops, de lavures, les mucilages et les égouttures doivent vous donner chaque année une quantité d'alcool supérieure à vos besoins, soit pour les fruits à l'eau-de-vie, les curaçaos, les cassis, et avec le restant faire une fine champagne, dont vous trouverez la formule plus loin.

La question de distillation aujourd'hui, avec les appareils perfectionnés que vous trouverez au matériel, l'emploi de la vapeur, et même à feu nu, le cuiseur-distillateur dont je recommande l'emploi dans toute fabrique grande ou petite, vous permet de retirer de vos sous-produits toute la valeur imaginable et sans frais.

Fermentation et distillation des noyaux de fruits.

Vous opérerez avec les noyaux de cerises comme vous opéreriez avec les cœurs d'oranges. Au moment où vous distillerez, vous viderez vos noyaux que vous briserez par la broyeuse ; vous y ajouterez même les noyaux de mirabelles et de prunes que vous pouvez avoir mis de côté ; vous verserez sur le tout des eaux sucrées, lavasses ou autres, mais ne contenant aucun arome d'écorces, ni cédrat, ni citrons, ni chinois, ni oranges ; vous maintiendrez la masse à 20 degrés de chaleur, vous y introduirez 2 kilogrammes par hectolitre d'extrait de fruits Duvivier ; vous mélangerez et recouvrirez le tout soit avec des planches, ou avec des sacs. Il ne faut pas que votre tonneau soit trop plein, car la fermentation le ferait déborder. Vous commencerez à distiller à feu doux, lorsque le gaz carbonique s'étant s'échappé, le chapeau commence à redescendre, mettez, en mélangeant le tout à l'alambic, noyaux et liquides et retirez jusqu'à extinction, afin d'avoir les flegmes, que vous épurerez en mélangeant un jour avant la rectification, 50 grammes de *poudre de Santiago* par hecto de flegmes. Rectifiez ensuite du premier jet au moyen d'un plateau à eau froide et retirez de l'alcool à 54 0/0 qui sera parfait comme kirsch-wasser, d'après la manipulation indiquée plus loin.

Pour terminer la distillation des noyaux et après désinfection des flegmes, lorsque la saison sera propice, procurez-vous une quantité de feuilles fraîches de cassis que vous mélangerez aux flegmes au moment de la rectification; cette dernière rectification se fera d'un seul jet, à 54 0/0, au moyen de l'alambic à plateau. De cette opération vous retirerez un alcool supérieur, franc de goût, sans empyreume ni éther métilique, qui sera d'un emploi facile pour les fruits à l'eau-de-vie et pour les macérations.

Pour toutes les fermentations ayant eu des jus, zestes ou pulpes d'oranges, vous devez les distiller à part et vous ferez le *curaçao double orange* d'après la formule suivante :

Curaçao double orange.

Tous vos zestes d'oranges doivent être infusés dans cet alcool ; au bout de deux mois de macération, vous filtrez le tiers du liquide au papier joseph, les deux tiers restants vous les remettez à l'alambic avec les zestes et un tiers d'eau ; vous rectifiez à 85 0/0 à petit feu ou à basse pression, si vous marchez à vapeur ; vous mélangez en suite les deux alcoolats: celui qui est filtré et celui que vous venez de distiller ; réunis ensemble, ils doivent titrer 85 0/0 à l'alcoomètre centigrade, puis vous mesurez ce liquide et faites le mélange ci-dessous :

12 litres alcoolat et 2 grammes cannelle et muscade en poudres ;

7 kilos sucre blanc clarifié et fondu dans

5 kilos d'eau.

Vous opérez le mélange dans l'alambic parfaitement nettoyé, vous le colorerez avec quelques gouttes de couleur curaçao, vous ajouterez au mélange 1 litre de jus d'orange filtré, vous chauffez le mélange après l'avoir bien remué et en fermant le chapiteau ; lorsque votre liqueur sera tiède, filtrez-la à la chausse ou au filtre jusqu'à ce qu'elle soit limpide comme du cristal ; au bout de quelques mois de tonneaux, mettez en flacons ou en cruchons. Cette liqueur que vous retirez des débris et déchets de fabrications, vaut 350 francs l'hectolitre.

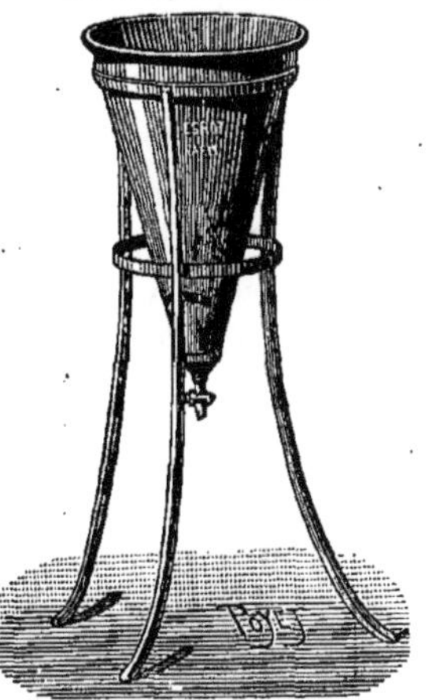

Avec pied en fer, et récipient distributeur, système Égrot.

Le même filtre se fait en double enveloppe et à bain-marie pour la clarification des gelées et gélatines ainsi que des réductions de jus pour la conservation des viandes, gibiers, etc.

N. B. — Si vous avez une quantité de cette liqueur à filtrer, au lieu de papier joseph faites le tranchage au lait environ 2 litres par hecto, laissez trancher dans un conge et passez ensuite au molleton.

Voici déjà les emplois des sirops blancs et des lavures de toutes sortes désignées plus haut ; il reste les sirops rouges, ainsi que les résidus de ces mêmes sirops. Après clarification de ces sirops et leur filtrage à la chausse, employez tout ce que vous pourrez pour les confitures de cerises, pruneaux, framboises, groseilles, etc., puis au moment de la vendange, si vous avez pu vous procurer, des marcs pressés, soit de raisins blancs, soit de raisins rouges, mettez-les dans une grande cuve, que vous remplirez au tiers avec des marcs, sur lesquels vous versez tous vos résidus, sans exceptions, vieux sirops impropres, fonds de cuves, débris de toutes sortes, versez de

COLONNE A FLEURS ET BAIN-MARIE PERCÉ
(Système ÉGROT.)

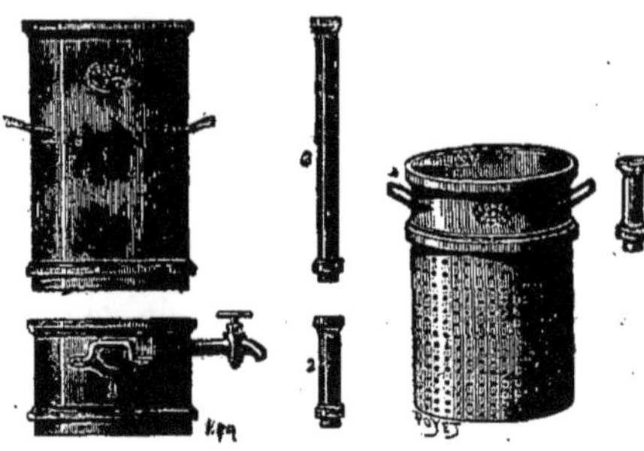

Appareils nécessaires pour faire les alcools parfumés, ainsi que les alcoolats aromatiques, suivant les procédés indiqués, dans le *Guide du Distillateur*, pour les fleurs, fruits, ainsi que les essences.

l'eau chaude sur le tout pour remplir la cuve, brassez énergiquement, ajoutez 2 kilos d'extrait de fruits Duvivier, et laissez fermenter suivant l'indication précédente; la fermentation terminée, tirez au clair; mettez le liquide en tonneau. Pour 300 litres colorez avec 500 grammes de *Vinicoline bordelaise* et ajoutez un flacon de *Bouquetsève*, soit de *Bordeaux-Médoc*, *Bourgogne-Mâcon*, etc., vous avez le choix dans tous les vins. Comme ce vin est pour consommer immédiatement, sitôt le bouquet et la vinicoline mélangés, clarifiez avec 15 grammes de pulvérine par hectolitre; cinq jours après votre liquide sera limpide et buvable.

N. B. — Le marc qui restera dans la cuve après le soutirage, faites-le distiller d'une seule fois; retirez la vinasse, jetez le solide et servez-vous toujours des vinasses pour recommencer une distillation, l'alcool que vous retirerez vous pourrez le mélanger à votre vin au moment du collage.

La liste des Colorants est longue, néanmoins je vais l'établir à peu près; chaque jour la chimie trouvant un nouveau procédé.

Colorants.

APPLICABLES A LA DISTILLERIE, CONFISERIE, PATISSERIE, CONSERVES ALIMENTAIRES,
ET TOUS LES PRODUITS POUR LA BOUCHE, GARANTIS SANS POISON, ET VENDUS AVEC GARANTIE D'INNOCUITÉ.

Nakara rose pour fondants.
Nakara rose pour liqueurs.
Rose nouveau pour confiseries.
Rose vapeur pour dragées.
Rouge groseille pour sirops.
Rouge groseille pour fruits.
Ribésine pour groseille et cassis.
Cassinine pour cassis.
Cassinine extra   —
Grenadine couleur pour liqueurs.
        —   végétale   —
Carameline pour eaux-de-vie, bières et rhum.
Jaune d'or pour fruits et liqueurs.
Jaune Chartreuse pour liqueurs.
Viridine pour menthe.

Vert émeraude pour fondants et fruits.

Vert Chartreuse.

Curaçao fluide liqueurs.

— sec —

Orangé pour sirops et fruits.

Vinicoline bordelaise et ordinaire.

Jaunes clair, foncé, solide.

Grenadine.

Groseilles.

Framboises.

Fraises.

Safran.

Toutes les essences et parfums pour liqueurs.

Toutes les essences et éthers pour bonbons anglais.

Extrait pour fine champagne.

Toutes les couleurs sont en poudres ou liquides, suivant demandes.

La quantité de colorant nécessaire pour 1 hectolitre de sirop varie de 4 à 8 grammes, et comme prix de 40 à 60 centimes.

La poudre Santiago pour désinfecter les flegmes. La vanilline, dont 1 gramme suffit pour 400 litres de fine champagne ou pour parfumer 100 kilos de marrons confits.

Sève du Médoc et sève de Mâcon pour bonifier les vins. (Voyez *Fabrication des vins par résidus de fabrication.*)

Cognacine pour parfumer et bonifier les eaux-de-vie de distillation, de déchets de fruits, etc., 3 grammes suffisent par hectolitre.

La *neutraline* pour conserver à l'état frais et naturel, sans glace, ni sel, et sans changement ni comme goût ni comme aspect des *viandes*, *poissons*, *volailles*, *gibiers* à *poils* et à *plumes*. La *charcuterie*, les *abats*, les *bouillons*, les *sauces*, les *jus*, le *lait*, etc., etc.

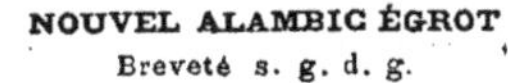

Pour négociants, distillateurs, chimistes et cuisiniers.

L'action de la neutraline s'exerce sur les germes qui attaquent, au moment des chaleurs, la viande et les produits alimentaires. La durée de la préservation à l'air est au minimum de cinq jours, que vous pouvez prolonger en recommençant l'opération ; une viande ayant un commencement de putréfaction est immédiatement rétablie et assainie par un lavage dans la neutraline. Les salaisons de porcs, de bœufs, etc., même au gros de l'été, sont irréprochables, la neutraline empêche le lard de jaunir, de rancir et conserve indéfiniment les saumures, emploie moitié moins de sel et détruit les trichines de la viande ; indispensable aux bouchers, charcutiers, comestibles, aux hôtels et restaurants ; répandue à terre, elle assainit, purifie les garde-manger, détruit les microbes ainsi que les mouches ; elle n'a ni goût, ni odeur, ni saveur. La neutraline est indispensable aux fabricants de conserves ; elle supprime l'acide sulfureux dans toutes ses applications.

La neutraline pour les fruits, et spécialement pour cette fabrication, est en sel ; bien faire attention aux doses indiquées, le sel ne peut servir que pour les fruits et les sirops rouges, l'emploi en est toujours indiqué.

Le prix de la neutraline est tellement insignifiant, que dosé pour employer d'après les principes indiqués, son prix de revient est de 30 à 35 centimes ; l'extrait concentré au litre, verre compris, 2 fr. 50 le litre ; soit coupé de neuf fois son volume d'eau, 25 centimes.

Pour toutes les demandes soit d'essai, soit pour quantités, s'adresser chez l'auteur, à Paris.

Et pour tous les produits chimiques, couleurs, appareils, thermomètres, densimètres, pour vins, liqueurs, sirops, lait, sels, etc.

Parfums et extraits pour la fabrication de toutes les liqueurs, élixirs, alcools, vins et vermouth, flacons d'essais pour 25 litres, suivant qualité, de 2 à 6 francs.

Œnanthine pour cognacs, etc.

Carottine extra, colorant et conservant le beurre, produit nouveau, un centime de dépense pour 1 kilogramme de beurre. Le beurre baratté avec ce produit, surtout à la centrifuge, donne un produit supérieur, d'une conservation régulière, sans odeur ni fermentation acide, et donne un goût de noisette au produit ; flacons d'essais pour 100 kilos, 1 franc.

Si à la suite des fruits confits, j'ai cru nécessaire de vous donner toutes ces indications et renseignements et je n'y reviendrai pas dans le restant du travail, les renvois seront toujours désignés sous les rubriques : voyez *Colorants*, voyez *Fermentations*, voyez *Distillations* ; continuons donc la longue série des fruits.

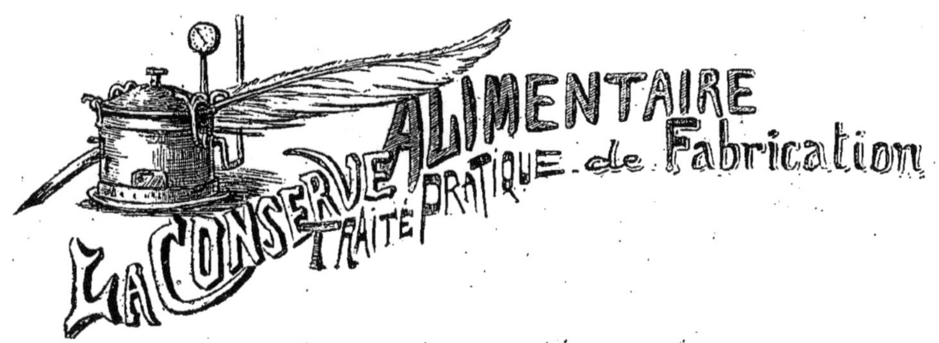

BOUCHAGE ET FERMETURES

HERMÉTIQUES

SYSTÈME CANOVILLE, BREVETÉ S. G. D. G., 1891.

Le système Canoville est la transformation de la boîte de fer blanc, pour un grand nombre de produits alimentaires.

Les boîtes, vases, flacons sont en verre et en demi-cristal, allant au feu, imitant les teintes de viandes et gelées.

Deux cents modèles sont à la disposition des fabricants de conserves, comestibles et spécialités.

La fermeture brevetée permet maintenant l'ébullition à l'autoclave sous pression des viandes et légumes.

Les flacons pour fruits ont une fermeture spéciale très facile à fermer et à ouvrir.

Pour tous les renseignements et envois d'échantillons, s'adresser à l'auteur ou à M. Canoville, 61, rue Montmartre, à Saint-Ouen (Seine) ou rue de Rennes, 79.

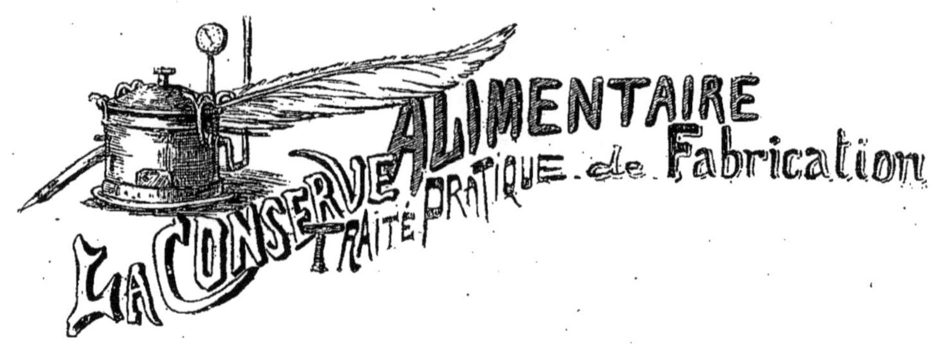

COMPOTES DE FRUITS

Abricots entiers.

Mêmes recommandations pour les fruits à compotes que pour les fruits à confire, fraîcheur surtout, et maturité incomplète. Vous pouvez employer pour les compotes la grosseur et le choix venant après le fruit pour confire.

Prenez toujours vos abricots pas trop mûrs et fermes, *enlevez la queue,* piquez vos fruits comme il est indiqué à l'article *Blanchiment,* faites revenir quelques instants dans l'eau alunée, enlevez si vous voulez le noyau; rangez vos fruits en boîtes, ou en flacons, en y ajoutant quelques amandes émondées de noyaux d'abricots, recouvrez avec du sirop à 26 degrés pesé chaud, mais employez-le froid; il pèsera alors 30 degrés. Soudez après avoir bien lavé le bord des boîtes, afin que la soudure prenne vite, ébullitionnez à l'air libre, mais sans pression, le temps suivant :

        Pour les gros abricots avec noyaux. 12 minutes en boîtes de 4/4.
        Pour les abricots dénoyautés entiers 10   —   —   —   4/4.
        Pour les 1/2 boîtes   8   —
        Pour les flacons   2   —
                (Marquer l'heure à 90 0/0 au thermomètre).

Vous aurez soin, avant de souder et lorsque vous aurez siroté, de mettre sur chaque boîte la quantité suivante de sel neutralisé :

        Pour les boîtes de 1 kilo fruit et jus.   1 gramme.
        Pour les boîtes de 1/2 —   —   —   1/2   —
        Pour les flacons   1/4   —

Vous remarquerez aussi que mettant votre fruit cru en boîtes, vous devrez le ranger régulièrement et remplir copieusement la boîte, afin qu'après cuisson elle ne soit pas aux 3/4 pleine, le sirop étant plus lourd que l'eau, vous ne devez remplir votre boîte qu'aux 3/4, afin de faciliter le soudage très difficile pour tous les produits sucrés.

Ne faites des ébullitions que par petite quantité, afin que sitôt les fruits mis en contact avec le sirop, vous puissiez en cuisant arrêter toute velléité de fermentation.

Après ébullition, faites-les refroidir dans la bassine à l'eau froide. Pour les flacons, arrêtez l'ébullition; laissez refroidir presque entièrement après avoir retiré l'eau et laissez-les ensuite debout sur le goulot jusqu'à ce que le travail d'assimilation du fruit et du sirop soit terminé, un mois environ.

Abricots en quartiers.

C'est ordinairement de cette manière que se conservent les abricots; choisissez, au commencement de la récolte, les beaux abricots suchet, muscat ou royal, fermes et frais, à peine mûrs; séparez en deux moitiés, enlevez le noyau, pelez les quartiers soit en côtes allongées, soit en les tournant, que la pelure soit très mince; rangez les quartiers en boîtes ou en flacons, en couronnes, et chevalant les lits le plus possible.

Ajoutez la quantité indiquée de sel neutraliné, couvrez de sirop à 30 0/0 froid, (26 0/0 chaud), soudez et ébullitionnez à l'air libre.

10 minutes pour les 4/4 à dater du commencement de l'ébullition à 90 degrés.

8 minutes pour les 1/2.

2 — pour les flacons.

Vous les laisserez refroidir avant de les enlever de la bassine, et après avoir retiré l'eau de l'ébullition.

Lorsque le fruit avance en maturité, ne le pelez plus, il ne se soutiendrait pas dans le sirop, emboîtez les quartiers sans les peler; couvrez de sirop, de sel et de noyaux émondés et ébullitionnez comme ci-dessus.

Abricots au jus, *pour pâtissiers et cuisiniers.*

Ce procédé essentiellement destiné au laboratoire ne se fait que pour le travail du pâtissier et du cuisinier, tartes, tartelettes, flans, garnitures d'entremets, et l'ouvrier peut employer pour ce travail, les boîtes hors service, et qu'il pourra remettre en état (voyez *Fabrication métallique de la boîte*).

Opérez ainsi :

Faites d'abord un jus à froid composé de :

Pour 10 litres d'eau froide.

2 grammes d'alun en poudre.,

1 — sel de neutraline (sodium).

Mélangez intimement, remplissez les boîtes de vos quartiers d'abricots, le plus tassés possible sans les écraser; vous pouvez employer du fruit de troisième choix, couvrez le fruit avec une légère quantité d'eau préparée, soudez et donnez quatre minutes d'ébullition; retirez de l'eau, laissez refroidir et servez comme il est indiqué ci-dessus.

Si votre fruit était un peu avancé comme maturité et qu'il eût perdu sa fermeté, inutile de le conserver, gardez-le pour d'autres usages; si le fruit bien mûr mais ferme peut supporter l'ébullition, au lieu de mettre l'alun et le sodium dans l'eau, agissez ainsi : 2 grammes d'alun en poudre mélangé avec 2 grammes de sodium, par boîte de 1 kilo, et en suivant cette dose pour tout autre calibre plus petit ou plus gros en augmentant ou diminuant.

L'abricot en boîte pour compote demande à être d'une couleur appétissante et, lorsque vous aurez des abricots à chair blanche ou légèrement verdâtre, ou ayant plusieurs teintes, sauf celle du muscat, teintez légèrement votre sirop avec quelques gouttes de jaune orange, cela suffira pour colorer votre fruit.

CERISES

Cerises Montmorency, griottes, bigarreaux, cœurs-de-roi, anglaise, etc.

Choisissez toujours ce fruit avant complète maturité, afin que la couleur soit plutôt rose que rouge foncé ; coupez la queue aux 2/3 n'y laissez que juste la longueur pour la saisir avec les doigts ; piquez vos fruits avec quelques grosses épingles de cuivre ; mettez à l'eau alunée, que vous laisserez tiédir, vos cerises dedans, en remuant les fruits sitôt que vous ne pourrez plus y laisser la main, rafraîchissez à grande eau ; mettez en boîtes vernies intérieurement ou en flacons, les boîtes de fer blanc ordinaire ne peuvent pas servir pour le fruit rouge ; le contact du métal noircit et bleuit les sirops et fruits ; comme vos fruits auront tant soit peu perdu leur couleur, colorez votre sirop rouge groseille, pas trop teinté ; versez sur vos fruits en boîtes ou flacons et laissez à l'ébullition :

10 minutes pour les litres,

6 minutes pour les demi-litres

et 2 minutes pour les flacons ; vous ajouterez toujours à votre sirop fait à 26 0/0 chaud, 1 gramme de sodium par litre ; les ébullitions doivent être précipitées afin de toujours anéantir les fermentations provoquées par la chaleur des mains, ou par le contact du fruit avec le sirop.

Les cerises griottes anglaises, ne s'amortissent pas ni ne se colorent ; elles sont et doivent rester naturelles. Comme elles s'emploient beaucoup en pâtisserie, il vaut mieux les dénoyauter. Avant de les conserver, les mettre en boîtes ou flacons immédiatement et les terminer.

Amortir un fruit, c'est le mettre sur le feu dans une certaine quantité d'eau, chauffer cette eau à pouvoir y laisser la main, puis rafraîchir le fruit ; il est *amorti*. Une des variétés de cerises servant beaucoup dans la conserve, c'est le bigarreau blanc facile à colorer et à travailler. Votre fruit amorti et piqué, et auquel vous avez enlevé la queue, afin de faciliter l'assimilation du sucre, ne doit pas racornir, s'il a été bien traité ; le racornissement provient souvent du noyau resté dans le fruit, tout fruit dénoyauté ne raccache jamais ; plus un fruit est aqueux, plus vous devrez corser le sirop ; plus il est pulpeux, plus vous emploierez un sirop léger ; un sirop fort racornit le fruit ; un sirop léger le désagrège ; c'est pour ces raisons qu'il faut se tenir strictement aux dosages indiqués.

ALBERGES, BRUGNONS

Alberges, brugnons.

Très communs dans le midi de la France et sur le littoral de la Méditerrannée, où ils sont gros et charnus, d'une chair très blanche ou très jaune, très appétissante au coup d'œil, l'albérge ne vaut rien comme fruit de table, mais pour la conserve en boîtes ou flacons, et pour confire elle est admirable ; le noyau est adhérent au fruit, impossible à détacher ; même au couteau ; maintenant, grâce aux machines américaines pour peler et dénoyauter, fendre le fruit, permettant à une seule personne de travailler 100 et quelques kilos de fruits par jour. Au fur et à mesure de l'épluchage, soit à la main, chose presque impossible, soit à la machine, jetez vos quartiers dans une eau légèrement acidulée de neutraline, 2 centilitres par litre d'eau ; si vous fruits sont vraiment trop fermes, amortissez les quartiers dans l'eau où ils trempaient, rafraîchissez et emboîtez dans des boîtes ordinaires, les alberges blanches dans du sirop blanc, fortement glucosé et titrant 20 0/0 à chaud. Soudez les boîtes et donnez douze minutes d'ébullition pour les 4/4 ; huit minutes pour les demi et trois minutes pour les flacons.

Les alberges jaunes, après amortissement, teintez légèrement votre sirop avec quelques gouttes de jaune-orangé, soudez et ébullitionnez comme ci-dessus et mettant toujours dans les boîtes la dose de sel neutraliné (sodium) nécessaire, 2 grammes par boîte de 1 kilo et 1/2 gramme pour demi et flacons.

Les alberges jusqu'à la fin de la récolte sont aptes au travail ; vous supprimerez seulement l'amortissage et la recolloration.

Pour les flacons, vous pouvez couper vos alberges en quartiers et par le moyen d'une baguette, bien les ranger dans le flacon, sirottez et laissez six minutes à l'ébullition à la fin de la récolte, deux minutes suffiront.

N'oubliez pas, sitôt vos alberges pelées, de les faire dégorger dans une solution d'eau et de neutraline (2 grammes), pour enlever les taches faites par l'acier.

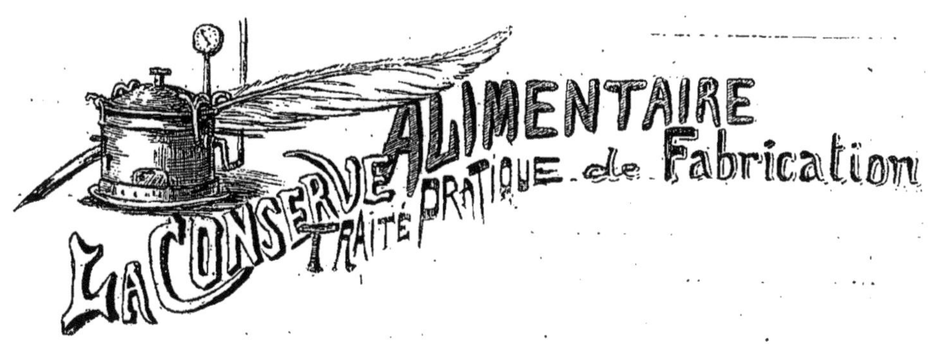

COINGS.

Coings en quartiers.

Choisissez toujours pour les compotes le coing-pomme; il est plus parfumé, d'une chair plus colorée que le coing-poire ; amortissez le fruit, coupez-les en quartiers comme pour confire en suivant les mêmes recommandations, laissez-le dégorger dans de l'eau acidulée de neutraline (2 grammes) ; rangez en boîtes, couvrez de sirop à 24 0/0, soudez et donnez quinze minutes d'ébullition à l'air libre, par boîte de 1 kilo ; douze minutes pour les 1/2 et huit minutes pour les flacons.

Coings à la gelée.

Après avoir amorti vos quartiers de coings dans l'eau acidulée, afin de les attendrir, laissez dégorger, puis cuisez les pelures ainsi que les semences, à bon feu ; sitôt que vos débris s'écrasent sous le doigt, égouttez-les dans un tamis et servez-vous du jus avec partie égale de sucre pour faire votre sirop, écumez soigneusement, cuisez à 28 0/0. Mettez vos quartiers en boîtes ou en flacons, versez par dessus le sirop indiqué, soudez ou bouchez et :

16 minutes d'ébullition pour les 4/4 ;
10   —   pour les 1/2 ;
4   —   pour les flacons.

Coings au jus sucré.

Si ces quartiers sont destinés plus tard à faire des confiture, des pâtes de coings, sucrez légèrement le sirop 15 0/0 et laissez trente minutes à l'ébullition.

Fraises en compote.

Choisissez les plus belles et les plus fraîches soit comme fraise-ananas ou docteur Morère ; enlevez les queues, immédiatement mettez-les en terrines vernies, versez par dessus quelques litres de sirop à 25 0/0 froid, couvrez et laissez infuser six heures, temps suffisant pour qu'elles infusent, puis une à une, avec une fourchette d'argent, mettez en flacons, ou en boîtes vernies. Colorez du sirop frais avec la couleur *Fraise écrasée*, remplissez vos flacons, et donnez après fermeture un seul bouillon ; arrêtez le feu, videz l'eau, laissez refroidir avant d'enlever la presse, et abouchez vos flacons pendant un mois avant de les retourner.

Le sirop d'infusion, après l'avoir passé à la chausse ou au filtre, mettez-le en bouteilles, ébullitionnez et conservez ce jus pour vos gelées de fraises.

N. B. — Pour emploi des résidus de fraises (voyez *Fraisette*).

Framboises.

Même travail que ci-dessus ; ne faites infuser que dans du sirop froid pendant douze heures, sirottez avec du sirop frais coloré à la framboise ; donnez aux flacons un tour d'ébullition et deux minutes pour les boîtes ; laissez refroidir avant de sortir' de l'eau, et abouchez les flacons pendant un mois avant de les retourner ; tous les fruits rouges doivent être mis à l'obscurité pendant ce travail.

Pour le jus d'infusion, filtrez et conservez en bouteilles, après ébullition, pour vos gelées de framboises.

N. B. — Au bout de douze heures d'infusion, égouttez les flacons, remplissez-les de nouveau avec des framboises fraîches, en les tassant d'un petit coup sec, sirottez, puis bouchez ; deux minutes d'ébullition à partir de 90 degrés, videz l'eau immédiatement, et retirez en les couchant.

Groseilles rouges.

Prenez toujours vos fruits avant complète maturité, égrappez-les en les passant au travers des dents d'une fourchette en argent, mettez-les en flacons à cru, tassez et laissez infuser jusqu'à ce qu'ils soient bien imbibés de sirop coloré avec la couleur groseille. Bouchez et donnez deux minutes à l'ébullition, laissez refroidir avant de les retirer et conservez à l'obscurité afin que la couleur s'infiltre dans le fruit.

N. B. — L'ébullition ne compte que lorsque le thermomètre marque 90 0/0.

Groseilles blanches.

Même travail que que ci-dessus, mais sans colorer le sirop que vous pouvez mettre à 26 0/0 chaud.

Mûres, sorbes, tamarins, gratte-culs.

Ces fruits ne se conservent guère que pour leurs vertus médicinales, les mûres sont excellentes pour les maux de gorge.

Les *tamarins* ou fruits de l'églantier sauvage, en confitures, pour les inflammations intestinales, sont beaucoup recommandées en Italie.

Les *sorbes* (kissil en Russie), conservées comme jus, sont d'un grand usage dans les entremets de cuisine. Pour leurs préparations (voyez le chapitre *Jus de fruits pour glaces ou entremets*).

FRUITS EN COMPOTE A LA GELÉE

Tous les fruits ci-dessus, lorsqu'ils sont en flacons; vous pouvez remplacer le sirop simple par une gelée serrée, en refroidissant, les jus se prenant en gelée, donnent un cachet de plus à toutes vos compotes.

Poires blanches.

Pour compotes toutes les variétés de poires sont excellentes, prises toujours avant complète maturité. Ne prenez garde qu'aux qualités dites à cuire. Celles-là, après un blanchiment énergique, laissez se terminer dans un sirop léger; toutes les poires doivent se peler, les piquer en les poinçonnant et les mettre à l'eau saturée avec 1 centilitre de neutraline par litre d'eau, faites-les blanchir dans la même eau à petit feu; rafraîchissez et mettez en boîtes ou en flacons après les avoir recouvertes avec du sirop à 26 0/0. Dans chaque flacon ou boîte vous mettrez un morceau de bâton de vanille. Choisissez comme poires blanches, les plus blanches et sans taches, puis donnez cinq minutes d'ébullition pour les flacons ; laissez toujours refroidir avant de les sortir de l'eau, et dix minutes pour les 1/2 boîtes, quinze minutes pour les 4/4.

Les poires fondantes, les beurrées, les duchesses, toutes les poires à couteau, se coupent en quartiers, après un léger blanchiment dans le sirop léger qui a servi à blanchir les premières, emboîtez, et recouvrez de sirop à 26 0/0, soudez, et huit minutes d'ébullition.

Poires roses.

Toutes les poires qui ont une tache ou dont la blancheur laisse à désirer, colorez-les avec un sirop coloré rouge framboise, laissez-les infuser dans ce sirop et en terrine douze heures, puis emboîtez ou flaconnez. Faites recuire votre sirop à 26 0/0, filtrez et remplissez boîtes et flacons, après avoir vanillé le tout ; un bâton de vanille suffit pour dix à douze flacons ou boîtes ; par économie employez de la vanilline artificielle.

Ébullitionnez 8 minutes pour les flacons.
10 minutes pour les 1/2 boîtes.
15 — pour les 4/4.

Les plus belles qualités pour poires à flacons sont : la cramoisine, l'anglaise et la Châlon-sans-grappes.

Pêches entières ou en quartiers.

La pêche de Montreuil, la madeleine, la grosse mignonne, la blanche de Tours, généralement toutes les pêches dont le noyau se détache facilement, à chair blanche ou rose, sont excellentes pour conserver en boîtes; ne les employer que lorsque la couleur verte des chairs a disparu; qu'elles soient toujours fermes; fendez les fruits, enlevez le noyau, échaudez vos quartiers un à un, enlevez la peau avec les doigts; si la qualité est à peau adhérente, pelez au couteau. Autant que possible ne mettez pas la pêche dans l'eau, mais après épluchage trempez chaque quartier dans une solution d'eau, alun et neutraline. Afin d'enlever les traces noires laissées par l'acier, flaconnez ou emboîtez couvrez de sirop à 26 0/0, soudez ou bouchez et donnez l'ébullition suivante :

2 minutes aux flacons.

8   —   1/2 aux boîtes et rafraîchissez.

Pêches rosées, pêches sanguines.

Qualités extra, conserves de premier choix. Opérez de la manière suivante : après avoir pelé vos pêches à la machine, si elles sont assez fermes, au couteau au cas contraire, enlevez le noyau, mettez en boîtes ou en flacons, teintez légèrement votre sirop au rose nouveau ou fraise, couleur tendre, n'employez jamais de carmin; couvrez de sirop, flaconnez ou emboîtez et passez à l'ébullition sans blanchiment. Le sirop doit être à 25 0/0 légèrement glucosé ; donnez trois minutes d'ébullition aux flacons, huit minutes aux boîtes. Je dis jamais de carmin et voici pourquoi : votre sirop coloré avec ce produit, reste coloré et pas votre fruit. Par les colorants que j'indique l'effet contraire a lieu, au bout de quelques semaines, le fruit a pris la couleur et le sirop est presque décoloré. Pour la pêche sanguine, colorez le sirop avec de la vinicoline ou couleur de vin.

Pour tous les fruits d'office, c'est-à-dire à employer en cuisine ou en pâtisserie, il convient lorsque le fruit est ferme de verser dans la terrine le sirop coloré bouillant; de laisser complètement refroidir avant de mettre en boîte, de cette manière, le déchet du fruit est fait, la quantité que vous emboîterez sera un tiers plus grande, recuisez votre sirop à 25 0/0, et couvrez le fruit, donnez six minutes à l'ébullition. Si vous trouvez quelques quartiers qui ont racorni, ne les mettez pas, la maturité n'était pas assez complète, le sirop ne pénétrant pas dans le fruit, il s'est desséché à la chaleur, mettez-les de côté pour les confitures.

Les épluchures.

De tous les fruits énumérés ci-dessus et que vous avez épluchés, il faut tirer parti des déchets par deux procédés différents — et sans les mélanger :

1° Avec vos épluchures d'abricots, pêches, y compris les noyaux cassés, dont vous avez mis les amandes de côté, vous les mettez dans l'alambic ou dans un tonneau, pour éviter la fermentation; mettez égale quantité d'eau légèrement salée, si vous pouvez distiller le plus tôt possible, afin de retirer des pelures de fruits des eaux parfumées, qui vous serviront pour vos sirops; des résidus de l'alambic, mettez-les toujours après distillation dans le tonneau à fermentation.

2° Si vous avez des flegmes disponibles ou de la petite eau-de-vie de 25 à 30 0/0 laissez le tout macérer ensemble pendant quelques mois; l'alcool empêchera la fermentation, mais se saturera des aromes du fruit; distillez le tout ensemble en rectifiant au premier jet et sans repasse à 54 0/0; cette eau-de-vie de fruits aromatisée, sera pour vos fruits à l'eau-de-vie ou pour la fabrication des marasquins. Elle peut encore servir pour infuser les cassis. Quant aux résidus de l'alambic, sa place se trouve dans le tonneau à fermentation. Les *amandes* des noyaux de pêches et d'abricots se vendent à part, le prix varie entre 150 à 200 francs les 100 kilos.

Marrons au sirop.

Identiquement, le même travail indiqué pour les marrons confits, une fois terminé, mettez-les en flacons ou en boîtes, décuisez le sirop à 30 0/0 chaud légèrement glucosé, passez à la chausse, ajoutez au sirop de la vanille ou vanilline, remplissez boîtes ou flacons et donnez :

2 minutes d'ébullition pour les flacons.

5   —   —   pour les 1/2 boîtes.

8   —   —   pour les 4/4.

Il faut remarquer que le sirop pour marrons et même le fruit ne doit pas être confit à fond; les compotes demandent à être moins sucrées que les fruits confits.

Prunes reines-Claude.

Opérez le blanchiment comme pour confire, qu'elles soient d'un vert tendre, et bien rafraîchies; laissez-les égoutter sur des clayons; emboîtez soit en flacons ou en boîtes; versez du sirop à 28 0/0 soudez ou bouchez et donnez :

5 minutes d'ébullition pour les flacons.

10   —   —   pour les boîtes de litres.

8   —   —   pour les 1/2 litres.

Prunes mirabelles.

Enlevez les queues que vous ferez sécher pour les mélanger aux queues de cerises, puis piquez et blanchissez dans l'eau saturée de neutraline, un centilitre par litre d'eau; le fruit ne demande qu'à être amorti à petit feu, ne laissez pas trop chauffer, puis rafraîchissez et finissez comme pour les reines-Claude. Pour flaconner ou pour emboîter ne choisissez que les fruits les plus beaux et les plus sains; vous pouvez pour le flacon et la boîte laisser queue et noyau.

Si vous ne conservez que pour garniture d'entremets, pâtisserie ou cuisine, comme sirop, ne mettez que du glucose à 30 0/0 froid. Si elles sont pour des compotes, sirop pur sucre légèrement vanillé.

2 minutes d'ébullition pour les flacons.

6 — — pour les 1/2 boîtes.

8 à 10 — — pour les 4/4.

Et laissez toujours refroidir à pouvoir y mettre la main avant de retirer les boîtes de l'ébullition.

Nèfles du Japon.

Après avoir fait la première façon à vos nèfles, comme il est indiqué à l'article *Nèfles confites*, égouttez-les sur des tamis, rangez en boîtes ou flacons, le fruit doit être ferme. Filtrez à la chausse le sirop, ramenez-le à 26 0/0 bouillant, couvrez vos fruits, soudez et ébullitionnez.

2 minutes pour les flacons.

5 — pour les 1/2.

8 — pour les 4/4.

N'oubliez pas que pour raffermir le fruit, il ne faut pas abuser de l'alun, employez plus tôt le sel de neutraline, le résultat sera meilleur, et vos fruits n'auront pas sujet de se rider.

Chinois verts.

Par sa nature et ses propriétés, le chinois mériterait d'être plus apprécié; en ce temps on a fait un grand usage d'amers, bitters, comme boisson hygiénique le chinois possède toutes ces propriétés et peut être recommandé aux convalescents et même aux bien portants, comme un excellent apéritif.

Après avoir donné à vos chinois les manipulations comme pour les confire, que les quatre façons sont faites et votre sirop à 26 0/0, égouttez-les, lavez-les légèrement à l'eau tiède, voyez si le sirop a bien pénétré à l'intérieur. Mettez en boîtes ou en flacons, filtrez le sirop, qu'il soit bien limpide et incolore, qu'il pèse 28 0/0 à chaud. Versez sur vos fruits bien colorés. Bouchez ou soudez et donnez :

4 minutes d'ébullition aux flacons.

5 — — aux 1/2 boîtes.

8 — — aux 4/4.

Chinois blonds.

Même procédé que ci-dessus; choisissez des fruits bien réguliers, lavez et emboîtez. Comme sirop, employez un sirop légèrement teinté jaune paille, teinte d'or, claire et limpide à 28 0/0 chaud. Ebullitionnez comme ci-dessus.

Chinois dorés.

Même procédé que pour les chinois verts. Colorez le sirop jaune orange, à 28 0/0 chaud; qu'il soit limpide surtout. Même temps pour l'ébullition.

Amandes vertes.

Après avoir traité vos amandes comme pour les confire, après la première mise au sucre et la deuxième façon, mettez en boîtes ou flacons. Sirop à 28 0/0. Bouchez ou soudez.

2 minutes d'ébullition pour les flacons.

4 — — pour les 1/2 boîtes.

8 — — pour les litres.

Au cas ou vos amandes ne seraient pas d'un beau vert foncé, teintez légèrement le sirop en vert émeraude.

Noix blanches.

Même opération que ci-dessus, sirop à 26 0/0 légèrement saturé de neutraline, un centilitre par litre de sirop. Terminez comme ci-dessus.

Mandarines.

Même travail. Pouvez mettre en boîtes ou flacons sitôt après la troisième façon, assurez-vous que le fruit est bien rempli par le sirop.

10 minutes d'ébullition pour les flacons.

20 — — pour les boîtes.

Ce fruit ne se met presque jamais en compote; plutôt à l'eau-de-vie.

Figues d'or et autres.

Identiquement comme pour les chinois dorés.

Melons en quartiers.

S'emboîtent ou se flaconnent arrivés à la quatrième façon et le sirop à 30 0/0. Même ébullition qu'aux chinois.

Ananas entiers.

Si vous opérez sur des ananas frais, que vous vouliez les conserver au naturel, pelez-les carrément. Dans les colonies, ce travail se fait avec une machine à bras, et tous les débris servent à faire le pulque ou de l'eau-de-vie. Laissez votre ananas entier;

mettez en boîte ; si votre boîte n'est pas pleine, coupez une rondelle à un autre pour bien remplir la boîte, couvrez d'eau, soudez, et deux heures d'ébullition par kilo.

Ananas en compote.

Garnissez vos flacons de belles rondelles d'ananas en les appuyant contre le flacon, garnissez l'intérieur par les rondelles des extrémités, sirottez à 28 0/0 pur sucre et donnez :

> 6 minutes d'ébullution aux flacons.
> 10 — — aux 1/2 —
> 18 — — aux litres.

Si vos ananas sont pour garnitures, beignets ou macédoines de fruits, ne mettez le sirop qu'à 18 0/0.

Rondelles d'ananas glacées.

Sortez vos ananas des boîtes, coupez-les en rondelles de un centimètre d'épaisseur, donnez-leur cinq façons au sirop, et laissez-les prendre le sucre ; pour les glacer, lavez et étuvez légèrement. L'ananas ne se confit qu'au dernier moment, se conservant très bien en boîtes ou en saumure.

Compotes de dattes fraîches.

Choisissez de belles dattes bien fraîches, avant maturité, coupez les deux extrémités, amortissez le fruit, rafraîchissez et pelez ; puis rangez en boîtes ou flacons, après les avoir dénoyautées ; mettez le sirop à 28 0/0 légèrement vanillé.

> 1 minute d'ébullition pour les flacons à dater de 90 degrés.
> 5 — — pour les boîtes 1/2 et rafraîchissez.

Compote de figues de Barbarie.

Faites-les peler par un Arbico qui sache encore le faire, car les piqûres des aiguilles du fruit sont cruelles ; mettez en boîtes ou flacons sitôt pelées. Sirop à 30 0/0 acidulé d'acide citrique.

> 5 minutes d'ébullition pour les boîtes de 500 grammes : rafraîchissez.
> 1 — — pour les flacons à dater de 90 degrés.

Compote de bananes.

Autant que possible, servez-vous, pour peler les bananes vertes, d'un couteau à lame argentée ; si vous le faites au couteau d'acier, trempez immédiatement vos fruits épluchés dans une solution concentrée d'eau et de neutraline, et posez-les sur un tamis ou linge blanc, sans les blanchir ; mettez en boîtes ou flacons et ajoutez dans chaque boîte ou flacon quelques zestes de mandarines. Couvrez de sirop à 30 0/0 glucosé.

Même ébullition que pour les figues de Barbarie. :

Ces deux compotes *figues de Barbarie* et *bananes* se font aussi de la manière suivante :

Faites une gelée de jus de pommes ou à la colle du Japon, bien aromatisée avec zeste de citron et acide citrique, que votre gelée soit serrée, remplissez boîtes ou flacons et terminez comme il est indiqué.

Pommes.

Pour l'industriel, la pomme est le grand cheval de bataille.

Dans le laboratoire, rien ou presque rien ne peut se faire sans la pomme, qui, par ses propriétés, se prête à tous les genres et sert dans toutes les combinaisons.

Compote de pommes.

Choisissez la pomme dite de courtpendue ou de capendu. C'est un fruit à peau bien rouge et la chair très blanche et ferme. Pelez-les au moyen du tourne-pomme articulé américain, qui pèle d'un coup et coupe à volonté votre fruit en deux ou quatre quartiers, en lui enlevant le cœur.

Emboîtez à cru. Sirop à 25 0/0; parfumez avec zestes d'oranges, mandarines, cédrats ou citrons, à votre choix. Dans une usine, les zestes ne doivent pas manquer; au besoin, prenez les zestes qui sont à infuser dans l'alcool.

Soudez, et quinze minutes à l'ébullition pour les 4/4.

Faites refroidir avant de sortir de l'eau.

Pommes au naturel.

Même travail que ci-dessus; mettez en panier d'osier vos pommes coupées; plongez-les une demi-minute, en les remuant, dans une bassine contenant par 5 litres d'eau 1 centilitre de neutraline. Vos quartiers de pommes ébouillantés, rafraîchissez de la même manière, en trempant le panier dans de l'eau froide; emboîtez, en tassant vos fruits; mouillez avec la cuisson bouillante dans laquelle vous venez de les échauder; soudez, et six minutes d'ébullition, rafraîchissez.

Cette manière de procéder, le bas prix de la main-d'œuvre et la vivacité de l'opération, permet d'expédier en Angleterre, dans le Nord, ainsi que dans les colonies, une conserve naturelle, qui rend d'immenses services par ses multiples applications, soit en pâtisserie et en cuisine, et fait partie des provisions de ménages les plus ordinaires, d'un immense secours dans les hôpitaux militaires et dans les colonies. Son prix de revient peut être établi comme suit — en grande quantité, s'entend :

Métal fabriqué, en boîte de litre.	0,11	centimes.
Fermeture et manipulations.....	0,05	»
Fruits......................	0,06	»
Intérêt sur fabrication..........	0,05	»
	0,27	centimes.

Ajoutez à ces 27 centimes, prix de revient du litre, l'étiquette, l'emballage, le camionnage, et calculez le prix de vente, vous verrez par ce fait que cette fabrication, en lui ouvrant de grands débouchés, a sa raison d'être.

D'ailleurs, la conserve, à mon point de vue, doit pour des articles de première nécessité, se contenter d'un bénéfice minime.

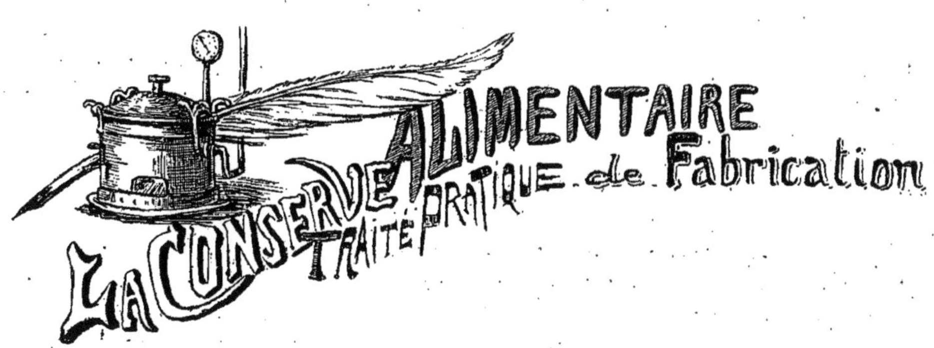

FRUITS SÉCHÉS

POIRES ET POMMES SÉCHÉES

Les meilleures espèces de poires pour sécher en premier choix sont appelées : doyenné gris et doyenné d'hiver, la cressanne, le beurré gris et le beurré blanc, le messire-Jean, l'anglaise, la Châlon-sans-grappe et la cuisse-dame.

En pommes, toutes les reinettes, et elles sont nombreuses, la calville, la française, la cuisinière, la capendu, etc., etc., etc. Toutes sont bonnes, excepté les pommes à cidre.

Pour les poires, amortissez le fruit, sans le rafraîchir, en les rangeant sur des clayons à l'air au sortir de la bassine, puis pelez-les à la pointe du couteau ; l'amortissement ayant ramolli le fruit, la peau se détache avec facilité ; si vos poires jutaient en les épluchant, prenez devant vous une assiette profonde afin de recueillir ce jus ; puis posez vos poires sur des planches à rebords, la queue en l'air, et sans trop les serrer ; puis mettez à l'étuve ou au four à 40 0/0 de chaleur ; laissez vingt-quatre heures à cette température ; retirez, puis laissez encore vingt-quatre heures à l'air ; pendant ce temps, vous avez recueilli le jus de poires ; s'il n'est pas suffisant, faites un sirop avec de la cassonnade, puis trempez chaque fruit dans ce sirop avant de remettre au four, où il restera encore vingt-quatre heures au même degré.

Retirez une seconde fois, laissez refroidir, puis applatissez vos fruits, en leur donnant une forme ronde ; grattez et enlevez le jus qui est resté sur les planches.

Trempez encore une fois vos fruits dans leur sirop, que vous pouvez faire avec vos jus allongés du nettoyage des planches ; remettez à l'étuve, à chaleur douce pour commencer, 15 0/0 ; chauffez doucement, afin qu'en vingt-quatre heures la chaleur revienne à 40 0/0. A ce moment, vos poires doivent être séchées à point, d'une couleur claire et transparente. Les quelques fruits qui n'auraient pas réussi vont au second choix.

Poires tapées.

Ce sont les mêmes fruits que ci-dessus, traités de la même manière, mais non pelés ; sitôt amortis, ils sont rangés en planches et mis au four à 40 0/0 pendant vingt-quatre heures. Remarquez que le four ne conserve pas pendant vingt-quatre heures cette température ; seulement, au commencement, le travail à l'étuvage doit se régler sur le four.

Pommes.

Les pommes, pelées à la machine, coupées en lames aussi à la machine, sont échaudées dans une eau bouillante contenant 1 centilitre par litre de neutraline, puis rangées sans rafraîchissement sur des clayons en filets, identiquement comme un filet épervier. Etuvez et laissez sécher jusqu'à complète siccité ; puis, refroidies, mettez en caisses de 25 kilos, en commençant d'abord par le fond habillé. C'est le fond qui, la caisse terminée, doit se trouver être le dessus. Poires et pommes séchées ou tapées ne valent pas certes la boîte de fruits nature, et demandent un travail long, coûteux et donnant peu de profits ; ce sont des provisions de ménage plus ou moins bien faites, plus ou moins bonnes, suivant la capacité du fabricant ou de la fermière.

Pommes tapées.

La pomme tapée, qui est une pomme coupée en deux moitiés, sans être pelée, et qui, comme la poire, est séchée à l'étuvée ou au four.

Pêches.

Les pêches, séchées, se traitent sans être pelées. A la seconde étuvée, on enlève le noyau. Comme ces pêches sont pour la plupart des pêches de vigne ou de plein vent, tout en peau et noyau et un goût amer assez prononcé, les qualités sont peu demandées.

Abricot.

L'abricot se traite comme les pêches. Une fois le noyau enlevé, aplatissez le fruit pour le finir de sécher.

Cerise noire.

La cerise noire, ou toute autre variété, se traite comme l'abricot, doit être desséchée très doucement, et le travail doit se faire avec toutes ses alternatives comme pour la poire, sauf le sirottage. Conservez toujours les fruits en caissettes, dans un endroit sec et frais, à l'abri de l'humidité.

Prunes et pruneaux séchés par étuves.

Comme ce produit est une des principales branches de travail du fruit, la quantité séchée chaque année augmente plutôt qu'elle ne diminue, malgré la concurrence qui lui est faite par les produits analogues de la Bosnie et de la Serbie. Les espèces de prunes qui réussissent le mieux sont : le pruneau de Sainte-Catherine, qui conserve sa fleur ou blanc, il est pour cela très estimé.

La prune reine-Claude, qualité excellente mais ne prenant pas le blanc à l'étuvage. Pour les pruneaux de Sainte-Catherine, choisissez les plus beaux pour les mettre au blanc, les autres se dessécheront facilement. Il faut que le fruit soit bien mûr, d'une belle couleur ambrée et une secousse à l'arbre les fruits tomberont d'eux-mêmes; ramassez immédiatement les fruits, posez-les sur des clayons à cet usage, ne les entassez jamais, mais disposez-les en rangs pressés et la queue en l'air.

Exposez les clayons pendant plusieurs jours au soleil jusqu'à ce que votre fruit soit très mou. Puis commencez l'étuvage, dans le four-étuve ne chauffez pas au-dessus de 40 degrés centigrades et laissez tomber la chaleur graduellement. dans les vingt-quatre heures, afin d'éviter que le fruit ne crève; fermez l'étuve hermétiquement afin que l'air extérieur ne pénètre pas.

Changez au bout de vingt-quatre heures vos clayons de place que ceux du haut viennent en bas. Recommencez le feu et doucement arrivez à 44 0/0.

Après vingt-quatre heures d'étuvage, retirez tous vos clayons, laissez-les refroidir à l'air, changez-les de côté afin que la dessiccation soit régulière; évitez qu'elles ne se collent, ce serait une indication qu'elles ont reçu un coup de feu; c'est une opération qu'il faut beaucoup surveiller.

Après cette manipulation, remettez à l'étuve, chauffez une troisième fois à 50 degrés centigrades, et vingt-quatre heures après retirez vos clayons, vos fruits sont arrivés à la moitié de leur degré de cuisson. Après refroidissement et à ce moment seulement donnez au fruit une forme aplatie en retournant le noyau avec vos doigts. Changez de clayons en rangeant de nouveau le fruit, remettez à l'étuve et chauffez alors à 35 0/0, laissez vingt-quatre à trente heures, maintenez toujours la même température, les prunes ont acquis alors la fleur tant désirée.

ÉTUVE PORTATIVE
Pour fruits, légumes, etc.
(Système CORTHAY.)
Construite par ÉGROT, à Paris.

Cette étuve de petite dimension, facile à transporter et à chauffage continu par le poéle à combustion lente, est construite pour les châteaux, fermes et la petite industrie.

Laissez alors à l'étuve jusqu'à complète cuisson sans cela la fleur disparaît.

Il faut, pour que la qualité de vos prunes ou de vos pruneaux soit à point, qu'ils ne soient pas trop secs et même un peu mous.

Les variétés dites prunes-monsieur, la perdigette, le beau-damas, la saint-julien, la muscadelle, la fausse mirabelle et autres variétés se préparent comme ci-dessus.

Arrivés au point de dessiccation nécessaire, triez vos fruits, les gros serviront pour les compôtes de tables et pour assortir les quatre-mendiants, les petits comme fruits d'office.

Industriellement après choix vous encaissez dans des caissettes de bois blanc de peuplier de 2, 5, 10 et 20 kilos.

Hàbillez proprement la caissette avec des papiers d'emballage soignés et dentelés, mettez au fond un beau papier dentelle et rangez symétriquement le premier rang, choisi dans les plus beaux et les plus gros; c'est l'habillage, le coup d'œil qui fait la vente et la montre, ajoutez quelques feuilles d'oranges desséchées, puis ce premier rang artistement arrangé, tassez dessus le menu restant quoique toujours dans les mêmes grosseurs, puisque c'est la quantité de fruits au kilo qui en fait le prix.

Le premier choix varie de 70 à 80 au kilo et le dernier de 160 quelquefois.

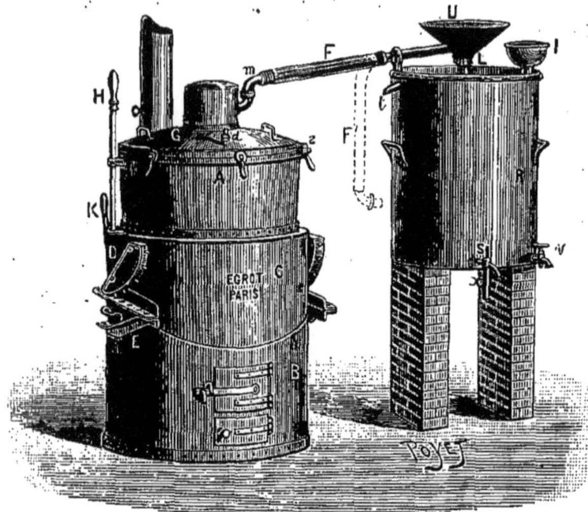

Appareil servant à distiller à feu nu les plantes, graines, marcs et lies.

Pour le matériel nécessaire à cette industrie, voyez les dessins des étuves pour petites et grandes industries.

Fruits à l'eau-de-vie.

(D'après la méthode Guérin, à Paris.)

Par ce procédé il n'est plus nécessaire de confire les fruits, ni de faire une ou plusieurs façons.

L'eau-de-vie étant préparée pour cet usage, après avoir rangé vos fruits sains et mûrs en barils, flacons ou vases, couvrez-les d'eau-de-vie, bouchez et après quelques mois d'infusion, vos fruits sont à point.

La cerise Montmorency ou Bourgogne, par ce procédé, est d'une conservation parfaite comme goût et couleur.

Distillation des fruits.

Après avoir tiré parti de tous les déchets de la fabrication, ainsi qu'il est indiqué ci-dessus, voici le tableau de la richesse alcoolique contenue dans les différents fruits que nous venons de traiter. Bien entendu que ce n'est pas le degré alcool pur, mais le degré habituel des eaux-de-vie soit, 52 à 54 degrés centigrades en prenant pour base 100 kilos de fruits.

Les prunes reine-Claude bien mûres donneront..........	10	litres à 54 0/0
Les pruneaux..	10	»
Les prunes ordinaires, mirabelles, etc.................	8	»
Les prunes à kirsch-wasser............................	10	52 0/0
Pommes douces sucrées...............................	8	50 0/0
Pommes acides ou à cidre	6	»
Les cerises aigres.	6	»
Les framboises de jardin......	10	54 0/0
Les framboises de montagnes	9	»
Les groseilles à maquereaux.........................	10	»
La rhubarbe	8	»
Les poires suivant qualités.......	4 à 8 litres.	
Les baies de sureau.................................	2 litres.	
Les melons, potirons, citrouilles	6 à 10 litres.	
Les lies de vin......................................	5 litres.	
Le marc de raisin après pressurage	7 litres.	
Les figues de Barbarie et dattes......................	12 litres.	
Les figues de jardin fraîches	10 litres.	
Les figues sèches...................................	39 à 45 litres.	

N. B. — Avec les framboises et les myrtilles il vaut beaucoup mieux faire du vin que de l'eau-de-vie. Je tiens à la disposition de ceux qui m'en feront la demande le traité complet de cette fabrication.

Emplois des résidus de pommes et de fruits.

Vin de fruits.

Toutes les pelures de pommes, lorsque vous commencerez cette fabrication, ainsi que les pépins et les cœurs, doivent être mis dans de grandes cuves; recouvrez ces pelures de jus de raisins secs que vous obtiendrez de la manière suivante :

Calculez combien d'hectolitres d'eau vous avez besoin pour recouvrir vos épluchures, pressez 6 kilos de raisins secs par hectolitre : faites chauffer et bouillir la quantité d'eau nécessaire pour infuser ces raisins secs, laissez couvert douze heures, soutirez à clair et versez sur vos épluchures ; recommencez l'opération afin d'épuiser complètement le raisin; versez le tout ensuite dans la cuve, et suivez l'opération d'après le principe suivant : supposons que les épluchures, comme poids, étaient de 100 kilos :

100 kilos épluchures pommes ou poires;

400 litres d'eau en tout ou 4 hectolitres ;

25 kilos raisins secs pour 4 hectolitres.

Faites chauffer d'abord 1 hectolitre de la première infusion et versez sur les épluchures ; puis un hectolitre de la deuxième infusion, et chauffez les deux hectolitres
qui vous restent pour amener alors la cuve à une chaleur moyenne de 22 degrés.
Il faut que le local où se trouve la cuve conserve cette température : 15 degrés le
plus bas, 22 degrés le plus haut ; puis prenez pour cette cuve 2 kilos d'extrait de
fruit Duvivier, remuez énergiquement pour opérer le mélange ; vingt-quatre heures

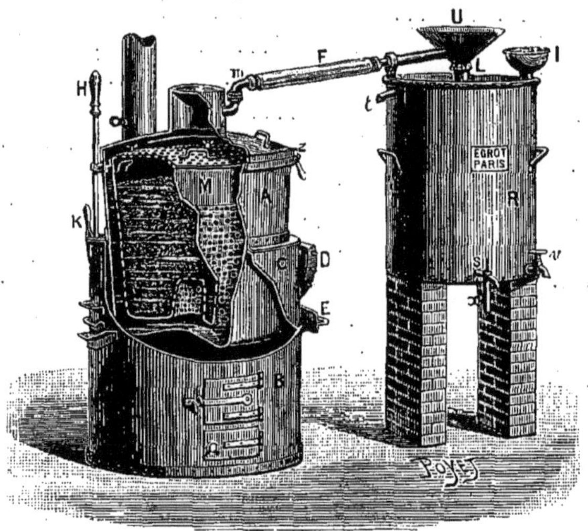

ALAMBIC BRULEUR A BASCULE
(Système Égrot.)
Petit modèle pour fermes et laboratoires.

Appareil en plein travail distillant des marcs.

après vous serez en pleine fermentation ; remuez bien la masse deux fois par jour,
matin et soir, laissez opérer tranquillement la fermentation ; sitôt que vous aperce-
vrez-le chapeau avoir tendance à redescendre, soutirez, mettez dans un tonneau
très propre le liquide obtenu ; ajoutez à ce moment, pour 400 litres de liquide,

600 grammes Vino-Tannin B. 251 ;

Deux doses Sève-Chablis.

Clarifiez avec 60 grammes de brillantine ou de pulvérine ou toute autre clarifiant.

Laissez reposer quinze jours et goûtez.

Les marcs de raisins et de pommes restés dans la cuve, après soutirage complet,
vous pouvez les distiller, en leur ajoutant égale partie d'eau ; rectifiez d'un seul jet
avec l'appareil à agitateur, afin d'éviter le rimage ou brûlé.

Vous pouvez ajouter cet alcool à votre vin ; vous attendrez alors que la distillation
soit terminée pour mettre le clarifiant.

Macédoine de fruits pour compotes.

Généralement, cette fabrication ne se fait qu'à la fin de la saison, lorsque tous les fruits de printemps et d'été sont conservés et que l'on commence ceux d'automne.

A cet effet, lorsque vous flaconnez ou emboîtez vos fruits, au fur et à mesure de leur apparition, ayez toujours soin de faire quelques calibres de 5 ou 10 kilos que vous ouvrirez au moment de fabriquer les macédoines, qui, comme leur nom l'indique, sont un composé de toute espèce de fruits, qui, ne mûrissant que l'un après l'autre, vous obligent à attendre l'arrière-saison pour disposer de *poires blanches* et *roses*, *reines-Claude, abricots, pêches, coings* en quartiers, *cerises, mirabelles;* ajoutez *chinois* et *pommes*, et vous aurez l'assortiment complet. Sirop à 26 0/0, bien limpide.

       2 minutes d'ébullition pour les flacons.

      6   —   —   pour les 1/2 boîtes.

     10   —   —   pour les litres.

Macédoines de fruits pour décors.

A la fin de la saison de fabrication et de livraison des fruits confits, les troisièmes choix, les raccachés sont remis en état, après les avoir décuits. Emboîtez tout cela, joignez à cette macédoine des parures d'angélique, après infusion dans du sirop à 15 0/0.

Egouttez, mettez en calibres avec du sirop à 32 0/0 glucosé. Vous pouvez vous servir de sirop de fruits blancs. Soudez et laissez 1 heure à l'ébullition.

Si c'est pour votre usage personnel, laissez en terrines ou en vases, en recouvrant de sirop et d'une vessie.

Cet article a son placement dans les hôtels, chez les confiseurs, pâtissiers et cuisiniers.

JUS DE FRUITS

Jus de cerises rouges.

Les jus de cerises rouges se font avec toutes les cerises extra-mûres et de toutes les espèces. Enlevez les noyaux à la machine et les queues, mettez-les à sécher. Pour parfumer ce jus, qui de sa nature est insipide, ajoutez griottes ou merises aigres, pesez vos pulpes, mettez à fondre sur le feu avec 1/2 litre d'eau pour 1 kilo de fruits, autant que possible dans une bassine émaillée ou en argent; après cuisson complète, égouttez longuement sur des tamis placés sur des terrines ; que votre jus ne soit touché avec aucun ustensile de métal. Mettez ensuite votre jus dans des bouteilles à champagne ; bouchez, ficelez et laissez 2 minutes en pleine ébullition. Si vous vous servez de la presse, inutile de les ficeler ; laissez-les refroidir dans l'eau ; deux jours après, lorsque le bouchon de liège sera bien sec, goudronnez et mettez en cave.

Conservez le fruit resté sur les tamis dans du sirop rouge à 32 0/0, il servira plus tard pour les confitures de ménage.

Jus de cerises noires.

Même opération que ci-dessus. Vos cerises cuites, bien égouttées, mettez en terrines et versez dessus du sirop rouge à 32 0/0 pour vos confitures.

Jus de coings.

Prenez toujours vos épluchures de coings que vous avez confits ou préparés pour compotes, ne mettez pas le mucilage du cœur, qui rendrait vos jus gluants et vous donnerait une gelée tirante et non cassante. Mettez autant d'eau que d'épluchures ; laissez cuire à petit feu ; sitôt cuit, égouttez sur des tamis et mettez le jus en bouteilles. C'est le deuxième choix. Le premier choix, vous le ferez avec des fruits que vous aurez pelés, vous n'emploierez que la pulpe coupée en petits quartiers ; mettez sur le feu vif avec autant d'eau que de coings ; sitôt que vos coings commencent à se fondre, égouttez sur des tamis. Ce jus sera pour les gelées blanches.

Quant à la pulpe, conservez-la entière, en la brisant le moins possible, pour vos confitures de coings. Vous pouvez aussi la mettre en boîtes, en la couvrant de sirop bouillant à 33 0/0, dans lequel vous ferez donner un bouillon à vos coings.

Après avoir cuit vos pelures de coings, vous pouvez, au lieu de les mettre dans le tonneau à fermentation, les passer au tamis et vous en servir pour vos marmelades de ménage (voyez les articles *Confitures et Marmelades*) et ne mettez au tonneau que le mucilage des cœurs et ce qui restera dans le tamis.

Les résidus de coings donnent un parfum et un goût exquis à l'eau-de-vie.

Jus d'épine-vinette.

Quoique peu connu, le jus d'épine-vinette est excellent pour les gelées ; prenez des fruits très mûrs, faites-les fondre à petit feu, en bassine émaillée, jusqu'à cuisson, égouttez et mettez en bouteilles ; terminez comme pour les jus de cerises.

Jus de groseilles.

Je rappellerai encore que pour tous les fruits rouges destinés à faire des jus pour gelées ou pour glaces, ainsi que pour sirops, il faut employer des ustensiles émaillés, jamais de cuivre ni de métal.

Prenez des groseilles bien mûres et par 10 kilos à la fois, auxquels vous ajouterez 3 litres d'eau ; faites fondre à petit feu en remuant avec la spatule ; lorsque les grains sont bien écrasés, bien cuits, égouttez dans des tamis ou dans des corbeilles d'osier à cet effet.

Mettez ce jus en bouteilles, et ébullitionnez comme pour le jus de cerises ; opérez vivement afin d'éviter la fermentation.

Jus de groseilles blanches.

Même opération que ci-dessus.

Les *marcs* restés dans les égouttoirs né peuvent servir que dans le tonneau à fermentation ou avec les pelures de pommes pour faire du vin rouge.

Jus de framboises.

Même opération que pour les groseilles ; prenez beaucoup de précautions pour ce jus.

Emploi des marcs de framboises et de fraises : mettez à part pour vos confitures de ménage.

Jus de poires.

Opérez comme pour les coings, en prenant les poires les plus aromatiques ; si avec vos épluchures de poires à confire vous avez fait des eaux distillées, employez-les pour faire vos jus et terminez l'opération comme il est indiqué ; conservez vos quartiers pour vos confitures.

Jus de cassis pour gelées et sirops.

Opérez comme pour les groseilles rouges ; conservez les marcs dans l'alcool.

Jus de myrtilles.

Comme pour les cassis conservez les marcs, qui sont riches en couleur et que vous pouvez faire infuser dans du sirop à 20 0/0 ou dans de l'alcool.

Jus de sorbes ou canneberges.

Suivez l'opération comme pour les groseilles.

Jus pour gelées.

Doivent être mis en bouteilles immédiatement après cuisson.

Jus pour sirops.

Se laissent en terrines et dans un lieu frais pour les faire fermenter ; après fermentation et filtrage, mettez en bouteilles pour vous en servir à mesure de vos besoins ; il est inutile de faire des sirops d'avance, le jus fermenté ne se prendrait plus en gelée.

Jus.

Ainsi que les *purées de fruits pour glacés*, qui sont extraites à froid, ajoutez soit aux jus, soit aux purées 1 gramme de *sel neutraliné ;* mettez en bouteilles, ficelez, et en cave ne couchez pas les bouteilles ; ni jus ni purée ne fermenteront plus et vous pourrez toujours avoir des jus et purées à l'état frais ; opérez le plus possible avec des fruits sains.

Les jus traités de cette manière se nomment sucs, et les purées pulpes.

Tous ces sucs servent en cuisine pour faire les gelées froides, à base de gélatine clarifiée ou de colle du Japon. Ce suc ne doit pas se chauffer avant de l'employer ; filtrez-le au papier joseph, dans un entonnoir de verre et sur une carafe.

Les sucs sont les suivants.

SUCS DE FRUITS

Suc de cerises aigres.

Enlevez noyaux et queues, broyez la pulpe et passez-la au pressoir à fruits en bois ; ajoutez 1 gramme de sel de neutraline, mettez en bouteilles, bouchez, ficelez et laissez au frais.

Suc de fraises.

Broyez des fraises et pressez-les au pressoir à fruits après les avoir enfermées dans un sac de forte toile, et terminez comme pour le suc de cerises. Le marc resté dans la toile servira pour vos confitures de fraises.

Suc de framboises.

Même travail que pour les fraises et même emploi pour le marc.

Suc de coings.

Râpez vos coings à la râpe à gros sucre, et terminez l'opération comme ci-dessus.

Suc de groseilles rouges.

Comme pour les framboises et toujours 1 gramme de sel de neutraline par litre ; terminez comme ci-dessus.

Suc de groseilles blanches.

Même travail ; après avoir broyé entièrement les fruits, pressez et terminez comme pour les jus de cerises.

Suc de moût ou raisin frais.

Prenez du moût très frais sortant du pressoir ; ajoutez par litre 1 gramme de sel de neutraline, bouchez ou laissez en bonbonne, pendant toute l'année le marc restera à l'état naturel. (En grande quantité 20 grammes de sel de neutraline par hectolitre.)

Suc de pommes.

Opérez à la râpe comme pour les coings, ou avec la broyeuse à raisins, qui est en bois, pressez et conservez d'après le même principe que ci-dessus en bouteilles ou en bonbonnes.

PULPES OU PURÉE DE FRUITS

POUR GLACES OU ENTREMETS

Pulpe d'abricots muscats.

Prenez de beaux et bons fruits bien parfumés, bien mûrs, broyez et passez-les au tamis de Venise, ajoutez 1 gramme de sel par litre, mettez en bouteilles et au frais ; ne couchez pas les bouteilles.

Pulpe de pêches blanches.

Même procédé que pour les abricots.

Pulpe de pêches sanguines.

Même procédé que pour les abricots.

Pulpe de mirabelles.

Même procédé que pour les abricots.

Pulpe de fraises.

Même procédé que pour les abricots.

Pulpe de framboises.

Même procédé que pour les abricots.

Pulpe d'oranges.

Mettez pulpe et jus passés au tamis et terminez comme pour les abricots.

Pulpe de melons.

Prenez des melons bien mûrs et parfumés et terminez comme pour les abricots.

Pulpe de pastèques.

Même travail.

Pour tous les sucs et pulpes traités à froid, comme le moyen du sel neutraliné peut ne pas plaire à tout le monde, je ne prétends pas imposer un procédé qui, peut-être, ne sera accepté qu'à la suite du temps. Aussi, pour conserver d'après le système Appert, après avoir opéré comme il est indiqué, supprimez le sel de neutraline. Bouchez, ficelez et pour toutes les pulpes et sucs, donnez douze minutes d'ébullition au bain-marie, laissez refroidir dans l'eau et, deux jours après, goudronnez les bouchons ; seulement avant de les employer, vous serez obligé de les recolorer de leur teinte naturelle, la chaleur ayant détruit la couleur et l'arome ; il ne restera que le goût de fruits cuits, concentré, il est vrai, en bouteille, meilleur que celui que vous auriez cuit à l'air libre, mais ne remplaçant pas le fruit cru.

GELÉES DE FRUITS

Gelée de cerises rouges.

Prenez pour cela le jus destiné à cette fabrication et dans les proportions suivantes ; nous disons qu'un litre pèse 1 kilo ; pour ne pas toujours peser, mesurez avec un ustensile de verre ou de terre jaugé :

> 1 litre de jus de cerises ;
> 1 — de jus de pommes ;
> 2 kilos sucre blanc, premier choix ;
> 1 verre à liqueur d'eau de laurier-cerise.

Cuisez votre sucre dans la bassine émaillée au petit cassé avec 2 verres d'eau, retirez du feu, versez vos jus, remettez sur le feu, écumez, voyez si la couleur est assez foncée ; au cas contraire, ajoutez une goutte de rose nouveau, cuisez à la perle ou au pèse-sirop à 32 0/0. Pour ne pas toujours peser, laissez tomber sur une feuille de papier écolier une goutte de gelée : si elle reste bien ronde et qu'une fois froide elle se détache du papier très nettement, mettez en pots de faïence ou de verre ; laissez refroidir vingt-quatre heures, puis recouvrez vos gelées d'un rond de papier trempé dans l'alcool et fermez le pot avec une peau de vessie de veau ou de mouton préparée pour cet usage, ou du papier de parchemin (papier végétal) ramolli dans l'eau tiède, bien essuyer les vases et vous ficelez immédiatement.

Les gelées se mettent aussi en boîtes métalliques vernies intérieurement et dix minutes d'ébullition ; rafraîchissez complètement avant d'y toucher.

Gelée de cerises noires.

Même travail que pour les cerises rouges ; colorez à la vinicoline et terminez de même.

Gelée de coings.

Prenez 4 litres de jus, c'est la quantité moyenne pour une cuisson qui, plus abondante, ne ferait pas si bonne fin. Plus la cuisson est rapide, plus votre gelée sera belle et de qualité supérieure ; vous pouvez mettre moitié jus de pommes et moitié jus de coings, faites cuire au petit cassé 4 kilos de sucre, ajoutez les 4 litres de jus, écumez, cuisez à 32 0/0 ou à la goutte, mettez en pots et laissez refroidir avant de les couvrir, emplissez toujours bien vos vases ou pots, car au refroidissement, un retrait se produit assez conséquent.

Gelée d'épine-vinette.

2 litres d'épine-vinette ;
2 — jus de pommes ;
1 verre à liqueur de vinaigre blanc (ou 20 grammes acide acétique) ;
4 kilos de sucre.

Colorez au rose rouge une goutte seulement, que la teinte soit très tendre. Cuisez à 32 0/0, écumez et terminez comme ci-dessus.

Gelée de groseilles rouges (1ᵉʳ *choix*).

Prenez 2 litres jus de groseilles rouges ;
— 1/2 — — — blanches ;
— 1/2 — framboises ;
— 4 kilos sucre blanc.

Cuisez votre sucre au petit cassé, ajoutez les jus, colorez avec une goutte du colorant groseille d'une belle teinte, écumez soigneusement, épongez la bassine et à 32 0/0, enlevez du feu et mettez dans les pots.

Gelée commune (2ᵉ *choix*).

2 litres jus de groseilles ;
2 — — pommes ;
4 kilos sucre.

Colorez comme ci-dessus et terminez de même.

Gelée de groseilles blanches.

2 litres jus de pommes bien blanc ;
2 — — groseilles ;
4 kilos sucre.

Cuisez le sucre au petit cassé, mêlez les jus et jetez dans la bassine une poignée de belles groseilles blanches crues, après l'écumage et bien épluchées, au besoin avec un tuyau de plume d'oie, enlevez les pépins, laissez cuire le tout ensemble à 32 0/0 et mettez en pots.

Gelée de framboises.

La framboise, malgré son parfum, n'est généralement pas employée seule ; on la mélange soit avec du jus de groseilles blanches, soit avec du jus de pommes ; aussi je laisserai le fabricant opérer les mélanges à son idée, ne donnant que les doses.

1 litre jus et 1 kilo sucre.

Colorez au colorant framboise, lorsque votre sucre est fondu et que vous avez écumé la gelée ; terminez comme pour les gelées de groseilles.

Gelée de fraises, *procédé industriel.*

Les sirops de fraises que vous avez mis en bouteilles lors de la fabrication des fraises confites et en compotes seront traités avec :

1 litre jus de fraises ;
2 litres jus de pommes ;
2 kilos sucre en pain.

Comme votre jus de fraises est déjà sucré, il est inutile de forcer en sucre hors des proportions, opérez comme ceci :

Faites cuire votre sucre au cassé, ajoutez le jus de pommes, écumez et versez le sirop de jus de fraises que vous viderez de vos bouteilles sans le remuer ; inutile d'ajouter que si pendant la fabrication vous avez fait des essences de fruits ou eaux parfumées, leur emploi se trouve dans la fabrication des gelées, des jus, des sucs et pulpes. Après le premier bouillon, écumez et colorez au colorant fraises, que votre teinte soit fraises écrasées, juste à point, ni plus ni moins. Cuisez à 32 0/0, assurez-vous à la première cuisson, en déposant une goutte sur une feuille de papier, si votre gelée est assez consistante et mettez en pots.

Gelée de fraises, *procédé culinaire.*

La gelée de fraises, par ce procédé, ne peut se faire qu'au moment de la récolte, surtout des fraises des bois ou des quatre saisons. Mais comme la cueillette dure du printemps à l'automne, vous pouvez en faire de grandes provisions.

Opérez ainsi : épluchez vos fraises soigneusement, enlevez queues et brindilles, au besoin si elles étaient terreuses, lavez-les à grande eau, égouttez en corbeilles, pesez la quantité que vous avez et faites cuire à 32 0/0 autant de kilos de sucre que vous avez de fraises ; vous pouvez vous servir pour mouiller votre sucre d'eaux parfumées, mettez vos fraises égouttées en terrines et versez par-dessus le sucre que vous venez de cuire, mais froid, couvrez la terrine et laissez infuser dix à douze heures. Si vous désirez des gelées de fraises très parfumées, faites une deuxième infusion, en préparant une deuxième terrine de fraises sur laquelle vous versez le sirop de fraises que vous soutirez de la première terrine au moyen de la cheville, afin de ne pas briser les fraises, puis continuez l'opération en employant :

> 2 litres jus de fraises ;
> 2　—　—　pommes ;
> 2 kilos sucre blanc.

Cuisez au petit cassé, écumez soigneusement, colorez avec la couleur fraise, recuisez à 32 0/0, essayez à la goutte sur un marbre, empotez et ne couvrez qu'après refroidissement. Voyez à l'article *Confiture* l'emploi des fraises.

Gelée de pommes.

Je répéterai que toutes les variétés de reinettes sont excellentes pour jus à gelées, reinette de Caux, reinette grise, reinette de Canada ou reinette française, celle-ci est le nec-plus-ultrà, à peau jaune clair, à chair blanche et juteuse, elle réunit toutes les qualités demandées par le conservateur ; comme la saison des pommes est longue, ne faites que la quantité que vous pouvez employer en opérant régulièrement et en suivant le travail qui est de faire les jus pour les gelées et les employer. Les gelées terminées, employez les pulpes comme marmelade, ou en les mélangeant dans les pulpes d'autres fruits pour vos confitures — puis recommencez car le jus, de pommes frais est toujours meilleur pour le travail que celui conservé en bouteilles ; — la gelée de pommes demande à être aromatisée soit avec un zeste de citron et quelques gouttes d'acide citrique, soit avec des zestes d'oranges.

> 1 kilo jus de pommes ;
> 1　— de sucre.

Cuisez à 32 0/0, écumez, laissez la gelée le plus blanche possible, empotez et laissez refroidir avant de couvrir.

Afin d'avoir une belle gelée, pelez vos pommes à la machine américaine, qui les détaillera en huit quartiers. Pendant l'épluchage, afin qu'elles ne noircissent pas, mettez-les dans un peu d'eau neutralisée, et mettez le tout sur le feu par petite cuisson (voyez l'opération pour les coings), puis, sitôt égoutté, mettez en bouteilles et donnez deux minutes d'ébullition.

Gelée d'oranges.

Lors de la fabrication des écorces d'oranges, vous aurez eu soin, pendant la fabrication des marmelades d'oranges à l'anglaise, de mettre une quantité de jus d'oranges à filtrer ; le procédé est simple, pilez une certaine quantité de feuilles de papier joseph, pour le réduire en pâte que vous mélangerez ensuite dans le jus. Versez dans une chausse et recommencez l'opération jusqu'à ce qu'il passe clair. Si vous employez le jus frais continuez l'opération ainsi :

> 2 litres jus de pommes frais ;
> 2　—　d'oranges frais ou conservé en bouteilles ;
> 10 grammes zeste d'oranges frais taillés en julienne très fine ;
> 4 kilos sucre.

Faites fondre le sucre avec les jus sans le cuire, au petit cassé, puis mettez au feu, laissez-bouillir et écumez soigneusement, puis mettez la julienne de zestes pour la cuire, colorez avec quelques gouttes de colorant orange, cuisez à 32 0/0, assurez-vous de la consistance, puis mettez en vases, et suivez l'opération après refroidissement.

Gelée de citron.

Prenez du beau jus de pommes bien blanc et autant de beau sucre, aromatisez fortement avec zestes de citrons, jus et acide citrique et terminez l'opération comme aux gelées d'oranges. Pour toutes les autres gelées de fruits dont vous avez exprimé le jus ou retiré par la cuisson une quintescence, opérez comme pour les gelées d'oranges par parties égales en jus de pommes et jus de fruits suivants. :

Gelée de poires, partie égale de jus.

Gelée de cassis n° 1, autant de jus que de jus de pommes.

— — n° 2, jus de pommes et sirop coloré par les marcs.

Gelée de myrtilles, partie égale.

Gelée de sorbes ou canneberges, partie égale.

Gelée de tamarins, 2 litres jus et 1 litre pommes.

Gelée au vinaigre framboisé (voyez *Citron*).

Gelée de rhubarbe, verte ou rose.

Cette dernière gelée, peu connue en France, l'est cependant beaucoup en Angleterre, où la cuisine en fait grand cas. Mais jamais en gelées ou en confitures, seulement comme entremets.

Comme gelée et comme confiture, voici le procédé que j'ai employé : après avoir choisi mes qualités de rhubarbe, la rose à part ainsi que la verte, j'ai bien essuyé les tiges, puis coupé en très petits morceaux que j'avais pesés. J'ai versé sur ces morceaux autant de sirop à 28 0/0 fait avec poids égal en sucre. Après douze heures d'infusion, j'ai égoutté le tout dans un égouttoir d'osier bien paillé, afin d'obtenir un jus sans mucilage, et j'ai continué l'opération en mesurant le jus obtenu et y adjoignant la moitié de jus de pommes, réduisez à 32 0/0, essayez à la goutte, colorez avec une goutte vert confiseur ou une goutte de rose nouveau ; la coloration doit être imperceptible, ce n'est pas une couleur qu'il faut, c'est une teinte. Mettez en pots ou en vases de verre et ne couvrez qu'après refroidissement.

Gelées de cuisine.

Ce travail tout culinaire ne devrait pas entrer dans ce livre, mais comme le conservateur doit faire des sucs et pulpes pour les cuisiniers et pour les confiseurs, il est nécessaire qu'il en connaisse l'emploi.

Les entremets de cuisine sont à base de gélatine clarifiée ou de colle du Japon (Ay-Thao-gelose) dont 10 grammes suffisent à prendre en gelée un litre de liquide ; ces gelées, ne se conservant pas, étant destinées à la table, n'ont que la durée d'un repas ; mais mises en flacons, bouchées et ficelées, elles peuvent se conserver indéfiniment et subir toutes les latitudes.

Les jus servent encore pour les sorbets, les glaces, les rafraîchissements. Les pulpes de fruits s'emploient dans les crèmes frappées, dans les bavarois, dans les poudings. Comme tous les conservateurs sont d'anciens cuisiniers, l'emploi en est facile pour eux ; mais pour ceux qui veulent **savoir** et apprendre, quelques mots d'explication ne sont pas inutiles et, comme je m'adresse à **des** personnes qui connaissent déjà les principes d'un métier, je ne dois que leur indiquer la **voie,** car tous les cuisiniers d'hôtels-restaurants, et surtout de maisons bourgeoises, ont fait **ou** font encore de la conserve mal, difficilement, ne réussissant pas à chaque fabrication.

Les pâtissiers, confiseurs, comestibles ou charcutiers, ne demanderaient pas mieux que de la faire, mais les principes, l'intuition du fait manque ; c'est pour cela que je tiens à faire le travail le plus complet possible, afin que chaque corps de métier **puisse** y trouver des indications claires et utiles, car tout sans exception a été décrit et noté au fur et à mesure de la fabrication, en suivant les phases diverses de la transformation ; je ne me suis pas occupé de savoir comment l'un ou l'autre avaient opéré. Depuis le livre publié par Appert et incompréhensible aujourd'hui, rien n'avait été décrit pratiquement et industriellement. La théorie, c'est beau... pour manger de l'argent !

CONFITURES

Confitures.

Je répéterai au commencement de ce chapitre qu'il est souvent matériellement impossible, au moment de la récolte, de finir complètement la fabrication, surtout pour les fruits.

Pressé par la fabrication du fruit confit, par le fruit en compote, par les jus et les pulpes, vous ne pouvez pas faire les confitures. Aussi pour mettre le fabricant à même d'attendre la fin de la grande fabrication, tous les fruits hors choix trop mûrs, inférieurs, se mettent dans de grands calibres de fer-blanc de 5, 7 ou 12 kilos dont le fond ou couvercle du dessus est à capsule, ce qui permet de souder et dessouder vivement la boîte, et sans pour cela détériorer le métal, qui après usage et nettoyage peut resservir pendant très longtemps. Aussi j'indiquerai la fabrication des confitures comme si elle était faite en janvier, février, mars par des fruits frais (mais conservés en calibres).

Confitures d'abricots, 1ᵉʳ *choix*.

Prenez la pulpe naturelle d'abricots, et quantité égale de sucre, cuisez le sucre au petit cassé, en le mouillant avec quelques verres d'eau de noyaux (voyez *Distillation*), puis ajoutez la pulpe en remuant bien le mélange et cuisez à la bassine émaillée par petite quantité (4 kilos de mélange), cuisez à la goutte ; ajoutez quelques noyaux d'amandes d'abricots émondés, que le tout cuise ensemble, puis mettez en pots ou vases, laissez refroidir et couvrez de vessies ramollies ou de papier végétal.

Confitures d'abricots, 2ᵉ *choix*.

Autant de pulpes de pommes auxquelles vous aurez retiré le jus pour faire vos gelées, que de pulpes d'abricots ; aromatisez le sucre en le cuisant au petit cassé avec des marasquins d'abricots (eaux distillées), opérez le mélange, colorez au besoin avec quelques gouttes de colorant orange, ajoutez des noyaux émondés, cuisez et mettez en vases.

Cuisson des confitures.

Tout le monde peut cuire du sucre au petit cassé ; vous vous rendez compte de cette cuisson lorsque vous voyez votre sucre épaissir ; trempez votre doigt mouillé d'eau froide dans le sirop, remettez-le immédiatement à l'eau froide s'il est au petit cassé, une légère enveloppe cassante vous restera autour du doigt, et elle se solidifiera au contact de l'eau, c'est le petit cassé ; le grand cassé est un degré plus haut, c'est aussi le dernier, car un degré en plus c'est le caramel (pour la cuisson du nougat, ou pour parfumer les eaux-de-vie).

La seconde cuisson des confitures après le mélange c'est le filet, qui demande une grande habitude, mais c'est vite appris ; c'est de ce point de cuisson que dépend la bonne conservation des confitures.

Pas assez cuites, elles moisissent ; trop cuites, elles se dessèchent ou cristallisent ; la cuisson dite au filet s'obtient en posant son doigt sur la spatule, puis par un coup de détachement brusque du pouce et de l'indicateur, un filet de matière doit suivre le mouvement ; plus le filet est accentué, plus votre confiture est réduite ; c'est à ce point qu'il faut l'enlever du feu et la mettre en pot.

Pour plus de sûreté, lorsque vous opérez sur de grandes quantités et que vous voulez les conserver, employez 1 gramme par kilo de masse de sel de neutraline, pour toutes les confitures ordinaires ou de ménage qui consistent en mélanges plus ou moins hétérogènes, où malheureusement quelques industriels, pour employer leurs sirops à fruits confits, remplacent le fruit absent par des mélanges de courges et de potirons, quelquefois de pulpes de pommes de terre.

Mais c'est l'exception, et pas la généralité, je m'empresse de le constater. C'est dans cette dernière fabrication que les résidus, eaux, essences et colorants trouvent leur emploi.

Confitures de cerises rouges.

Vos cerises rouges, après avoir enlevé les premiers choix pour confire, pour compote, etc., vous les dénoyautez à la machine ; donnez un tour de bouillon dans la bassine émaillée avec quelques verres d'eau pour recouvrir le fruit, puis mettez dans des calibres vernis intérieurement, soudez la capsule, et 3 heures d'ébullition.

Pour vous en servir, dessoudez la capsule, égouttez la boîte sur un tamis, pesez la quantité de fruits, mettez même poids de sucre que vous ferez cuire avec le jus des fruits. Arrivé au petit cassé, versez vos cerises dans la bassine, colorez avec quelques gouttes de rose nouveau, et 1 verre à liqueur de laurier-cerise — cuisez au filet, puis mettez en vases ou pots — vous pouvez ajouter au lieu et place du jus de cerises du jus de pommes ou de groseilles, cuire le tout à 32 0/0, puis ajoutez le fruit en ayant soin de le remuer en vannant afin de ne pas le briser, colorez et parfumez ; c'est une confiture à la gelée de premier choix. En deuxième choix, vous ajoutez à vos cerises de la pulpe de pommes. Vous faites le sirop avec les sucres de vos fruits confits, rouges, cerises ou poires ; n'enlevez pas le mucilage, cuisez, parfumez et colorez.

BASSINE A VAPEUR A FOND PLAT

(Système Egrot, breveté.)

Appareil à vide à bain-marie avec condenseur mixte et sa pompe.

Pour obtenir le vide dans un appareil quelconque, il suffit de faire passer de la vapeur d'eau à l'intérieur de la cloche pour en chasser l'air, puis laisser se condenser naturellement la vapeur qui l'emplit, ou, pour activer la condensation, refroidir l'extérieur.

Chauffer ensuite et mettre la pompe en mouvement.

Avantages résultant pour la cuisine, les conserves alimentaires et la confiserie de l'emploi des appareils à vide :

1° Les **points d'ébullition sont considérablement abaissés** par suite de la diminution de pression absolue résultant de l'extraction de l'air de la capacité dans laquelle s'effectue la distillation ou l'évaporation.

Le tableau ci-dessous indique **pour l'eau** les températures d'ébullition ou celles de ses vapeurs, correspondant à diverses pressions, depuis la pression atmosphérique moyenne (760 $^m/_m$) jusqu'au vide absolu qu'il est impossible d'atteindre en pratique.

	PRESSION ATMOSPHÉRIQUE											VIDE ABSOLU
Degrés de vide.	0	40	60	65	68	70	71	72	73	74	75	76
Pression absolue en centimètres de mercure	76	36	16	11	8	6	5	4	3	2	1	0
Point d'ébullition d'eau ou température des vapeurs.	100°	80°	62°	54°	47°	42°	38°	34°	29°	23°	12°	—

2° L'action oxydante de l'air sur des produits chauds est supprimée en opérant à l'abri de cet air et à une température relativement basse ;

3° L'écart entre les points d'ébullition des composants d'un mélange à distiller n'étant pas toujours le même dans le vide ou à la tension atmosphérique, la plus grande étendue de ces écarts peut faciliter les séparations ;

4° La distillation s'opérant à plus basse température dans le vide qu'à la pression atmosphérique.

Confitures de cerises noires.

S'opère comme pour la cerise rouge, même travail pour le premier et le deuxième

BASSINE A VAPEUR

(Système ÉGROT, breveté.)

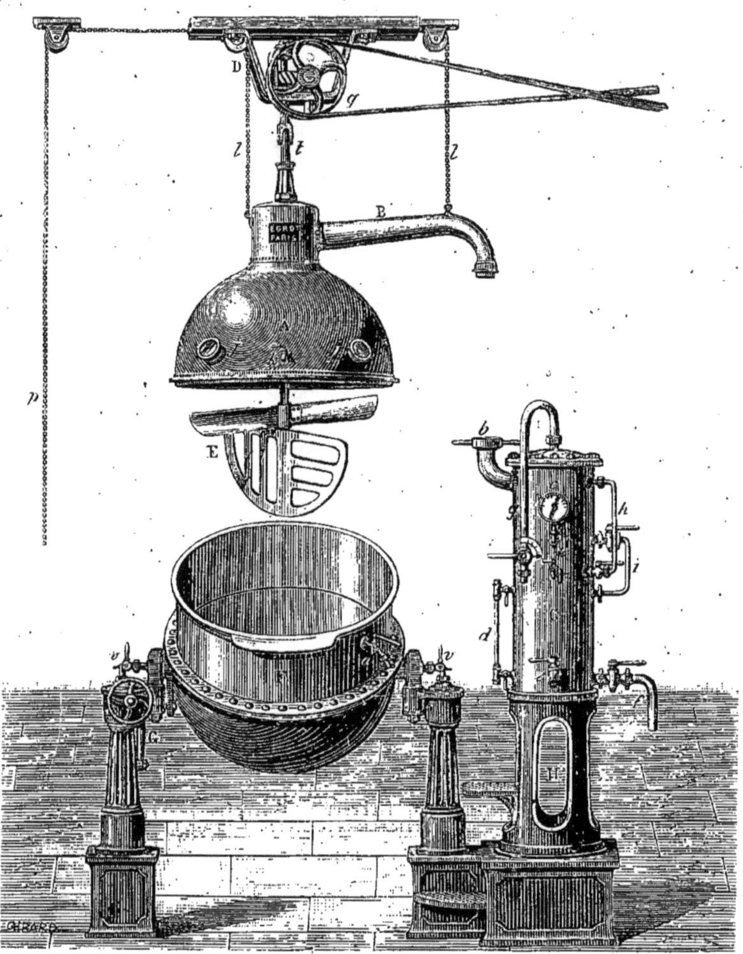

Cet appareil est adapté pour la cuisson des gommes, des sucres pour la confiserie, il est à vapeur surchauffée pour la cuisson du glucose. Pour la fabrication des confitures, gelées, etc. Les mousses peuvent être réintégrées dans l'appareil sans arrêter la marche.

choix, colorez avec de la vinicoline, ou du jus de cassis (marcs) ; pour relever le goût de la cerise noire, mettez quelques gouttes à la fin de la cuisson d'acide citrique.

Confitures de pêches blanches.

Pour faire vos pulpes de premier choix vous les pelez ; non, pour le deuxième choix.

Opérez comme il est indiqué aux pulpes d'abricots ou de cerises rouges, fondez-les sur le feu avec très peu de mouillement au premier bouillon, mettez en calibres blancs non vernis, soudez la capsule et trois heures d'ébullition pour les 5 ou 7 kilos, quatre heures pour les 12 kilos. Pour faire vos confitures de premier choix, de deuxième choix ou de ménage, voyez la *Fabrication des cerises ou des abricots.*

Confitures de pêches sanguines.

Prenez autant de sucre que de pulpe, cuisez votre sucre au cassé, faites le mélange, colorez à la vinicoline ou au rouge foncé, cuisez au filet par petites quantités, et empotez vivement ; un litre ou deux de jus de pommes de deuxième choix obtenu par la cuisson des pelures et mélangé 1 sur 4 avec la pêche, donne une confiture supérieure et d'un goût exquis.

Pour les qualités inférieures, voyez procédés ci-dessus indiqués.

Confitures de fraises.

Le jus de fraises étant nécessaire pour les gelées et pas beaucoup pour la confiture, remplacez-le par des jus de pommes, et employez pour tout cela les fraises qui vous sont restées en terrines de la fabrication des gelées et des jus ; faites avec le jus de pomme et du sucre blanc une gelée colorée couleur fraise, ajoutez les fruits, cuisez par petite quantité ; sitôt au filet, retirez et empotez, et laissez refroidir avant de les couvrir ; pendant la cuisson remuez en tournant, afin de ne pas briser le fruit.

Confitures de framboises.

Sucre et fruit égal en poids, et opérez comme pour les fraises, remplacez le jus de framboise absent par le jus de pommes et groseilles deuxième choix.

Confitures de poires.

Identiquement comme pour les abricots ; si c'est du fruit frais, pelez-le soigneusement, autant de sucre que de fruit, cuisez vos poires à l'eau, avec cette eau faites cuire votre sucre à 32 0/0, remettez vos poires entières et en quartiers. Cuisez et empotez comme il est indiqué.

Confitures de reines Claude.

Identiquement comme pour les abricots, teintez en vert-confiseur.

Et pour les deuxièmes choix, voyez les articles ci-dessus.

Confitures de mirabelles.

La même chose que pour les prunes.

Confitures de pruneaux.

Le premier choix se fait avec des pruneaux pelés, et le deuxième choix avec des fruits nature et dénoyautés. Voyez articles précédents.

Confiture de rhubarbe verte.

Ne se fait qu'avec les premières tiges du printemps ; essuyez-les, coupez-les sans les peler, cuisez du sucre poids égal à 32 0/0 et dans ce sucre laissez infuser votre rhubarbe, continuez ensuite la cuisson par petite quantité, afin que les coins de rhubarbe restent entiers, cuisez jusqu'au filet, et empotez.

La rose.

Se fait identiquement comme ci-dessus, mais en prenant les tiges roses, et non les vertes, ne les pelez pas, car c'est justement l'épiderme qui donne la couleur. Terminez comme ci-dessus.

Confiture de pastèques.

Dans le Midi, on l'appelle aussi melon d'eau, et, malgré la nombreuse famille, il n'y en a que deux espèces, l'une d'été et l'autre d'hiver ; cette dernière, enveloppée par une liane et suspendue à l'air, se conserve d'une année à l'autre. Ces deux espèces sont excellentes pour confitures. Opérez ainsi :

Enlevez l'écorce de vos pastèques rouges ; taillez-les en lames, en enlevant les semences ; mettez en lits dans une terrine en mettant par-dessus 500 gr. de sucre pilé par kilo de pulpe ; laissez macérer pendant douze heures, puis renversez la terrine dans un égouttoir à fruits, afin de recueillir tout le jus ; cuisez à 32 0/0. Mettez alors les pastèques et laissez fondre ; terminez l'opération par une petite cuisson de 2 kilos et, par chaque cuisson, mettez une pincée de zeste en julienne de cédrat ou de mandarine. Cuisez au filet ou à la goutte, mettez en pots et ne recouvrez qu'entièrement froid.

COMPOTES

Compote de Chambéry, *légumes et fruits à l'aigre doux.*

Les fruits se blanchissent et se confisent ; après les manipulations indiquées aux *fruits confits*, donnez quatre façons. Les légumes se blanchissent, se reverdissent et se confisent comme les fruits. Ajoutez quelques quartiers de citronat et d'orangeat égouttés, du cédrat vert confit, des groseilles vertes crues, quelques petites carottes nouvelles bien cuites, haricots verts, quelques agourcis et cornichons, tout cela cuit et confit, que vous coupez en losanges, en boules ou en quartiers. Comme tous ces légumes et fruits ne se récoltent pas le même jour, mettez en terrines et confisez-les séparément. Lorsque l'assortiment est complet, égouttez le tout et rangez, en les mélangeant, dans des vases de grès ou de terre vernie de toutes dimensions. Remettez tout le sirop sur le feu, faites-le bouillir, passez-le ensuite à la chausse pour lui enlever mucillages ou impuretés. Ajoutez, par chaque litre de sirop, 1 verre à vin de vinaigre fort ; faites réduire le tout à 30 0/0 et versez sur vos vases. Recommencez cette opération huit jours après, en égouttant vos vases, mais sans déranger le fruit. Goûtez et voyez si le goût de vinaigre est assez prononcé ; remettez à 30 0/0 ; versez bouillant sur vos compotes, laissez refroidir et couvrez avec de la vessie ramollie.

Cette fois, votre compote est finie ; vous pouvez la servir comme hors-d'œuvre ou accompagnement de viandes froides.

Compote italienne.

C'est à peu près la même chose que la compote de Chambéry. Prenez tous les fruits à mesure de leur apparition, traitez-les comme pour confire, donnez les quatre façons, puis égouttez longuement ; de tous ces fruits faites une macédoine en terrines, bocaux ou boîtes ; puis prenez le sirop, faites bouillir, passez à la chausse, ramenez sur le feu à 28 0/0 et ajoutez un verre de vinaigre par litre de sirop ; puis délayez suffisante quantité de farine de moutarde anglaise dans de l'eau froide, mélangez avec votre sirop afin de faire une sauce ni trop claire ni trop épaisse, mais masquant le fruit comme un chaufroid, versez le tout sur les fruits. Huit jours après, vous pouvez la mettre en boîtes ou flacons, et bouchez sans ébullition; la conservation est parfaite.

Dans une usine de fruits confits, ces deux derniers articles, compote de Chambéry et compote italienne, pour l'exportation, ne sont pas à dédaigner, leur prix de vente est très élevé, et tous les troisièmes choix partiraient à un prix plus rémunérateur que de les mettre dans les confitures tous-fruits. L'Orient, les colonies, l'Italie, l'Allemagne en font une grande consommation, et les livraisons se font en barillets de 5 à 10 kilos.

Confitures de raisins, *ou raisiné sans sucre et très doux..*

Tous les moûts de n'importe quels raisins blancs sont aptes à faire du raisiné. Opérez de la manière suivante :

Faites bouillir le moût dans un grand chaudron, écumez soigneusement, puis passez-le au travers d'un tamis fin, dans une jarre ou baquet de bois; laissez-le reposer, après lui avoir incorporé 500 grammes de blanc d'Espagne pour 20 litres de jus; le blanc doit être pilé très fin et incorporé par petite quantité et toujours en remuant; laissez reposer douze heures. Le moût sera alors limpide, très clair et débarrassé de tous les acides, et la craie sera précipitée au fond du baquet; décantez à clair, remettez sur le feu, laissez réduire jusqu'à consistance sirupeuse; à ce moment, ajoutez une quantité de beaux raisins blancs bien mûrs, laissez consumer la cuisson jusqu'au filet, ou essayez une goutte sur une feuille de papier; si la goutte reste bien entière et qu'elle soit comme une boule de gomme, retirez du feu, mettez en pots et ne recouvrez que lorsque tout sera bien refroidi.

N. B. — L'emploi de la cendre de sarment ou bois de vigne serait supérieur au blanc d'Espagne, mais cette cendre devrait être tamisée bien fine, lavée, égouttée et séchée à l'étuve, puis remise en poudre; la cendre mélangée au moût produit une vive effervescence; n'en mettez que peu à la fois et en quantité suffisante pour qu'un morceau de papier de tournesol ne vire plus au rose : les acides sont détruits.

Pour un sou de papier de tournesol chez le droguiste, vous en aurez suffisamment pour votre vie.

Raisiné de ménage.

A l'époque de la vendange, il se trouve beaucoup de poires d'hiver, blossons et autres fruits d'arrière-saison; rien de plus facile que d'en faire une excellente confiture pour le ménage.

A cet effet, pelez les poires tombées ou véreuses, ne prenez que les parties saines; mettez tout cela dans un récipient de terre pouvant entrer dans le four à pain; couvrez ces fruits avec du moût de raisins, et chaque fois que vous sortirez le pain du four, vous le remplacerez par une ou plusieurs terrines préparées ainsi.

Couvrez bien chaque ustensile, afin que le dessus de vos fruits ne forme pas croûte et ne se brûle, puis, au moyen de la cendre ou de la braise, préparez une quantité de moût que vous ferez réduire comme il est indiqué au premier procédé; réduisez sur le feu et, arrivé à la consistance sirupeuse, retirez vos fruits du four, qui seront cuits et réduits ; égouttez le jus, que vous ajouterez au moût, puis mélangez le tout ensemble au même degré, et mettez en vases de grès ; laissez refroidir, recouvrez d'une vessie ramollie dans l'eau ; mettez en lieu sûr, et conservez pour l'hiver. Ce procédé est excellent pour les pensionnats d'enfants, les couvents ; le prix de revient si minime, et la fabrication très facile et ne demandant pas de connaissances spéciales.

EMPLOI DES JUS, SIROPS, SUCS
ET MARCS DE FRAISES

Fraisette (*liqueur surfine*).

Cette liqueur, si digestive, si rafraîchissante, peut se faire dans une usine de fruits confits dans d'excellentes conditions, en suivant les manipulations suivantes :

Dans des flegmes ou petites eaux-de-vie provenant de distillations antérieures mettez tous vos marcs de fraises, framboises, groseilles, en général tous les fruits rouges.

A la fin de votre fabrication, lorsque la saison des fraises est terminée, faites distiller tous les marcs et résidus afin d'arriver au premier jet à 80 0/0. Mélangez cette eau-de-vie avec deux tiers de sirop de fraises employées pour confire et pour compote. Agitez ce mélange en le chauffant à 35 0/0 dans la cucurbite. Versez-le ensuite dans un conge, ajoutez 3 litres de lait pour 100 litres de liqueur ; laissez trancher, puis filtrez à la chausse dans le filtre.

La liqueur doit être limpide et très colorée ; si la couleur laissait à désirer, colorez avec quelques gouttes de colorant fraise écrasée. Mettez en bouteille sitôt après ; filtrez, bouchez et conservez à l'abri du jour.

DES RAISINS

RAISINS SECS, MALAGA, SMYRNE OU SULTANINE

Cueillez les grappes de raisins à l'état parfait de maturité et de coloration, laissez à la grappe une longue tige ; puis, au moyen de bâtonnets fendus, serrez les grappes les unes à côté des autres ; ficelez les deux parties du bâton au moyen de ficelles ; suspendez ensuite ces bâtons sur des châssis exposés au soleil, pendant huit à dix jours au moins.

Il faut que les raisins dessèchent sans se pourrir, le soleil soutirant peu à peu l'eau de végétation.

Puis préparez une lessive avec des cendres de sarments brûlés ; il faut que cette lessive soit assez saturée pour qu'un œuf cru et frais surnage sur le liquide ; laissez alors reposer la lessive, soutirez-la très claire et remettez-la sur le feu dans un récipient assez long pour pouvoir y plonger chaque bâton, afin de n'être pas obligé de les défaire et refaire à chaque instant, ce qui nuirait considérablement au travail et à sa rapidité ; dans ce récipient, qui restera sur le feu en plein air sans bouillir, ayez toujours la même quantité de lessive.

Colorez cette lessive jaune foncé, soit au safran, soit au colorant sauce d'or.

La chaleur de ce bain ne doit pas dépasser 55 0/0. Trempez alors vos grappes en tenant les bâtons par les deux bouts et plusieurs fois de suite. Remettez à sécher au soleil et à l'air, mais à l'abri de la pluie ou de l'humidité et surtout de la rosée.

Recommencez cette opération jusqu'à ce que vos grappes soient arrivées à la couleur désirée ; terminez-les, si le temps ne le permet pas à l'eau, dans une chambre chauffée à chaleur douce et à l'ombre. Ils ne moisiront jamais ; ils cristallisent plutôt, si vous les laissez trop longtemps sécher. Mettez en caissettes pour les conserver.

Les raisins blancs réussissent mieux que les rouges ; les muscats exceptés, toutes les variétés de raisins peuvent se dessécher.

Vous pouvez remplacer la lessive par du moût que vous faites bouillir et colorer.

Les raisins de Corinthe, Thyra, Samos et Cesmé sont des variétés de raisins particuliers à la Grèce, dont le grain est très petit et sans pépins; seulement, pour ce travail, le soleil par là remplace fours et étuves.

Raisins d'Alméria.

Les grappes sont monstrueuses et les raisins de la grosseur d'une prune, de forme allongée, fermes, durs, sans jus et beaucoup de chair. C'est avec cette qualité que les Espagnols et les Portugais font le raisin de Malaga.

Depuis quelques années, il se conserve à l'état frais dans des tonneaux dont tous les vides sont remplis de liège râpé. Chaque hiver, les marchés de Londres et des autres villes anglaises, ainsi que les pays du Nord en font une grande consommation.

Ils sont préparés de la manière suivante : laissez bien mûrir le raisin, enlevez les feuilles autour des grappes, mais pas dans le haut des sarments, afin que le soleil dore la grappe. Profitez d'un beau soleil, lorsque les grappes sont bien tièdes, pour tordre le brin (tige de la grappe), afin que le raisin sèche sans se flétrir. Lorsqu'il est au point voulu, que la rafle commence à sécher, ayez des barils de la contenance d'un hectolitre, plutôt larges que hauts; ayez de la râpure faite avec des lièges de troisième choix et que vous laisserez bien sécher avant de les employer; puis, par lits, rangez vos grappes dans le tonneau, en remplissant les vides avec de la râpure ; tassez bien, afin que le transport ne fasse aucun vide. Puis, pour vos besoins, sortez les grappes les unes après les autres ou renversez le tonneau sur une table; puis, avec un soufflet et un blaireau à longs poils, nettoyez vos grappes et enlevez les grains écrasés avec des ciseaux.

Les tonneaux vides, ainsi que le liège, se réexpédient.

Vous pouvez réexpédier aussi vos raisins en petites caisses, en les emballant de la même manière.

Raisins de chasselas (*conservés frais, méthode de Thomery*).

Le chasselas de Fontainebleau, cultivé par des spécialistes, soit en treilles, soit en espaliers, et dont la réputation n'est plus à faire, ne possède qu'un seul grain de semence. La chair en est juteuse et sucrée, et la peau d'une finesse remarquable; c'est le raisin de table par excellence; aussi sa conservation est-elle l'objet de soins assidus et d'un commerce considérable.

Lorsque vous aurez choisi les grappes que vous désirez conserver, enlevez les feuilles, afin que le soleil d'automne donne à vos raisins une couleur dorée, et, sans égrener vos grappes, coupez au sécateur un morceau de sarment d'au moins 25 centimètres de longueur qui supportera le fruit.

Et, dans une chambre noire préparée à cet usage, garnie de tous côtés de rayons qui, construits de manière, supporteront des bouteilles légèrement penchées; dans chacune de ces bouteilles, au moyen d'un entonnoir, vous introduirez du charbon de bois pilé; remplissez ensuite la bouteille d'eau et introduisez ensuite dans le goulot le sarment supportant la grappe, qui, par suite de la position de la bouteille, sera suspendue dans le vide, ne touchant ni la bouteille ni les rayons du dessous.

Vous choisirez une belle journée ensoleillée pour faire ce travail, et vous commencerez toujours par le rang supérieur.

La chambre ne doit pas être humide, être facile à aérer et à l'abri du gel; de place en place, sur le sol, répandez de la chaux vive qui absorbera l'humidité; lorsque vous craindrez le gel, installez une étuve-réchaud à la cendre chaude; pas de feu.

Pour servir ce raisin et le remettre dans son état, retirez le sarment de la bouteille; la partie qui est saturée de charbon, coupez-la au sécateur, puis mettez le bout de sarment restant dans de l'eau que vous chaufferez jusqu'à l'ébullition; le grain alors se regonflera comme au moment de la récolte; supprimez alors le sarment et taillez la grappe à sa jointure.

Une fois cette opération terminée, le raisin doit se manger le plus vite possible; il n'est plus de conservation.

Lorsque vous chaufferez les sarments, ayez soin que la grappe reste bien en dehors du feu et de la chaleur. On emploie pour cela une boule à fond plat percée de trous.

FRUITS A L'EAU-DE-VIE

C'est dans la préparation que consiste toute la réussite de l'opération, et les principales précautions à prendre sont les suivantes :

Cueillez les fruits à complète maturité, afin de posséder le goût et l'arome, et que la pulpe du fruit ait toutes ses qualités.

Choisir de beaux fruits, sains et fermes ; les cueillir par un temps sec et le matin, avant que le soleil les ait échauffés.

La plus grande partie des fruits se blanchissent, se rafraîchissent et s'égouttent. La mise à l'eau-de-vie se fait soit dans des vases de grès ou de verre, énormes bocaux, ou en petits tonnelets ; je préfère le grès ou le verre comme procédé industriel. La couleur est souvent plus franche dans les bocaux que dans les tonneaux.

Abricots à l'eau-de-vie.

Choisissez les fruits sains et en pulpe ; piquez-les suffisamment sur tous les sens avec des aiguilles de cuivre, jamais de fer : n'enlevez pas le noyau ; faites-les amortir par petite quantité dans de l'eau alunée, surtout ne poussez pas le feu, et retirez-les de la bassine le plus ferme possible ; rafraîchissez dans l'eau froide, et égouttez ensuite sur des tamis, sans les rafraîchir trop longtemps, afin qu'ils ne se remplissent pas d'eau.

Bien égouttés, rangez-les dans les bocaux, recouvrez-les d'alcool à 85 0/0 et laissez quinze jours à macérer dans un endroit sombre, et ne recouvrez le bocal que par une feuille de papier ; ficelez et piquez ensuite quelques trous dans le papier avec une aiguille.

Au bout de quinze à dix-huit jours, retirez vos abricots, égouttez sur un tamis ; l'alcool dans lequel ils ont macéré n'a plus que quelques degrés, remettez-le dans le tonneau à fermentation, vous le retrouverez à la prochaine distillation.

Pendant que les fruits s'égouttent, faites un sirop de glucose ou de sucre ; ce dernier est préférable ; cuisez le sirop à 28 0/0 chaud, 32 0/0 froid. Remettez dans le bocal ou dans d'autres vases les abricots ; égouttez et versez grandement, afin qu'ils soient bien couverts, le jus suivant :

$$2 \text{ litres alcool à } 85 \ 0/0.$$
$$1 \ \text{—} \ \text{ sirop à } 32 \ 0/0.$$

Remuez le mélange ; si la couleur de vos abricots est terne, blanchâtre ou verdâtre, afin de leur donner une teinte uniforme, colorez ce jus avec quelques gouttes de jaune orange (jaune d'or foncé). Recouvrez vos bocaux soigneusement cette fois, soit avec un couvercle métallique, soit avec de la vessie ramollie, et, après deux mois d'infusion, vos abricots sont à point.

Pêches à l'eau-de-vie.

Après avoir soigneusement piqué vos pêches, rangez-les dans une terrine et versez dessus du sirop bouillant à 25 0/0 (1 kilo sucre pour 2 litres d'eau) ; laissez infuser vingt-quatre heures. Après cela, rangez vos pêches en bocaux ; faites réduire le sirop d'infusion à 32 0/0 chaud ; passez-le à la chausse ou au molleton ; une fois bien refroidi, ajoutez pour 1 litre de sirop 2 litres d'alcool à 85 0/0.

Recouvrez abondamment vos pêches ; que le fruit soit plus que couvert, afin qu'il ne noircisse pas au contact de l'air.

Si vos pêches se trouvent être trop décolorées ou que la couleur n'en soit pas appétissante, colorez légèrement le jus en jaune clair, très clair. Laissez infuser deux mois ; après ce temps, la pêche sera à point.

Pêches sanguines à l'eau-de-vie.

Cette pêche très cotonneuse et très colorée, ne réussit qu'après l'avoir pelée ou zestée. Choisissez des pêches fermes, dures et bien en chair ; piquez-les après les avoir pelées et laissez-les infuser vingt-quatre heures dans du sirop chaud, mais pas trop bouillant ; retirez après ce temps ; rangez en bocaux, recouvrez avec le sirop réduit à 32 0/0 et contenant 2 litres d'alcool par litre de sirop ; colorez légèrement afin de conserver au fruit sa belle teinte vineuse ; employez pour cela quelques gouttes de vinicoline, et laissez deux mois avant de l'employer.

Pêches vertes à l'eau-de-vie.

Comme la pêche à ce point est très dure, enlevez la peau au moyen de la potasse caustique (voyez *Fruits confits*) ; rafraîchissez et faites blanchir à fond, après avoir coloré le fruit de quelques gouttes de vert-confiseur ; retirez de l'eau, rafraîchissez longuement, puis faites en terrine une mise au sucre, sirop bouillant à 25 0/0 ; laissez infuser vingt-quatre heures, puis rangez en bocaux ; réduisez le sirop à 32 0/0 ; ajoutez à ce sirop refroidi 2 litres alcool à 85 0/0 pour 1 litre de sirop.

Recouvrez grandement le fruit, bouchez, et, deux mois après, livrez à la consommation.

La pêche verte demande à être blanchie à fond, afin que l'alcool et le sirop ne la fassent pas rataliner dans l'infusion.

Prunes reines-Claude ou autres.

Prenez pour mettre à l'eau-de-vie toujours de beaux fruits, bien charnus et mûrs à point, beaucoup plus avancés comme maturité que le fruit à confire. Pour vos prunes reines-Claude, amortissez-les dans de l'eau colorée au vert-confiseur et par petites quantités à la fois ; égouttez sur des tamis sans rafraîchir, ou mettez-les, à mesure que vous les sortez de la bassine, dans une terrine contenant du sirop à 25 0/0 ; après quelques heures d'infusion, retirez le sirop comme pour confire ; remettez-le à 25 0/0 et versez sur vos prunes ; laissez reposer douze heures ; sitôt raffermies, rangez en bocaux, réduisez le sirop. à 32 0/0, ajoutez l'alcool nécessaire, comme il est indiqué plus haut; mettez du sirop, afin que vos fruits, après succion, ne soient pas découverts ; couvrez les vases avec une vessie ramollie et bien ficelée, et laissez deux mois avant de livrer à la consommation.

Mirabelles à l'eau-de-vie.

Comme ce fruit est beaucoup plus délicat que la reine-Claude, opérez ainsi :
Piquez-le et mettez-le six heures dans du sirop chaud à 25 0/0, puis égouttez, rangez en vases et versez le jus préparé comme ci-dessus; colorez en jaune clair. Deux mois d'infusion. Si le fruit est très ferme; amortissez-le après l'avoir piqué et mettez ensuite dans le sirop alcoolisé; vous colorez alors la mirabelle dans l'eau d'amortissement.

Poires blanches à l'eau-de-vie.

Comme poire entière, la rousselette est la meilleure, après viennent les beurrées et les duchesses, mais en quartiers, elles sont excellentes.
Pelez vos poires et sitôt pelées, mettez-les dans de l'eau neutralinée, puis faites-les blanchir dans cette même eau jusqu'à cuisson ; il faut que le poinçon entre facilement dans le fruit et sans résistance ; enlevez vos poires au fur et à mesure qu'elles se cuisent et, sans les refroidir ni les rafraîchir, mettez-les dans une terrine contenant du sirop à 25 0/0. Si vous avez beaucoup de poires, ne faites qu'une petite quantité à la fois, les entières d'abord, les quartiers ensuite ; il faut que vos poires au sortir du blanchiment soient très blanches ; laissez-les infuser vingt-quatre heures et au frais dans ce premier sirop ; donnez encore une façon en ramenant par la cuison votre sirop à 25 0/0 et versez-le bouillant sur.les poires. Vingt-quatre heures après rangez vos poires en bocaux, couvrez-les avec le jus que vous aurez fait avec le sirop d'infusion réduit à 32 0/0 et auquel vous ajouterez à froid 2 litres d'alcool à 85 0/0 pour 1 litre de sirop. Mettez à volonté dans le bocal un morceau de gousse de vanille ou un reste de mandarine ; laissez infuser pendant deux mois dans l'obscurité et au frais, couvrez soigneusement vos bocaux avec une vessie ramollie et ficelée.

Poires roses à l'eau-de-vie.

Lors de la mise au sucre après le blanchiment indiqué ci-dessus, colorez légèrement votre sirop au rose nouveau, ou si vous préférez la couleur vineuse, avec quelques gouttes de vinicoline, donnez deux façons à vos poires, et terminez comme ci-dessus.

Cerises à l'eau-de-vie.

Suivant la quantité de cerises que vous voulez mettre à l'alcool, faites infuser quelques semaines à l'avance dans une bouteille bien fermée que vous mettrez au soleil :

     1 gousse de vanille coupée en morceaux ;
     1 bâton de cannelle de Ceylan ;
     1 pincée de clous de girofles,

plein la main de coques vides d'amandes princesse et quelques amandes de noyaux de pêches et d'abricots.

Lorsque la cueillette des cerises est arrivée, choisissez les plus belles de Montmorency, écourtez la queue, n'y laissez qu'un centimètre, piquez à l'aiguille toutes vos cerises, rangez-les en bocaux. Prenez la quantité d'alcool nécessaire pour les recouvrir, parfumez l'alcool avec l'infusion ci-dessus indiquée, ajoutez dans chaque bocal et sur les cerises, après les avoir baignées d'alcool, un morceau de pain de sucre blanc d'environ 100 grammes pour un bocal contenant un kilo de cerises. Bouchez hermétiquement le bocal avec de la vessie et laissez infuser un mois avant de vous en servir.

Si vous employez des bigarreaux pour mettre à l'eau-de-vie, il faudra les amortir après le piquage à l'aiguille ou alors les employer bien mûrs et suivre l'opération comme ci-dessus.

Les bigarreaux blancs s'emploient de même, mais il faut colorer votre sirop en rose nouveau, ou rouge foncé, et suivez l'opération décrite plus haut.

Noix à l'eau-de-vie.

Opérez comme si vous vouliez les confire, après la première mise au sucre, égouttez-les et rangez-les en bocaux, puis mettez le sirop alcoolisé comme il est décrit plus haut.

Deux mois d'infusion avant d'employer.

Cerneaux à l'eau-de-vie.

Cueillez les cerneaux comme pour confire, mais sans les peler ; piquez et poinçonnez et faites-les blanchir à grande eau, lorsque l'eau sera trop colorée, égouttez, rafraîchissez vingt-quatre heures et recommencez le blanchiment à l'eau froide jusqu'à l'ébullition, il faut que le cerneau soit bien atteint.

Recolorez si cela est nécessaire, c'est suivant les goûts; quelques personnes les veulent verts et d'autres brun noir, leur couleur naturelle. Puis rangez en bocaux, remplissez-les avec du sirop alcoolisé suivant l'indication ci-dessus et laissez deux mois à l'infusion.

Raisins à l'eau-de-vie.

Pour cela, prenez de ces beaux raisins frais d'Alméria ou de Belgique qui poussent en serres, il y en a des blancs et des rouges clair, ne les détachez pas des grappes, mais piquez chaque grain avec une aiguille, rangez en bocaux, recouvrez d'eau-de-vie pure à 85 0/0 et pendant trois semaines laissez infuser, après ce temps enlevez l'alcool de macération et remplacez-le par du sirop alcoolisé à la dose indiquée, un litre de sirop à 32 0/0 et deux litres d'alcool à 85 0/0; l'alcool de macération n'est pas perdu; filtrez-le et sans le rectifier à nouveau conservez-le pour couper vos alcools et parfumer vos vieux bois (eaux-de-vie d'Armagnac).

Après deux mois vos raisins sont à point traités comme cela. C'est beau et bon, et se servent très bien glacés au fondant rose ou blanc ou comme garniture dans une salade d'oranges.

Nèfles du Japon.

Même traitement que pour les confire; donnez trois façons; à la quatrième mettez en bocaux et versez dessus le sirop alcoolisé, comme plus haut, deux mois d'infusion. Colorez jaune orange foncé.

Figues d'or.

Même opération que pour confire et terminez comme pour les nèfles du Japon. Deux mois d'infusion.

Figues pelées.

Pelez les figues bien mûres, rangez en bocaux, recouvrez d'alcool à 85 0/0; au bout de 15 jours d'infusion, égouttez l'alcool et remplacez-le par du sirop alcoolisé. Deux mois d'infusion.

Chinois verts, blonds, dorés.

Se préparent comme pour confire. A la quatrième façon, mettez en bocaux, recouvrez d'alcool et couvrez hermétiquement. Deux mois d'infusion.

Quartiers de melons.

Identiquement comme pour confire. A la quatrième façon, mettez à l'alcool et couvrez. Laissez deux mois à l'infusion.

Dattes et bananes.

Voyez *Compotes*; même travail et laissez infuser deux mois dans du sirop alcoolisé.

Figues de Barbarie à l'eau-de-vie.

Choisissez vos fruits bien sains et bien mûrs, sitôt pelés laissez infuser dans l'alcool, au bout de quinze jours égouttez et remplacez par du sirop alcoolisé, laissez ensuite deux mois à l'infusion.

Les pommes, les fraises, les groseilles, les framboises ne se mettent pas à l'infusion.

Vue intérieure d'une usine pour la fabrication des Conserves alimentaires système F. Fouché.

LIVRE III

LES POISSONS

LA SARDINE

Voici déjà quelques années que la sardine abandonne nos belles côtes françaises pour celles d'Espagne et de Portugal ; malgré toutes les enquêtes, toutes les propositions et essais, l'abondance du passé ne revient pas. C'est une ruine pour nos pêcheurs et nos négociants. Espérons que les nouvelles décisions feront retrouver pour nous tous l'âge d'or. En attendant, le littoral se ruine, les usines se ferment, et l'étranger en profite !

Il y a plusieurs variétés de sardines, mais la vraie sardine franche est celle qui se pêche sur les côtes de France et de Portugal.

La sardine pêchée dans les eaux anglaises s'appelle le sprat. Celle pêchée dans la Méditerranée est encore une autre variété nommée yalatch.

Une des principales qualités de la fabrication française était l'usine qui, située au port de pêche, permettait de travailler le poisson pour ainsi dire vivant, d'une fraîcheur sans pareille — et, ajoutez à cela l'huile, l'huile de Provence, d'une qualité sans rivale, qui permettait au conservateur de faire du poisson de luxe, tout en faisant des qualités ordinaires.

Reviendra-t-il, le temps des soudeurs courant la grève, le tourniquet au dos et la marmite à la main ? Oui, tout le fait espérer.

Les opérations pour le travail de la sardine sont multiples ; il y a aussi deux et même plusieurs procédés de fabrication. Je les indiquerai tous, ne prenant parti ni pour l'un, ni pour l'autre.

D'abord, la sardine ne voyage pas, ou très peu ; sitôt sortie de la mer, il faut, ou la livrer à l'usine, ou la saler, et au sel elle ne peut rester que peu de temps, car le sel rougit l'arête et l'on a alors la sardine des caboteurs, qualité inférieure, bonne pour l'exportation.

Comme outillage, deux méthodes sont en présence, deux systèmes plutôt : l'ancien, qui travaillait le poisson à feu nu — à grande friture — que j'expliquerai le premier ;

Le nouveau, se servant de la vapeur, travaillant par tous les temps, se moquant du suroit et du noroit, fabriquant de grandes quantités économiquement et rapidement.

Sardines à l'huile.

ANCIEN PROCÉDÉ

Le Salage.

Lorsque vous êtes pour recevoir la sardine, commencez à préparer vos saumures. A cet effet, faites fondre à froid du sel marin (de l'Ouest) dans de l'eau douce, remuez afin de faciliter la fonte, pesez au pèse-sel ; arrivé à 12 et 15 0/0, décantez dans des

CHAUDIÈRES A VAPEUR INEXPLOSIBLES
(Type fabriqué par M. Fouché.)
38, rue des Écluses-Saint-Martin à Paris pour la fabrication des conserves alimentaires.

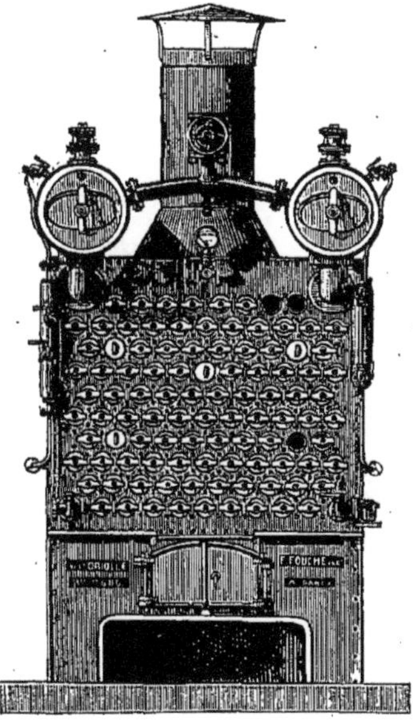

barils, ajoutez à cette saumure 11 centilitres de neutraline par litre de saumure. Cette saumure, qui se conserve indéfiniment, donnera au poisson une qualité supérieure qui n'entrera jamais en putréfaction, et que vous pourrez, si vous êtes pressé par les arrivages et pour accélérer la fabrication, porter à 20 degrés. Vous vous apercevrez de cette densité par le moyen d'une pomme de terre moyenne ou d'un petit œuf, qui doivent surnager sur la saumure ; c'est le point essentiel que doivent avoir vos saumures ; le mieux est un pèse-sel, vous vous rendez toujours compte des densités existantes.

Vos bailles ou baquets de saumure sont en bon état et prêts. A l'arrivée des sardines, après les avoir comptées, mettez-les en saumure et laissez vingt minutes, la saumure étant à 20 degrés, puis retirez en égouttant sur des tables, en dos d'âne ; ne les mettez pas en tas.

Puis, commencez l'opération de l'étêtage, qui consiste à enlever d'un coup de couteau la tête, les ouïes, l'intérieur, et surtout le petit boyau. Rangez à mesure dans les paniers à sardines, en coupant, comme dernier coup de parage, les nageoires et la queue ; lorsque le panier est plein, lavez-le avec son contenu dans une grande baille d'eau de mer, par un mouvement de va-et-vient comme un berceau ; de cette manière, vous nettoyez les poissons sans les déranger, et laissez séchez les paniers suspendus à l'air.

Le séchage du poisson se fait à l'air et au soleil, dans des endroits très ventilés ; il faut que votre poisson soit bien égoutté intérieurement et que l'extérieur soit très sec.

MOTEURS A VAPEUR

Employés pour la fabrication des conserves, par M. Fouché, constructeur, 38, rue des Écluses-Saint-Martin, à Paris.

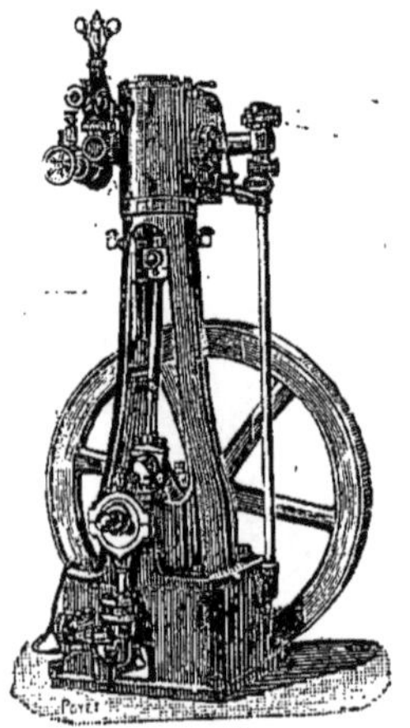

Type vertical.   Type horizontal.

L'emploi de la neutraline en saumure facilite beaucoup ce travail, qui peut se faire au grand air et en plein soleil.

Lorsque votre poisson réunit ces deux conditions, bien égoutté et bien sec, commencez l'opération de la friture, qui se fait, lorsque l'on opère en grand, dans des bassines spéciales, dites Lagillardaie, chauffant directement l'huile par des foyers au bois ou à la houille, mais construites de manière que la surface de chauffe se trouve sur le côté et les impuretés laissées par le poisson glissent sur le côté opposé au chauffage. Ces bassines sont faites pour deux à quatre grilles ; pour la petite industrie, une grille seule suffit.

Ne plongez pas vos sardines à friture rouge, il faut que la friture soit assez chaude pour rôtir le poisson en le cuisant, et non le colorer en le brûlant ; votre sardine doit rester blanche, et elle est à point de cuisson lorsque vous voyez quelques poissons quitter le panier et venir surnager sur l'huile.

Le poisson coloré est desséché, il n'a plus de valeur.

Enlevez alors le panier de la friture, laissez-le s'égoutter sur un plan incliné et

dont le fond est zingué, afin que l'huile d'égouttage retourne à la bassine, puis
remettez à sécher et refroidir, et commencez l'emboîtage.

Pour faire du travail bien suivi, obligez les étêteuses à choisir le poisson lors de
la mise en paniers, et à ne mettre que des grosseurs régulières, afin que les emboîteuses de 1/4 n'aient pas des poissons pour 1/2.

Lorsque la fabrication marché sur le pied de 100 à 200.000 poissons par jour, il
faut veiller que le poisson ne s'abîme pas. Aussi les tables en dos d'âne pour
l'égouttage après le saumurage peuvent-elles être superposées, comme des rayons,
après avoir commencé par la plus basse ; que votre poisson soit régulièrement placé,
pas trop épais, arrosez-le avec une dissolution composée de 1/2 litre de neutraline pour

SÉCHOIR MÉTHODIQUE ET CHARIOT
(de la maison F. Foucué.)

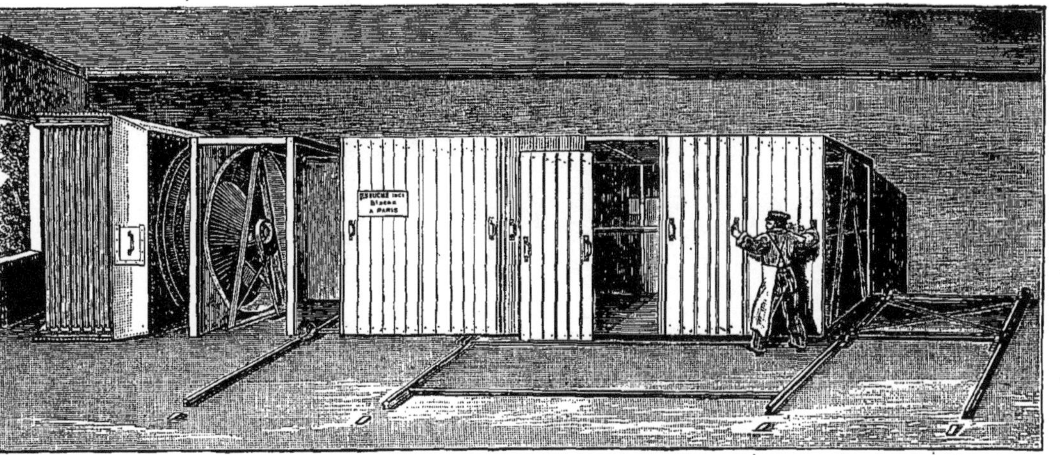

Pour le séchage des sardines, légumes et fruits pour la grande industrie. Le séchoir est actionné par un petit moteur.
50 appareils en fonctionnement.
Les appareils pour la fabrication de la Julienne sèche sont construits sur demande.

20 litres de saumure, recouvrez votre poisson d'un linge mouillé de cette saumure, et
il peut rester de cinq à sept jours à l'abri de toute espèce de détérioration, il sera
ferme et frais comme au sortir de l'eau. Ce procédé est d'un grand secours pour les
caboteurs, qui, forcés de saler la sardine, la détérioraient.

Avec l'eau salée préparée de neutraline, laissez dans ce bain les sardines quinze
minutes, puis mettez en paniers, sans cependant les écraser ; les caisses en bois sont
excellentes, le poisson s'y conserve frais, à l'abri de l'air, et cela pendant un espace de
cinq à sept jours. Vous pouvez prolonger indéfiniment cet avantage en recommençant l'opération tous les cinq jours.

Lorsque vous aurez de la sardine à dessaler ou à laver, employez toujours de
l'eau de mer, jamais de l'eau douce : vous noyez votre poisson et vous le rendez
flasque et mou.

L'emboîtage des sardines est une opération très simple, mais qui cependant demande une certaine habitude. Commencez à les mettre sur le côté en alternant une tête et une queue, afin de bien remplir la boîte, afin d'employer le moins d'huile possible ; sur le dessus de votre boîte, mettez trois ou quatre sardines régulières de grosseur et de couleur.

Pour couvrir le poisson, ne vous servez que d'huile d'olive de qualité supérieure, très peu fruitée et d'une belle couleur dorée et limpide.

Pour l'huile de friture, vous pouvez employer les qualités secondaires, les huiles d'œillette ou d'arachide, mais pas de colza, ni de navet ; l'huile blanche, sans odeur ni goût, est excellente. Après chaque jour de travail, et vos fritures terminées, arrêtez le feu et refroidissez la friture en lui mettant un seau d'huile froide, puis laissez

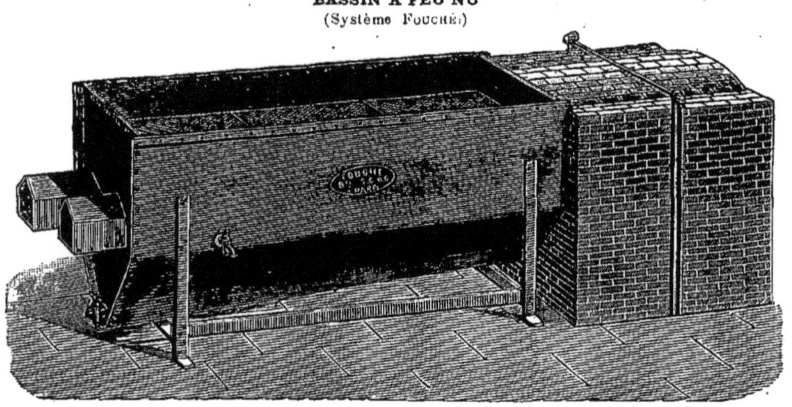

BASSIN A FEU NU
(Système Fouché)

Pour la cuisson des sardines et autres poissons.

reposer ; tirez à clair, enlevez les détritus du fond de la bassine, et nettoyez-la avant de remettre de la friture clarifiée.

Il y a divers procédés pour clarifier l'huile de friture : pour les employer, il faut du temps, et cela ne peut se faire que lorsque la fabrication est terminée et que le temps ne manque pas pour cela.

Je les indiquerai plus loin.

La moyenne des quantités de sardines à introduire dans chaque type de boîtes, varie suivant les maisons. Il y a vingt-sept types de boîtes connues (voyez *Matériel*), variant de sept à neuf au quart, c'est la qualité marchande ; il y a des moments où la sardine est si petite, qu'il en faut de douze à vingt-quatre pour le même quart.

Avant d'employer la boîte, il faut l'essuyer minutieusement et la garnir ; cette opération se fait par une même personne et sur une table séparée. La garniture des boîtes se compose, pour la sardine à l'huile et pour les boîtes de un quart (vous augmenterez la dose pour les calibres supérieurs) de :

        1 clou de girofle ;
        2 grains de poivre blanc entiers ;
        1 esquille de thym frais ou sec ;
        1 esquille de laurier (1 feuille suffit pour 10 litres).

Vos boîtes épicées, garnies de poissons et recouvertes d'huile, faites-les souder.

Le tourniquet pour cet usage est à plateau, afin que les égouttures d'huile ne soient pas perdues, et surtout ne baignent pas le soudeur ; pour souder la boîte à sardines, il faut une ratière, outil spécial qui, serrant les côtés de la boîte, empêche la soudure de couler intérieurement ; il n'est pas nécessaire d'employer de la résine ; l'huile facilite le travail, et vous pouvez souder une boîte même baignant dans l'huile.

Une fois le poisson huilé, vous pouvez souder à fantaisie, la sardine ne s'abîme pas, et vous ne ferez vos cuissons que lorsque vous aurez un autoclave plein ; il ne faut pas pourtant laisser vos boîtes pleines à l'air et à la poussière : l'huile s'évapore et par conséquent fait un déchet.

BASSINE A FRIRE AVEC GRILLE

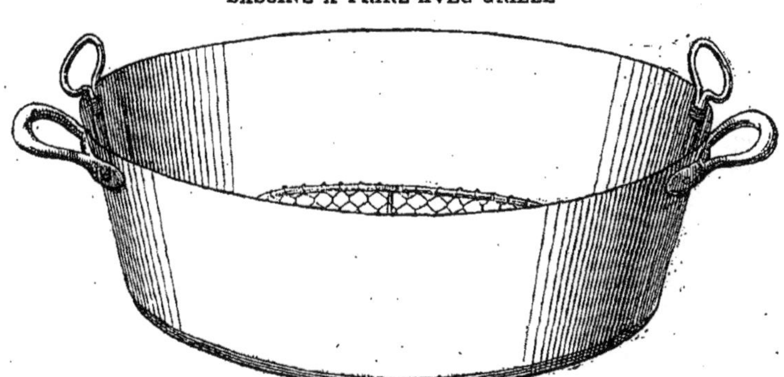

Cette bassine de forme ovale peut servir pour les petites quantités de poissons, pour faire pocher les mauviettes, grives, cailles, ortolans.

Si vous avez une grande quantité de boîtes huilées et que le soudage ne se fasse que par quantités régulières, que vous soyez, en un mot, débordé, empilez alors vos boîtes dans des armoires ou des caisses, que vous fermerez hermétiquement.

Votre autoclave plein et les boîtes bien recouvertes d'eau, chauffez et amenez à l'ébullition ; celle-ci bien établie, fermez l'autoclave sans le boulonner et marquez l'heure, veillez à ce que l'ébullition ne s'arrête pas et que les boîtes soient bien recouvertes d'eau, et laissez le temps suivant :

1 heure 1/4 pour les 1/4 de boîtes.
1   —   3/4   —   1/2   —
2   —   pour le format supérieur à la 1/2.
3   —   1/2 pour les triples.

Au sortir de l'autoclave, et sitôt qu'elles sont assez refroidies pour pouvoir les toucher, passez les boîtes à la sciure de bois, enlevez les fuites que vous rendez aux soudeurs, mettez les boîtes en caisses et emplissez les magasins.

En suivant strictement les diverses opérations décrites ci-dessus, en employant dans les saumures ou pour la conservation du poisson la neutraline, vous aurez une fabrication splendide et certaine ; si vos ébullitions sont faites sérieusement et le temps voulu, la conservation du produit est certaine pour de nombreuses années.

N. B. — N'employez jamais la pression pour la cuisson des poissons, vous abîmeriez la marchandise.

Voyons maintenant la nouvelle méthode. Le nouveau procédé de fabrication au moyen de la vapeur, inventé et installé par M. Fouché, 38, rue des Écluses-Saint-Martin, à Paris, diffère beaucoup du premier procédé.

Le matériel est coûteux et demande à opérer chaque jour sur de grandes quantités de poissons pour être économique.

PREMIER PROCÉDÉ.

Cuisson dans l'huile chauffée par la vapeur avec séchage mécanique.

Le procédé de chauffer l'huile par la vapeur est celui qui remplit les meilleures

BASSINE A VAPEUR
(Système F. Fouché.)

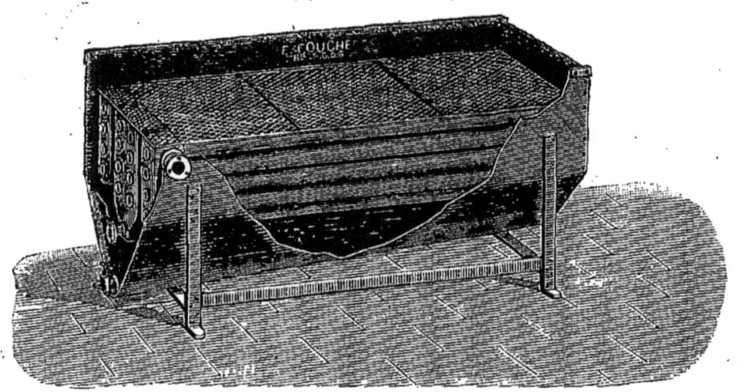

Pour la cuisson à l'huile des sardines et autres poissons.

conditions comme friture et économie d'huile, et donne de beaux produits ; l'huile, n'étant jamais surchauffée, ne brûle pas, et les déchets eux-mêmes, étant éliminés par la construction de la bassine, ne colorent plus l'huile en l'empoisonnant ; l'odeur est plus appétissante, et la friture ne vous prend plus à la gorge comme dans l'ancien procédé.

Le poisson, après avoir subi toutes les manipulations indiquées, salé, lavé, étêté et mis en panier, égoutté, est introduit ensuite dans un séchoir à chariot, dans lequel un moteur mû par la vapeur actionne un ventilateur et détermine un courant d'air qui s'échauffe en passant dans un faisceau de tuyaux de vapeur, et passe ensuite sur le poisson, et le sèche exactement comme le ferait une brise d'été.

Même lorsque le temps est froid, pluvieux, humide, le poisson est très bien séché.

Au sortir du séchoir, le poisson est immédiatement frit dans une bassine d'huile chauffée à la vapeur, et se termine comme plus haut.

Le matériel nécessaire pour ce procédé comprend :

1 générateur de vapeur ;

1 séchoir avec moteur, ventilateur et calorifère à vapeur ;

1 ou plusieurs bassines chauffées par la vapeur.

DEUXIÈME PROCÉDÉ.

Cuisson dans d'huile par les bassines par Lagillardaie (ancien procédé) et séchage mécanique.

L'ancien procédé de friture à feu nu occasionne toujours une grande dépense d'huile, supérieure de beaucoup à la nouvelle méthode. Mais ce matériel est moins coûteux, le travail se fait d'ailleurs de la même manière que l'ancien mode de fabrication.

Il n'y a qu'à ajouter au matériel usité un séchoir avec moteur à vapeur, ventilateur et calorifère.

CUISEUR SÉCHEUR A VAPEUR

Fabriqué par la maison F. Fouché, le procédé.

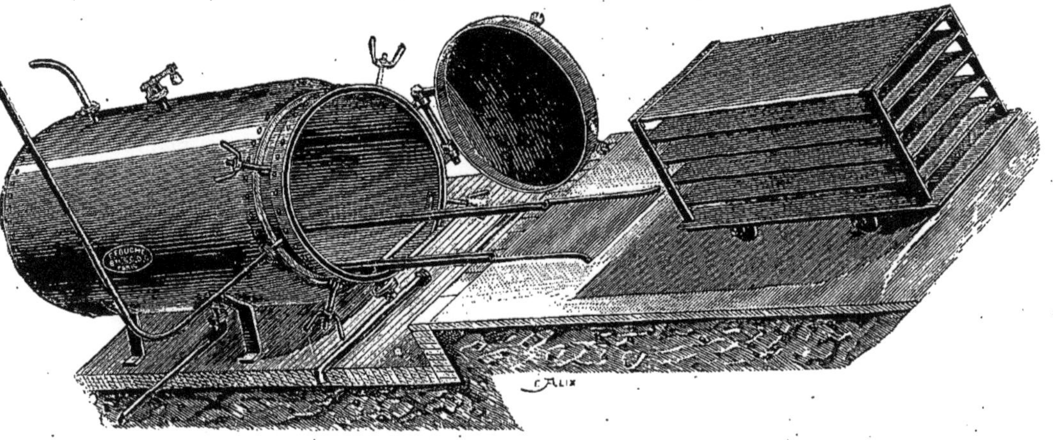

Même modèle avec serpentin et tube de rafraîchissement pour l'ébullition des boites de sardines.

TROISIÈME PROCÉDÉ.

Cuisson par la vapeur sans huile et avec séchage.

Après avoir préparé votre poisson comme il est indiqué, vous le séchez dans le séchoir indiqué au premier procédé de la nouvelle méthode, et, au lieu de le frire à l'huile, vous passez les grilles sortant du séchoir dans un cuiseur où chambre de vapeur ; le tout marche mécaniquement, le chariot contenant les grilles du séchoir entre dans le cuiseur.

Fermez le cuiseur, ouvrez le robinet de vapeur surchauffée, en une minute le poisson est cuit ; laissez-le s'essuyer, retirez-le et mettez en boîte en le recouvrant d'huile.

Ce procédé supprime la friture à l'huile, mais le poisson est moins délicat, il est blanc et ferme ; comme il n'y a pas de dépenses d'huile à frire, ce procédé est rapide et économique, il permet d'opérer sur une grande quantité de grilles à la fois.

Le matériel comprend :
    1 générateur à vapeur ;
    1 séchoir avec moteur, ventilateur et calorifère ;
    1 cuiseur ou chambre à vapeur, plus grilles, vagonnets, etc., etc.

QUATRIÈME PROCÉDÉ.

Cuisson par la vapeur, sans huile ni séchage.

Ce procédé ne convient que dans les pays chauds, sur les bords de la mer, en Algérie, Tunisie ou Portugal, où il ne pleut jamais pendant la saison de la pêche, et où la température suffit pour sécher toujours le poisson avant de le passer dans la chambre de cuisson, sauf en Portugal où la pêche se fait en hiver et nécessite le sécheur.

Le matériel comprend :
    1 générateur à vapeur ;
    1 ou plusieurs cuiseurs.

Mais, quelle que soit la méthode employée, vous ne supprimerez pas la manipulation, et les opérations suivantes se feront toujours :
    1° Compter et saumurer la sardine ;
    2° Étêter, vider et parer ;
    3° Emboîter et aromatiser ;
    4° Huiler et peser ;
    5° Souder ;
    6° L'ébullition finale.

Il existe encore deux procédés pour préparer la sardine, je n'en parle que pour les déconseiller d'une manière absolue. Soit en laboratoire, soit en cuisine il faut abandonner ces essais qui consistent :

A. — Au lieu de faire cuire la sardine à l'huile ou à la vapeur, lorsqu'elle est égouttée, tremper le panier dans un court-bouillon salé et aromatisé comme pour cuire un poisson au bleu, bien égoutter, mettre en boîte, recouvrir d'huile et souder.

Le poisson traité ainsi est blanc, mais mou on dirait du poisson noyé ou usé sur la glace.

B. — Passer la sardine au four après l'avoir huilée ce procédé dessèche et durcit le poisson.

La sardine se prépare encore d'après plusieurs procédés, et au goût des amateurs.

1° Sardines grillées sur le gril.

Procédé que je ne puis recommander qu'aux cuisiniers ou aux personnes qui ont l'habitude de griller. Servez-vous d'un gril dit prussienne, faites d'abord une épaisse paillasse de cendres et de braisette, chauffez votre gril, huilez-le, puis beurrez ou huilez vos sardines avec un pinceau, faites-les griller sans qu'elles se touchent et sans qu'elles prennent couleur ; si votre gril est double, retournez-le, sinon retirez-le du feu, laissez refroidir un peu vos sardines, avant de les retourner ; faire ce travail à chaud, vous risqueriez de déchirer la peau ; emboîtez ensuite dans des boîtes aromatisées, couvrez d'huile et soudez, terminez à l'ébullition comme il est indiqué aux *Sardines à l'huile.*

En place d'huile, vous pouvez beurrer vos sardines avant de les griller, avec du beurre frais et clarifié.

Vous pouvez remplacer les boîtes par une terrine à pâté, de forme longue, ayant un couvercle. Rangez vos sardines par lits, aromatisez, puis remplissez la terrine d'huile, couvrez et lutez le couvercle avec de la pâte, et poussez à four doux, le fond de la terrine baignant dans de l'eau, afin que l'huile ne frie pas, et laissez deux heures. Conservez au frais, et puisez à même selon vos besoins.

2° Sardines au beurre.

Quelques personnes n'aiment pas l'huile, vous pouvez alors faire frire vos sardines au beurre clarifié et les mettre en boîtes ou en terrines, en suivant les indications ci-dessus.

Employez toujours du beurre frais, clarifié, jamais du beurre fondu.

3° Sardines au naturel.

Lorsque votre sardine a subi toutes les manutentions, qu'elle est séchée et prête à frire, rangez-la dans des boîtes aromatisées, sans huile, ni beurre, ni jus. Soudez et laissez une heure et demie à l'ébullition pour les boîtes de 1/4.

4° Sardines à la tomate.

Préparez une excellente sauce aux tomates fraîches, bien aromatisée, avec oignons, thym, laurier, sel, poivre et un atome d'ail, cuisez et réduisez bien le tout, passez-la au tamis fin, après l'avoir passée au tamis à purée, afin d'avoir une sauce lisse ; liez-la avec un morceau de beurre très frais. Que votre coulis ne soit ni trop clair, ni trop épais, bien épicé et d'une belle couleur.

Faites frire vos sardines soit à l'huile, soit au beurre clarifié.

Emboîtez-les et remplissez ensuite la boîte avec votre sauce tomate.

Soudez, ébullitionnez immédiatement en donnant

$$1 \text{ heure } 1/2 \text{ pour les } 1/4$$
$$2 \quad — \qquad — \quad 1/2$$

5° Sardines aux truffes.

Faites l'opération comme pour les sardines à l'huile. Choisissez de beaux poissons, rangez en boîtes aromatisées, puis, sur le dessus, avant de les remplir d'huile surfine, rangez quelques belles lames de truffes crues, taillées avec le taille-truffes (voyez *Outillage*). Soudez et ébullitionnez comme pour la sardine à l'huile.

6° Sardines aux cèpes.

Même manutention que pour les sardines à l'huile, rangez en boîtes, et couvrez le premier lit avec un émincé de petits cèpes frais, lavés et cuits auparavant avec un peu d'eau, beurre frais, sel, poivre et muscade, égouttez bien les cèpes avant de les employer.

Il en faut très peu, quelques lames par-ci par-là, gardez les plus belles pour couvrir le second lit, remplissez d'huile, soudez, et même ébullition que pour les sardines à l'huile.

GRILLES A FRIRE
Pour sardines et poissons.

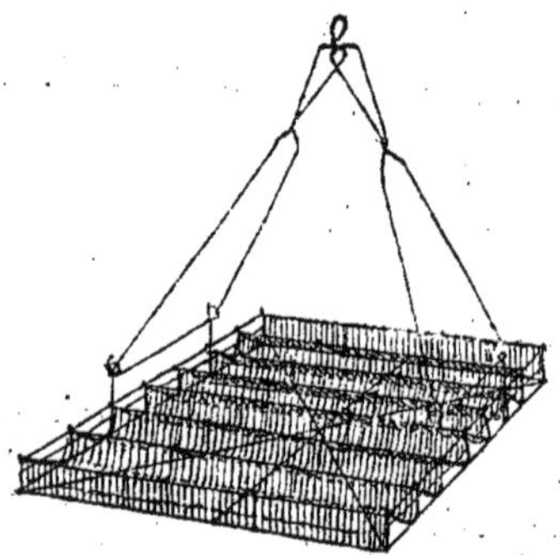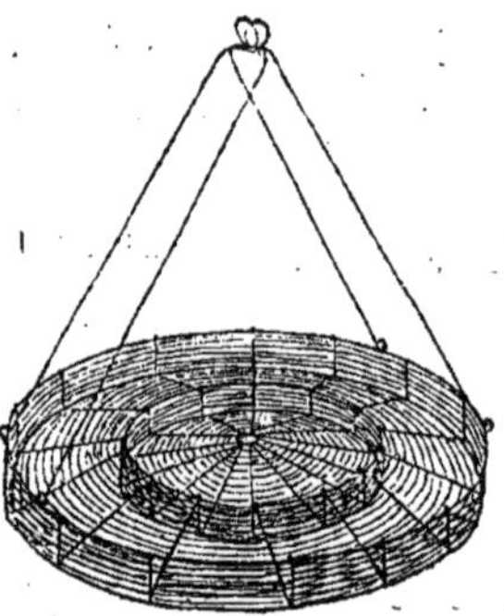

Ces mêmes grilles servent pour faire sécher tous les poissons avant et après cuisson.

7° Sardines à la provençale.

Opérez comme pour les sardines à l'huile. Lorsque vos boîtes sont aromatisées, et garnies d'huile, saupoudrez le dessus de la boîte avec le hachis suivant :

Échalotes, ail, persil, ciboulettes et quelques feuilles de basilic, le tout haché finement, et serrez le tout dans un linge fort pour en extraire l'eau de végétation, soudez et ébullitionnez comme pour la sardine à l'huile.

Il ne faut mettre que juste la quantité de hachis nécessaire pour parfumer la boîte.

8° Sardines marinées.

Lorsque vous aurez retiré vos sardines de la saumure, qu'elles seront nettoyées et lavées, égouttez-les, et sans les faire sécher, rangez-les en boîtes, en les aromatisant avec thym, laurier, girofle et poivre en grains.

Sardines russes.

Cette sardine se prépare en Allemagne du côté de Kiel, elle est très grosse, dans le genre des Royans.

Opérez cette conserve comme il est indiqué au procédé *Harengs marinés*, seulement à la saumure vous ajouterez un peu de cassonnade, pour que le poisson ne soit pas trop desséché.

LES SAUMONS

Excellent poisson et excellente conserve qui deviendra une vente courante, lorsque les procédés de fabrication seront plus connus.

Il y a des endroits, principalement en Suède et Norwège, dans l'Écosse, l'Irlande, au Canada, où ce poisson est tellement abondant et à un prix tellement bas que l'on devrait le livrer à la consommation à bon marché, afin que les plus petites bourses puissent l'acheter.

Aussi j'ai l'espoir que quelques personnes intelligentes et entreprenantes suivront ces conseils.

Voici les principales manières d'employer et de conserver le saumon.

Autant que possible opérez sur du poisson frais ou conservé à la neutraline, et autant que possible employez du poisson tué, et non mort asphyxié, entendons-nous.

Le poisson qui, au sortir de l'eau, vivant, se débattant en pleine vie, est tué ou assommé par les moyens que connaissent tous les pêcheurs, ce poisson-là vaudra comme qualité, comme goût, comme résultat, 50 0/0 de plus que le poisson que l'on laisse mourir à l'air.

A preuve faites cuire une darne de saumon ou de turbot « scrimé » par le procédé anglais et hollandais, et après dégustation vous verrez si je ne suis pas dans le vrai !

Prenez encore une langouste ou un homard, faites-les cuire sortant de la mer à l'eau douce sans être salée, et sitôt cuits laissez-les refroidir dans une saumure à 2 0/0, faites la même opération sur des bêtes mortes. Vous verrez que la première opération vous donnera un manger délicieux, et que la seconde n'est pas mangeable.

Saumons à l'huile.

Le saumon de choix se met en boîtes ovales, de la dimension de la darne ; les plus petites boîtes sont de 250 grammes, les grosses 500 grammes et 1 kilo et plus.

Choisissez vos saumons comme il est indiqué plus haut, taillez-les en tronçons de l'épaisseur voulue, afin de remplir la boîte ni trop ni trop peu ; enlevez le sang et la boîlle immédiatement après les avoir grattés et écaillés ; ne leur fendez pas l'estomac, lavez-les toujours dans l'eau de mer, ou eau salée, ayez soin que le sang de l'artère ne tache pas les chairs, il faut que le découpage et le nettoyage se fassent très vite, puis jetez vos tronçons dans une baille contenant de la saumure à 25 0/0 et 5 centilitres de neutraline par litre de saumure, et laissez les darnes de saumon de 250 grammes.

40 minutes dans la saumure.
60   —   pour celles de 500 grammes à 1 kilo.

Augmentez suivant les grosseurs, égouttez ensuite et laissez sécher à l'air le plus longtemps possible. Je disais de ne pas ouvrir le ventre au saumon ; pour sécher vos darnes, vous les enfilez sur des bâtons, la peau du ventre faisant boutonnière, puis faites frire à friture tiède dans des paniers longs disposés à cet effet, le fond de ces paniers ou grilles sera garni de papiers huilés, afin que les darnes ne s'attachent pas aux fils de fer ; entre chaque darne vous pouvez mettre une bande de ce même papier pour éviter le collage. Il faut que la chaleur de l'huile atteigne l'arête centrale mais il ne faut pas que votre saumon soit coloré, ni frit, chose essentielle à observer.

Cuit à point, retirez les paniers de la friture, laissez refroidir et égoutter sur la table disposée comme il est indiqué à l'article *Sardine* ; il faut que votre poisson soit bien égoutté, bien ferme avant de le mettre en boîte ; n'enlevez à vos belles darnes ni la peau, ni l'épine dorsale ; laissez-les naturelles ; le vide du ventre, remplissez-le par un tronçon du même diamètre coupé vers la queue : « ce n'est pas le plus mauvais morceau ».

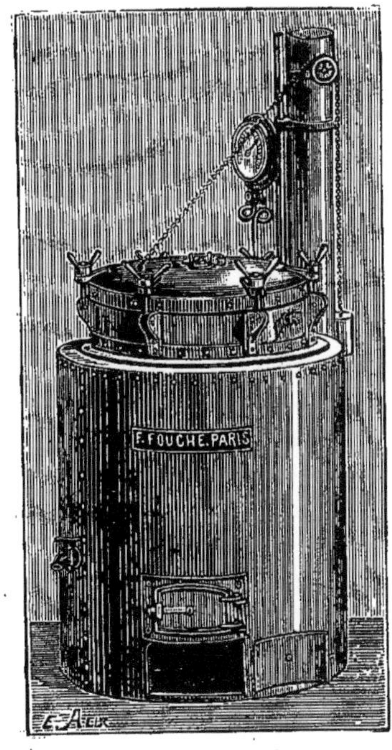

Pour l'ébullition des boîtes de poissons et légumes.

Essuyez vos boîtes, aromatisez-les comme pour la sardine à l'huile, couvrez-les d'huile, soudez et laissez à l'autoclave mais sans pression.

1 heure 1/2 pour les boîtes de 250 grammes.
1   —   3/4 pour les 500 grammes.
2   —   pour 1 kilo.

Et rafraîchissez.

N. B. — Pour donner à vos darnes un cachet de bienfacture, lorsqu'elles seront refroidies et prêtes à mettre en boîtes, posez-les à plat sur des planchettes, ou sur le bord de la table à dresser et le beau côté en dessus, huilez légèrement au pinceau, et au moyen de tiges de fer rougies au feu, marquez-les de barres transversales afin d'imiter la cuisson du gril.

Saumon au vin blanc à la gelée.

Lorsque vos darnes de saumon retirées de la friture, bien essuyées, bien égouttées et bien séchées, même deux jours s'il le faut, vous avez préparé avec les têtes, les queues, les débris, un bouillon corsé, moitié eau, moitié vin. Fait dans une marmite ou chaudière émaillée, garnie de légumes, d'aromates après deux heures de cuisson à feu doux, passez ce bouillon à la serviette et clarifiez ensuite en le collant.

Mettez vos darnes en boîtes comme il est indiqué ci-dessus, aromatisez avec les épices indiquées, mettez un morceau de gélatine Coignet ramollié à l'eau, jutez avec le bouillon, essuyez le bord des boîtes, faites souder et donnez la même ébullition que pour le saumon à l'huile.

N. B. — Les têtes et queues, après refroidissement, faites-les éplucher, mettez les chairs en boîtes bien aromatisées, et sans huile ni jus, donnez deux heures d'ébullition (s'emploie pour les pâtés).

Saumon au naturel.

Ce procédé est le plus usité et celui qui deviendra la conserve ordinaire, les deux premiers demandant de grands soins et des boîtes spéciales.

Les boîtes employées pour le saumon au naturel sont des boîtes rondes de forme basse, plus larges que hautes.

Au sortir de la saumure, taillez et remplissez vos boîtes de morceaux réguliers, assaisonnez et aromatisez, sans huile ni jus qu'une légère quantité d'eau alunée, 2 grammes par litre, uniquement pour remplir les vides.

Faites souder et laissez à l'autoclave bien fermé, mais pas de pression, si ce n'est 102 0/0 ou 104 0/0, mais pas davantage.

     2 heures pour les 500 grammes.
     3 — 1/2 pour le kilo.
Rafraîchissez entièrement sitôt l'ébullition finie.

Pour toutes les autres fabrications du saumon, reportez-vous aux chapitres des *Sardines, Conserves d'amateurs*, et pour le temps de cuisson voyez *Saumon à l'huile*.

TRUITES

Les truites ne sont pas avantageuses pour la conserve, leur chair blanche ou saumonée sans résistance ne permet pas beaucoup de manipulations. Il n'y aurait que les petites truites-alevins de 200 à 400 grammes qui pussent s'employer, et elles se conservent de la même manière que les féras du lac de Genève (voyez cet article); en fait de truites, j'ai toujours remplacé ce poisson par du cabillaud frais.

THONS

Ce poisson joue un grand rôle dans l'alimentation, et de fait il n'est bon que conservé; les quantités qui se préparent chaque année ne diminuent pas, elles augmentent sans cesse.

Thon à l'huile, au naturel, mariné, etc., la fantaisie du fabricant cherche toujours à créer, non un produit nouveau, mais une nouvelle manipulation.

Le thon proprement dit ne sert pas à la conserve; généralement, c'est un trop gros poisson qui en bande détruirait les filets; la variété qui est employée est un petit thon de 4 kilos en moyenne, qui s'appelle le germond; sa délicatesse, la blancheur de sa chair est préférée au thon proprement dit.

Le thon germond de l'Océan est plus blanc que celui de la Méditerranée, qui est jaunâtre et d'une taille très forte, surtout dans les parages de l'île de Sardaigne, où se trouvent les principales pêcheries et usines de l'Italie.

La Société métallurgique de San Pietre d'Arena ayant créé la fabrication et l'impression de la boîte métallique pour la conserve, cette industrie a pris un grand essor dans l'Italie du Nord, dans la Lombardie et en Tunisie.

Pour la fabrication du thon et surtout pour sa cuisson, il faut de vastes chaudières spéciales à grande surface de chauffe et peu de profondeur; ces chaudières peuvent contenir de 5 à 600 thons.

Thon à l'huile.

Recevez toujours vos thons frais, étêtés et vidés et ayant baigné vingt minutes dans un bain de neutraline; il n'y a pas possibilité de faire autrement à bord des bateaux de pêcheurs.

A l'arrivée à l'usine, taillez en tronçons épais, jetez-les dans des bailles ou baquets contenant de la saumure à 25 0/0; de cette manière ils dégorgeront et seront encore plus blancs; puis préparez dans votre bassine à cuisson une autre saumure à 25 0/0, mettez vos tronçons de thon dans la bassine: il faut que la cuisson soit très salée, puis chauffez jusqu'à frémissement; ne laissez pas bouillir, maintenez à point pendant vingt minutes, fermez le foyer, laissez refroidir les tronçons dans la cuisson; écumez soigneusement le dessus de la bassine afin d'enlever toutes les impuretés, mousses, écumes, etc.

Si vos thons n'ont pas bouilli, vous retrouverez après refroidissement vos tronçons entiers et de bonne qualité; s'ils ont trop chauffé et bouilli, ils seront secs et racornis.

Après refroidissement, enlevez les tronçons à la main, sans les casser, rangez-les sur des clayons, laissez-les sécher à l'air afin d'en retirer toute l'humidité.

Puis épluchez, enlevez les peaux noires et les arêtes, et emboîtez en morceaux coupés régulièrement, et d'après le format des boîtes à remplir; aromatisez comme pour les sardines, recouvrez d'huile d'olive fine, ajoutez, si vous le désirez, du piment rouge dans chaque boîte, ou une branche d'estragon, ou une lame de truffe noire, soudez et ébullitionnez comme pour les sardines.

Inutile de dire que vous pouvez préparer le thon comme les sardines d'amateurs.

N. B. — Si au moment de la cuisson, vous ne pouvez pas les emboîter à l'instant même, rangez les tronçons dans de grands calibres de fer-blanc de 10 à 20 kilos, couvrez d'huile et laissez quelques jours sans les souder ; si vos tronçons ont été saumurés et cuits avec un dosage de neutraline, vous n'avez aucune crainte à avoir pour leur conservation, la fermentation ne pouvant avoir lieu. Mais si vous devez remettre à l'hiver l'emboîtage, comme la pêche se fait en juin, juillet, en août, il faut déjà aller chercher le poisson dans la haute mer, dans les parages de Belle-Isle-en-Mer. Soudez alors vos calibres et ébullitionnez à l'air libre sans pression :

3 heures pour les 10 kilos ;
4 — pour les 20 —

Laissez refroidir dans l'eau et ensuite au grand air sans les brutaliser et mettez en cave.

Les différents formats pour le thon sont, comme poids, identiques à la sardine.

Il y a le 1/8, le 1/4 et 1/2; les boîtes sont généralement illustrées.

Il y a aussi les vases en verre à fermeture métallique, c'est dans le domaine de la fantaisie; vous trouverez tous ces modèles au *Matériel*.

N. B. — Dans la Méditerranée les usines du cap Bon, en Tunisie, emploient le thon de la grande espèce.

LES HARENGS

La boîte employée pour cette conserve est celle à fond d'asperges; mais moins haute et avec capsule.

Harengs au vin blanc, marinés à la dieppoise.

Prenez les harengs en octobre ou novembre, pas avant, car ils ne sont pas de bonne qualité; grattez-les, enlevez têtes et ouïes, videz-les sans les fendre et. sans enlever les laitances ou la roque, laissez-les après lavage quarante minutes dans une saumure à 25 0/0 neutralinée avec 2 centilitres par litre ; enlevez, égouttez et séchez, rangez en boîtes comme des sardines, les flancs bien dessinés, aromatisez grande-ment avec laurier-thym, poivre, girofle, une feuille de persil et une branche d'estra-gon, et sur le dessus de vos poissons rangez deux lames d'oignons crus et deux lames de chair de citrons sans zestes, très finement découpées ; faites souder vos boîtes à vide, et une fois soudées, introduisez par la capsule au moyen de l'entonnoir un jus composé de vin blanc de Chablis, ou d'eau et de vin, ou d'eau et vinaigre aromatisé et de bonne qualité; les boîtes jutées, soudez la capsule et mettez à l'autoclave, huit à dix minutes pour les boîtes de 1 kilo; dans l'assaisonnement des harengs vous pouvez ajouter une pincée de paprika ou de carry : cela relève le poisson et n'est pas d'une grande dépense; rafraîchissez avant de sortir de l'autoclave.

Les autres conserves de harengs peuvent se faire de toutes autres manières.

Harengs à l'huile.

Voyez *Sardines à l'huile*.

Harengs sauce tomate.

La sauce tomate se fera réduire avec un peu de vinaigre, et sera plutôt claire qu'épaisse.

Harengs au gratin.

Voyez *Maquereaux au gratin.*

Harengs au beurre.

Voyez *Maquereaux au beurre.*

Harengs salés à la saumure.

Au sortir de la saumure, après avoir enlevé les tripes et les ouïes et bien lavé le poisson dans la saumure neutralinée, rangez vos harengs dans des barils de plusieurs dimensions, ordinairement cent vingt au baril. Assaisonnez largement de poivre en grains, lames d'oignons, lauriers, ail, échalotes, thym et quelques baies de piment, refoncez le baril, et par la bonde remplissez-le de la saumure suivante :

1 litre de saumure à 25 0/0 ;
1 — de vinaigre pur ;
2 grammes d'alun en poudre ;
2 — de sel neutraliné.

Faites bouillir un seul bouillon, laissez refroidir et remplissez le baril bien plein, fermez la bonde, et après dix jours de marinade, vos harengs sont bons à manger.

Filets de harengs à l'italienne.

Au sortir de la saumure, après quarante minutes de macération; levez les filets de beaux harengs bien dodus, opération culinaire des plus faciles, laissez bien sécher ces filets; puis farinez-les, laissez-y le moins de farine possible, faites frire comme les sardines à l'huile, d'un blond très pâle, presque blanc, laissez égoutter et refroidir, rangez en boîte, les dos intérieurement afin de présenter la partie blanche; aromatisez et couvrez-les, soit d'huile d'olive surfine, soit de beurre clarifié, soit d'une marinade cuite ainsi composée :

Taillez en julienne oignons, carottes, céleris, passez ces légumes au beurre, mouillez avec moitié eau, moitié vinaigre, assaisonnez le tout, versez sur vos filets de harengs.

Soudez et ébullitionnez.

6 minutes pour les 1/2 boîtes ;
10 — pour le kilo.

Harengs fumés — Bloater.

Ce n'est pas du hareng saur de Hollande ou de Dieppe que je veux parler, c'est d'un genre particulier, qui ne peut malheureusement pas se conserver longtemps; ce genre de poisson est appelé *Bloater* par les Anglais.

Prenez des harengs frais, petits principalement, fendez-les en deux parties non séparées, de la tête à la queue, mais du côté du dos; c'est le ventre qui doit relier les deux filets, nettoyez-les; enlevez ouïes, tripes et laitances, et laissez mariner dans la saumure à 20 0/0 vingt-cinq minutes. Ayez soin de saturer votre saumure avec de la neutraline 1 centilitre pour 1 litre de liquide; retirez ensuite, aplatissez votre poisson afin qu'il reste bien ouvert; servez-vous à cet effet d'une palette de bois dur, que vous mouillez constamment dans la saumure avant de vous en servir; puis au moyen de bâtonnets fendus en deux parties vous serrez les queues ou les têtes, pour leur conserver leur forme aplatie; faites sécher à l'air; il faut que les harengs deviennent secs comme les sardines avant de les frire.

Mettez-les ensuite dans le fumoir à harengs sitôt qu'ils seront dorés par la fumée, douze heures environ, retirez-les, huilez-les au pinceau avec de l'excellente huile d'olive, — il en faut très peu, — et livrez à la consommation.

Ils se conservent très bien dans le fumoir imprégné de fumée, et si possible, ne les sortez qu'au fur et à mesure de vos besoins.

Ce genre de harengs est très délicat, beaucoup plus que le hareng-saur, salé et fumé à extinction, afin de le conserver.

Grillé au beurre ou passé à la poêle, accompagné d'un maître-d'hôtel au citron, il est délicieux.

La construction d'un fumoir à harengs est toute trouvée dans une usine : servez-vous de l'armoire à soufrer, qui est déjà installée pour cela; les échelles à clayons sont tout agencées pour supporter vos bâtonnets chargés de poissons. Le feu n'est pas difficile à faire, avec un réchaud quelconque, que vous garnissez de sciure et de plantes aromatiques, laurier en branches, genièvre en branches; allumez cette sciure dans un des bords, juste au-dessus de la porte du tirage; réglez la combustion afin qu'elle soit très lente; vous posez ensuite le réchaud dans un angle de l'armoire; vous ferez une ouverture ronde vis-à-vis du tirage, afin que l'air extérieur y pénètre, de l'autre côté de l'armoire, au ras du sol, une autre ouverture afin d'établir l'échappement de fumée; puis fermez les portes, calfeutrez et laissez douze heures dans cet état; si le poisson n'est pas assez doré, recommencez une seconde fois, et réglez votre fumoir en conséquence.

Harengs fumés, dits harengs saurs.

Les harengs destinés à cet usage, ne sont ni nettoyés, ni vidés; au sortir de la mer, ils sont rangés dans des bailles contenant de la saumure à 25 0/0 à laquelle vous ajouterez 50 grammes de sucre de cassonade par kilo de harengs. C'est la manière de procéder pour les petites quantités; en grand vous commencez à mettre en tonneau et vous incorporez au poisson 10 kilos de sel pilé et 2 kilos de cassonade pour 100 kilos de poisson. Mettez sous presse légère après quinze jours de saumure, sortez et dépotez, lavez dans la saumure chaque poisson en le crochant.

Suspendez-les par la tête à des bâtonnets que vous mettez sécher à l'air comme pour les sardines; votre poisson bien essuyé et séché, portez au fumoir.

Les fumoirs dans les grandes pêcheries sont des galeries sous terre ouvertes aux deux extrémités et orientées de manière à être toujours vent arrière, c'est-à-dire que l'air doit s'engouffrer dans la galerie qui est très basse ; un boyau dans lequel vous suspendez le plus haut possible vos poissons par la tête et côte à côte sans se toucher ; vous établissez le tirage en ouvrant une extrémité, et à l'autre vous faites le foyer par terre, de bois vert, sciure de bois, copeaux de chêne, le moins possible de bois blanc, afin d'éviter le goût de résine ; la fumée, ayant toujours tendance à monter, enveloppe les poissons, le sucre de la saumure facilite la couleur, en les dorant ; arrivé au point voulu, sortez vos harengs, huilez-les légèrement soit avec de l'huile d'olive ou de l'huile de poisson ; triez, encaquez en barils ou caissettes.

Je conseillerais aux personnes qui veulent faire beau et bon de vider les harengs par la tête en enlevant l'ouïe et sans les laver, afin d'y laisser toutes les écailles, de mettre au sel avec cassonade et neutraline, d'aromatiser chaque rang avec laurier, thym, sauge, girofle, de laisser sous presse légère, jusqu'au point voulu, assez difficile à préciser, à cause de la grosseur du poisson et surtout de la qualité du sel qui est plus ou moins fort, suivant sa provenance ; à l'œil pourtant, vous remarquez vite le point d'arrivée, le poisson est raide et salé à fond. Suivant température, forcez la dose du sel, ce qui est nuisible dans beaucoup de cas ; il vaut mieux augmenter la dose de neutraline, la porter à 2 centilitres par kilo de poisson, que d'augmenter la dose du sel.

Harengs marinés à la russe.

Après dessiccation, et les harengs roulés dans la farine, faites frire vos harengs à blanc et jutez-les avec une marinade cuite composée de vinaigre aromatisé et lié avec de la farine de moutarde anglaise ; huit minutes d'ébullition à air libre.

Mettez sur le dessus de chaque boîte une lame de citron extrêmement fine sans zestes, une lame d'oignon frais coupée de même, saupoudrez avec une pincée de poudre de carry ou de paprika, jutez avec de l'eau vinaigrée ou du vin blanc de Chablis. Vous pouvez aussi mettre dans chaque boîte un morceau de gélatine ramollie à l'eau froide et assez gros pour que le jus après cuisson soit pris en gelée ; soudez, laissez de six à dix minutes à l'ébullition et rafraîchissez.

Harengs marinés à l'huile.

Même préparation que pour la sardine : dix-huit minutes d'ébullition à air libre, sans fermer l'autoclave, et rafraîchir avant de les retirer.

Harengs aux truffes.

Préparation et manipulation identiques à celles de la sardine : dix-huit minutes d'ébullition et rafraîchir avant de les retirer.

SALAGE ET FUMAGE DES POISSONS

Le procédé de salage et de fumage s'applique à tous les genres de poissons de mer et d'eau douce, en suivant exactement l'indication du temps pour la saumure et tenant compte de l'épaisseur du poisson, c'est ainsi que vous opérerez pour conserver :

Le saumon frais ainsi que l'esturgeon que vous fendez sur le dos de la même manière que les harengs et que vous laisserez à la saumure à raison de quarante minutes par kilo.

Les Merlans, Merluches, Heideck, etc. — Le Yerchis, le Sandre, le Schill. — Le Mulet, la Féra, le Lavaret. — Le Rouget, la Brème, le Brochet. — La Carpe, les Petits Cabillauds. — Le Maquereau et le Ranghabé.

Tous ces poissons pourront se conserver mais au fumoir ; d'ailleurs, cette fabrication peut se faire toute l'année, pour une grande quantité, pour les autres comme la féra ou le maquereau, ils seront plus appréciés étant plus rares.

Maquereaux à l'huile.

Au commencement du printemps, quant la pêche commence, prenez des petits maquereaux qui, à ce moment, ne sont guère plus gros que des sardines ; laissez-les à la saumure douze minutes à 25 0/0, égouttez-les en les étêtant, videz et parez, lavez encore une deuxième fois dans la saumure, ensuite mettez en paniers, et après un bon essuyage à l'air, faites-les frire dans du saindoux frais et pas salé surtout, à chaleur tiède, que votre poisson soit cuit, sans frire et sans prendre couleur. Égouttez-les et laissez refroidir. Emboîtez dans les boîtes à sardines, aromatisez, finissez par les couvrir d'huile d'olive, soudez et ébullitionnez comme les sardines à l'huile.

La remarque que je fais de frire au saindoux et non à l'huile est basée sur l'inconvénient que le maquereau étant une chair sèche, les petits surtout, et la saumure y aidant, ils sont plus délicats, plus savoureux « bouillis » dans le saindoux que dans l'huile.

D'ailleurs essayez sur quelques boîtes et vous serez de mon avis.

Maquereaux au vin blanc.

Pour cela il faut prendre de gros maquereaux et vous servir des boîtes à harengs.

Videz et enlevez les ouïes à vos poissons et coupez la tête. Nettoyez l'intérieur sans en crever le ventre, parez les nageoires et la queue ; si vos poissons ne sont pas trop gros, laissez-leur la tête s'ils sont de la longueur de la boîte.

Ciselez-les proprement, gentiment, des deux côtés, que vos ciselures soient régulières et peu profondes. Fendez le dos de la tête à la queue avec la lame d'un couteau tranchant, mais de la profondeur d'un centimètre afin que la saumure pénètre bien les chairs.

Laissez mariner suivant grosseur dans une saumure à 25 0/0 neutralisée, pendant vingt ou vingt-cinq minutes. Égouttez, laissez sécher, faites frire quelques minutes à l'huile à sardine, seulement pour raffermir et raidir vos poissons, égouttez ensuite soigneusement, emboîtez en croisant afin que les ciselures soient bien en vue ; garnissez vos boîtes d'aromates, de lames d'oignons et de citron, une échalote émincée, une branche de persil et d'estragon, un morceau de gélatine ramollie, faites souder, puis, par la capsule, au moyen d'un petit entonnoir, introduisez le même jus que pour les harengs, soit vin blanc de Chablis ou vin et eau, ou eau et vinaigre. Soudez la capsule et mettez à l'autoclave à l'air libre, sans pression, la pression du couvercle suffit, et laissez dix-huit minutes pour la boîte ordinaire, rafraîchissez ensuite.

Filets de maquereaux au gratin.

Enlevez les filets de vos maquereaux, mettez têtes et arêtes de côté, laissez mariner vos filets quinze minutes dans la saumure à 25 0/0, toujours la même. Égouttez, laissez entièrement sécher à l'air, puis passez à la farine ; si vous avez ciselé vos maquereaux, ne laissez pas de farine dans les ciselures : faites frire blanc à l'huile, égouttez, emboîtez en garnissant la boîte du gratin suivant :

Gratin pour poisson.

Les têtes, arêtes et débris sont mis dans une marmite ou bassine émaillée ; après un lavage, couvrez ces débris d'eau froide en y ajoutant un verre de vinaigre pour aciduler légèrement l'eau, puis mettez sur le feu ; laissez venir à ébullition ; écumez soigneusement, garnissez d'aromates, laissez frémir doucement à feu doux pendant deux heures, égouttez ensuite sur une serviette, afin d'avoir un bouillon transparent, remettez le jus sur le feu pour le faire réduire à l'état d'extrait ; vous remarquerez que je n'ai pas mis de sel pour le faire cuire. Pendant que cette réduction s'opère, hachez les parures de champignons ou de cèpes, ou les galipettes (voyez

Fabrication de cèpes et champignons); à ces parures hachées très fines ajoutez un peu d'oignons et d'échalotes, persil et ciboulettes, hachez le tout bien fin, et pressez ensuite dans un linge fort pour enlever l'eau de végétation, puis lorsque votre réduction est à point, mêlez le tout, remuez, laissez cuire une minute, salez et poivrez, ajoutez une pointe de muscade râpée, puis garnissez vos boîtes de filets de harengs.

Si vous voulez faire une fabrication de choix ou pour une dégustation hors concours ajoutez dans le hachis, en le sortant du feu, pour lier le tout, 100 grammes de beurre extra-fin par litre de hachis, qui ne doit pas être trop épais ni trop clair; le tout doit recouvrir les filets en les baignant.

Soudez ensuite vos boîtes et laissez cinquante minutes, à chaudière couverte, mais sans pression, et rafraîchissez avant de les retirer.

N. B. — En place d'eau pour cuire vos débris de poisson, vous emploierez les cuissons qui ont servi à blanchir vos champignons, cuissons que vous aurez conservées, après les avoir décantées, passées et réduites; ce sont ces jus qui servent dans toutes les préparations culinaires.

Filets de maquereaux au beurre

Mêmes opérations que pour les maquereaux au gratin. Une fois les filets frits refroidis, emboîtez-les en les dressant régulièrement et après les aromates ordinaires couvrez vos filets de beurre clarifié, d'une pincée de persil haché et reverdi, quelques gouttes d'acide citrique, soudez et donnez une heure un quart d'ébullition comme ci-dessus pour une boîte de 500 grammes à 750.

Persil haché et reverdi, comme dans toutes les conserves où il entre du persil. Comme c'est sa couleur qui en fait l'ornement, pour la conserver opérez ainsi : hachez du persil très frais, faites bouillir une petite quantité d'eau fortement sulfatée, comme pour blanchir des petits pois. Jetez le persil au moment de l'ébullition; laissez donner un bouillon, retirez du feu, égouttez au tamis fin, rafraîchissez et passez dans un linge fort pour extraire l'eau et sécher le persil afin que vous puissiez vous en servir plus facilement.

Ranghabé.

C'est le hareng turc, au printemps ; c'est par bandes qu'il entre dans le Bosphore par la mer Noire ; les pêcheries du Bosphore et des Dardanelles en prennent de grandes quantités. C'est un petit maquereau moins coloré, mais en tout point semblable qui, salé et desséché au soleil, remplace la morue pour toute cette population qui lui a donné le surnom de ranghabé.

Merlans.

Ne se conservent d'aucune manière. En boîte, leur chair sans résistance ne supporte pas la cuisson de l'autoclave.

La seule conservation de ce poisson est d'en faire des merlans salés et fumés, dits kiepers (voyez *Harengs fumés*).

Soles.

La sole ne se conserve pas entière, ce qui serait, je crois, inutile, mais cela peut se faire.

Les filets de soles sont très appréciés par les gourmets, et font partie des provisions de voyage. A des moments de l'année, le prix en est abordable, et permet cette conservation. Commençons d'abord par lever les filets, chose très aisée pour un cuisinier, mais difficile pour celui qui n'en a pas l'habitude ; fendez votre sole jusqu'à l'arête de la tête à la queue en suivant la ligne tracée ou plutôt dessinée sur la peau du poisson, puis en biaisant, détachez les chairs de l'arête, en travaillant toujours de droite à gauche ; les deux filets d'un côté enlevés, retournez le poisson, faites la même opération, et il ne doit vous rester sur table que la tête et l'arête. Chaque sole doit vous faire quatre filets réguliers. Pour enlever les peaux noire et blanche, posez votre filet bien à plat sur la table, la peau touchant le bois, de la main gauche vous tenez l'extrémité du filet du côté de la queue, et de la main droite, avec un bon couteau de cuisine tranchant et mouillé d'eau, vous passez d'un seul coup la lame entre l'épiderme et la chair ; cette manière d'opérer enlève toutes les nervures du poisson et vous donnera à la cuisson des filets réguliers, plats, en forme de carrés longs, tandis que si vous dépouillez vos soles avant de les fileter, vous aurez après cuisson des filets tordus, en boules ou recroquevillés, dont vous ne pourrez pas vous servir.

Maintenant vos filets levés et parés, mais pas lavés, faites-les mariner douze minutes dans la saumure préparée. Égouttez ensuite sur un tamis, puis au moyen de la batte, applatissez-les, en les doublant, posez-les dans les paniers à sardines pour les faire sécher, farinez-les ensuite, en les reformant, et remettez en panier pour faire frire à friture douce, qu'ils soient bien blancs. Puis emboîtez et garnissez suivant l'habitude pour faire des

Filets de soles au gratin.

Emboîtez vos filets de soles, remplissez les vides avec le même gratin que pour les filets de maquereaux, soudez et ébullitionnez :

Pour les boîtes de 500 grammes 1 heure 1/4 à 104 ;
Pour les   —   1000   —   2   —   à 104.

Commercialement cette boîte ne se fait pas.

Soles au vin blanc.

Je suppose toujours que vous conservez vos cuissons de champignons, ainsi que vos bouillons réduits de poissons ; prenez-en pour couvrir vos têtes et arêtes de soles, mais pas les peaux, qui ne sont bonnes à rien ; faites bouillir en ajoutant les débris ; laissez vingt minutes, écumez et aromatisez ; après une heure d'ébullition modérée passez à la serviette ; faites réduire à glace afin d'avoir un jus onctueux ayant un peu de consistance, que vous pourrez augmenter avec quelques feuilles de gélatine ramollie, et fondue hors du feu ; goûtez, voyez s'il est assez assaisonné ; il ne faut pas que les épices dominent ; si vous avez employé des ustensiles émaillés, vous aurez une teinte blonde dorée, autrement votre réduction sera gris-noir, teinte que donne ordinairement le métal.

Couvrez vos filets de soles, soudez et laissez à l'autoclave le même temps que pour les filets au gratin.

Les filets de soles conservés par ce procédé peuvent servir en cuisine d'une foule de manières, soit chauds et froids ; la liste en serait trop longue pour être énumérée ici.

Filets de soles au soya.

Lorsque vos filets de soles sont préparés et frits comme il est indiqué ci-dessus, qu'ils sont emboîtés et bien proprement dressés, garnissez les vides avec un émincé de petits cèpes conservés au naturel, et saucez le tout avec la sauce soya suivante :

Sauce soya.

Lorsque vous éplucherez des cèpes ou des champignons, les queues, les galipettes, les parapluies, les véreux tachés, etc., tout ce qui ne peut servir à rien, lavez-le vivement, égouttez et hachez grossièrement, mettez dans un pot de grès et par kilo de débris mettez 50 grammes de sel, afin qu'ils rendent leur eau ; conservez au frais. remettez toujours, et lorsque votre vase sera plein, pressez-le, soit au pressoir à fruit, soit à la presse à gras. Mettez ce jus dans une bassine émaillée ; même quantité de Marsala sec, ou de vin de Zucco. Ajoutez aromates, épices, cayenne, paprika, et une quantité de purée de tomates, pour lier le tout, faites réduire à consistance de sauce, passez au tamis très fin, couvrez vos filets de soles, soudez et donnez cinquante minutes à une heure d'ébullition à 102-104 0/0.

S'il vous reste de cette sauce, mettez en bouteilles ; je n'ai pas besoin de vous donner son emploi qui est connu en Angleterre sous le nom de soya-sauce.

Brochets et brochetons.

Préparez vos poissons en suivant les manipulations indiquées pour le maquereau au vin blanc et terminez comme il est dit ci-dessus, *Sauce soya*.

Carpes.

La carpe n'est pas un poisson fin, mais par la fermeté de sa chair, elle se conserve très bien, soit en filets comme les soles et comme les maquereaux, mais sa préparation la plus usitée est :

La matelote de carpes.

Commencez par écailler, vider et couper la tête et la queue de vos carpes, puis le corps en quatre ou cinq tronçons égaux ; la portion d'une personne. Mettez mariner le tout à la saumure vingt minutes à 25 0/0 ; égouttez ensuite, afin qu'ils sèchent, et mettez bien à part toutes les laitances.

Puis préparez la cuisson suivante : émincez suivant besoin, carottes, oignons. Mettez dans une bassine à fond plat avec suffisamment de beurre pour les cuire, sans les colorer, pendant quinze minutes ; ajoutez un bouquet garni (persil, thym, laurier), poivre en grain, clous de girofle, une gousse d'ail et d'échalote, mouillez ces légumes avec bon vin rouge et autant de cuissons de poissons ou de champignons, laissez cuire à ébullition vingt minutes, puis mettez vos tronçons de carpes d'un seul coup, laissez repartir l'ébullition et retirez au bout d'une minute, enlevez les tronçons de carpes, emboîtez-les, et remplissez les vides de la garniture suivante :

Quenelles de carpes (voyez *Godiveau de poisson*) ;

Champignons ;

Laitances blanchies ;

Petits oignons colorés à la poêle ;

Quelques petits cornichons ;

Quelques olives.

Avant de commencer la mise en boîtes et après l'égouttage des tronçons, vous remettrez la cuisson sur le feu, vous la lierez à consistance de sauce avec du roux brun (voyez l'article), et vous laisserez cuire cette sauce pendant tout le temps de l'emboîtage ; puis ensuite passez la sauce au tamis fin, saucez vos boîtes après vous être assuré que la sauce ne manque de rien ; si la couleur est trop pâle, colorez avec quelques gouttes. de vinicoline ; au moment de saucer, ajoutez un verre de bon cognac dans chaque boîte, soudez ensuite et ébullitionnez :

Boîtes de 500 grammes 45 minutes à 102 $+$ 104 ;

Boîtes de 1 kilog.. 1 heure à 104.

Rafraîchissez entièrement.

Vous pouvez ajouter à votre matelote de carpes des tronçons d'anguilles que vous cuisez en même temps ; on ne met pas les têtes et les queues, à moins que la carpe ne soit conservée dans une boîte longue et destinée à être reconstituée en servant, dans ce cas vous ferez une garniture et sauce Chambord.

Bouillabaisse pour conserves.

La bouillabaisse se compose de plusieurs sortes de poissons de mer, grondins, rougets, rascasses, vives, mulets, saint-pierre, petits homards et langoustes vivants, préparez et coupez tous ces poissons en tronçons ainsi que les queues et coffres de langoustes et homards.

Puis mettez sur le feu ardent, dans un récipient à fond mince et peu profond, un ou plusieurs oignons blancs émincés finement, quelques gousses d'ail écrasées, la quantité d'huile pour humecter tout cela, un bouquet garni de thym, laurier ; lorsque ces légumes commencent à frire dans l'huile et les oignons à se colorer, jetez-y vivement vos tronçons préparés, mouillez à hauteur avec eau et vin blanc ; ajoutez plusieurs grosses tomates bien mûres, bien rouges, épépinnées et coupées en gros dés ; ajoutez la pointe d'un couteau du safran en feuilles ou en poudre, poivre, sel, ne laissez vos tronçons que juste le temps de donner un bouillon ; enlevez du feu vivement, égouttez la cuisson afin de pouvoir mettre de suite vos tronçons en boîtes. Remettez ensuite la cuisson sur le feu en y ajoutant les chairs de un ou plusieurs citrons, un atome d'écorce d'orange ; laissez réduire de manière à avoir juste le mouillement de vos boîtes. Pendant la réduction, ajoutez à vos boîtes une gousse d'ail écrasée et un peu de persil haché et reverdi ; goûtez si le jus est d'un bon sel et versez sur vos tronçons bouillants ; il faut aussi que cela soit soudé bouillant, ne versez alors votre jus dans vos boîtes qu'au fur et à mesure du soudage et donnez à l'autoclave fermé :

1 heure d'ébullition pour les boîtes de 500 grammes;
1 — 1/2 — pour le kilog.

Ne montez pas au-dessus de 100 et rafraîchissez entièrement.

Pour déguster la bouillabaisse, faites réchauffer la boîte fermée pendant trente minutes dans l'eau bouillante, ouvrez la boîte, et posez-la sur des cendres chaudes ; au moment de bouillir, dressez vos tronçons sur des tranches de pain grillées et posées dans un plat creux, versez le liquide bouillant sur le tout, couvrez le plat une minute et voyez si votre fabrication est réussie.

Soupes de poissons.

Préparez une soupe de poissons, une vraie marinière avec du vin blanc, du cidre, de l'eau, du vin rouge suivant les goûts ; suivez comme pour la bouillabaisse mais sans safran ; servez sur du pain grillé et bouillant, cette soupe ne se met pas en boîte.

Brandade de morue.

Choisissez une belle morue franche, bien blanche et bien épaisse ; faites-la dessaler, puis coupez en gros carrés ; mettez à l'eau froide coupée avec un peu de lait ; laissez sur le feu jusqu'au point d'ébullition, puis retirez du feu et laissez terminer la cuisson pendant un quart d'heure, égouttez ensuite, enlevez les arêtes et les peaux, pilez votre morue en y ajoutant ail et oignons hachés et cuits à l'huile d'olive pour la rendre crémeuse ; si votre morue ne se liait pas, ajoutez alors un peu de sauce béchamel très serrée et bien cuite.

Assaisonnez avec poivre, muscade, jus de citron ou quelques gouttes d'acide citrique.

Emboîtez et donnez à 102 une heure d'ébullition par boîte de 1 kilo.

N. B. — Il serait préférable de mélanger la béchamel à la brandade de morue qu'au moment de l'employer. A cet effet, réchauffez votre boîte sans l'ouvrir, en la mettant trois quarts d'heure à l'eau bouillante. Pendant ce temps vous faites votre sauce, et ne mélangez qu'au moment de servir en ajoutant une petite pincée de persil haché.

Féras du lac de Genève, *procédé Corthay.*

Cet excellent poisson jusqu'à présent n'avait pas pu être conservé par plusieurs raisons, dont les principales étaient le manque d'usines et l'impossibilité de le faire voyager.

Une remarque curieuse au sujet de ce poisson, c'est que des années il est extrêmement rare et les pêcheurs n'en prennent que peu ou pas. Cela tient non pas à sa diminution, mais à sa nourriture. Des années, cette nourriture sera abondante et entre deux eaux, ce qui fait que le poisson ne sera ni à la surface ni au fond. Ces deux alternatives sont mauvaises pour la pêche. Si au contraire la nourriture se trouve à la surface ou au fond la pêche sera abondante et quasi miraculeuse.

Ce poisson est généralement gros, 800 grammes à un kilo, mais sa moyenne est de 500 grammes ; ces années sont rares où la pêche de la petite féra de 150 à 300 grammes est abondante.

Féras à l'huile.

Vous ne pouvez l'employer que dans sa fraîcheur et en obligeant les pêcheurs de la baigner vingt minutes dans la neutraline avant de la mettre en paniers ou en caisses, pour l'expédier.

Sa chair est si délicate, qu'elle s'abîme immédiatement ; pour qu'elle arrive au conservateur dans d'excellentes conditions, il faudrait que les pêcheurs les vident au sortir de l'eau, les lavent et les baignent dans de l'eau salée à 25 0/0 ; opérez ainsi :

Grattez, videz, enlevez sang et ouïes, laissez la tête, elle est si petite ; ciselez le poisson des deux côtés en variant les dessins, gros carreaux réguliers, serpentins, ondulés de la tête à la queue, et tout autre dessin ; ouvrez le dos le long de l'épine dorsale ; mettez quarante minutes à la saumure à 24 0/0, puis retirez, égouttez et laissez sécher le poisson en le suspendant par les ouïes à de petits crochets ; laissez longuement sécher, puis roulez dans la farine ; garnissez le fond de vos grilles de papier huilé, posez vos féras par dessus ; le papier empêchera la grille de déchirer la peau du poisson ; faites frire à l'huile chaude, mais pas assez pour colorer le poisson qui doit rester blanc ; retirez-le, laissez égoutter et refroidir avant d'emboîter ; les boîtes sont spéciales à cette fabrication et elles contiennent un ou deux poissons, pas davantage ; aromatisez chaque boîte avec une branche d'estragon et persil frais, thym, laurier, poivre et girofle, un peu de muscade, couvrez de bonne huile fraîche, soudez et laissez une heure à l'autoclave fermé mais sans pression.

Laissez refroidir les boîtes entièrement avant de les manipuler.

Et si la température trop élevée a ramolli le poisson, au lieu de 5 centilitres de neutraline par litre, mettez-en 10, afin de raffermir les chairs, mais ne le faites qu'en cas de nécessité absolue.

Féras au vin blanc.

Après avoir écaillé, vidé, ciselé les féras et qu'elles sont restées le temps nécessaire à la saumure, continuez l'opération en les séchant mais sans les fariner, et faites frire blanc, puis laissez entièrement refroidir ; égouttez et préparez une cuisson en mélangeant moitié vin blanc du pays et eau et vinaigre pour aciduler légèrement.

Mettez le poisson en boîtes en le garnissant des aromates désignés pour la féra à l'huile, ajoutez sur le dessus de chaque boîte rouelles d'oignons très fines ainsi qu'une lame de citron, un morceau de gélatine et une petite quantité de liquide ; soudez ; il faut que le fond presse légèrement le poisson, puis après soudure mettez le vin aromatisé par la capsule et mettez à l'ébullition à autoclave fermé :

> 1 heure pour les boîtes de 1 féra ou 500 grammes.
> 1 — 1/4 pour les — de 1 kilog. ou 2 féras.

Laissez monter à 100 et rafraîchissez entièrement.

Vous ferez attention de mettre sous presse vos boîtes dans l'autoclave afin que l'ébullition ne les retourne pas, ni les mettre par pointe ce qui dérangerait la symétrie de l'emboîtage ; ne manipulez les boîtes qu'après complet refroidissement.

Féras à la meunière.

Faites toutes les manipulations décrites dans la féra à l'huile, puis séchez ; faites-les fariner et cuire à friture tiède, dans les grilles garnies de papier ; farinez auparavant ; mettez en boîtes sitôt refroidies en ne laissant que peu de vides, puis préparez à la poêle un beurre noir, assaisonnez le poisson de sel et poivre, faites frire au beurre noir une noix de persil en feuilles, ajoutez quelques gouttes de vinaigre très fort et versez sur chaque poisson. Recommencez à chaque boîte par la même quantité de beurre ; soudez et ébullitionnez sans pression :

> 1 heure 1/4 pour les 500 grammes ;
> 1 — pour le kilog.

Le poisson se réchauffe sur des cendres chaudes ou dans l'eau bouillante, pour déguster.

Féras à la diable.

Suivez exactement les mêmes manipulations, faites frire après avoir fariné, mettez en boîtes aromatisées, garnissez les creux avec petits cornichons au vinaigre, quelques petits cèpes et oignons au vinaigre, câpres et olives, un piment rouge, délayez de la farine de moutarde anglaise dans du vin blanc cuit, saucez vos féras, soudez et à l'ébullition :

> 25 minutes pour les 500 grammes ou 1 féra ;
> 35 — pour le kilog ou 2 féras.

Et laissez sous presse jusqu'à complet refroidissement.

Filets de féras au gratin.

Levez les filets des féras en suivant le procédé indiqué pour les filets de maquereaux au gratin.

Mêmes manipulations et cuissons à l'ébullition.

Filets de féras au beurre.

Mêmes procédés et manipulations que pour les filets de maquereaux au beurre.

Filets de féras sauce tomates.

Après avoir écaillé, lavé et coupé les féras comme il est indiqué aux harengs kiepers, c'est-à-dire en les ouvrant par le dos, laissez-les mariner une heure à 25 0/0, dans la saumure retirez vos féras, suspendez-les pour les sécher, ouvertes, en les maintenant par les bâtons fendus, bien secs, faites fumer d'une belle couleur d'or pâle, retirez du fumoir, essuyez, remettez en forme et faites frire au saindoux. Mettez en boîtes, et recouvrez d'une sauce tomate, ou d'une sauce soya bien épicée.

10 minutes pour 1 féra.

14 — pour 2 féras.

Laisser refroidir les boîtes sous presse afin d'éviter le dérangement intérieur.

Filets de féras maître d'hôtel.

Au sortir du fumoir, après avoir préparé les filets comme il est indiqué pour les filets de maquereau au beurre, faites frire très blanc et tiède au saindoux. Laissez égoutter mettez en boîtes et arrosez avec beurre clarifié, du poivre et quelques gouttes d'acide citrique. Semez du persil haché et reverdi et soudez; laissez à l'ébullition :

10 minutes pour 2 filets.

14 — pour 4 filets.

Féras marinées, sardines du lac, vengerons et féras du Travers.

Suivez le procédé indiqué pour les harengs marinés.

Féras à la marinière.

Ecaillez vos féras, videz-les proprement, enlevez les ouïes, mettez à mariner à la saumure à 25 0/0 pendant quarante minutes, égouttez, détaillez en tronçons, et mettez en boîtes en reconstituant la forme.

Préparer une cuisson avec oignons hachés, ail et persil reverdi, beurre frais et jus de champignons, poivre, sel, thym, laurier, girofle; après deux minutes de cuisson,.

versez bouillant sur vos tronçons en boîtes, soudez et donnez une heure et demie d'ébullition à autoclave couvert.

Se sert chaud, sur des croûtes de pain.

N. B. — Ne touchez pas aux boîtes avant complet refroidissement.

Anguilles marinées.

Prenez des anguilles vivantes, assommez-les, faites une incision autour du cou, et avec un linge dépouillez l'anguille de sa peau comme un gant en la retournant de la tête à la queue; videz, coupez en tronçons; laissez mariner pendant vingt minutes à la saumure à 25 0/0; égouttez, laissez sécher, roulez dans la farine faites frire légèrement coloré; égouttez et laissez refroidir; rangez dans un récipient et versez dessus la marinade suivante; faites revenir dans du beurre un émincé d'oignons, carottes, échalottes et ail; mouillez avec moitié saumure et moitié vinaigre; pendant l'ébullition aromatisez vos tronçons avec thym, laurier, poivre en grain, piment, girofle et quelques lames de citron; versez la marinade bouillante sur les tronçons et laissez quarante-huit heures, et vos anguilles seront à point.

Après cela rangez-les dans des petits barils de bois, ajoutez les légumes, et par la bonde, après avoir refermé le tonneau, introduisez la saumure et gardez au frais.

Pour les conserver en boîtes, arrangez vos tronçons en alternant avec les légumes, aromatisez et mettez la marinade. Quarante minutes à l'ébullition pour une boîte de 1 kilo.

Anchois au sel.

Cette préparation ne peut se faire qu'au bord de la mer, en pleine plage. Le poisson ne doit quitter l'eau que pour entrer en baril.

La teinte rouge est donnée aux anchois avec de la brique pilée et passée au tamis et mélangée avec le sel; il faut 12 kilos de sel pour 100 kilos d'anchois; il faut saler au fur et à mesure que vous arrangez l'anchois dans les barils, qui, une fois pleins, sont fermés et mis au frais.

Visitez souvent vos barils afin qu'ils ne coulent pas; serrez les cercles et trempez les barils dans l'eau afin de les rendre étanches, car le poisson doit être humide et non sec.

Vous pouvez les conserver dans des vases de grès ou de verre.

Pour les employer, soit en levant les filets, soit en cuisine, dessalez-les quelques minutes à l'eau douce.

Crevettes.

On ne conserve que la crevette franche ou bouquet; la crevette grise, quoique excellente, n'a pas assez de coup d'œil.

Prenez de la crevette fraîche, vivante : condition essentielle, faites-la bouillir une minute dans de l'eau douce, sans sel, égouttez-la, et mettez en terrine; vous les saupoudrez alors de sel fin; si vous les cuisiez à l'eau salée, vous ne pourriez pas les éplucher; sitôt froide, retirez les queues des coffres en faisant attention de ne pas les abîmer, mettez ces queues dans de petits sacs de mousseline grossière, fermez le sac, mettez en boîtes, sans jus, ni rien, soudez et ébullitionnez à l'autoclave :

> Pour les 1/4 bas   16 minutes à 102 degrés.
> Pour les 1/2 hautes 22   —   à 102   —

En soudant, faites attention que le fer ne brûle pas la mousseline, qui est là pour empêcher le contact du poisson avec le métal; si vos crevettes sont un peu séchées, ou halées, avant de les mettre dans le sachet, trempez la mousseline dans la saumure, seulement pour humecter l'étoffe. Plus vite votre opération est faite, plus votre conserve aura de fraîcheur et de parfum.

Les queues de crevettes en flacons 1/8, 1/4 ou 1/2 se traitent de la même manière : sitôt épluchées, rangez-les en couronne dans les flacons, remplissez les vides avec de la gélatine blanche clarifiée à l'œuf entier, bouchez, mettez sous presse et donnez à la chaudière trente-cinq minutes d'ébullition, retirez l'eau et laissez complètement refroidir avant de toucher les flacons.

Huîtres.

La qualité d'huîtres pour conserves est le pied-de-cheval, huître grosse et blanche avec une belle noix; prenez les huîtres en pleine saison, lorsqu'elles sont fermes et grasses. Ouvrez-les à la mécanique afin de ne pas perdre le jus, mettez vos huîtres en boîtes, vingt-quatre ou trente-six par boîte de 1/2; passez le jus au tamis afin que les débris de coquilles n'entrent pas avec les huîtres; leur jus doit suffire pour les couvrir; au cas contraire ajoutez une cuillerée de saumure et d'eau.

Soudez et laissez à l'ébullition libre, mais à l'autoclave fermé.

> 1 heure pour les 1/2 boîtes de 500 grammes.
> 40 minutes pour les 1/4   —   de 250   —

Et rafraîchissez entièrement.

Moules.

Même recommandation que pour les huîtres ; fraîcheur et grosseur; nettoyez, grattez et laissez dégorger dans de l'eau salée, puis mettez à cuire dans une bassine émaillée, avec un verre d'eau de la saumure; sitôt qu'elles s'ouvrent, remuez vivement, enlevez du feu et détachez-les des coquilles; mettez vos moules en boîtes, en visitant l'intérieur afin d'enlever les crabes qui fréquemment y élisent domicile; passez le jus au tamis, recouvrez et remplissez les boîtes, soudez et laissez une heure à l'ébullition pour les demi-boîtes.

La moule demande quelques minutes seulement pour être cuite; la coquille s'ouvre d'elle-même, et avec la pointe d'un couteau vous enlevez la moule bien entière; ne mettez que les blanches; celles qui ont une teinte jaune, gardez-les comme second choix et rafraîchissez entièrement.

Écrevisses au naturel.

Du moment que vous voulez conserver des écrevisses entières, donnez-leur une préparation convenable.

Dans l'eau salée, ce n'est pas mangeable.

Ayez toujours vos écrevisses vivantes, rejetez les mortes : ce n'est qu'à cette condition que vous aurez quelque chose de bon.

Prenez du bon vin blanc sec (la quantité nécessaire pour vos écrevisses).

Faites-le bouillir en le salant, ajoutez poivre en grain, une pincée de paprika et un atome de cayenne; puis sortez vos écrevisses de l'eau, châtrez-les, opération qui s'exécute en arrachant la pétale centrale de la queue; en la déracinant, vous enlevez le boyau central; sitôt châtrées, mettez-les dans une terrine vernie; il faut que cette opération se fasse vivement, car l'écrevisse châtrée crève de suite; puis jetez-les vivantes dans le vin bouillant; remuez afin qu'elles se colorent régulièrement, après quatre minutes de cuisson couverte, autant que possible dans une bassine émaillée.

Retirez du feu, mettez-les en terrine; puis en boîtes, aromatisez chaque boîte avec thym, laurier, poivre en grain et girofle, versez par-dessus la cuisson bouillante et faites souder.

Cuisez ensuite à l'autoclave fermé.

Une heure et demie d'ébullition pour les boîtes de 1 kilo. Pour les servir, faites une mirepoix que vous mouillez avec leur jus que vous ferez réduire, et vous réchaufferez vos écrevisses dans le fond.

Queues d'écrevisses au naturel.

N'employez que des écrevisses vivantes : ne les châtrez pas; faites bouillir de l'eau légèrement vinaigrée et aromatisée avec légumes et épices, mais pas salée; jetez vos écrevisses dans cette cuisson bouillante, laissez-les six minutes, retirez-les de la cuisson, et rafraîchissez dans de l'eau légèrement salée, mais en petite quantité; il ne faut pas noyer le poisson.

Arrachez les queues des coffres; avec des ciseaux, ébarbez-les, de manière à enlever la queue bien entière et dans sa forme naturelle.

Pendant ce temps, pilez les coffres et les débris, réduisez en pâte fine en y incorporant du beurre frais en quantité suffisante.

Puis mettez cette masse sur le feu, remuez-la jusqu'à ce qu'elle frie, puis au moyen de la presse faites-lui rendre tout le beurre que vous y avez mis; ce beurre sera coloré, laissez-le couler dans une terrine d'eau fraîche, pressez jusqu'à extinction.

Vous aurez rangé vos queues d'écrevisses dans des flacons à tomates, 1/8, 1/4 et 1/2; recouvrez-les avec l'eau de leur cuisson, mélangée avec partie égale de gélatine ramollie; clarifiez au blanc d'œuf, passez cette clarification à la flanelle, goûtez si elle est d'un bon sel, et jutez alors vos queues; vous terminerez les flacons en y versant comme bouchon le beurre d'écrevisse fondu.

Mettez un bon bouchon de liège, mettez dans la presse et donnez quinze minutes d'ébullition à l'air libre, laissez refroidir vos flacons avant de les retirer.

Homards et langoustes.

La plupart des boîtes de homards américains ou canadiens qui sont dans le commerce n'ont de homard que le nom. Ce sont simplement des crabes, poupards, ou araignées de mer, la vermine de la mer ; ils n'en sont pas plus mauvais pour cela. Mais c'est du coquillage, non des crustacés.

Sur les côtes françaises, le homard et la langouste sont d'un prix trop élevé comme matière première pour servir à la conserve. Il faut les mers du Nord, les plages désertes, les golfes peu fréquentés, riches en végétation sous-marine, pour trouver des homards ou langoustes abondants et à un prix rémunérateur. Mais si loin, la main-d'œuvre est chère, hors de prix, tout un personnel à amener de loin.

Ces campagnes de fabrication doivent être productives pour tout le monde, employés et négociants. Car les transports d'hommes et de matériel coûtent beaucoup.

Pourtant, là aussi il y a quelque chose à faire : au lieu de vous lamenter sur l'abandon de la sardine, sur la diminution du poisson, harengs et autres, syndiquez-vous, travaillez à « la part », et au moyen des consuls et des capitaines marchands, renseignez-vous et tentez la chance au petit bonheur ; cela vaudra mieux que de vous ruiner à attendre sous l'orme que le poisson revienne.

Emportez un matériel roulant et pratique, des fers-blancs estampés, découpés et moulurés ; vos fonds coupés, vous souderez à la marmite, et là-bas sur les côtes d'Irlande, de Terre-Neuve, du Canada, en Norvège ou sur les côtes d'Afrique, sur le Grand Océan, le poisson ne manque pas, les crustacés non plus, il ne faut que de l'audace et de la volonté.

Pour cette conserve, il faut opérer rapidement, cuisez vos crustacés dans de l'eau douce très aromatisée, refroidissez dans de l'eau salée à 20 0/0. Sitôt froid, brisez les coffres, enlevez les chairs, et suivant les morceaux mettez en boîtes, en faisant tous les choix.

Queues entières, pattes et débris. — Remplissez bien les boîtes, en habillant toujours le dessus.

Mettez quelques gouttes de saumure pour remplir les vides autant que possible, l'eau de l'intérieur des homards que vous recueillerez, elle doit suffire, aromatisez chaque boîte, ajoutez sel fin, puis soudez et laissez à l'ébullition fermée sans pression.

1 heure 1/2 pour les 1/2 boîtes.

2 — pour les queues entières.

N.-B. — Pour les queues entières, finissez le vide avec de la cuisson très collée et clarifiée comme pour les queues d'écrevisses ou de crevettes.

Caviar.

Le véritable caviar d'Astrakan ou de Kazan, sur le Volga, se fait avec des œufs d'esturgeons ; la Russie en consomme énormément ; il ne se conserve que sur la glace et ne voyage pas.

Les qualités inférieures viennent des bords du Danube, œufs de saumons, carpes, etc. ; ce n'est pas le vrai caviar qui est gris, onctueux et nullement dur ; c'est un mets très sain qui ne doit se mettre que dans des vases de bois ou de grès.

Sa préparation se fait d'abord à la saumure à 25 0/0 pour le diviser et enlever les membranes, afin que les œufs soient bien séparés, puis il se mélange avec du sel, ou il se confit.

La consommation de ce produit en France est très limitée ; le Midi fabrique la poutargue, qui le remplace.

Laitances et foies de poissons.

Les laitances de carpes, de lottes, de cabillauds, de harengs, se conservent très bien. Faites-les dégorger, enlevez les membranes rouges, blanchissez à friture blanche, égouttez et rangez en boîtes, de format bas, afin de ne pas les tasser, recouvrez de beurre clarifié, soudez et laissez quarante-cinq minutes à l'ébullition libre pour les demi-boîtes et laissez rafraîchir avant de retirer de la bassine.

Vous pouvez remplacer le beurre clarifié par de la gélatine clarifiée.

Matelottes d'anguilles.

Suivez pour la matelotte d'anguilles le procédé indiqué pour la matelotte de carpes.

Tortues vraies. — Fausses tortues.

Voyez ces articles.

LIVRE IV

DES VIANDES

Bœuf au naturel.

Les viandes de bœufs, vaches ou taureaux que vous destinez à la conserve doivent être de première fraîcheur et subir la préparation de l'enrobage, la cuisson et ensuite l'ébullition.

L'*enrobage* se compose de :

   2 kilos sel de cuisine ou sel blanc purifié.

   1/2 — de cassonade.

Mélangez le tout et tenez au sec.

Désossez vos viandes entièrement, ne laissez ni nerfs, ni tendons, détaillez les morceaux et roulez-les dans l'enrobage à raison de 40 grammes par kilo de viande.

Mettez ces viandes enrobées dans des cuves en pierre ou en ciment pendant vingt-quatre heures, en les retournant deux fois, puis sortez ces morceaux, roulez-les en les ficelant du diamètre de vos boîtes.

Pendant l'enrobage, avec les os et les débris, nerfs et tendons, faites un bouillon partie égale en poids os et eau froide, amenez à l'ébullition très lentement, écumez soigneusement et laissez frémir pendant douze heures, sans jamais laisser bouillir, dégraissez votre bouillon, puis versez-les dans des récipients émaillés autant que possible, ou en fer soigneusement étamé à l'étain fin.

Laissez refroidir à l'air et tenez au frais avant que le liquide soit tout à fait froid; faites fondre en mélangeant avec une cuillère de bois, 10 grammes par 100 litres de sel de neutraline.

Lorsque vos viandes seront ficelées, placez-les dans la bassine où vous avez fait le bouillon, que vous verserez par-dessus; il faut que vos viandes baignent; incorporez le jus qu'elles ont rendu pendant l'enrobage, faites chauffer doucement, écumez soigneusement et laissez cuire sans bouillir, mais à un frémissement voisin de l'ébullition, le temps suivant : un quart d'heure par livre, soit demi-heure par kilo, en vous basant non sur le poids total, mais sur le poids des morceaux. S'il y en a des petits, vous les retirerez les premiers en suivant la progression suivante :

Les morceaux de 2 kilos resteront 1 heure.

—   —   de 4 —   —   2 —

—   —   de 6 —   —   3 —

En les retirant, posez-les sur des grilles, et ne perdez pas le suc qu'ils rendent.

Vous découperez ensuite vos viandes en morceaux réguliers, soit un seul, soit plusieurs.

LABORATOIRE A VAPEUR
(Système ÉGROT.)

Pour la fabrication des conserves de viandes pour l'armée de terre et de mer, les appareils se composent ainsi :

1° Générateur de vapeur ;
2° Le réservoir des retours d'eau
3° La bouteille alimentaire ;
4°, 5°, 6° Grandes marmites à bouillons ;
7° Autoclave avec accessoires
8° Marmite à ragoût système mixte ;
9° Marmite à rôtir les viandes
10° Marmite à frire et à rôtir les volailles et les gibiers.

Rangez-les dans leurs boîtes, que vous aromatiserez avec un quart de feuille de laurier, un brindille de thym, quatre grains de poivre, un clou de girofle, un atome de muscade rapée et une demi-gousse d'ail épluchée (l'ail est facultatif), le tout pour une boîte de 1 kilo.

Vous pèserez soigneusement vos viandes avant de les emboîter ; vous mettrez 750 grammes de viande cuite pour la boîte de 1 kilo, et 250 grammes de bouillon de cuisson.

Plus vous réduisez le bouillon, meilleure sera votre conserve. Soudez ensuite et mettez à l'autoclave sous pression :

La boîte de 1 kilog. 2 heures   à 112 degrés.

— de 500 gr. 1 h. 1/4 à 112 —

N. B. — Avec les os, vous pourrez refaire un second bouillon dans lequel vous mettrez les pieds et les os de la tête, et vous le laisserez cuire à petit feu quatorze heures; tirez à clair après avoir dégraissé et passé à la serviette; ajoutez-y le restant du

GÉNÉRATEUR SEMI-TUBULAIRE A TUBES DÉMONTABLES

(Système ÉGROT, 23, rue Mathis, à Paris.)

Très pratique pour grandes usines, demandant beaucoup de vapeur. Son volume est moindre que les autres systèmes, la mobilité des tubes permet de les remplacer et les nettoyer en peu de temps, et marche à 6 atmosphères de pression.

premier bouillon et les égouttures des viandes et réduisez ensuite, à extinction, pour faire de la glace de viande (voyez cet article).

Bœuf braisé.

Vos morceaux de viande, au sortir de l'enrobage, seront colorés soit au four, ou à la bassine à feu vif, avec de la graisse fondue et fraîche; retournez-les fréquemment, ne couvrez pas la braisière afin qu'ils ne brûlent pas; lorsqu'ils seront colorés régulièrement et d'une belle couleur brune, mouillez-les avec du bouillon numéro 1, et laissez cuire le temps indiqué pour le bœuf au naturel. Retirez ensuite vos morceaux, rangez-les en boîtes et aromatisez-les selon l'indication ci-dessus. Puis passez votre jus à la serviette ; il faut qu'il soit d'une belle couleur brune et très gélatineux.

Jutez vos viandes et terminez comme pour le bœuf au naturel.

Si vous n'avez pas de bouillon pour mouiller ces viandes rôties, faites-le avec de l'eau, mais il faudra alors saler votre bouillon avec 40 grammes de sel d'enrobage par litre, y ajouter les pieds et laisser cuire le tout pendant douze heures; ce jus demande à être gélatineux. Vous pouvez aussi employer le remouillage, soit second bouillon préparé et réduit à consistance de gelée ; goûtez toujours vos bouillons et jus afin qu'ils soient d'un bon sel.

Ne mettez jamais de légumes ni dans les viandes, ni dans les bouillons et jus.

Bœuf mode.

Suivez les indications ci-dessus ; lorsque vos viandes sont retirées de la braisière, que votre jus est terminé et passé, liez-le à consistance de sauce avec du roux brun : laissez cuire pendant vingt minutes, puis couvrez vos viandes en boîtes après les avoir aromatisées. Soudez, et même ébullition que pour le bœuf au naturel.

Bœuf salé.

Ce procédé rentre déjà dans les salaisons, opérez ainsi.

Après avoir désossé vos viandes, enrobez-les dans la préparation suivante :

Sel d'enrobage n° 2 ;
2 kilos sel blanc ;
1 kilo sel marin ;
1 kilo cassonade ;
150 gr. de salpêtre.

Pesez vos morceaux de viande et frottez-les avec 40 grammes du mélange ci-dessus par kilo de chair ; mettez dans une cuve de pierre pendant huit jours en les retournant tous les jours, couvrez vos viandes avec un couvercle en bois, mettez en presse. Au bout de huit jours d'enrobage, retirez vos viandes et laissez égoutter, lavez ensuite à l'eau froide, et mettez dans la saumure (voyez *Saumure*) ; après huit jours de saumurage, égouttez et lavez de nouveau ; mettez à cuire en suivant exactement les indications pour le bœuf au naturel.

Vous mettrez en boîtes de deux manières, avec ou sans bouillon, mais toujours après avoir aromatisé ; si vous mettez sans jus, il faut que les boîtes soient bien pleines d'un seul morceau régulier contenant gras et maigre ; pour obtenir ce résultat, au sortir de la cuisson, roulez vos morceaux dans des toiles comme des galantines, ficelez fortement et mettez sous presse en conservant juste le diamètre de la boîte, et après refroidissement complet, douze heures au moins, déballez, et coupez d'un seul morceau de la hauteur voulue, ne laissez que juste la place pour souder.

Si votre bœuf salé doit être accompagné de liquide, il faut que ce bouillon soit une gelée très forte, faite avec des pieds ou des couennes, des os de veau ou de la gélatine.

Et terminez les ébullitions comme pour le bœuf au naturel.

N. B. — Le bœuf au naturel se mange chaud ou froid.

Le bœuf braisé de même.

Le bœuf mode chaud.

Le bœuf salé froid.

Bœuf salé (salaison).

L'opération est la même que pour le bœuf salé en boîtes ; seulement vous ne désossez pas vos viandes, vous les détaillez en morceaux réguliers en y laissant une partie des os.

La cuisse se désosse, ainsi que le cou et les épaules ; l'aloyau, les côtes, la poitrine gardent leur ossature. Autant que possible, ne détaillez jamais avec la hache ou le couperet ; sciez toujours, ne brisez jamais. Après avoir enrobé vos morceaux et mis en cuves pendant huit jours, retirez-les et mettez en pleine saumure pendant vingt jours à un mois, suivant grosseur retirez de la saumure, lavez à l'eau fraîche et suspendez à l'air pour faire sécher, pendant quelques jours, puis roulez vos morceaux dans du sel fin contenant la moitié de son poids de farine de pois jaune, et conservez au frais et à l'obscurité.

**FILTRE-DOUBLE
A BAIN-MARIE**
(Système ÉGROT.)

Pour la clarification des gelées de viandes, des fruits et liqueurs.

La construction de ce filtre, dont l'intérieur est en tôle émaillée, peut servir d'une manière certaine pour les jus de fruits et liqueurs. L'eau contenue dans le bain-marie est maintenue à la même température par un brûleur à gaz ou par la vapeur.

Bœuf fumé.

Après avoir lavé et séché vos morceaux de bœuf, s'ils sont assez secs pour que vous ne sentiez plus d'humidité lorsque vous les touchez, suspendez dans le fumoir, et fumez pendant quarante-huit heures, à fumée froide ; il ne faut pas que le bœuf soit trop fumé, il a alors mauvais goût. Au sortir du fumoir, suspendez dans un endroit sec et obscur à l'abri du vent.

Filet de bœuf rôti au naturel.

Prenez le filet sans le parer ni le dégraisser, frottez-le avec le sel d'enrobage n° 1 ; laissez-le macérer vingt-quatre heures et faites rôtir ensuite, après avoir retiré le nerf de la chaîne, ainsi que l'épiderme de la tête ; faite-le colorer comme il est indiqué au *Bœuf braisé*, mais ne le mouillez pas. Retirez-le lorsqu'il est d'une belle couleur, mettez-le en boîte, soit entier, soit découpé, mais toujours de la dimension de vos boîtes ; dans la braisière où vous l'avez fait rôtir, conservez la graisse et mouillez pour chaque filet avec un litre de gelée de pieds, ou de bon jus corsé et gélatineux, passez le tout au tamis, versez sur votre filet autant de graisse que de jus ; après avoir aromatisé, soudez et donnez à l'ébullition sous pression :

2 heures à 112 pour les boîtes de 1 kilo.

2 heures à 117 pour les boîtes de 2 kilos.

Filet de bœuf à la financière.

Dénervez votre filet après avoir enlevé le nerf de la chaîne et l'épiderme, piquez-le régulièrement de lardons de lard frais autant que possible : « le lard salé et salpêtré rougit la viande ». Mettez-le rôtir ; lorsqu'il est bien coloré en dessous, mouillez-le avec du bon jus réduit et laissez-le cuire couvert, pendant un quart d'heure par kilo.

Retirez alors de la filetière le filet que vous laisserez refroidir avant de l'emboîter.

Ajoutez alors au jus de votre filetière soit du bouillon, du jus, ou de la cuisson de champignons ; dégraissez-le entièrement, et liez ensuite avec du roux brun afin d'avoir une sauce brune, corsée et d'un bon sel ; vous pouvez pendant cette cuisson l'aromatiser avec laurier, thym, girofle et poivre ; laissez réduire une heure, puis passez au tamis fin ; après avoir écumé et dégraissé, mettez votre filet soit entier, soit en morceaux dans des boîtes ovales ; la partie piquée doit se trouver en dessus ; garnissez les vides avec la garniture financière suivante :

Crêtes de coqs blanchies et crues ;
Champignons blanchis ;
Quenelles de godiveau ;
Petites truffes ou truffes en lames.

Finissez de remplir les boîtes avec la sauce corsée et bien liée, les soins ne sont jamais de trop, et mettez toujours vos viandes en boîtes, incuites, c'est-à-dire encore saignantes ; il vaudrait mieux emboîter des viandes pas assez cuites que trop. Faites souder et donnez l'ébullition suivante :

Pour les boîtes d'un filet entier 3 kilos, 3 heures à 110.
Pour les boîtes de 1 kilo, 1 heure 1/2 à 112.
Pour les boîtes de 500 gr., 45 minutes à 110.

N. B. — Il n'est pas nécessaire de mettre la garniture financière avec le filet, vous pouvez saucer votre filet séparément et conserver la garniture en boîtes soit à la gelée, soit au bouillon blanc.

Filets sautés ou grillés à l'anglaise.

Coupez votre filet de bœuf en beefsteaks réguliers, ne les aplatissez pas, faites-les griller sur le gril après les avoir huilés légèrement, retirez-les saignants, ou faites sauter à feu vif à graisse chaude, retirez, laissez égoutter, mettez en boîtes et couvrez-les de sauce financière indiquée ci-dessus, après y avoir mis la quantité de vin de Madère que vous jugerez convenable ; ajoutez à la sauce un peu de moutarde anglaise et un peu de sauce anglaise à votre goût, couvrez vos filets, soudez, donnez l'ébullition sous pression :

Boîtes de filet 250 grammes, 40 minutes à 112.
— de 2 filets 500 grammes, 60 minutes à 112.
— de 4 filets 1 kilo, 1 heure 1/2 à 112.

Pour employer cette conserve, ouvrez vos boîtes, retirez les filets, rangez-les sur des plats à gratin, garnissez avec des jaunes d'œufs durs et des têtes de cèpes ou de champignons. Recouvrez le tout d'un abaisse de pâtes à pâté, soudez les bords, dorez à l'œuf et poussez au four ; lorsque votre pâte sera cuite et colorée, vos filets seront chauds.

Vous pouvez employer le faux-filet de la même manière que le filet de bœuf, et avec toutes les garnitures culinaires possible.

Ce sont des conserves pour voyages.

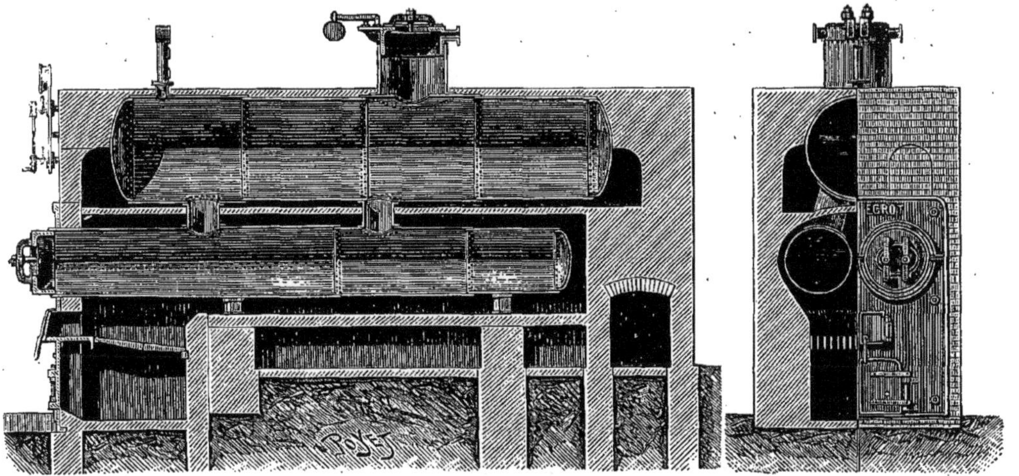

FABRIQUE DE CONSERVES ALIMENTAIRES

GÉNÉRATEUR HORIZONTAL A BOUILLEURS

(Système-ÉGROT, 23, rue Mathis.)

Ce système a, comme la chaudière semi-tubulaire, l'avantage d'être robuste, de marcher à 6 atmosphères de pression, de produire une vapeur sèche et d'être vite en pression.

Langues de bœuf à l'écarlate.

Prenez la quantité de langues de bœuf ou de vache que vous désirez saler, mais toujours très fraîches ; si cette qualité laissait à désirer, avant d'enrober, lavez vos langues avec une solution de neutraline au dixième, puis au moyen de la pompe à saler, introduisez la saumure dans l'intérieur des chairs ; je n'aime pas ce système qui boursoufle la viande ; employez de préférence le procédé suivant.

Avec une aiguille à brider, piquez vote langue de place en place, et frottez-la énergiquement avec le sel d'enrobage n° 2 (voyez *Bœuf salé*) ; laissez incorporer la quantité demandée, puis mettez vos langues dans une terrine sous presse pendant quarante-huit heures ; retournez-les tous les jours ; lorsqu'elles ont rendu leur eau, lavez-les et mettez-les dans la saumure pendant quinze jours, en les tenant sous presse et en les retournant quelquefois. Lorsque le bout de la langue commence à se racornir, elle est à point, retirez-la, lavez et laissez-la à l'air pour sécher ; lorsque vous voudrez la cuire, laissez dégorger vingt-quatre heures à l'eau douce avant de mettre en cuisson.

Après quelques heures de cuisson, essayez avec une aiguille à brider si elle est à point; l'aiguille doit entrer dans la langue sans trop appuyer; retirez alors, et enlevez la peau immédiatement en commençant par la pointe.

Si vos langues sont destinées à être mises en boîtes, il faut, étant encore chaudes, les serrer dans des linges pour leur donner la dimension désirée, ou les mouler

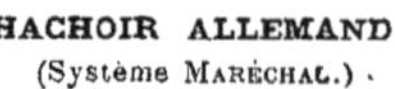

dans des boîtes en les pressant jusqu'à refroidissement; les langues se conservent entières, c'est leur grosseur qui fait la dimension de la boîte.

Une langue d'un gros bœuf emboîtée pèsera 3 kilos.

Une langue de vache emboîtée pèsera 2 kilos.

Une langue de bœuvillon et génisse 1 kilo 500.

Les boîtes plus petites sont des langues de porc ou de veau.

Entourez toujours vos langues de gelée très réduite et le plus blanche possible et pas trop salée.

Aromatisez toujours les boîtes copieusement, soudez, et donnez l'ébullition suivante :

Pour une langue de 3 kilos, boîte et jus compris   3 heures à 112

    —   —   2 kil.   —   —   2   —   112

    —   —   1 kil. 500 —   —   1 1/2 —   112

Pour plus petits, 750 grammes à 1 kilo.   1   —   112

Laisser refroidir entièrement avant de sortir de l'autoclave.

Langues fumées.

Ne laissez vos langues dans la saumure que quinze jours ; retirez-les, lavez-les à l'eau douce, fendez la gorge, c'est-à-dire la partie grasse qui est en dessous, dans le sens de la longueur et à 3 centimètres de profondeur ; forcez cette entaille à rester ouverte au moyen d'une cheville de bois ; laissez essuyer les langues en les suspendant vingt-quatre heures ; frottez-les légèrement avec de la farine de pois jaune ; suspendez au fumoir, et retirez lorsqu'elles seront d'une belle couleur dorée ; ne forcez jamais la fumure, cela donne ensuite aux viandes cuites un goût de térébenthine très désagréable.

Les viandes destinées à être mangées crues, seules, doivent recevoir une fumigation un peu plus longue, mais très douce.

Les langues notamment trop fumées deviennent dures, coriaces, et noircissent vivement.

Il vaudrait mieux laisser dessécher des langues salées que fumées, à l'eau douce elles reprendraient une figure et seraient mangeables.

Langues fourrées et colorées.

Sont du domaine de la charcuterie.

Langues de veau, porc, mouton.

Opérez comme il est indiqué ci-dessus ; ne laissez à la saumure, après enrobage, que quatre à huit jours, cuisez ensuite, enlevez la muqueuse dessous et dessus. Rangez en boîtes, soit naturellement, ou après les avoir roulées comme des galantines, et refroidies sous presse.

Jutez avec de la gelée de couenne. Aromatisez chaque boîte.

Soudez et laissez à l'ébullition :

2 heures à 112 pour les 1 kilo.
1 h. 1/4 à 112 pour les 500 gr.

GRAS-DOUBLE

Gras-double au naturel.

Si vous êtes appelé à commencer cette fabrication dès le principe, opérez comme suit.

Sitôt le bœuf tué, dépouillé et vidé, prenez la panse et l'estomac, retirez l'intérieur de l'une et de l'autre, et mettez à l'eau courante et commencez le nettoyage à la brosse de chiendent; échaudez ensuite à l'eau tiède la panse et le feuillet, sitôt que vous apercevrez que la membrane jaune se détache de la muqueuse, enlevez de l'eau ou arrêtez le feu, grattez au couteau, brossez, lavez; il faut que votre gras-double soit beau et blanc comme neige, et laissez ensuite dégorger un jour ou une nuit à l'eau courante; ne vous servez d'aucun ingrédient pour blanchir le gras-double, mettez à cuire après dégorgement à grande eau froide, salée et aromatisée, ajoutez à l'eau une grande quantité de dégras ou ratis, et mettez le gras-double, chauffez et laissez cuire.

Si vous voulez obtenir de beaux gras-doubles blancs et délicats, il faut que dans votre eau de cuisson il y ait au moins 8 à 10 centimètres de gras fondu, c'est la condition essentielle de la cuisson; si l'eau est maigre, le gras-double sera gris ou noir, et pas blanc du tout.

Vous vous apercevez que la cuisson est à son point lorsque l'aiguille transperce la matière; retirez, laissez égoutter la graisse, lavez à l'eau tiède et couvrez de linges pendant le refroidissement; laissez l'eau de la chaudière se refroidir afin d'enlever la graisse et la mettre en tonneau.

Le gras-double au naturel vous permet de pouvoir en quelques minutes préparer le

Gras-double à la lyonnaise.

Sauté aux oignons, avec assaisonnement et vinaigre.

Gras-double grillé.

Morceaux beurrés et grillés, accompagnés d'une maître-d'hôtel de beurre frais, persil haché et jus de citron.

Gras-double à la tomate.

Réchauffer et servir avec une sauce tomate, ou toutes autres préparations se faisant avec le gras-double cuit. Pour le conserver en boîtes, retirez-le de la chaudière, lorsqu'il est encore très ferme. Vous aurez préparé un bon bouillon de pied de bœuf bien aromatisé et gras ; retirez votre gras-double, coupez-le en gros carrés, et couvrez-le de bouillon gras ; ajoutez à chaque boîte un clou de girofle et trois grains de poivre, soudez et donnez :

2 heures d'ébullition à 112 pour 1 kilo.
1 h. 1/2   —   112 pour 500 gr.

Tripes à la mode de Caen.

Suivant la méthode pratiquée à l'auberge du Bras d'Or à Caen, par madame Moulinet.

Les tripes, au sortir de l'animal, doivent être vidées et bien lavées à froid, puis commencez le grattage ; si l'opération ne se fait pas facilement, échaudez à l'eau tiède à plusieurs reprises ; une fois grattées et nettoyées, finissez de les blanchir à l'eau courante ; pendant ce temps, échaudez les quatre pieds, grattez tous les poils, enlevez les sabots et fendez les pieds par le milieu en laissant la clavicule entière.

Puis égouttez vos tripes, coupez-les en gros carrés réguliers d'au moins 8 centimètres, mettez-les dans une pote, ou terrine spéciale à ce travail ; au fond de la pote, vous aurez mis deux pieds entiers, rangez vos tripes sur ces pieds, en salant à raison de 25 grammes de sel fin par kilo (un bouquet garni de persil, thym, laurier), le tout attaché ensemble, puis, dans un petit sachet en mousseline, poivre en grain et clous de girofle ; la valeur d'une assiette à potage (un kilo environ) d'oignons épluchés, 500 grammes de carottes coupées en rouelles ; par-dessus tout cela, mettez les deux autres pieds et les 4 os, ajoutez sur la potée 500 grammes de beurre extra-frais et deux verres d'eau fraîche.

Pour remplacer le beurre, vous pouvez mettre même quantité de graisse de rognons fondue et préparée suivant la coutume normande (c'est moins délicat que le beurre), et sur le tout mettez un ou plusieurs ronds de papier beurré, étendus sur la potée afin d'intercepter l'entrée de l'air et, pour maintenir le papier, une assiette épaisse renversée ; couvrez la potée avec son couvercle, que vous enveloppez dans une feuille de fort papier beurré ou graissé ; vous fixerez le papier autour du pot au moyen d'une tresse de laine et donnez au boulanger, qui une fois le pain retiré du four, y mettra les tripes pendant huit heures si ce sont des tripes pour conserver, et dix heures si c'est pour consommer de suite.

Les pieds devront être complètement cuits et se détacher complètement.

Sitôt la potée sortie du four avec toutes les précautions imaginables, car son poids est sérieux, enlevez les papiers, couvercles, assiettes et les os, penchez un peu la potée pour soutirer le jus de la cuisson, et mettez les morceaux en boîtes, en y mélangeant un morceau de pied et un oignon, ainsi qu'un morceau du feuillet.

Ne laissez jamais refroidir les tripes dans la potée, tenez le jus au chaud sitôt vos boîtes remplies, jutez-les en bien mêlant le jus gras.

Vous devez avoir juste le jus nécessaire pour couvrir vos tripes, soudez et laissez à l'autoclave sous pression :

2 heures à 112 pour les 4/4 ou 1 kilo.
1 h. 1/2 à 112 pour les 1/2 ou 500 gr.

Caen, 26 mai 1886.

Les fours de Caen se prêtent par leur grande bouche à l'entrée de cette potée phénoménale, qui représente la panse entière ainsi que le feuillet et les quatre pieds d'un bœuf ; dans l'industrie, pour faciliter le travail, il vaut mieux faire quatre terrines qu'une seule ; d'ailleurs les terrines à tripes sont justes de grandeur ; n'y mettez qu'un pied, et distribuez le procédé ci-dessus comme il est indiqué, sans augmenter, ni retrancher ; la couleur des tripes doit être jaune d'or ; ne mettez pas les carottes en boîtes, tenez-vous scrupuleusement aux quantités énoncées, en tenant compte surtout pour les aromates de la grosseur de la tripe, car quelquefois un gros bœuf aura une petite dépouille et *vice versa*.

N. B. — Pour vous initier aux petites misères et vicissitudes de la fabrication, je vais vous narrer un déboire.

Après avoir, sur place et grâce à l'obligeance de Mᵐᵉ Moulinet, vu faire d'abord, puis fait les tripes, qui étaient parfaitement réussies, et sûr de mon fait, je rentrai à la maison et procédai immédiatement et scrupuleusement à la fabrication, je mis les terrines chez le boulanger et attendis le résultat. Le lendemain, à la première heure, ouverture desdites terrines, cuisson à point, bonne odeur, mais, comme couleur, des morceaux de tripes passés au noir de fumée ; que dire ? que faire ? Vingt terrines de marchandises perdues d'un seul coup ! Je recommence et, comme un hasard, les abattoirs me livrent une immense quantité de dépouilles. Tout le monde s'y mit, je prévins le boulanger qu'au lieu de vingt terrines il y en aura quarante ; pour plus de sûreté, je ne quittai pas le travail, vis tout se faire attentivement, les terrines complètes, bien beurrées, bien ficelées, et mises au four en ma présence ; pour plus de sûreté, une chaîne avec cadenas ferma les deux gueulards du four ; huit heures après on défourna. Vrai, le cœur me battait. Cette fois la réussite était complète, splendide. Mon boulanger ne s'y trompa pas, et franchement il avoua le pourquoi de l'échec : la première fois, comme son four n'était pas plein, il avait employé la place restante avec du bois vert, afin de le sécher !

La vapeur du bois, composée d'acides et de sulfures, avait pénétré dans les terrines et noirci les muqueuses ; la leçon avait coûté cher ; l'expérience ne s'acquiert qu'à nos dépens.

Tripes à la mode de Caen.

Méthode parisienne.

La tripe est devenue à Paris une industrie spéciale pour quelques maisons qui toutes ont des noms normands et souvent de très gentilles Normandes.

La matière première se trouve en abondance aux marchés de la Villette (abattoirs municipaux).

Ces maisons ont construit des fours, et travaillent alors industriellement ; la forme de la potée diffère un peu : la « marmite à tripes » en terre vernie allant au feu est plus large et moins haute ; le fond est étroit afin que la cuisson s'opère plutôt par les côtés que par le fond ; de cette manière il y a moins d'évaporation et d'ébullition. La presse qui recouvre l'intérieur de la potée est en fonte et de la dimension de l'entrée ; les fours modernes se chauffant par un foyer, la cuisson est plus propre et plus expéditive. Mais le procédé reste le même ; la vente des tripes par les maisons spéciales se fait soit en détail, soit en demi-gros, en livrant aux restaurateurs les terrines cuites et choisies, ou en conserves en boîtes de litre et demilitre. Vous opérez alors comme pour les tripes à la mode de Caen.

Ponchettes à la normande.

En lieu et place de dépouilles de bœuf, prenez les dépouilles de veau et mouton, traitez-les comme les tripes de bœuf. Rangez en pots, ajoutez les pieds de veau et mouton, les fraises de veau blanchies. Assaisonnez copieusement, et mettez au four pendant cinq heures pour une grande potée ; ne mettez pas d'eau, l'humidité des dépouilles est suffisante. Ajoutez, si vous le pouvez, quelques pieds de porcs demi-sel. Ajoutez le beurre frais, et assurez-vous, avant de défourner, si la cuisson est à point.

En hiver surtout, cette fabrication n'est pas à dédaigner et se conserve très bien en terrines couvertes, en ayant soin d'y laisser la graisse qui les recouvre.

Cette tripe ne se met pas en boîtes commercialement, mais pour votre usage particulier, traitez et finissez comme pour les tripes à la mode de Caen.

MARMITE BASCULANTE A VAPEUR

En fonte ou tôle émaillée, spéciale pour l'industrie de la conserve des viandes, gibiers, volailles, etc.
L'emploi de cette marmite pour la fabrication des tripes à la mode de Caen supprime les fours à terrines.

N. B. — Dans le *bœuf* les parties qui se conservent encore sont le *palais*, le *museau* et la *queue ;* pour leur préparation suivez le même procédé que pour les tripes au naturel et terminez de même.

Le palais de bœuf se sert en paupiettes;

Le museau en salade (délices des Allemands);

La queue en hochepot ou en soupe « oxtail » anglaise et écossaise.

HACHOIR NOUVEAU SYSTÈME
(Système TREMAULT, breveté S. G. D. G.)

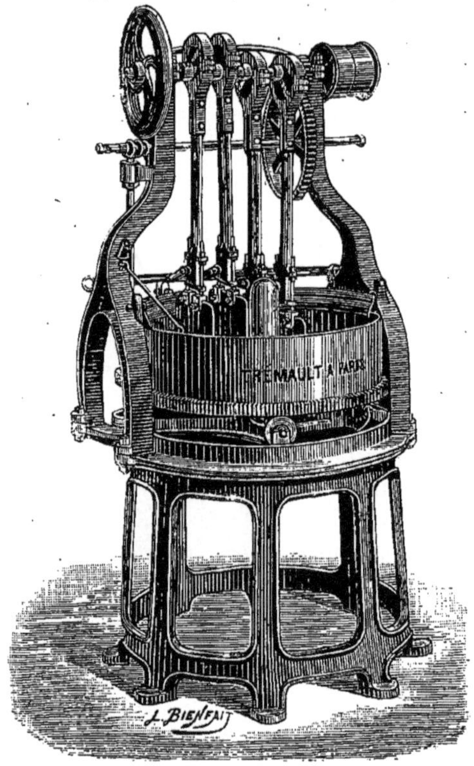

Ce hachoir mixte combine les deux systèmes français et américain. Il remplace le hachoir à sébille tournante et fait un travail pareil au hachoir allemand; il marche à la main pour la petite industrie et au moteur pour les grandes usines de fabrication, c'est l'application la plus rationnelle qu'il soit possible de demander: la viande n'est pas fatiguée par les couteaux, ni échauffée par le métal, comme dans les sébilles, ce qui provoquait souvent la perte du jus des viandes hachées.

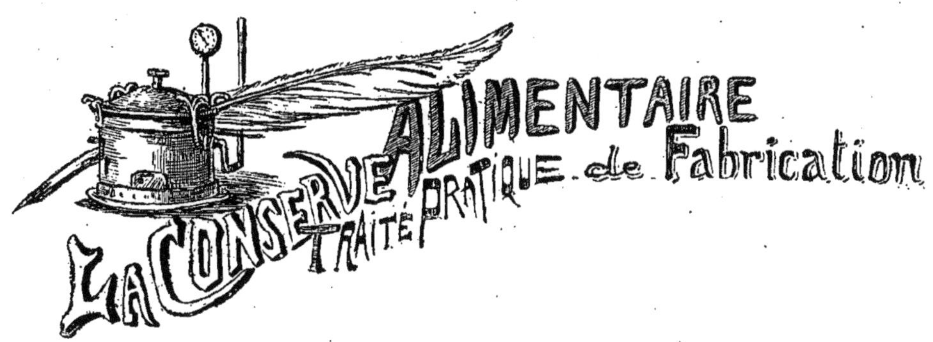

VEAU

Godiveaux (quenelles).

J'indique principalement cette méthode parce qu'elle est plus fine et plus délicate que le godiveau ordinaire, et comme il est fréquemment employé soit pour garnitures, soit seul, il est bon de savoir comment il se prépare. Prenez 1 kilo chair dans la cuisse ou le filet mignon d'un veau, dénervez, coupez en dés, pilez finement, et retirez du mortier, remplacez cette chair par 1 kilo de graisse de rognon de veau épluchée, pilez et réduisez en pommade, puis incorporez par petite quantité une noix à la fois de la chair pilée à votre graisse, assaisonnez avec 150 grammes de sel épicé, quatre œufs en tiers, que vous cassez et battez séparément afin de les incorporer peu à peu, puis faites une pâte à choux avec 250 grammes de farine, un verre d'eau beurrée; que votre pâte à choux soit très serrée et bien lisse (tamisez votre farine avant l'incorporation); cuisez et desséchez sur le feu, et sitôt froide, incorporez dans le mortier en alternant, viande et pâte à choux. Le mélange opéré, retirez du mortier, étalez sur une plaque, refroidissez sur glace, puis moulez en petites croquettes farinées, laissez pocher deux minutes à l'eau bouillante salée, retirez du feu, ne laissez plus bouillir. Egouttez sur un tamis, et conservez dans l'eau de l'ébullition.

N. B. — Pour faire un godiveau supérieur soit comme garniture de vol-au-vent ou pour des tourtes de godiveau, mettez moitié chair de veau et moitié chair de volaille (poules ou vieux dindes); ajoutez à la masse une cuillerée à café de ciboulette hachée, moulez dans des cuillères à bouche en lissant avec une lame de couteau; mouillez et finissez à l'eau bouillante comme pour le godiveau.

Quenelles de volailles.

Même procédé. Remplacez la chair de veau par de la chair de volailles ou de dindes.

Quenelles de poissons.

Même procédé. Remplacez les viandes par des chaires de poissons, brochets, carpes, merlans ou saumons.

Veau.

Au point de vue de la conserve, le veau comme viande blanche peut se conserver, mais en y mettant de grands soins ; par suite de leur emploi fréquemment répété en cuisine, le fricandeau et la noix de veau, ainsi que les côtelettes, peuvent se servir de tous ou presque tous les légumes conservés, et subir les transformations suivantes :

Fricandeaux, noix de veau, ou côtelettes aux carottes nouvelles.
—   —   —   —   *petits pois.*
—   —   —   —   *sauce tomates.*
—   —   —   —   *tomates farcies.*
—   —   —   —   *Soubise (purée d'oignons).*
—   —   —   —   *au naturel au jus.*
—   —   —   —   *à la béchamel.*
—   —   —   —   *aux cèpes provençales.*
—   —   —   —   *aux pommes de terre nouvelles.*
—   —   —   —   *aux macédoines de légumes.*
—   —   —   —   *à la financière.*
—   —   —   —   *froid à la gelée.*

Et toutes ces garnitures se trouvent en conserves.
Le veau peut se préparer de manière à tirer parti de la bête entière.

Fricandeaux et noix de veau.

Désossez vos cuissots de veau d'après la méthode culinaire, et non d'après le détail d'une boucherie. Lavez le filet mignon, ainsi que le contre-filet, désossez et enlevez l'épiderme, piquez régulièrement avec du lard frais et non salé votre noix, sous-noix, semelle et talon, filet mignon et contre-filet. Graissez une plaque à rôtir, rangez tous vos morceaux les uns à côté des autres ; recouvrez de plusieurs doubles de fort papier huilé, passez à four chaud, afin de saisir, colorer, arrosez fréquemment, avec le fond au moyen d'un pinceau, laissez colorer et cuire le lard ; ne laissez en tout que trente-cinq minutes au four.

Pendant le piquage et la cuisson du fricandeau, vous avez désossé les épaules, les cous, les poitrines, taillez vos côtelettes, brisez les os des cuisses.

Rassemblez tous les débris, peaux et graisses ; de tout cela faites une roulade ficelée.

Vos fricandeaux retirés de la plaque, remplacez-les par vos ossailles, faites suer au four, puis couvrez ; faites tomber à glace et mouillez afin d'avoir un beau jus blond, bien succulent et onctueux. Ajoutez au jus la roulade de débris ; en place d'eau, vous pouvez employer le jus de champignons, les jus de tomates, mais jamais de jus ou bouillons ayant servi à des viandes enrobées ou salpêtrées.

Au bout de dix heures de cuisson, votre jus sera à point, passez-le à la serviette, laissez-le réduire à nouveau; s'il est trop abondant, goûtez qu'il soit d'un bon sel ajoutez-y de la gelée de couenne pour le renforcer, mêlez au jus la graisse de veau et le fond de cuisson des fricandeaux et tenez à disposition.

Vos boîtes de fricandeaux étant prêtes et aromatisées, emboîtez; si à la première opération du désossage vous n'avez pas de morceaux réguliers, remarquez et faites à nouveau vos morceaux tous de la même grandeur et dimension de la boîte que vous désirez remplir, piquez et cuisez; de cette manière, vous ne serez pas obligé de découper vos fricandeaux une fois cuits.

Il faut toujours que les viandes blanches soient incuites; ne vous préoccupez pas

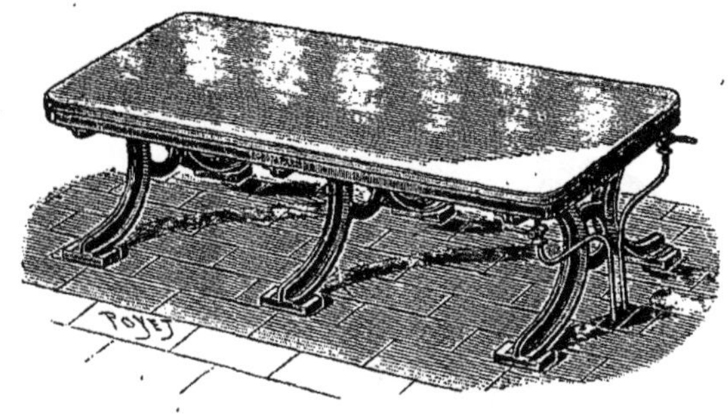

TABLE A VAPEUR
(Système Egrot.)

A égouttoir.

Pour le découpage des viandes destinées à être emboîtées, pour tenir toujours au point d'ébullition les jus, bouillons, sauces, servant à la conserve alimentaire.

de l'intérieur, seulement de l'extérieur, qu'il ait un beau coup d'œil. Vos viandes en boîtes bien assaisonnées, recouvrez-les de jus réduit et gras.

Soudez et donnez à l'ébullition :

2 heures   à 110 pour les boîtes de 1 kilo.
1 h. 1/4   à 110 pour les   —   de 500 grammes.
55 minutes   à 110 pour les   —   de 250.   —

Refroidissez les boîtes en les exposant à l'air sans les brutaliser ou dans l'autoclave à l'eau froide.

N. B. — Il est nécessaire que le jus accompagne les conserves de veau, mais si c'est pour votre usage particulier, conservez le jus à part et ne mettez autour de vos fricandeaux que de la graisse assaisonnée, graisse de foie gras ou saindoux; vous aurez un produit hors ligne et que le jus n'aura pas rougi.

Côtelettes de veau.

Taillez et parez vos côtelettes, n'y laissez qu'un très petit manche, passez-les à feu vif afin de les colorer sans cuire; assaisonnez légèrement, recouvrez, après les avoir emboîtées, de graisse clarifiée, de beurre clarifié, de jus réduit, ou de gelée très forte; soudez et ébullitionnez comme les fricandeaux; les boîtes à côtelettes sont spéciales, et d'une forme imitant la côtelette; parez-les d'après la dimension des boîtes.

Pâté de veau.

L'art du conservateur consiste à tirer parti de tout, d'utiliser tous les résidus, tous les déchets ; je n'admets pas de gâchis en fabrication ; le talent ne consiste pas toujours à faire de bonnes conserves en n'employant que des surchoix ; il consiste surtout à tirer parti de tout, et à faire un dîner avec rien. C'est par les centimes économisés les uns après les autres que la fin de l'année arrive et laisse un profit, seul résultat de la lutte sauvage d'aujourd'hui.

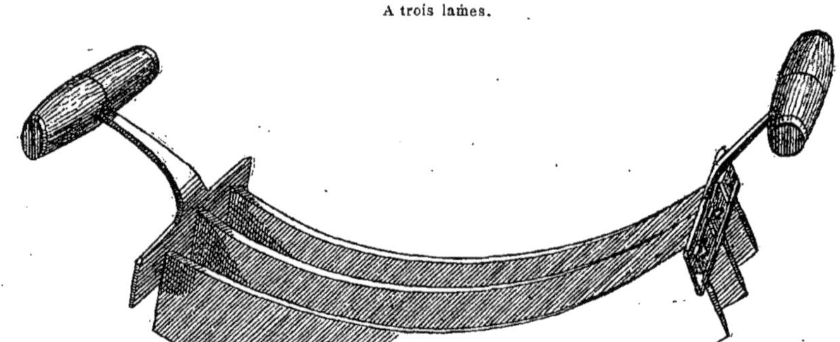

Le pâté de veau peut se faire de deux manières :

1° Mettez vos épaules de côté en enlevant seulement les parties nerveuses que vous couperez en morceaux ; ajoutez les chairs des cous, les parures des fricandeaux crues et cuites, les roulades de tendrons que vous avez mises dans le jus, ajoutez à toute cette chair le tiers de graisse de veau ou de porc ; assaisonnez chaque kilo avec 50 grammes de sel épicé (ne pas confondre avec la salure), hachez le tout au hachoir mécanique ou à la berceuse ; pendant ce temps, prenez le poumon et le foie, ainsi que le cœur, coupez le tout en morceaux séparément.

Faites blanchir le poumon dans le bouillon pendant quelques minutes, égouttez et laissez refroidir, mettez sur le feu un peu de panne de porc frais, faites-la fondre à chaleur de friture, et faites cuire votre foie coupé dans cette graisse en le remuant continuellement ; sitôt qu'il commencera à colorer, ajoutez-y le poumon, puis le cœur. Lorsque le tout sera cuit sans être par trop coloré, retirez, pilez le tout très fin, passez au gros tamis à purée, incorporez ensuite dans les chairs hachées, goûtez pour vérifier l'assaisonnement.

Puis essuyez vos boîtes, garnissez le fond d'une bande de lard, et remplissez vos boîtes avec la chair hachée, en les tassant, lissez la surface, posez par-dessus une branche de thym et une demi-feuille de laurier, recouvrez le tout d'une bande de lard et mettez à pocher au four dans un bain d'eau comme pour les terrines de foie gras ; lorsque la chaleur douce aura atteint le centre de votre pâté (assurez-vous de cela avec une aiguille de fer ou de bois), retirez du four ; si la boîte n'est pas tout à fait pleine ou si la chair a fait un retrait, remplissez le vide avec de la graisse fondue, aromatisée, d'oie ou de porc ; faites souder et donnez à l'ébullition.

2 heures à 115 pour 1 kilo.

1 h. 1/4 à 118 pour 500 grammes.

2° Les deux épaules que vous avez conservées, ouvrez-les largement, enlevez les parties les plus saillantes pour les mettre où il y a des vides, mettez au centre une partie du hachis ci-dessus, rapprochez les bords, roulez en galantines, enveloppez dans un linge fort, ficelez en donnant à ces roulades le diamètre des boîtes que vous voulez remplir, puis mettez en cuisson dans du bouillon corsé ; laissez cuire doucement pendant deux heures, laissez ensuite refroidir deux heures, retirez, desserrez les linges, ficelez fortement et laissez refroidir pendant douze heures.

Coupez sur le travers des darnes du diamètre et de la hauteur des boîtes ; ajoutez, pour remplir les vides, de la gelée très réduite ou de la graisse comestible très fine comme qualité, faites souder et donnez à l'autoclave :

2 heures à 110 pour les 4/4 ou kilo.

1 h. 15 à 110 pour les 1/2 ou 500 grammes.

Poitrines de veau.

Les deux poitrines qu'antérieurement vous avez désossées, ouvrez-les, remplissez-les avec le même hachis que ci-dessus ; vous pouvez y ajouter des parures de champignons et des fines herbes, bien assaisonner le tout ; posez après ficelage vos poitrines dans une plaque à rôtir, couvrez de graisse et mettez rôtir à four doux ; qu'elles prennent une belle couleur blonde, laissez au four au moins 1 h. 1/4 ; retirez et laissez refroidir, coupez en quartiers ou laissez entier ; de toute manière, les poitrines doivent être posées à plat dans les boîtes, c'est-à-dire comme elles ont rôti, les chairs doivent être dessus et dessous ; le contraire doit être fait pour les roulades, les parties coupées doivent former le fond et le dessus, et les chairs être sur les bords.

Remplissez les vides de graisse et jus de la cuisson, aromatisez chaque boîte avec thym, laurier, poivre et girofle.

Soudez et donnez à l'ébullition :

2 heures à 110 pour les kilos.

1 h. 1/4 à 110 pour les 500 grammes.

A défaut de graisse, employez du beurre clarifié.

Vous pouvez remplacer comme enveloppes, pour vos roulades, la crépinette du veau.

Quant aux boyaux, vessies, fraise, etc., lavez, grattez et gonflez afin de les faire sécher, ou conservez-les dans la saumure, vous en aurez continuellement besoin.

Ris de veau et gorges.

Laissez-les blanchir et dégorger à l'eau fraîche, échaudez-les ensuite en les mettant à l'eau froide jusqu'à l'ébullition, retirez, laissez refroidir dans un linge, piquez-les de lard, poussez quelques minutes à four gai, uniquement pour cuire et colorer le lard, emboîtez ensuite en recouvrant de beurre clarifié, soudez et ébullitionnez comme pour les fricandeaux.

Cervelles de veau.

Après avoir dénervé les cervelles, opération qui consiste à enlever délicatement la membrane sanguinolente qui les enveloppe, laissez encore dégorger à l'eau claire et ensuite faites-les cuire dans une petite cuisson composée d'eau, sel, oignons coupés et aromates ; après dix minutes d'ébullition de cette cuisson, mettez les cervelles, et au premier bouillon, enlevez du feu, laissez refroidir les cervelles et mettez en boîte, en ajoutant leur cuisson, soudez et donnez une heure et demie d'ébullition sans pression pour une boîte de 500 grammes.

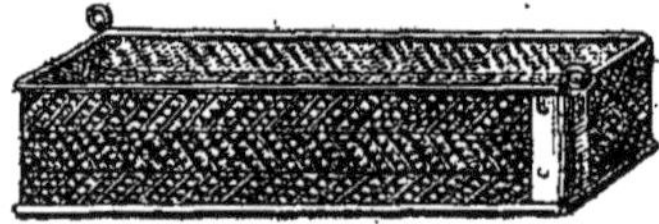

MOULE EN FER-BLANC
FORME LONGUE

Pour la fabrication des pâtes en croûtes et en boîtes de volailles, veaux, porcs, etc. Le moule est de la dimension des boîtes à asperges 4/4 Potin.

Animelles.

Opérez comme pour les cervelles ; ces deux conserves sont d'un grand secours pour les fritures à l'italienne.

Tête de veau au naturel.

Prenez autant que possible des têtes de gros veaux bien blanches, et bien échaudées, désossez-les en y mettant le plus de chair possible, sortez la langue et la cervelle, faites cuire immédiatement la langue dans du bouillon, la cervelle se conserve à part, taillez les oreilles en rond, ciselez les cartilages, coupez ensuite la tête en carrés réguliers, mettez en terrines avec quelques gouttes d'acide citrique ou de jus de citron ; puis, dans une bassine émaillée, mettez quelques litres d'eau, 3 au plus pour une tête, délayez dans cette eau une poignée de belle farine de 1er choix, ajoutez du sel ; que votre farine ne reste pas en grumeaux, au besoin repassez au tamis, ajoutez une poignée de sel fin et 500 grammes de graisse de rognons de veau bien fraîche ou du beurre frais ; mélangez tout ensemble ; cuisson, tête et oreilles ; mettez sur le feu, remuez jusqu'à l'ébullition, pendant cinq minutes ; retirez ensuite vos morceaux, emboîtez-les en mettant dans chaque boîte un morceau de la langue cuite ; en emboîtant, enlevez dans les morceaux du museau les muqueuses qui y seraient restées, ainsi qu'à la langue.

Recouvrez ensuite avec la cuisson, faites souder et donnez la même ébullition que pour les fricandeaux.

La tête de veau au naturel peut se manger froide, sauce vinaigrette ou réchauffée dans son jus.

La tête de veau en tortue réchauffée et garnie avec une garniture de ce nom.

La tête de veau sauce tomate réchauffée et servie avec une sauce tomate, ou vous pouvez remplacer l'eau de la cuisson par une sauce tomate, et terminer comme ci-dessus.

Tête de veau financière, réchauffée et servie d'une financière; si vous désirez que vos têtes soient toutes préparées en lieu et place de la cuisson, garnissez alors avec les garnitures désignées ci-dessus, saucez avec les sauces indiquées et terminez identiquement l'opération.

Oreilles de veau.

Mêmes recommandations que pour la tête, mêmes garnitures et mêmes sauces.

Débris et déchets de veau.

Tous les os, tendrons, débris, déchets, cuissons, jus, etc., doivent subir une ébullition prolongée afin d'en retirer tous les sucs et toute la gélatine.

Après quatorze heures de frémissement, tirez à clair et laissez réduire à extinction pour faire de la glace ou pour augmenter la richesse de vos jus.

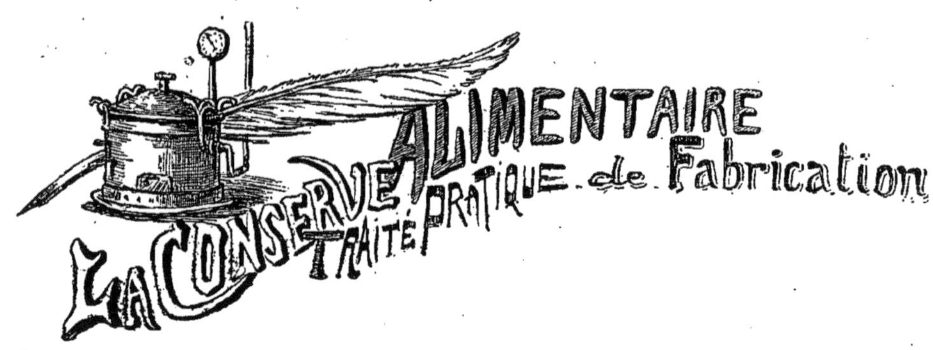

MOUTON

Le mouton étant une viande noire, et à un prix infime dans les pays d'élevage, peut mieux que le veau se prêter à une fabrication économique. Le mouton ne se sale ni ne se fume, la nature de sa chair ne se prête pas à ces manipulations, mais vous pouvez aisément transformer le mouton en venaison et imiter à s'y méprendre le chevreuil au moyen d'une marinade cuite au vin rouge ; cette préparation, vous la trouverez indiquée à l'article *Marinade cuite*.

Les pays de production du mouton sont le Sud-Amérique, l'Australie, la Nouvelle-Zélande, l'Algérie, mais la plus grande quantité arrivent d'Autriche-Hongrie, Allemagne du Nord et Russie, et malgré les transports élevés en grande vitesse et par wagons-glacière pour les bêtes tuées, les bénéfices de ce trafic sont rémunérateurs, et pourtant une belle commission reste aux facteurs des Halles.

Cette conserve, manufacturée dans les pays de production et dans des conditions de bien facture, comme cuissons, assaisonnements, pourrait servir à la nourriture de la troupe et de la marine, car le mouton est sain, d'une digestion facile lorsqu'il est bien apprêté ; jusqu'à présent la plupart des conserves de moutons sont faites à rebours du bon sens et immangeables.

Mouton rôti.

Désossez vos cuissots ou gigots, vos filets et les côtelettes en prenant toutes les chairs des poitrines, ce qui vous permettra de faire de grosses roulades; désossez aussi toutes les épaules, puis prenez toutes les parties dures ou nerveuses du cou, de la tête, langue, etc., les manches des gigots et des épaules, ajoutez-y les gras que vous pouvez avoir, cuisez les foies, poumons, cœurs, etc., comme il est indiqué à l'article *Pâté de veau*.

Puis brisez tous les os, et faites un bouillon partie égale d'eau et d'os, laissez bouillir douze heures à très petit feu, retirez les os ensuite pour en retirer toutes les peaux, viandes, tendrons, qui y adhèrent encore, ajoutez tout cela au hachis assaisonné avec 50 grammes par kilo de sel épicé, ficelez vos gigots en roulades, farcissez les épaules, ainsi que les filets et les côtelettes, du tout formez des roulades dans lesquelles vous incorporerez tous les déchets et tout le hachis, ficelez parfaitement afin qu'elles ne se déforment pas; mettez dans une plaque, couvrez de graisse et

GROUPE DE MARMITES A VAPEUR

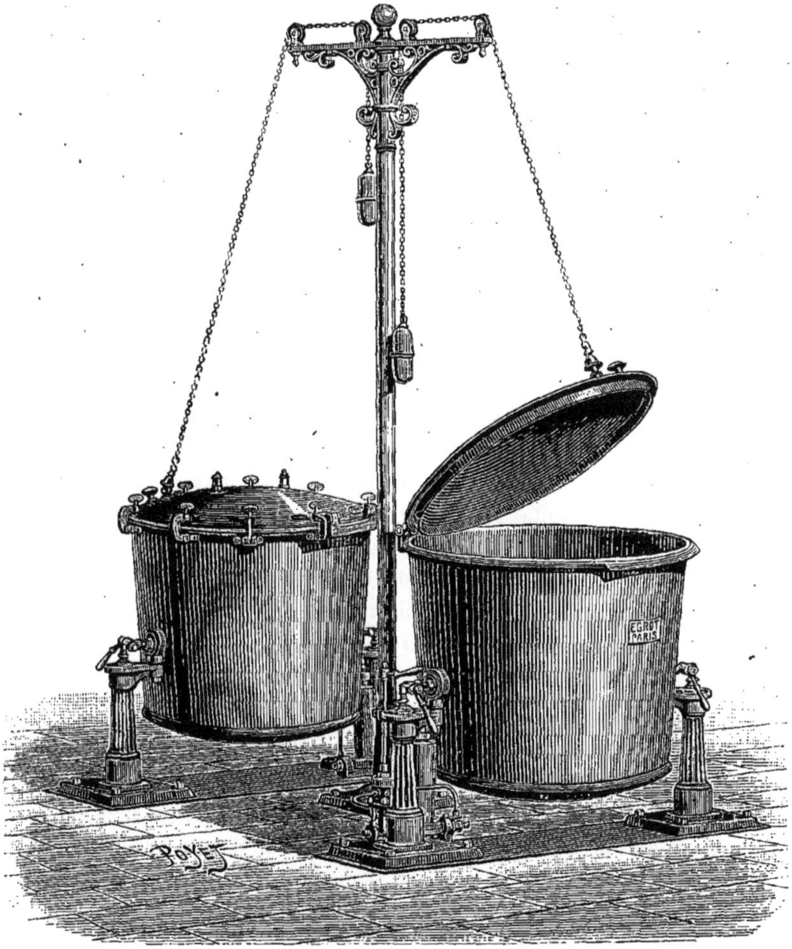

Pour une petite usine de conserve de viandes, il est composé de :
1° Une marmite autoclave avec grue, paniers pour la cuisson des boîtes, la cuisson des légumes, etc.;
2° Une marmite à bouillon pour le blanchiment des oseilles, épinards et la fabrication des bouillons.

poussez au four, laissez cuire une heure, en colorant lentement; ne saisissez pas vos viandes afin que la chaleur atteigne le centre, laissez refroidir et mettez en boîtes, recouvrez-les avec les jus, bouillons et graisses que vous mélangerez, goûtez l'assaisonnement après refroidissement des viandes, coupez et emboîtez en morceaux réguliers, les gigots peuvent rester entiers, aromatisez les boîtes, arrosez avec le jus réduit, faites souder et donnez à l'autoclave :

> 2 heures à 112 pour 1 kil.
> 2   —   à 112 pour 1 kilo 500.

Et rafraîchissez toujours les viandes.

Cela demande un peu de manutention, mais les viandes désossées à chaud marchent rapidement, et d'ailleurs le prix est si minime que la manutention ne sera jamais équivalente aux prix du transport accéléré.

Mouton bouilli (*Irish Stew*).

Vous pouvez employer pour cette conserve les filets, les épaules, les côtelettes, poitrines, cous.

Pour la fabrication des pâtés de foies gras de Strasbourg.

Les gigots peuvent alors se rôtir comme ci-dessus, avec la seconde catégorie que vous désosserez entièrement. Coupez-la en carrés de 4 centimètres, mettez sur le feu en ajoutant aux 2/3 de l'eau froide, faites bouillir à bon feu et vivement, à bassine couverte, goûtez; par kilo mettez 50 grammes de sel, une pleine assiette d'oignons coupés en rouelles et épluchés, quelques échalotes, un bouquet garni, laissez bouillir dix minutes, retirez du feu, emboîtez en mettant par boîte de 1 kilo 750 grammes de viande cuite, couvrez avec 250 grammes de la cuisson passée au tamis, ajoutez dans chaque boîte un quart feuille de laurier, une brindille de thym, trois grains de poivre et un clou de girofle; le jus seul doit remplir vos boîtes.

Soudez et laissez à l'autoclave :

> 2 heures à 115 pour les boîtes de 1 kilo.
> 1 h. 1/4 à 115   —   de 500 grammes.

Pour employer cette conserve, ouvrez la boîte, et renversez le contenu dans un plat creux en terre à feu, recouvrez ce ragoût d'une abaisse de pâte à pâté, soudez les bords de la pâte et du plat en les mouillant, dorez à l'œuf, poussez au four; lorsque la pâte sera colorée et cuite, le tout sera prêt à manger.

Pâté de mouton.

Les vieux moutons, brebis, béliers, impropres à la boucherie parce qu'ils ne sont plus assez tendres, ni assez gras, peuvent servir comme pâté, et le prix d'achat est en rapport avec leur valeur.

Désossez entièrement le mouton, ne laissez rien autour des os, découpez les chairs en petits morceaux, ajoutez, si faire se peut, le tiers de gras de porc, assaisonnez avec 50 grammes de sel épicé par kilo, hachez le tout assez fin ; pendant ce travail, essuyez les boîtes, garnissez le fond d'une barde de lard, remplissez en tassant vos boîtes, recouvrez avec une feuille de laurier et de basilic, terminez par une autre barde, puis poussez au four au bain-marie pendant une heure, retirez du four, laissez refroidir, remplissez le retrait avec le fond extrait et réduit de vos os, soudez et mettez à l'autoclave :

3 heures pour les boîtes de 1 kilo à 112
2   —   —   de 500 gr. à 112.

Je n'ai pas besoin d'ajouter que ce pâté est excellent froid.

Vous trouverez au *Matériel* des dessins et prix des outils nécessaires à cette industrie, où rien n'est perdu.

Mouton mariné.

Quelques pays ont l'habitude de manger les viandes saumurées ; la couleur ne plaît que lorsqu'elle est rouge ; il n'y a alors qu'à les saler et les mariner.

Après avoir désossé et détaillé le mouton, mélangez le tout en le marinant avec 50 grammes de salure n° 2 par kilo de viandes.

Laissez-les quarante-huit heures mariner, suivant la température ; en été, les opérations sont difficiles ; il n'y a que l'hiver pour faciliter l'opération et le travail ; n'opérez que sur des viandes fraîches et qui n'ont pas de principe de fermentation ; pour vous prévenir contre ce cas, usez toujours de la neutraline lorsque vous serez obligé de prolonger la macération. La saturation complète, vous vous en assurerez en cuisant un morceau.

Mettez le tout sur le feu en y ajoutant la même quantité d'eau que pour le mouton bouilli, ou, si vous le pouvez, remplacez l'eau par de la gelée de couenne ; après écumage, laissez cuire quinze minutes, retirez les morceaux de la cuisson, mettez en boîtes, garnissez d'aromates, passez le jus à clair, remplissez vos boîtes, soudez et laissez à l'autoclave :

2 heures à 112 pour le kilo.
1 h. 1/4 à 112 pour les 500 gr.

Je recommanderai toujours la même quantité de viande dans chaque boîte, le choix bien faits, afin qu'il n'y ait pas de boîtes extra et d'autres laissant à désirer.

750 grammes de viandes,
250   —   de jus, voilà la moyenne.

Cette conserve peut se manger froide ou chaude.

Os et débris.

Tout ce qui peut vous rester après fabrication, tirez un grand bouillon et après douze heures d'ébullition passez et réduisez à glace ; vous en trouverez l'emploi pour enrichir sauces et jus, civets et salmis.

Mouton en chevreuil.

Prenez les gigots et les côtelettes que vous avez réservés pour cette fabrication, détaillez-les en noix, sous-noix comme il est indiqué pour les fricandeaux de veau et suivez les mêmes opérations; après avoir piqué chaque morceau, rangez-les dans une terrine vernie et laissez-les un mois dans la marinade.

Les gigots peuvent être marinés entiers.

Marinade cuite pour chevreuils.

Prenez la quantité suffisante de bon vin rouge naturel et bien coloré pour recouvrir les viandes que vous désirez mariner.

Mettez le vin dans une bassine émaillée ou étamée, ajoutez laurier, sauge, thym, serpolet, marjolaine, poivre en grain, girofle, noix de muscade et quelques oignons coupés fins, laissez bouillir dix minutes, retirez le feu et laissez refroidir; c'est pour cette raison qu'en refroidissant dans l'émail, la marinade ne prend pas le goût métallique; ajoutez 1 cent. par litre de neutraline et versez sur les viandes que vous couvrirez ensuite d'une feuille de papier, mettez au frais quarante-huit heures, après changez vos morceaux de terrines afin que ceux qui étaient dessus soient dessous, faites rebouillir la marinade, attendez qu'elle soit froide et versez sur les viandes; vous remarquerez que le sel et le salpêtre n'existent pas dans la marinade. Après trois semaines de macération et plusieurs ébullitions à la marinade, retirez votre chevreuil, posez-le sur une plaque à rôtir, poussez à four chaud pour saisir et colorer les viandes, puis emboîtez soigneusement.

Les côtelettes parées et passées à feu vif se mettent aussi en boîtes, et saucez le tout avec une bonne sauce poivrade, et après soudage, mettez à l'autoclave :

1 h. 1/2 à 112 pour les 4/4 ou kilo.

1 h.   à 112 pour les 500 gr.

Sauce poivrade.

A la marinade ci-dessus, ajoutez une suffisante quantité de jus de viandes ou de cuisson de champignons, ajoutez un peu de vinaigre pour relever seulement le goût, liez ensuite avec le roux brun nécessaire, laissez réduire et dépouillez à petit feu, salez et assaisonnez à point; il ne faut pas que les épices dominent et que vous ayez un léger goût vinaigré.

Lorsque votre sauce sera bien lisse, transparente et réduite suffisamment pour masquer les viandes, passez au tamis fin, versez sur vos viandes et remplissez suffisamment vos boîtes et terminez.

Vous pouvez ajouter des garnitures de champignons, cèpes, truffes, etc., dans vos boîtes, elles prendront alors le nom de *noix de chevreuil à la financière*.

PORC

Salé, fumé et frais.

Le porc est, de tous les animaux de boucherie, celui qui est le plus employé et qui se prête par la multiplicité de ses transformations à créer un immense débouché en même temps qu'un travail rémunérateur pour l'industriel et pour le conservateur.

Ce n'est qu'à ce point de vue que je veux en parler.

Pour la charcuterie proprement dite, à l'usage des magasins de ce nom, voyez les renseignements à ce sujet dans les ouvrages de Gouffé, etc.

Le porc dans la conserve industrielle peut se travailler de bien des manières.

Autant que possible, je parlerai de toutes ces fabrications suivant les pays où nos produits doivent s'écouler, chose essentielle à étudier, car les goûts ne sont pas les mêmes au Nord et au Midi.

La première condition du travail est celle des locaux; pour la manipulation du porc, il faut de la propreté, de l'air, du jour et de l'eau en abondance. Les vastes établissements américains en bois, genres de hangars, où l'air et la lumière circulent partout, sont le principal succès des saleurs américains.

La seconde condition, c'est de ne tuer que des animaux bien reposés, bien frais, et baignés à l'eau fraîche et qui ont eu pour se reposer une abondante litière de paille.

Les porcs destinés à être tués doivent jeûner vingt-quatre heures avant de les saigner et on ne doit leur donner que de la farine délayée dans de l'eau afin d'apaiser leur soif.

Le matériel nécessaire pour le travail du porc n'est pas hors de prix. Ne m'occupant que de conserves, je désignerai l'outillage nécessaire.

La première opération est l'abatage du porc, puis l'échaudage, le dépeçage, le salage, le fumage. J'indiquerai les manières de procéder ainsi que les fautes qu'il faut éviter. Après l'abatage et l'échaudage, il y a la question des saloirs.

Ce sont des vases ou vasques en pierre, ciment ou en bois, plutôt la pierre que le bois ; en Italie, où le marbre ordinaire est à vil prix, les saloirs sont des caisses faites de plaques de marbre blanc ou gris poli et ajustées et dont les joints sont faits d'un ciment spécial, ce sont ceux-là que je recommanderai toujours, à cause de la fraîcheur naturelle qu'ils procurent aux viandes et à leur facile entretien.

Au saloir, il faut un couvercle pressé entrant à l'intérieur, en bois dur et en plusieurs morceaux que vous chargez de grosses pierres ; pour faciliter la manipulation de ces pavés carrés et appropriés pour cela, vous y fixez un nerf de bœuf formant poignée, car le métal ne doit pas toucher aux salaisons, le saloir doit avoir un second couvercle en bois, garni intérieurement de flanelle ou de feutre ; il doit avoir charnières et contrepoids s'il est trop lourd.

La table à saler, dont la forme rappelle un lit de camp, doit être en maçonnerie et le dessus ou table cimenté, avec des rebords de 8 à 10 centimètres de hauteur et à plan incliné, afin de faciliter l'égouttage des eaux-mères. Les tables à saler à dessus et bords de marbre, d'ardoise, de granit sont préférables, car à la longue le sel détruit le ciment le plus solide, mais ne détruit ni marbre, ni granit. La partie du local où vous installez la table à saler doit être facile à aérer, la ventilation parfaite de nuit comme de jour et pouvant être facilement obscurcie, à l'abri des mouches. La hauteur moyenne de ces lits est 1 mètre ; 80 *centimètres sont suffisants*. La longueur et la largeur suivant vos besoins. La partie déclive de la table doit être terminée par une cuve cimentée, qui reçoit les égouttures et peut servir à différents besoins.

Le fumoir. — En Amérique, en Allemagne et en Angleterre, où la charcuterie est très développée, les fumoirs sont vastes et spécialement construits à cet effet ; ils ont plusieurs étages ou compartiments. Une des conditions essentielles pour obtenir la qualité et la beauté du fumage, c'est d'y faire arriver la fumée froide ; pour cela installez vos chambres à fumer aux étages supérieurs et le feu en sous-sol ou au rez-de-chaussée, où vous pouvez facilement le surveiller.

Les différents compartiments doivent communiquer entre eux au moyen de vasistas mobiles, et la fumée entrer par plusieurs ouvertures, et assurer l'échappement par la ventilation.

La construction d'un fumoir est chose sérieuse et les parois doivent être recouvertes de briques et cimentées au ras du sol ; aménagez des trous où l'air du dehors fera l'office de ventilateur, car la fumée doit envelopper les viandes mais ne pas y séjourner, les viandes contracteraient un goût désagréable, et un dépôt humide abîmerait les chairs.

La belle couleur rouge clair est obtenue par la saumure (sauris américaine).

La fumée doit être aromatisée ; à cet effet, on ajoute à la sciure employée dans le brûloir quelques feuilles de laurier, thym, lavande et principalement des branches de genévrier qui ont l'avantage de brûler vertes, quelques copeaux de chêne blanc, vous allumez et vous entretenez le feu avec quelques braises de boulanger.

Maintenez toujours le feu pendant le temps de fumage qui dure environ huit jours ; ne retirez vos viandes que lorsque la couleur que vous désirez obtenir est au point voulu.

Laissez ensuite enlever la fumée ; retirez vos viandes et transportez au séchoir.

La sécherie est une vaste pièce haute, sèche et facile à ventiler par les vents du nord et dont toutes les fenêtres sont fermées par des toiles métalliques afin d'empêcher les mouches d'entrer.

Si vous êtes incommodés par cette vermine ailée, employez tous les moyens possibles pour vous en débarrasser, papiers chimiques empoisonnés, sucres et sirops *item* que vous déposez dans des assiettes à proximité de l'entrée et de la sortie.

La mouche à viande est un fléau, et quand la mort d'une seule de ces bêtes devrait vous coûter 50 centimes, n'hésitez pas, c'est encore une économie.

Avant de commencer les fumages et chaque fois qu'il sera vide, brûlez dans chaque compartiment de la fleur de soufre, afin de tuer tous les germes.

Le séchoir doit être construit à pouvoir se fermer, se clore en été principalement d'une manière hermétique et ne prendre sa ventilation que par des ventouses de place en place dans le plancher, et ayant au centre une cheminée d'appel afin d'activer le passage de la fumée.

En suivant ces principes, vous aurez toujours de beaux produits, supérieurs en qualité et coup d'œil.

Après les saloirs, fumoirs et séchoirs, viennent les machines à hacher :

Françaises, allemandes et américaines, de tous les types et de toutes les grandeurs, pour le ménage, la petite et la grande industrie.

La question du hachage est délicate et difficile ; une viande mal hachée, broyée et meurtrie, ne se conserve pas, ce n'est pas le tout d'aller vite, il faut faire bien; la qualité à rechercher dans un hachoir, c'est de trancher net, sans meurtrir, sans presser la chair à la faire juter, ce qui serait nuisible (voyez hachoir Tremault).

Le travail le plus rationnel et approchant la perfection désirée, c'est celui fait par le hachoir allemand, dit Wigmesser, marchant sur un billot de bois, au bras ou au moteur ; ce dernier perfectionnement appliqué au hachoir à 6 lames, avec billot tournant, est pratique, bien près de la perfection, facile à nettoyer et à entretenir, pas trop coûteux, coupe toutes les viandes, même les plus nerveuses, ne jute ni ne meurtrit.

L'autre système, celui-là bien français, à sébille tournante, à couteaux articulés et marchant à bras, au manège et au moteur, d'une rapidité remarquable, pour la marchandise devant se manger fraîche, pour toutes les opérations, pour la conserve, le hachoir français a sa place marquée dans une usine, c'est un outil, une machine-outil qui, par les services qu'il rend, est continuellement en fonction.

Dans les dessins du matériel, vous trouverez les légendes explicatives.

Le hachoir américain tient des deux systèmes. C'est pour la fabrication des mortadelles, Lyon, Arles, Salami et Bologne, un outil précieux, il a malheureusement contre lui, son prix trop élevé et la mauvaise qualité du métal qui oblige souvent sa transformation et il est difficile à réparer, les pièces de rechange étant étrangères.

Le poussoir vertical est l'outil nécessaire pour la fabrication et l'emballage ou embossage des viandes hachées dans les boyaux.

La recommandation, lorsque vous vous servez de cet outil, est d'opérer de manière qu'il ne reste pas d'air dans l'intérieur du poussoir, ni dans les chairs que vous introduisez.

L'air entrant dans les boyaux y ferait le vide, qui, au bout de quelque temps, développerait la fermentation qui est si funeste à la conservation des viandes.

La presse à gras, généralement en fonte, sert pour extraire la quintessence des gras fondus.

Le but à atteindre dans la plupart de ces outils, nécessaires au conservateur, c'est de pouvoir s'émailler.

Après cela vient la longue série des **couteaux** de toutes formes et dimensions, **battes, couperets, scies, feuilles à fendre**.

Puis, chose très utile et obligatoire, un moulin ou broyeur pour épices, et tamis-tambours pour les tamiser.

Voyez la formule du sel épicé, pour chairs et pour foies gras.

Les principales épices et plantes aromatiques servent pour l'assaisonnement du porc et pour ses manipulations :

Le sel, qui est le principal agent des salaisons, doit être pris dans l'Ouest et non dans le Midi — il est facilement reconnaissable.

Le sel gros, à cristaux, gris, quelquefois terreux, d'une saveur amère, contenant beaucoup de magnésie, est le sel marin, dit sel de Bouc ou du Midi.

Le sel de Bretagne, blanc, régulier est le sel de l'Ouest, à petits cristaux, d'une saveur franche, et ayant le parfum de la violette, surtout celui fait pendant les mois de juillet et d'août.

C'est cette qualité qui doit être préférée, pour la conserve, pour les salaisons, et surtout pour la sardine.

D'ailleurs les fabricants de sardines sont exouérés du droit et de l'impôt sur le sel, leur usine est censément un entrepôt, la déclaration d'entrée de sel suffit (sous la surveillance des douaniers) ; l'équivalent doit se trouver à la sortie comme marchandise fabriquée.

Le sel doit être approvisionné dans les mois chauds, par un temps très sec, et conservé dans un local boisé.

Le sel bien sec avant de l'employer soit comme saumures, soit surtout comme salures pour le travail sur la table à saler, est une des conditions de réussite d'une bonne salaison.

Un sel vieux, dur, vous donnera un produit de premier ordre, ferme au toucher, et d'une longue conservation.

Un sel frais et par conséquent humide amollira les salaisons, qui resteront flasques et ne reprendront que difficilement leur fermeté, elles jauniront vivement.

Le sel raffiné ne sert que pour le sel épicé ou pour saler la fine charcuterie.

Le salpêtre ou sel de nitre est nécessaire aux viandes pour assurer leur bonne conservation et leur donner une chair rose et appétissante ; il peut être employé dans les saumures, mais dans les viandes hachées, avec beaucoup de modération, car le salpêtre et le sucre sont des rongeurs. Les autres condiments sont les suivants :

Les poivres blancs ou noirs,	La muscade,
Le piment rouge,	La cannelle,
Le piment gris,	La coriandre,
Le paprika ou poivre de Hongrie,	Le genièvre,
Le cayenne, extrait du piment rouge,	Le cumin,
Le carry, ou carrie, piment indien doux et parfumé,	La moutarde,
	La cardamine,
Le macis ou fleur du muscadier,	La pistache,
Le clou de girofle,	La truffe,

Comme plantes aromatiques.

Le thym,
Le laurier,
Le romarin,
La marjolaine,
La sarriette,
La sauge,
Le fenouil.

Le basilic frais ou sec,
L'ail,
L'échalote,
Le persil,
L'oignon,
Le piment doux, rouge et jaune.

Les épices ou quatre épices, droghes, etc., servant pour le sel épicé.

La composition suivante doit être scrupuleusement suivie comme poids et proportions.

Les herbes et condiments séchés, broyés, tamisez le tout jusqu'à extinction dans un tamis-tambour à cet usage.

Et conservez dans des bocaux excessivement bien bouchés à l'émeri :

Poivre blanc de premier choix	1.000	grammes.
Piment des Indes gris	380	»
Poivre de Cayenne (poivre rouge)	40	»
Poivron jaune séché (pepparone)	100	»
Paprika de Hongrie	100	»
Macis	150	»
Muscade râpée	100	»
Girofle (clous)	80	»
Cannelle	80	»
Carry en poudre	80	»
Coriandre	40	»
Thym en branches	40	»
Laurier en branches	40	»
Romarin	40	»
Marjolaine	40	»
Sarriette	40	»
Basilic	40	»

Vous pèserez d'abord les plantes, puis vous les effeuillerez ensuite, ne pilez pas les brindilles de laurier ni de thym, épluchez seulement les feuilles odorantes, faites sécher à l'étuve dans des sacs de papier fermés et conservez une fois sec dans des bocaux de verre avec couverture de vessie, afin de concentrer l'arome, ne faites vos quatre épices qu'au fur et à mesure de vos besoins.

Pour le sel épicé, la même chose, et prenez toujours du sel fin purifié et bien sec, ajoutez pour chaque kilo de sel 60 grammes de quatre épices, remuez afin de bien mélanger le sel et les épices, dans un mortier de marbre ou de métal, et conservez toujours dans un bocal de verre bien clos, et toujours à l'abri de l'humidité.

Les tables à découper sont de fabrication spéciale en cœur de chêne ou en charme, découpés en damier, et enchâssés les uns dans les autres ; — le fil du bois est debout, ce qui garantit la durée et la dureté des billots.

C'est sur ces billots que se dépècent les quartiers de viandes fraîches, que se désossent les viandes et qu'elles se découpent pour passer ensuite sous les hachoirs.

Les billots ne doivent jamais se laver, seulement se grater; ne jamais y travailler des viandes saumurées, ou sortant des saloirs.

Le billot pour le hachoir allemand est rond cerclé de fer, ayant une ramasseuse et haut de 80 centimètres.

Les fabricants de mortadelles, salamis et saucissons ont un pétrin en pierre ou en métal galvanisé (voyez broyeurs et manipulateurs pour viandes). Le granit est préférable en ce sens que vous pouvez y laisser vos chairs sans danger, et vous pouvez toujours les maintenir fraîches en mettant dans la masse des vessies pleines de morceaux de glace d'eau et solidement ficelées afin d'empêcher le liquide de s'échapper.

L'abatage du porc.

La qualité que vous devez rechercher dans un porc pour conserves et pour la fabrication, c'est un animal qui vous donnera une chair ferme bien marbrée et un tissu serré. Les chairs molles, flasques, les gras sans résistances sont impropres à une bonne conserve, et ne doivent s'employer que pour les produits d'une consommation journalière.

De toutes les races de porcs qui sont en Europe, s'il y a quelques variétés médiocres, toutes sont de bonne qualité.

Aujourd'hui on demande des porcs ayant beaucoup de chair, les porcs gras ont une vente difficile pour l'éleveur, il doit plutôt tendre à faire des élèves charnus que gras.

Avant de procéder à l'abatage, ayez vos appareils en bon état et fonctionnant parfaitement, lavés et séchés.

Procédez alors au captage du porc, opération qui consiste à le coucher sur le côté droit et sur un tréteau ou chevalet-lit à quatre pieds, solide et ayant 60 centimètres de haut.

Au moyen d'une courroie vous lui liez les pieds de derrière et de devant afin de le fixer sur le chevalet, et avec une bride de cuir ou de chanvre, que vous lui passez dans la mâchoire, vous lui maintenez la tête en arrière ; d'un coup de couteau, long, effilé, à lame solide et bien emmanché, vous égorgez l'animal en lui coupant la veine jugulaire.

Vous maintenez la tête, et laissez couler le sang dans un récipient de fer galvanisé ; remuez sans discontinuer afin qu'il ne se coagule pas, ne mélangez les sangs de plusieurs porcs que lorsqu'ils sont froids.

Saigner un porc est une opération qui demande une main très habituée à ce genre de travail, car s'il est mal saigné, le sang, au lieu de couler en dehors, s'épanche dans l'intérieur. La mort est lente, la bête souffre, le sang se perd et endommage les chairs.

Cette opération manquée s'appelle en termes d'abattoir *épauler le cochon.*

Sitôt votre porc bien saigné et mort, arrachez les soies qui sont sur l'épine dorsale et mettez-les à part, cette qualité est chère et se vend très facilement aux disciples de saint Crépin, puis passez à l'échaudage.

Dans les villes qui possèdent un abattoir spécial pour les porcs, tout s'y trouve installé; dans le cas contraire, ayez un cuveau et une grande chaudière à eau bouillante, mettez, au moyen d'une grue, votre porc dans le cuveau ou pétrin, couvrez-le de résine, versez de l'eau bouillante dessus et grattez, le poil doit s'enlever facilement, retournez-le et continuez.

L'opération se ferait rapidement si, au moyen d'une grue, vous pouviez plonger le porc tout entier dans l'eau bouillante; l'opération serait alors rapidement menée et éviterait le ramollissement des chairs.

Si la tête, les pieds, les oreilles, gardaient encore des poils durs et difficiles à arracher, vous termineriez ces pièces après le découpage et plus facilement.

Malgré la prévention que les charcutiers parisiens ont contre l'échaudage des porcs, j'en suis partisan, je n'aime pas le brûlage, ni raser les porcs, car le talon du poil reste toujours dans la couenne, et elle devient impropre à la consommation, je ne suis pas convaincu que le brûlage diminue le poids d'un porc tandis que l'échaudage l'augmente.

L'opération du dépouillage ou écorchage des porcs n'est pas habituelle; elle ne se fait que pour conserver les peaux avec les poils pour tanner et pour des emplois particuliers.

Ce procédé n'étant pas usité dans l'industrie, nous n'en parlerons pas.

L'opération suivante est de vider le porc; à cet effet, suspendez le porc par les pieds de derrière à hauteur d'homme, et les cuisses écartées.

Fendez la peau du ventre depuis l'anus jusqu'au premier os de la poitrine.

Prenez bien garde de couper les entrailles.

Retirez tous les boyaux et déposez le tout sur la table à laver, puis continuez l'opération en fendant la poitrine jusqu'au cou, retirer le poumon, le foie, le cœur et la rate, enlevez de suite le fiel, puis continuez par le dépeçage, retournez votre porc, et avec un couteau, en suivant la raie de l'épine dorsale, coupez la couenne et la graisse du dos jusqu'à l'épine dorsale et avec la feuille coupez votre porc en deux parties bien égales.

Essuyez avec des linges le sang qui serait resté aux chairs ou autour des os, ne lavez jamais, puis dépecez immédiatement, si vous voulez des morceaux bien corrects, il faut laisser refroidir le porc au moins dix-huit à vingt heures suivant la saison.

Si, au contraire, vous tenez à avoir une salaison riche et réussie en tous points, il faut opérer sur le porc chaud, car, dépecé dans ces conditions, les chairs ne se soutiennent pas, les morceaux sont irréguliers, mais les viandes prennent plus vite et mieux la salure.

En travaillant les viandes chaudes, vous ne devez les saler qu'à sec pendant trente-six à quarante-huit heures en les disposant sur la table à saler, sans les tasser, afin de faciliter le refroidissement ; après ce laps de temps, vous pouvez mettre en pleine saumure.

Les deux manières sont également bonnes ; mais le résultat en salant les viandes chaudes est légèrement supérieur comme qualité aux viandes froides, principalement pour les jambons dont le poids dépasse 5 à 6 kilos, au-dessous il y a moins de craintes.

Pour découper, employez toujours des couteaux bien affilés et très propres, et pour les os, sciez, ne cassez jamais, le travail au couperet est nuisible.

La salaison.

Deux méthodes sont ici en présence, préconisées toutes les deux par leurs adhérents :

La salaison à sec ;

La salaison au bain.

Je suis pour toutes les deux réunies. Il y a bien encore un procédé expéditif qui porte le nom de son inventeur, M. de Lignac : c'est par injection, au moyen d'une seringue, et lorsque le porc est encore chaud. Je ne préconise pas ce système pour la conserve, le tube de la seringue entrant dans les chairs y forme une poche d'air qui est nuisible.

Je préfère de beaucoup la salure sur le lit ou table à saler pendant quarante-huit heures ou trois jours, en remuant et ressalant chaque jour, puis après immersion des viandes dans la saumure liquide. Il y a plusieurs formules de fabrication pour les saumures liquides, je vais transcrire les plus usitées et les plus certaines pour le travail d'hiver, soit d'octobre à avril.

Les salaisons d'été demandent d'autres soins, j'en parlerai dans un chapitre spécial.

Saumure anglaise.

Pour les jambons d'York, faites bouillir dans une chaudière, jusqu'à fonte complète de tous les ingrédients :

100 litres d'eau ;

12,500 kilos sel marin de l'Ouest ;

25 kilos sucre de cassonade pure (sans mélange de glucose)

2,500 kilos salpêtre.

Puis dans un sachet de mousseline ou de toile très grossière :

50 grammes baies de genièvre fraîches ou sèches ;

50 — macis ;

25 — clous de girofle ;

50 — thym et laurier.

Laissez bouillir ce sachet avec l'eau et les sels et laissez refroidir, retirez alors le sachet de la saumure, en exprimant entre les mains la quintessence aromatique, puis passez le liquide à la flanelle afin d'en retirer toutes les impuretés.

Ne vous servez jamais de saumures rebouillies ou recuites, pour plus de sûreté servez-vous d'un pèse-sel, pesez toujours votre saumure froide, et maintenez-la toujours au même degré, soit en rajoutant de la saumure fraîche, soit en mettant vos viandes imprégnées de salures, ce qui doit parfaire à peu près le déchet.

A toutes les saumures et au moment d'y mettre les viandes, mélangez la neutraline, 1 litre pour 1 hectolitre de liquide.

Cette même saumure est employée par les Américains pour la salaison des backs, ou demi-porcs entiers, parés et refroidis sous presse, afin qu'ils présentent à la fumure une surface bien unie.

· Cette saumure plus sucrée que salée donne la qualité et la couleur aux jambons d'York et aux salaisons de premier choix.

Saumure française.

100 litres d'eau ;
44 kilos de sel de cuisine ou de l'Ouest ;
12 kilos cassonade ;
5 kilos salpêtre ;
1 litre neutraline.

N'employez la cassonade que lorsque vous êtes certain qu'elle n'a pas été truquée avec le sucre de glucose. Dans le doute, prenez du sucre blanc, soit en pain, soit cristallisé.

Faites bouillir le tout trente minutes, afin que tout soit bien fondu et dissous, puis dans un sachet de mousseline mettez infuser pendant la cuisson :

50 grammes   coriandre et genièvre ;
25   —   cumin ;
25   —   macis ;
25   —   muscade râpée ou cassée ;
25   —   clous girofle ;
250   —   thym, laurier, sauge, sarriette et marjolaine, soit 50 gr.
              de chaque.

Pesez après refroidissement votre saumure au pèse-sel et marquez le titre.

Cette saumure est la plus courante et la plus usitée, soit à Paris pour la charcuterie ordinaire et principalement pour les langues et hures, et en Normandie pour toutes les salaisons.

Vous remarquerez que vous aurez une différence sensible en degrés lorsque pour vos saumures vous emploierez du sel vieux ou frais.

Saumure allemande.

100 litres eau ;
38 kilos sel gemme ou sel de mines ;
600 grammes carbonate de soude.

Faites bouillir et parfumez avec 50 grammes de cumin et 50 grammes de genièvre.

Si au lieu de sel de mines, vous employez du sel marin, doublez la dose de carbonate de soude.

Ajoutez 1 litre de neutraline au moment de vous en servir.

Cette saumure convient très bien à toute la charcuterie allemande, qui est toujours assaisonnée au moment du travail, et qui ne reste que peu de temps à la saumure et beaucoup au fumoir.

Saumure italienne.

Dans les environs de Modène, se fait la charcuterie la plus renommée de l'Italie, qui surpasse par sa finesse, sa délicatesse et la valeur de ses produits, celle si renommée pourtant de Milan :

> 20 litres vin blanc vieux du Piémont ou de Toscane ;
> 20 litres eau ;
> 16 kilos sel raffiné ;
> 2 kilos sel épicé (*si chiamo droghe*) ;
> 1 kilo 200 grammes de salpêtre (*solpitre*) ;
> 500 grammes neutraline.

Faites bouillir le tout en remuant, au premier bouillon retirez du feu, laissez refroidir et passez à la flanelle, cette saumure est spéciale pour les zamponi et les petits jambons modenais.

L'habitude italienne pour les salaisons de lard en bande, lard de poitrine, jambons et épaules roulées se fait à la salaison sèche sur le lit, puis après quatre à cinq semaines de soins, car tous les trois ou quatre jours il faut frotter les quartiers, les changer de place afin que ceux qui sont dessous prennent le dessus, recouvrir soigneusement après chaque manipulation de toiles épaisses et serrées le lit et les salaisons afin d'intercepter le jour et abriter des mouches.

Puis après salaison complète, ils sont lavés et brossés dans une eau contenant en dissolution salpêtre et carbonate de soude 100 grammes par litre d'eau, puis suspendus à l'air pour être séchés ; les quartiers destinés à être cuits sont mis à l'huile pour les conserver, les autres destinés à être mangés cuits sont fumés après avoir été frottés de farine de pois jaunes. Si, par suite du séchage et de la salaison sèche, des fissures se formaient autour du quasi ou entre couenne et graisse, faites un mélange en partie égale de farine de pois, chaux éteinte pulvérisée et poivre noir moulu, saupoudrez toutes les fissures intérieurement avec cette poudre, qui empêche les insectes de s'introduire dans les cavités et dans d'autres cas pour boucher toutes les fissures et cavités, faites une pâte avec de la panne fraîche et cette poudre, amalgamez le tout ensemble, bouchez les interstices avant de mettre au fumoir.

Cet inconvénient n'arrive pas avec la saumure humide, mais les différences de climat obligent à faire ce qu'on peut et pas ce qu'on veut.

Pour toutes les salaisons sèches et non fumées, les charcutiers italiens les conservent dans l'huile, de vrais bains, de cette manière la viande ne se dessèche pas et ne rancit pas, bien égoutter avant de l'employer; les salamis, bolognes, mortadelles, se conservent par le même procédé pendant la saison d'été,

Une autre méthode, plus économique que l'huile, c'est de former, soit sur le sól dallé, soit sur le lit à saler, avec vos pièces à conserver, une meule la plus minutieusement agencée, sans place perdue, ni creux, ni vides; recouvrir le tout de larges feuilles de papier végétal, et par-dessus le tout une chemise de terre glaise bien lisse, bien serrée, et assez épaisse pour faire résistance.

Jetez par-dessus cette meule chemisée de terre glaise quelques toiles d'emballage que vous maintenez toujours humides, visitez souvent la pyramide afin de boucher les fuites, crevasses, qui pourraient se former.

Saumure espagnole.

Cette saumure est à peu près la même que celle employée dans les Pyrénées pour faire les jambons de Bayonne :

    20 litres vin rouge, Roussillon ou Narbonne ;
    20 litres eau ;
    12 kilos sel basque ;
  250 grammes carbonate de soude ;
  750   —   salpêtre ;
   50   —   neutraline.

Faites bouillir le tout pendant dix minutes et ajoutez 1 kilo de piment doux et frais et un sachet contenant :

  100 grammes basilic et sauge ;
   50   —   thym et laurier,

et une pincée de doigt de lavande et romarin.

Si toutes ces herbes aromatiques sont à l'état frais, versez la saumure bouillante par-dessus afin de les infuser; si elles sont sèches, vous pouvez les faire bouillir.

Passez à la flanelle, marquez le degré, il n'y a pas de sucre dans cette saumure, c'est peut-être pour cela que malgré le bon goût des jambons des Asturies et de Bayonne, ces produits cuits sont toujours secs.

Ma conviction basée sur des essais et des remarques, c'est que la même quantité de sel et de sucre donnerait un produit tout à fait supérieur, et une couleur plus appétissante aux viandes fumées.

N. B. — L'habitude soit dans les Pyrénées, soit en Espagne est de flamber le porc, ce qui procure une chair ferme et une couenne dure et coriace; en Italie, dans le Modénais et les États romains le procédé est mixte ; après avoir brûlé les longues soies, ils échaudent et finissent le grattage au couteau.

Les Anglais, Allemands, Suisses et une partie de la France échaudent en plein.

Dans tous les cas, pour les salaisons des viandes destinées à être conservées, la saumure doit être cuite et jamais faite à froid; la méthode d'enrobage ne servant que pour les conserves en boîtes n'a aucune raison d'être employée ici.

Les saleurs qui, après avoir roulé simplement leurs quartiers de viandes dans du sel afin de les saturer et qui les mettent dans un saloir sans saumure cuite, se contentant, pour saumurer les viandes, du liquide issu des chairs, font un mauvais travail, car non seulement cette saumure ne se conserve pas, mais peut donner aux viandes un goût détestable, et dans les pays chauds, à température variable, il faut soigner les saumures.

Procédé de salaison industrielle, *méthode parisienne.*

Les négociants en salaisons opérant sur de grandes quantités, et s'approvisionnant aux Halles, peuvent seuls faire cette méthode, qui demande de nombreux saloirs presque toujours en pierre ou en ciment.

Après avoir paré vos jambons, en leur donnant la forme du produit que vous voulez faire : jambons de Bayonne, de Hambourg ou d'York, que votre lot est pesé, et que la quantité de sel, de condiments ou d'aromates est pesée aussi, vous commencez à frotter vos quartiers, longuement, méticuleusement partout, puis vous les rangez dans le saloir, vous les recouvrez de sel, afin que toute la quantité pesée soit employée. Vous terminez au moyen de planches et de dalles de pierre afin de faire une presse ; vous recouvrez le tout d'un couvercle de bois rentrant, et sur le tout vous bouchez les joints, avec du plâtre, d'une épaisseur de 6 à 8 centimètres afin d'empêcher toute communication d'air extérieur avec les salaisons. Les saloirs sont agencés pour ce genre de travail ; au bout de trois semaines à un mois, suivant la grosseur des quartiers, vous enlevez plâtre et couvercles, vous retirez vos quartiers en les lavant, puis les séchez avant de les fumer.

La saumure que vous retirez est mise en tonneau et vendue ensuite aux charcutiers de la capitale pour leur travail.

Le seul reproche que je fasse à cette méthode expéditive à peu près certaine, c'est que le produit n'en est pas d'une longue conservation, qu'il passera difficilement les chaleurs de l'été, c'est une salaison d'hiver à courte durée ; au bout de quelques semaines, le lard des jambons devient jaune, et sans contracter pour cela le goût rance, il a un coup d'œil peu appétissant.

D'ailleurs toutes les salaisons faites sans saumures décrites, spécialement appropriées à leur but, que ce soit du bœuf ou du porc, ne seront pas de conserves ; le gras deviendra jaune et rance, et les chairs n'auront aucun parfum. Je préférerais adopter la méthode mixte : après cinq à huit jours de macération, retirer les viandes des saloirs, les égoutter, enlever soigneusement la saumure formée, qui n'est par le fait que des sucs nutritifs de la viande. Remettre les viandes dans les saloirs, en les couvrant d'une saumure appropriée au produit désiré. Puis fermer hermétiquement au moyen du plâtre ; si la main-d'œuvre est un peu plus longue, le résultat obtenu mérite cette dépense.

En résumé, quel que soit le procédé employé, soit pour la conserve industrielle, ou pour le ménage, si vous voulez manger de la viande nutritive, possédant toutes les qualités de goût et de parfum, et surtout pas trop salée, il faut au moins 10 0/0, je dis dix pour cent de sucre relativement au poids de la viande, car le sel et le salpêtre, quoique nécessaires, ne conservent la viande qu'à son détriment, l'emploi du sucre rétablit, chimiquement parlant, l'équilibre et annihile l'effet des sels.

Comme les saumures bien soignées durent très longtemps, que l'adjonction à froid de 1 centilitre de neutraline liquide par litre de saumure, non seulement les rend imputrescibles, mais suffit pour détruire d'une manière certaine les germes d'affections, soit tuberculose ou trichine, qui pourraient exister; les lards trempés dans une solution au dixième de neutraline et d'eau, c'est-à-dire 1 litre de neutraline et 10 litres d'eau, et y séjournant de cinq à dix minutes, sitôt après le dépeçage, ne rancissent jamais, et leur teinte naturelle, même après avoir passé les chaleurs de l'été, restera rosée; inutile de dire que pour les viandes qui ont reçu le bain, il ne faut pas mettre de neutraline dans la saumure; elle serait inutile, quoique inoffensive.

Les recommandations spéciales que je ferai encore par rapport aux saumures sont : de ne jamais y mettre de viandes sanguinolentes, ni avancées, ou ayant déjà un commencement de putréfaction (traitez-les à part avec la neutraline); de n'y mettre aucun quartier de viande, qui n'est pas bien refroidi, et n'ayant ni coups, ni meurtrissures, et autant que possible n'y mettre les mains que propres et bien essuyées.

Exiger que le personnel qui est chargé de ces travaux soit propre, et ait soin de sa personne; le négociant lui-même doit fournir, en abondance, la lingerie nécessaire aux opérations.

Interdire dans le travail, d'une manière formelle, l'habitude de fumer cigarettes, cigares ou pipe, la fumée du tabac est excessivement nuisible aux viandes.

Avant de vous servir des saloirs, baquets ou autres ustensiles de bois, passez-les à la neutraline pure afin de détruire tous les ferments ou microbes, ne faites jamais rebouillir vos saumures, vendez-les plutôt aux charcutiers ou aux cultivateurs; les saumures ne doivent être mélangées à la nourriture des animaux que par petite quantité, et après une cuisson prolongée, surtout pour les vaches laitières. La trop grande quantité de sel dans la nourriture, au lieu d'engraisser, fait maigrir les animaux. Mais l'emploi des saumures dans l'alimentation du bétail, que ce soit poules, canards, dindes surtout, avant qu'ils n'aient pris le rouge, est excessivement bonne, la mortalité est presque nulle, l'appétit est développé, et la plume abondante, quant aux chevaux, un verre de saumure dans le son du barbotage donne de la vigueur et remonte la bête surtout au moment des chaleurs; mais il en est de la saumure comme d'autres choses, peu est bon, trop est nuisible.

Après les saumures, passons **à la nomenclature du porc**, des différents quartiers, produits et sous-produits :

1° Les deux jambons de derrière ;

2° Les deux épaules ou jambons de devant ;

3° Les deux longes, comprenant depuis l'extrémité de la queue, le filet, faux-filets et les carrés de côtelettes ;

4° Les deux poitrines ;

5° Les deux bandes de lard à piquer, recouvrant la longe, ou le dos proprement dit.

Puis ensuite vient la panne ou rognonnière, graisse intérieure recouvrant les filets mignons et contenant les deux rognons.

La crépine ou toilette, très employée en charcuterie, la graisse ou ratis qui entoure les boyaux et que vous retirez après avoir sorti les intestins de l'intérieur du porc.

Les boyaux, tripes, fraises qui servent à la fabrication des andouillettes et andouilles fumées ; une partie des intestins, le gros boyau, le fuseau, la poche, ont des destinations particulières que nous trouverons et décrirons par la suite.

Le ris, le foie, le cœur, le poumon, la rate, les rognons, la cervelle, la couenne, ont aussi leur destination.

La tête désossée, les oreilles, les bajoues, le cou, la queue, les os de poitrine, les pieds et la langue ont leurs emplois.

Le sang sert à la fabrication du boudin.

Les détritus, déchets, os, etc., servent à faire des bouillons, gelées, jus, dont nous trouverons l'emploi dans nos différentes conserves.

Le saindoux de première qualité s'obtient par le gras fondu.

La panne, en dehors de son emploi en charcuterie, sert dans la parfumerie sous le nom d'axonge.

Les gras de deuxième choix font le saindoux de seconde catégorie.

Les dégras, écumes, etc., vont au flambard, qui lui-même recuit avec de la neu-traline, et versé dans de l'eau fraîche pour l'épurer, redevient blanc, et peut se mélanger ensuite avec le saindoux.

Des salaisons.

Ayant décrit longuement les saumures, salures et méthodes usitées, je n'y reviendrai pas ; je décrirai rapidement l'opération définitive, commençons par **les jambons de derrière.**

Après avoir vidé et fendu le porc, dépecez vos deux jambons, parez-les en sciant l'os proéminent du quasi. En dépeçant vos jambons, ayez soin de leur donner une forme, imitant la coupe des Bayonne, York, Hambourg, Westphalie, etc., c'est une affaire de métier et d'imitation ; bien entendu que si vous n'imitez que la forme sans que la saumure, ni la fumure changent, il est inutile de faire ce travail.

Frappez vos jambons avec une batte de bois pour faciliter la sortie du sang et l'entrée des sels. A cet effet, employez les **salures** indiquées précédemment, rangez ensuite vos jambons sur la table à saler, les uns à côté des autres, et sur une couche de sel fin ou pilé. Autant que possible, ne laissez pas de vides entre les jambons, et remplissez les intervalles de sel, continuez les couches, en superposant toujours ; les salaisons successives faites les jours suivants ne doivent pas se mettre dessus, mais à côté. Au bout de deux jours, retournez vos jambons en les frottant à nouveau avec la salure ; si la température est chaude ou orageuse, faites-le toutes les vingt-quatre heures, puis le cinquième ou sixième jour, suivant grosseur et le raffermissement des chairs, ou la température, car s'il fait chaud, vous devrez donner un bain de quinze minutes à vos porcs, sitôt qu'ils ont été coupés en deux. (Voir *Conservation des viandes.*) Prenez une brosse de chiendent et enlevez grossièrement le sel qui envelop-perait encore les jambons, et mettez dans la saumure que vous aurez choisie ; couvrez, mettez sous presse, et autant que possible à l'obscurité, à l'abri des mouches et de l'air extérieur.

La salaison des porcs coupés par moitié, ou des porcelets que vous désirez saler et fumer entiers se fait identiquement, avec les recommandations que plus les viandes sont jeunes et tendres, moins elles doivent rester dans la saumure.

Les jambons, suivant leurs poids, de deux à quatre semaines en saumure, c'est suffisant ; ils doivent au bout de ce temps être fermes. Profitez d'un jour sec, enlevez vos jambons de la saumure, lavez-les soigneusement à l'eau tiède d'abord et avec une brosse pour les débarrasser du sang déposé ou autres impuretés ; la couenne, grattée, lavée, doit être blanche, battez-la pour la lisser, puis suspendez vos jambons pendant huit jours dans le séchoir, frottez-les ensuite légèrement, avec un peu de farine de pois jaunes, dans les parties charnues, puis fumez, en employant comme combustible des sciures de bois de chêne blanc, ou des copeaux provenant de vieux tonneaux, des branches de bouleau, des écorces de tanneries séchées et recouvertes de sciure, quelques branches de genévrier, des bois de branches de laurier, ainsi que les feuilles provenant de saumures, du thym, du romarin, et surtout de la lavande ;

Vous devez étouffer le feu, en ne lui donnant que très peu d'air, afin qu'il brûle lentement, régulièrement, sans flamme, et faisant de la fumée, autant que peut se faire, pour avoir de beaux produits. La fumée doit entrer dans le fumoir par le sol et par plusieurs côtés à la fois, et être froide, et pour que les jambons ne reçoivent pas de suies ou de cendres, recouvrez l'orifice des conduits d'un peu de foin ou de paille disposé en chapiteaux, ou d'un tamis en toile métallique que vous nettoierez souvent.

Ne fumez pas de trop ; il est inutile de boucaner les viandes, une teinte légère suffit ; lorsqu'elle est trop prononcée, elle racornit les chairs, et devient noire.

Les véritables York, au sortir de la saumure, se brossent minutieusement et sont suspendus pendant quelques jours dans le séchoir, puis avec un pinceau ou une brosse douce que vous trempez dans une solution composée d'eau-de-vie de gin, ou genièvre, et contenant des cendres de ce même bois, laissez finir de sécher à l'air, c'est ce procédé qui donne à ces jambons la fleur de pellicule grise semblable au duvet de la pêche, ou des pruneaux. Le vrai York ne se fume pas dans l'acception de ce mot, son passage au séchoir suffit ; il s'emballe ensuite dans des toiles écrues de coton ordinaire, cousues hermétiquement, mis ensuite dans des barils dont tous les vides sont remplis par des copeaux de chêne.

N. B. — Avant d'emballer les jambons, vous devrez les saupoudrer au moyen d'une peau de lapin séchée, qui vous servira de houppe, avec la composition indiquée au chapitre *Saumure italienne*, observations qui suivent.

Jambons de devant et épaules roulées.

Si ce sont de grosses épaules, taillez-les de la dimension que vous désirez, désossez-les en ne laissant que l'extrémité des os du manche.

L'opération du désossage est facile lorsque les chairs sont encore chaudes ; roulez-les ensuite dans la quantité de salure nécessaire en appuyant et frottant avec la main sur toutes les parties désossées, puis laissez sur le lit à saler jusqu'à complet refroidissement ; puis 12 ou 24 heures après, mettez-les dans la saumure ; n'y laisser que 6 à 8 jours, principalement dans la saumure anglaise, qui, par sa quantité de sucre, attendrit et bonifie les parties nerveuses et filandreuses de l'épaule; après ce laps de temps passé dans la saumure, retirez-les, lavez, et râclez, battez, aplatissez afin de bien pouvoir les rouler en les ficelant avec une forte ficelle et les maintenant d'une forme régulière, suspendez au séchoir et fumez ensuite.

Lors de l'opération de bridage ou ficelage, opérez de manière que la couenne se rejoigne afin d'exposer le moins possible les chairs au contact de l'air ou de la fumée; pour obtenir une obturation parfaite, vous pouvez employer un morceau de la vessie ou l'enveloppe du cœur qui, salée et saumurée, est apte à remplir ce but.

Ne laissez au fumoir que le temps de prendre couleur, puis huilez légèrement et conservez dans des caisses ou tonneaux contenant des copeaux de chêne, saturés de neutraline.

Remarque importante au sujet des copeaux employés dans l'emballage des salaisons : avant de s'en servir, il est bon et utile de les laisser tremper dans une solution au 10° de neutraline, pendant quelques minutes, puis les sécher ensuite au soleil ou à l'étuve.

Les longes dans la grande industrie ne se salent ni ne se fument, la charcuterie les emploie pour la vente au magasin et pour la confection des chairs hachées; le saleur industriel peut employer les viandes de filets, faux-filets, côtelettes, cous et les dessous d'épaules, pour les saucissons de ménage, la fabrication des mortadelles, Salamis, Lyon, Bologne ou Arles, etc.

Poitrines salées et fumées.

Après avoir coupé vos poitrines en bandes régulières, les avoir frottées de salure, posez-les bien à plat sur la table à saler, les unes à côté des autres, jusqu'au refroidissement, puis changez-les de positions, aplatissez, empilez et parez-les bien droites; en 8 jours de table elles auront pris assez de fermeté pour aller à la saumure anglaise ou française; ne laissez que dix à douze jours, retirez, brossez, grattez et laissez sécher au séchoir huit jours, saupoudrez les parties osseuses ou charnues de farine de pois; puis fumez à fumée froide et abondante; retirez, essuyez et huilez légèrement et conservez en caisses, dans des copeaux ou en piles régulières, entourées de terre glaise afin d'intercepter le passage de l'air, recouvrez d'une toile humide afin d'éviter les gerçures.

Bande de lard à piquer.

Ne choisissez pour cela que des bandes de lard fermes, pas trop épaisses, car il n'y a que le lard du dos, partie adhérente à la couenne, qui puisse servir pour le piquage; avec un peu d'attention, vous remarquerez que le lard est séparé par une membrane, et ce qui se trouve au-dessus de cette membrane peut être retiré pour fondre, car cette partie n'a aucun corps, et se trouve être trop cassante pour être employée au repiquage, laissez vos bandes se raffermir à plat, en les salant uniquement avec du sel fin, sans salpêtre ni sucre; laissez-les sous presse en les retournant et salant fréquemment; il faut de quatre à six semaines pour raffermir et saler ces bandes; au bout de ce temps, brossez, enlevez tout le sel et frottez les parties grasses de la composition suivante :

Plâtre de Paris	200 grammes	
Farine de seigle	500	—
Sel blanc et fin	300	—
Sel de neutraline	2	—

Puis suspendez vos bandes au séchoir jusqu'à ce qu'elles soient fermes et sèches, conservez-les ensuite dans des caisses, entourées de sel fin bien sec, ou en piles recouvertes de terre glaise ou de plâtre. Par ces procédés, les bandes ne jauniront pas, et si elles se ramollissent un peu, elles reprendront leur fermeté après quelques jours de suspension au séchoir.

Lard pour bardes.

Ne choisissez que des bandes grasses et épaisses et suivez l'opération comme pour les lards à piquer; n'employez que du sel fin, sans salpêtre et terminez comme ci-dessus.

Cochons de lait fumés et salés.

Saignez et échaudez les pièces désignées, laissez la tête, les pieds et la queue, videz entièrement en ouvrant seulement la panse, frottez avec la salure, remplissez l'intérieur avec des copeaux de chêne, recousez la panse, donnez une forme naturelle à l'animal en lui bridant les jambes au moyen d'éclisses de bois et mettez-le à la saumure anglaise; retournez-le chaque jour; en six jours il est à point, lavez-le et essuyez-le bien, laissez sécher à l'étuve et fumez-le en lui laissant la position choisie, soit à genoux ou, soit debout; retirez du fumoir, sitôt que la couleur dorée est suffisante, essuyez et huilez.

Pour le cuire, faites un bouillon avec un fond de gelée blanche, du vin blanc, aromates et légumes et servez-le avec une garniture de choucroute, de petites saucisses chipolata, des marrons cuits à l'eau salée et une sauce raifort à la crème.

Dessalaisons.

Opération peu usitée, mais qui néanmoins est quelquefois nécessaire; laissez dégorger vos viandes dans de l'eau courante; au bout de deux heures en été, quatre heures en hiver, arrêtez l'eau courante et laissez alors dessaler lentement en ajoutant à l'eau 1 centilitre de neutraline liquide.

En employant les saumures sucrées, il est inutile de dessaler, les viandes ne le sont jamais trop; pour empêcher que vos viandes se ramollissent pendant le dégorgement, ajoutez une poignée de sel pour éviter ce désagrément.

Au moyen de l'analyse, il est facile de se rendre compte du travail du sucre dans les viandes; le sel étant corrosif, le sucre, par sa nature, s'assimile aux chairs et remplace ce que le sel détruit, et en pesant deux jambons traités séparément, celui traité au sucre conserve presque son poids primitif.

Saucissons dits de Paris.

Pour cette fabrication vous pouvez employer toutes les viandes maigres de porc, sauf les jambons, poitrines, mais pour les épaules, cous, etc., dégraissez et dénervez bien les chairs, enlevez les parties saignantes et meurtries, et mélangez bien vos chairs dans le pétrin avant de les hacher. Par 20 kilos de chairs maigres, ajoutez 5 kilos de lard gras; assaisonnez chaque kilo avec 1 gramme de salpêtre, 1 gramme de sucre, 1 centilitre de neutraline et 30 grammes de sel épicé; laissez mariner le tout ensemble au moins six heures; hachez ensuite ni trop gros, ni trop fin; il faut encore distinguer le maigre du gras, puis au moyen du poussoir vertical, embossez dans les boyaux droits, et laissez ensuite vingt-six heures au séchoir, ou au fumoir, mais sans feu, afin qu'ils sèchent légèrement.

Vos boyaux devront être auparavant salés et préparés, ét vous les couperez de 30 centimètres de longueur; une fois bien séchés extérieurement, fumez-les quarante-huit heures à feu modéré; au besoin, activez la couleur au moyen d'un peu de caramel.

Pour les cuire, mettez-les à l'eau froide que vous amenez à l'ébullition douce-ment afin de ne pas crever le boyau, laissez-les trente-cinq minutes, puis retirez-les afin de les laisser refroidir en les suspendant. Puis emboîtez-les dans les boîtes de diamètre dites flûtes, à bandes; finissez de remplir la boîte avec du saindoux aroma-tisé et fondu; soudez et mettez à l'autoclave à 105-108 0/0 une heure et demie pour les boîtes de 750 grammes; laissez refroidir à l'air avant d'emmagasiner.

Vous pouvez ajouter à vos saucissons, après le hachage, quelques grains de poivre blanc et de l'ail à volonté.

Saucissons fumés dits de ménage.

Employez pour cette fabrication, qui doit être très soignée, les chairs encore chaudes ou tièdes de votre porc; c'est vous dire que vous devez opérer sitôt votre porc échaudé et vidé.

Prenez les chairs grasses et maigres, employez tout, hachez surtout au hachoir allemand ou américain perfectionné, après avoir incorporé à vos viandes les condi-ments suivants par kilo de chair désossée :

    1 gramme salpêtre en poudre;
    1   —   sucre blanc;
    35   —   de sel épicé;
    3   —   de poivre en grains (après le hachage);
    1   —   de marjolaine séchée et pulvérisée;
    1 centilitre de neutraline liquide.

Le hachage ne doit pas être trop fin, mais il doit être fait vivement, afin que les chairs ne refroidissent pas trop; ces opérations doivent se faire dans un laboratoire fermé, et à une température ordinaire, soit 15 degrés centigrades.

Embossez ensuite dans des boyaux gras de porc, préparés et salés, dans des vessies de petits veaux ou des boyaux droits de bœufs.

Mettez ces saucissons, après les avoir solidement ficelés à la cheville, et par boucles de deux, quinze jours dans le séchoir afin qu'ils rougissent.

Après ce temps, fumez-les fortement à fumée froide, et bien aromatisée, et on ne les retire du fumoir que lorsqu'ils auront acquis une belle couleur foncée; essuyez ensuite, huilez-les, puis conservez-les après les avoir enveloppés immédiatement de papier commun dans des caisses contenant des cendres de bois tamisées, ou de l'avoine ordinaire.

Pour les faire voyager, sortez-les des cendres, huilez-les à nouveau, en les enveloppant de papier propre, autant que possible des papiers d'emballage gris non collés, et rangez en caisses, en garnissant tous les vides de copeaux de chêne.

Pour sa cuisson, opérez comme pour le saucisson de Paris, en tenant compte du temps de fabrication; plus il est vieux, plus vite il sera cuit, ne le laissez pas refroidir dans sa cuisson.

Emboîtez-le encore chaud; remplissez de saindoux frais, aromatisé, soudez et mettez à l'autoclave une heure à 106 0/0 pour les boîtes de 1 kilo.

Saucisses spéciales pour garniture de choucroute, *1ᵉʳ choix*.

Ne prenez pour cette fabrication que des viandes de qualité et choix inférieurs, soit cous de porc, dessous d'épaules, viandes de têtes, palerons et fausses côtes, hachez très fin après avoir mélangé par kilo de chair :

> 1 gramme salpêtre;
> 1   —   sucre;
> 35   —   sel épicé;
> 1 centilitre neutraline;
> 3 grammes poivre noir en grains après hachage.

Embossez dans des boyaux gros-menus et formez des chaînons de petites saucisses ayant 8 centimètres de longueur, et que vous laisserez quelques jours au séchoir après les avoir frottés avec du caramel pour les habiller.

Mettez en cuisson, ce qui se fait ordinairement de la manière suivante : laissez revenir vos chaînons dans l'eau tiède pendant une heure, lavez-les ensuite soigneusement, changez l'eau, puis posez-les sur votre choucroute qui est en cuisson, et presque cuite, recouvrez la bassine bien hermétiquement et laissez vos saucisses quinze minutes seulement, reposant sur la choucroute et en pleine chaleur concentrée.

Retirez ensuite et mettez une ou deux saucisses par boîte, suivant la grandeur.

Saucissons de Lyon, *1ᵉʳ choix*.

Ne prenez que des viandes de porc de premier choix, et surtout d'animaux qui n'ont pas été échauffés par le voyage; cette fabrication commence en novembre, décembre, janvier et février; avant comme après ces mois-là la fabrication est médiocre.

La propreté et les soins doivent être scrupuleusement observés, et surtout les recommandations contenues au chapitre des *Salaisons* (paragraphe 3).

Les viandes choisies doivent être composées des jambons, filets et faux-filets. Dénervez et dégraissez entièrement, afin qu'il ne reste dans les chairs aucun filament blanc, hachez le maigre d'une finesse extrême au hachoir allemand, après avoir laissé vos chairs quelques heures ou une nuit se saturer des aromates suivants.

Par kilo de chair :

40 grammes sel blanc et fin (sel raffiné) ;
2 — sucre blanc, pilé ;
2 — mignonnette de poivre blanc ;
1 — poivre en grains (après hachage);
2 gousses d'ail pelées.

Vous remarquerez qu'il n'y entre pas de salpêtre, le sucre suffit pour rougir les chairs ; le salpêtre dans les saucissons destinés à être conservés crus, sans fumure, ferait un mauvais travail rongeur ; il ferait des vides dans le saucisson ; le rance continuerait et votre fabrication serait perdue.

Le hachement terminé, mettez vos chairs dans un pétrin de bois ou de fonte, ajoutez le poivre en grains, et 150 grammes par kilo de chair de lard ferme, à piquer ou à barder, mais que vous aurez eu soin de saler au sel seulement, sans salpêtre.

Vous couperez le lard en dés ou carrés parfaits de 8 millimètres.

Maniez le tout ensemble, puis au moyen du poussoir, embossez les gros boyaux spéciaux à ce travail, les boyaux doivent être apprêtés à l'avance, essuyez et attachez d'un bout, au moyen d'une cheville ; ils doivent être d'une longueur de 50 à 55 centimètres et même davantage, tassez fortement dans les boyaux afin d'en faire sortir l'air, fermez et ficelez suivant méthode, suspendez 48 heures à l'air pour essuyer et durcir le boyau, puis reprenez-les l'un après l'autre en serrant une des extrémités pour tasser les chairs, reficelez d'après les principes en maintenant le boyau droit, remettez au séchoir à température chaude même, mais bien aérée du nord au midi.

L'opération du séchage dure environ 4 mois, et le saucisson de Lyon bien fait est excellent après dix-huit mois et deux ans de fabrication.

On ne doit pas cuire le saucisson de Lyon.

Lorsque, après 4 mois de séchoir, vous voulez le conserver intact dans sa fraîcheur, plusieurs moyens sont à votre disposition.

D'abord les ranger dans des cuves de pierre ou de marbre et les recouvrir d'huile d'olive ou de noix. Je préfère l'huile de coton ou huile blanche, à cause de sa neutralité comme goût et odeur.

Au fur et à mesure de vos besoins, vous les sortez de l'huile et les laissez égoutter et sécher en les suspendant à l'air.

Deuxièmement, préparez du saindoux bien frais, faites-le cuire doucement jusqu'à clarification complète, passez-le dans un récipient et remuez jusqu'à refroidissement. Lorsque le saindoux commence à faire la pommade, incorporez par kilo 2 centilitres de neutraline liquide et servez-vous ensuite de cet onguent pour graisser vos saucissons, enveloppez-les ensuite d'une feuille suffisamment forte d'étain, vous les roulerez ensuite dans du papier d'emballage et les conserverez dans des caisses ou des tonneaux entourés soit de cendres de bois, soit de braise de boulanger, lavée et séchée auparavant. Les joints des papiers d'emballage enveloppant les saucissons doivent être hermétiquement collés.

Les saindoux ou graisses contractent toujours pendant les grandes chaleurs de l'été un goût et une odeur qui gâtent complètement la marchandise à conserver ; c'est pour cette raison que j'ai composé cet onguent neutraliné dont la conservation est indéfinie.

La deuxième qualité du saucisson de Lyon est plus ordinaire, la durée de sa conservation n'est pas aussi longue, il doit être consommé dans l'année, il est plus coriace, moins franc comme goût, il est facilement reconnaissable à sa couleur foncée, peu transparente ; j'en transcris ici la fabrication ; il peut se mettre dans des boyaux plus gros et plus longs que le premier choix. Cette qualité est pour la vente courante.

Saucissons de Lyon, *2ᵉ choix*.

Vous ajouterez aux viandes de porc de premier choix, mais plus communes, — c'est-à-dire que vous pourrez employer pour cette fabrication les truies et les verrats, — la quantité suivante de chairs maigres de bœuf ou de vache, suivant qualité et choix que vous désirerez ; vous pourrez ajouter aux viandes de porc de 15 à 50 0/0 de maigre de bœuf ; seulement lorsque vous dépasserez la dose de 15 0/0, vous ajouterez par kilo de chair en plus 100 grammes de saindoux fondu et quelques gouttes de rose nouveau, ou de cochenille broyée (voyez *Colorants pour fruits confits*):

Si en lieu et place de saindoux, vous avez des graisses d'oie, de foies gras ou de volailles, conservées ou fraîches, prenez-les de préférence.

Vos chairs dosées, suivez exactement la manipulation comme pour le premier choix, laissez macérer les chairs dans les aromates avant de hacher, et suivez l'opération.

Ce saucisson, par suite de l'emploi des chairs de bœuf, vache ou taureau, est plus vite sec ; 3 mois, suivant encore la grosseur des boyaux, suffisent pour le mettre à point.

Mais la dessiccation ne s'arrête pas ; il doit être vivement employé et pour les chaleurs il doit être bien emballé et mis au frais, soit dans de la balle de riz ou mieux encore dans des caisses où les vides seront remplis avec de l'avoine.

Saucissons de Bologne de Modène et autres lieux, dits salami.

Quoique portant le nom de Bologne, ils se font dans toute l'Italie, sans exception ; actuellement, il n'y a plus aucune bourgade ou ville de la Péninsule qui n'ait un ou plusieurs charcutiers lombards ou piémontais (*salsamentarii*). Voyez la *Manipulation de leurs produits*.

Pour les salamis, hachez ou plutôt détaillez en morceaux les chairs d'un ou plusieurs jambons, en général tout le maigre d'un porc, dénervez, puis dégraissez en enlevant soigneusement les peaux, fibres et graisses de tous les morceaux. Mettez ces viandes à mariner pendant 24 à 48 heures suivant la température et la saison, avec les ingrédients suivants.

Par chaque kilo de chair pesée, ajoutez :

> 35 grammes de sel fin ;
> 2 — de sucre blanc ;
> 2 — de salpêtre ;
> 1 gr. 4 épices (droghe).

Et par chaque 20 kilos de chair 1 bouteille de vin de Marsala.

Amalgamez bien le tout ; laissez-le infuser le temps voulu, puis hachez au billot allemand et par petite quantité ; après un hachage très fin, pilez les chairs au mortier et mettez dans un pétrin, continuez à piler et hacher jusqu'à finition complète, puis terminez au pétrin en ajoutant par chaque kilo de chair :

100 grammes de lard de bandes salées et coupées en carrés de 15 millimètres ;
5 à 6 grammes de poivre blanc ;
5 à 6 grammes d'ail pilées et broyées au mortier ;
2 grammes de semences de cardamine pilées et broyées au moment même d'en opérer le mélange ;
1 gramme de cochenille par 10 kilos de chairs, que vous broierez et triturerez au mortier avec quelques gouttes d'eau.

Amalgamez le tout ensemble et finissez le travail en remplissant de gros boyaux ou des vessies préparées comme pour le saucisson de Lyon. En boyaux, cela s'appelle des salamis de Bologne. En vessies, cela prend le nom de mortadelles.

La mortadelle, ainsi que le salami, demande un séchage spécial, plutôt chaud que froid, et afin qu'il n'arrive pas d'accidents, il faut envelopper les mortadelles dans un filet de ficelles assez grosses et fortes pour que ce soient elles qui supportent la pesanteur et non la vessie.

La manière de tresser autour des mortadelles et des jambons une résille de ficelles est spéciale aux Modenais ; ce travail a l'avantage de maintenir les pièces ligaturées d'une belle forme, mais cette opération est longue et dispendieuse.

La mortadelle reste au séchoir pendant plusieurs mois, mais il ne faut pas songer à lui faire passer la température des pays chauds ; il vaut mieux profiter du moment où elle est à point comme qualité et coup d'œil pour la découper finement au moyen d'une machine spéciale à ce travail, de l'emboîter dans de jolies boîtes de métal imprimé et garnies intérieurement de papier végétal afin que le métal ne touche pas le produit ; vous faites souder et vous donnez à l'autoclave, dit cuiseur, 4 minutes à 120 degrés et vous refraîchissez longuement.

Les mortadelles, comme le salami, se mangent en hors-d'œuvre accompagnés de figues fraîches.

La conservation du salami est la même. Après l'avoir découpé à la machine, vous le mettez en boîtes de diamètre égal, bien garnies de papier végétal sur les flancs, le fond et sur le dessus, vous faites souder et vous donnez 6 minutes à 120 degrés à l'autoclave vertical, dit cuiseur.

Vous remarquerez que les Italiens emploient le salpêtre, et encore à forte dose,

2 grammes par kilo. Peut-être que le climat y est pour quelque chose ; *c'est à remarquer*.

Mortadelles et salamis de 2ᵉ choix.

Pour la vente à bas prix, vous pouvez ajouter le 30 0/0 de carne (viande de bœuf ou vache) en suivant identiquement les phases diverses de la première manipulation, et en guise de lard de bande pour les garnir, vous pouvez employer les gras des cous, gorges, côtes, etc.

Saucisses espagnoles (*chorizos*).

Prenez la dernière catégorie des viandes à hacher, ajoutez une certaine quantité de couenne cuite, de têtes, hachez le tout grossièrement, et ajoutez par chaque kilo de chair hachée :

15 gr. de sel marin pulvérisé ;
1   de salpêtre ;
5   de piment ou poivre moulu ;
3   de paprika ou poivre rouge doux en poudre ;
1   de safran en poudre ;
Thym, laurier et ail, une pincée de chaque.

Puis coupez en quartiers la valeur de 1 kilo de pepparone frais, rouges et charnus, pour 10 kilos de chairs ; enlevez les semences, ajoutez toujours pour 10 kilos de chairs une bonne demi-bouteille de Xérès ou de Porto, amalgamez à l'aide des deux mains, embossez ensuite dans de petits boyaux ordinaires, et formez des boucles de 20 centimètres de longueur.

Laissez huit jours à l'air et au séchoir, puis fumez doucement.

Ces saucisses se mangent cuites ou crues ; c'est la garniture obligée de toute la cuisine espagnole et portugaise, olla-podrida, de la puchera et du cocido.

Mon intention, croyez-le bien, n'est pas de faire un cours complet de charcuterie, je laisse ce soin à mon ami Canoville.

Je ne prétends décrire que les diverses préparations et emplois du porc au point de vue de la conserve alimentaire.

Voyons les principales :

Fricandeau de porc.

Dépecez et dégraissez un jambon comme il est indiqué pour le cuissot de veau, détaillez les différents morceaux en noix, sous-noix, semelles, etc. ; piquez-les régulièrement comme un cuisinier doit le faire, faites rôtir au four le temps nécessaire pour saisir la viande et colorer les lardons. Voyez *Fricandeaux de veau* pour de plus amples détails.

Mettez en boîtes, arrosez après avoir bien aromatisé avec thym, laurier, girofle, sel épicé et une demi-feuille de menthe ; jus et saindoux, soudez et ébullitionnez comme pour les fricandeaux de veau.

Porc rôti.

Désossez les épaules après en avoir retiré la couenne bien légèrement, roulez après avoir épicé l'intérieur, ficelez fortement en donnant le diamètre de la boîte que vous voulez employer, faites rôtir à moitié en saisissant la viande par la chaleur, salez et colorez vivement, retirez pour laisser refroidir, découpez ensuite de la hauteur de la boîte en prenant mesure, afin qu'elle ne soit pas trop pleine et que vous puissiez souder et garnir.

Le porc demande à être aromatisé; aussi vous garnirez le fond des boîtes, avant de mettre la viande, avec les mêmes aromates que pour les sardines, en y ajoutant la pointe d'un couteau de sel épicé et 1/4 de feuille de sauge et de menthe fraîche, si possible; finissez de remplir avec du bon jus de rôti que vous allongerez et réduirez avec de la gelée tirée de vos os et couenne de porc.

Soudez et même ébullition à l'autoclave que pour le veau.

Côtelettes de porc frais.

Détaillez, dégraissez, parez vos côtelettes, n'y laissez comme manche qu'un os très court, juste suffisant pour enfiler une manchette (papillote).

Passez-les à la poêle à bon feu, afin de colorer vivement, mettez en boîtes après avoir aromatisé comme pour le porc rôti.

Recouvrez les côtelettes avec quelques cuillerées de jus bien corsé auquel vous aurez incorporé un verre de bon vinaigre bien réduit, finissez de couvrir avec un peu de saindoux et terminez comme pour les côtelettes de veau.

Porc salé à la gelée.

Les morceaux de porc que vous destinez à cette conserve, jambonneaux de devant ou de derrière, noix ou sous-noix, filets, roulades de parures, etc., mettez le tout dans la saumure de 4 à 8 jours suivant grosseur.

Puis retirez de la saumure, lavez à l'eau fraîche et faites cuire ensuite à petit feu dans un bon bouillon de gelée bien aromatisé, mais pas salé.

A trois quarts de cuisson, retirez et tout chaud roulez tous les morceaux, détachez dans des crépines, formez des galantines au moyen de linges, remettez quelques minutes dans la cuisson bouillante, afin de pocher la crépine, retirez en resserrant les ficelles, laissez bien refroidir, puis suivant grosseur, mettez en boîtes, entier ou par morceaux après avoir retiré les linges, finissez de remplir la boîte avec de la belle gelée bien blanche, bien réduite et bien clarifiée; soudez et laissez à l'autoclave:

1 h. 1/2 à 110 pour les boîtes de 1 kilo.

L'emploi de la crépine maintient les viandes, et la gelée reste plus limpide, laissez refroidir les boîtes, le côté à ouvrir du côté du sol, afin que les corps gras soient au fond et non dessus.

Crépinettes de foies de porc.

Prenez le poumon, le foie, la rate d'un porc, taillez le tout en morceaux de 3 à 4 centimètres carrés, mettez le tout dans une plaque à rôtir large et basse de bords, 1 kilo de débris de gras frais, faites fondre sur le feu en remuant avec une spatule ; lorsque le lard sera fondu et chaud, ajoutez-y les viandes que vous venez de découper, passez vivement à bon feu en remuant continuellement afin d'éviter de laisser prendre couleur ; sitôt cuit, retirez du feu, laissez refroidir suffisamment, ajoutez le même poids de chair de quatrième catégorie, et hachez à la machine en ajoutant par kilo de matière une cuillerée à café de ciboulette et persil haché, ainsi qu'un peu d'ail suivant le goût et 50 grammes de sel épicé.

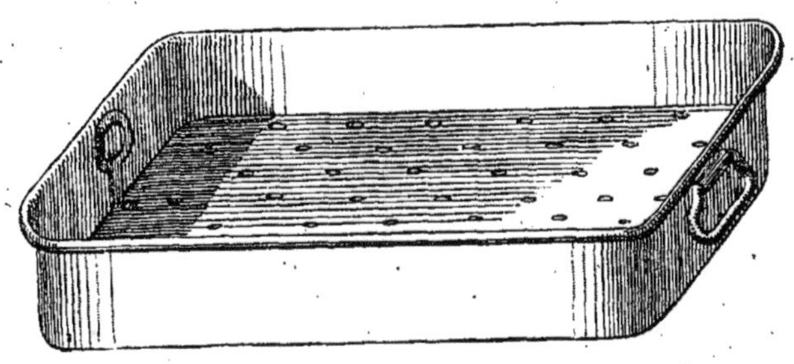

PLAQUE A ROTIR AVEC SA GRILLE

Peut servir pour égoutter les viandes crues et cuites, pour rôtir au four toutes les viandes, volailles, gibiers, et sert encore de caisse à bain-marie pour pocher les foies gras.

Puis étendez des crépines et faites des crépinettes de la grosseur et de la forme de la boîte ou de la terrine que vous voulez employer, rangez ensuite le tout sur une plaque à rôtir, avec un peu d'eau pour baigner et laissez pocher au four à couvert ; au sortir du four mettez à refroidir sous presse, couvrez ensuite avec du saindoux aromatisé, soudez et terminez comme les terrines de gibiers et donnez à l'autoclave ; même ébullition que pour le porc à la gelée.

Andouilles de Vire (Calvados).

Pour cela vous devez employer vos boyaux gras, tripes et fraises ; après un lavage très soigné, coupez le tout en lardons de 15 à 20 centimètres, mettez à mariner dans une terrine en assaisonnant par kilo :

35 grammes de sel fin ;
3   —   de poivre moulu instantanément ;
1   —   de piment ordinaire ;
1 cuiller à bouche de farine de moutarde anglaise ;
1   —   à café de persil, ciboulettes et échalotes hachées ;
1 bouteille de vin blanc par 10 kilos de masse.

Laissez mariner, suivant la température, de 2 à 3 jours ; vous pouvez remplacer le vin par du bon cidre.

Prenez ensuite un fuseau de bœuf préparé au sel, remplissez-le de vos lardons en les mettant dans le sens de la longueur ; répartissez bien les épices, ajoutez quelques grains de poivre noir ; votre fuseau rempli doit avoir 20 centimètres de diamètre et près de 1 mètre de long.

Laissez quelques jours à l'air, puis fermez en tassant, ficelez fortement en tournant la ficelle en spirale autour de l'andouille.

Mettez au fumoir et fumez à fumée forte jusqu'à coloration très foncée; dans cet état l'andouille se conserve très longtemps.

Pour la cuire, enveloppez-la d'un linge ficelé, mettez à l'eau froide et amenez doucement l'ébullition, laissez cuire deux heures en frémissant, retirez ensuite la braisière du feu et laissez refroidir entièrement avant de la sortir de la serviette, essuyez et huilez ensuite.

Andouillettes.

Les plus renommées sont celles de Troyes et de Cambrai ; coupez les boyaux, tripes, fraises, etc., ne gardez comme fourreau que les boyaux blancs et réguliers, ajoutez égale quantité de fraise de veau blanche et fraîche, mettez le tout à mariner au vin blanc comme pour les andouilles de Vire, ainsi que la même quantité d'assaisonnement et un gramme par kilo de sel

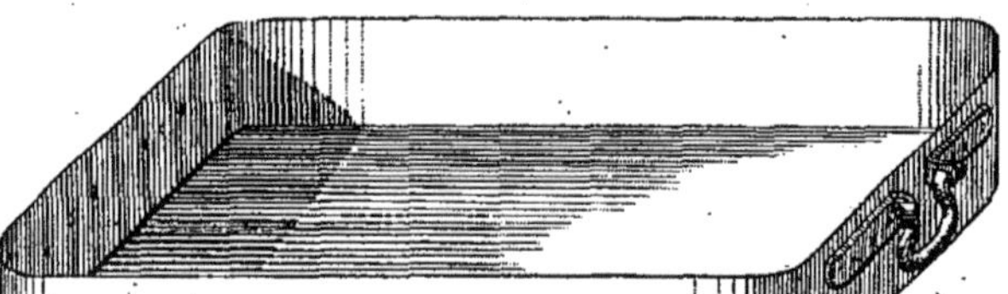

Peut entrer dans le type n° 1 et servir à pocher les petits gibiers, ainsi que les foies gras.

épicé, fourrez vos enveloppes avec cette préparation, rentrez les deux bouts du fuseau, pour faire la fermeture, et mettez à cuire 1 heure 1/2 à 2 heures 1/2, suivant grosseur et dans un bon bouillon bien aromatisé et garni de légumes.

Retirez après cuisson, mettez sous presse légère afin que vos andouillettes soient légèrement aplaties.

Lorsqu'elles sont froides, rangez-les en boîtes de même longueur, recouvrez de saindoux aromatisé, soudez et 1 heure 1/2 à 112 pour les boîtes de 1 kilo.

Pour les servir, ouvrez votre boîte, faites-la chauffer quelques minutes dans de l'eau bouillante, puis renversez-la afin de retirer vos andouillettes bien entières, essuyez-les, ciselez et faites griller pendant 20 minutes, servez avec une sauce moutarde.

Andouillettes communes.

Prenez tous les débris de boyaux, toutes les parures de chairs, de gorges, de têtes et d'oreilles, ajoutez des couennes cuites aux trois quarts, non dégraissées mais grattées et propres, mettez tout cela dans un récipient après l'avoir haché grossièrement et assaisonnez par kilo avec :

40 grammes de sel épicé, ail, échalote, persil, ciboulette et quelques feuilles d'estragon fraîches, si c'est la saison.

Mélangez bien le tout, embossez dans des boyaux de bœuf et laissez au séchoir 15 jours avant de les fumer par un fort fumage.

Pour la cuisson suivez l'indication donnée pour les andouilles de Vire ; il faut au moins 2 heures à petit feu.

La qualité, quoique excellente, ne mérite pas de les mettre en boîtes, c'est une provision de ménage, vous pouvez leur donner la forme de saucisson ou en faire des boucles. Elles prennent ensuite le nom de **longeoles de campagne**.

Boudins.

De toutes les manières de préparer le boudin noir, je ne donnerai que celles employées pour faire le boudin de Paris et le boudin blanc à la crème.

- Boudins noirs.

Après avoir saigné le porc, remuez continuellement son sang afin qu'il ne se coagule pas en se refroidissant.

Préparez vos boyaux ou menus de bœuf ou de porc, qu'ils soient bien lavés, bien essuyés, puis :

Prenez la saignée d'un porc, tenez-la au tiède dans de l'eau chauffée, remuez afin d'éviter qu'elle ne poche, puis épluchez et hachez 8 oignons de moyenne grosseur que vous ferez cuire à feu doux dans un peu de saindoux ; aux oignons ajoutez, si c'est la saison, persil frais, ciboulette et quelques feuilles de basilic et autant de brindilles de marjolaine, le tout bien haché finement et passé avec l'oignon ; taillez encore 1.500 grammes de panne de porc fraîche en carrés de 4 millimètres ainsi que 1.500 grammes de pommes reinettes épluchées et hachées comme les oignons, ajoutez 50 grammes par litre de sang de sel épicé un peu de muscade râpée en plus.

Tous vos condiments prêts, passez le sang tiède au travers d'un tamis de Venise, amalgamez oignons, panne, pommes crues, épices et 1 litre de bonne crème double ou 1 litre 1/2 de crème simple, dite crème à bouillir.

Remuez afin de dissoudre les aromates, puis au moyen d'un entonnoir spécial remplissez votre boyau étalé sur la table, répartissez le mieux possible le gras qui surnage sur le sang. Ce travail se fait avec la main après remplissage des boyaux. Formez ensuite vos bouts en ficelant le boyau de distance en distance de 12 à 15 centimètres, ne coupez pas avant cuisson et surtout ne tenez pas trop pleins vos boyaux afin que le gonflement à la cuisson ne les fasse pas éclater.

Lorsque vous en aurez une certaine quantité, formez en une chaîne soutenue par une forte ficelle que vous conservez dans votre main ; plongez cette grappe dans une bassine contenant de l'eau bouillante ; ayez dans la main droite une aiguille afin de crever vivement les poches d'air qui pourraient se former ; laissez pocher sans bouillir de dix à vingt minutes suivant la grosseur du boudin ; d'ailleurs retirez lorsque vous remarquerez qu'en piquant le boyau, le sang liquide ne sort plus ; un séjour trop prolongé dans l'eau durcit le boudin, le temps nécessaire à pocher le sang et cuire la pomme hachée suffit.

Retirez alors, plongez la grappe dans l'eau froide afin d'arrêter la cuisson ; étendez sur des linges propres, recouvrez jusqu'à complet refroidissement.

Puis coupez alors vos bouts aux nœuds des ficelles, rangez-les dans des boîtes ovales, coulez sur eux du saindoux frais et aromatisé, soudez et donnez :

1 heure 1/2 par kilo à l'autoclave,
ou 2 — 1/4 au bain-marie sans pression.

Pour employer le boudin, soit frais, soit conservé, procédez ainsi :

Ouvrez les boîtes, chauffez afin de retirer les boudins bien entiers. Essuyez-les, ciselez peu profond, et grillez à feu doux, servez avec une purée de pommes de terre à la crème, une marmelade de pommes, non sucrée, ou un émincé d'oignons passés au beurre.

Boudins blancs à la crème.

Taillez en lames un filet mignon de porc, ou le filet entier, enlevez peaux et graisses, ne conservez que le maigre au moyen de la lame d'un fort couteau, grattez ces lames de chair, en épulpant, ce qui évite de hacher et de passer au tamis ; procurez-vous ainsi 2 kilos de pulpes de chair ; il ne doit rester de vos enveloppes de viandes que le tissu fibreux, qui ne peut servir ; d'un autre côté, passez au tamis 2 kilos de lard frais que vous aurez haché et pilé, après l'avoir passé au tamis ; remettez dans le mortier votre lard, broyez en tournant afin d'en faire une pommade, ajoutez par petite quantité la pulpe préparée et après un amalgame complet, 300 grammes sel épicé, seize œufs moyens, toujours un à la fois ou à peu près, car préalablement vous aurez cassé et passé au tamis les œufs, afin d'en extraire les germes.

Pendant que cette opération se fait, faites cuire sur le feu à l'état de bouillie 500 grammes de mie de pain blanc avec un demi-litre de lait ; la bouillie bien lisse et bien cuite, passez-la au tamis, et mélangez-la ensuite dans le mortier avec la masse à laquelle vous ajouterez, pour finir, un litre de crème double.

Remuez bien ensuite dans la bassine, entonnez dans de petits menus, séparez par tronçons de 15 à 20 centimètres de longueur. Puis, comme le boudin noir, faites pocher à l'eau bouillante vingt minutes ; retirez ensuite et laissez refroidir sous des linges très blancs afin de conserver au boudin sa blancheur.

Bien fait, il est très délicat.

Terminez en boîtes, comme pour le boudin noir.

Pour le servir, il se fait griller ou colorer doucement au beurre.

Pour le truffer, y ajouter des truffes hachées.

Pour l'avoir de qualité supérieure, le faire pocher dans du lait.

Vous pouvez remplacer le gras par du foie gras d'oie, et un salpicon de langues à l'écarlate cuite, de truffes en petits carrés, quelques pistaches ; suivez l'opération et terminez en faisant pocher au lait ; cela s'appelle alors **boudin à la Richelieu**, et le boudin truffé se nomme **boudin à la Périgord**.

Têtes et oreilles de porcs.

Salaison très commune ; enlevez le plus de chair afin de les faire servir dans les viandes hachées n°s 3 et 4. Les oreilles, têtes, etc., qui n'ont pas l'emploi pour les hures se vendent comme petit-salé, ou s'emploient dans le saucisson de campagne, dit **longeole.**

Les galantines.

Les galantines se composent de volailles ou gibiers désossés et farcis ; les diverses farces se font avec les chairs des pièces désossées, mais la base est toujours le porc.

Farces fines pour galantines de volailles et gibiers.

Choisissez les parties charnues et les moins nerveuses, jambons et longes, désossez attentivement, enlevez peaux et muscles, mettez trois parties de maigre et une de gras ferme, soit 3 kilos de maigre pour 1 kilo de gras ; hachez finement en ajoutant 40 grammes de sel épicé par kilo de masse. Pilez ensuite, passez au tamis à chair ou à quenelles (voyez le *Matériel*) ; il ne doit rester sur le tamis que des nerfs ou des épidermes, les chairs doivent complètement passer. Conservez en terrine et au frais, et servez-vous de cette farce comme base de toutes celles que je vais décrire dans les chapitres suivants.

Porcelets ou cochons de lait à la russe.

Sitôt que vos cochons de lait sont échaudés, lavés et vidés, découpez-les comme un lapin, en levant les cuisses dont vous parerez l'os, afin de pouvoir le papilloter. Les reins en trois ou quatre tronçons bien réguliers ; les épaules, puis la tête en deux parties. Mettez cuire le porcelet dans un bouillon de veau très clair et bien aromatisé ; amenez l'ébullition lentement afin de bien écumer, garnissez et aromatisez comme pour une gelée ; il faut juste le nécessaire de mouillement pour couvrir les viandes ; ne laissez cuire que vingt minutes ; retirez ensuite au moyen d'une aiguille tous les morceaux que vous rangerez symétriquement dans des boîtes ; laissez réduire le mouillement s'il y en a de trop. Laissez-le refroidir afin de passer à clair ; recouvrez ensuite vos chairs, soudez et donnez à l'autoclave :

1 h. 1/2 pour 1 kilo à 112.

2 heures pour 1 kilo au bain-marie.

Cette conserve se sert froide, chaque morceau entouré de sa cuisson qui est en gelée ; elle peut être accompagnée d'une garniture de légumes au vinaigre, d'une salade de légumes, accompagnée d'une sauce raifort à la crème ou une mayonnaise corsée.

Saucisses à griller.

Employez pour cela les viandes d'épaules, cous, etc., deux tiers de maigre et un tiers de gras, hachez finement en ajoutant avant le hachage 25 grammes de sel épicé par kilo. Avec cette chair, embossez des boyaux frais de porc ayant 2 centimètres de diamètre.

Cette saucisse se mange fraîche, cuite sur le gril, ou au four avec un verre de vin blanc.

Pour la conserver, sitôt embossée, formez-en des tronçons de la grosseur de vos boîtes, laissez-les prendre couleur à la plaque dans un peu de saindoux frais, mais à feu doux afin d'éviter l'éclatement, rangez en boîtes, allongez la cuisson avec un verre de vin blanc, faites cuire, saucez vos boîtes et soudez en donnant une heure et demie à 112 0/0 pour un kilo.

Pour l'employer, faites chauffer vos saucisses dans la boîte même, et servez-la avec une purée de pommes de terre dans laquelle vous ajouterez le gras de votre boîte ; vous arroserez le tout avec le jus même des saucisses.

Chipolata *(garniture)*.

Même fabrication que ci-dessus, seulement les boyaux ont 1 centimètre de diamètre et les saucisses sont de la grosseur et de la longueur du petit doigt et se cuisent à la poêle. Sitôt colorées et en boîtes, finissez de les couvrir avec du saindoux. Soudez et une heure trois quarts à l'autoclave à 112 0/0 ou deux heures au bain-marie ; se servent comme garnitures, dites *chipolata*, et font partie des provisions de voyage.

Saucisses truffées.

Ajoutez à la chair ci-dessus quelques poignées de truffes fraîches, ou conservées, un verre de cognac par 12 kilos. Mélangez-bien le tout, embossez dans des boyaux ou des crépines. Donnez une forme quelconque, longue ou en carré long ; faites griller Sitôt coloré, mettez en boîtes, recouvrez de graisse fondue et aromatisée et donnez une heure et demie à 112 0/0 à l'autoclave ou deux heures au bain-marie.

Le type des boîtes servant pour tous les produits de la charcuterie est ovale, de différentes dimensions. Vous trouverez toutes les indications dans le chapitre consacré à la *Boîte métallique.*

Galantines de cochons de lait.

Saignez le porcelet, suspendez-le afin qu'il égoutte entièrement, échaudez ensuite, en soignant l'opération afin que la peau soit blanche, propre et sans coups de couteau. Videz-le et désossez-le entièrement, en ne laissant les os qu'à la tête et à l'extrémité des membres ; laissez-le ensuite dans la saumure anglaise pendant six heures ; retirez ensuite et roulez dans un linge ; préparez dans une terrine une quantité suffisante de lardons fermes de 1 centimètre carré et 10 centimètres de longueur ; découpez aussi de la même manière une langue ou deux de porc à l'écarlate cuite et refroidie, 500 grammes de truffes noires en carrés ; assaisonnez le tout avec un verre de madère sec et du sel épicé ; la même quantité de maigre de filet de porc, faux-filets ou filets mignons.

Puis étendez sur le linge le porcelet, prenez la farce à galantine (voyez cet article), et remplissez votre porcelet, en alternant les couches de farce, de lardons gras et maigres, truffes et langues ; lorsqu'il sera bien rempli, rejoignez les peaux du ventre, recousez l'animal, afin de maintenir le tout ; donnez-lui une forme naturelle, en le ficelant dans une forte serviette que vous sanglerez sur une planchette, afin qu'à la cuisson il ne se déforme pas.

Puis préparez une excellente cuisson de fonds de bouillons ou d'autres viandes, ajoutez une bouteille de vin blanc, bien aromatisé, posez votre porcelet dans une braisière ou bassine de même forme, une saumonière par exemple. Versez la cuisson, et laissez cuire à petit feu pendant deux heures, retirez ensuite, et laissez refroidir avant d'enlever de la cuisson pour le déballer, — ce qui demande environ trente-six heures.

Lorsque les porcelets sont petits, ils peuvent se faire entiers en galantine ; sitôt froids, les ressangler et les mettre en presse, les emboîter dans des boîtes de même mesure, les recouvrir de saindoux, et laisser trois heures à l'autoclave à 112 0/0. Pour éviter tout mécompte, en les emboîtant, il est plus convenable de les sangler dans une mousseline forte et bien doublée, de cette manière à l'ébullition la galantine sera maintenue.

Il est mieux d'entourer la galantine de saindoux frais que de gelée, ainsi que cela se fait pour le porcelet à la russe ; se sert comme grosse pièce de froid, sur socle ou sur autres sujets, bien entourée de gelée transparente.

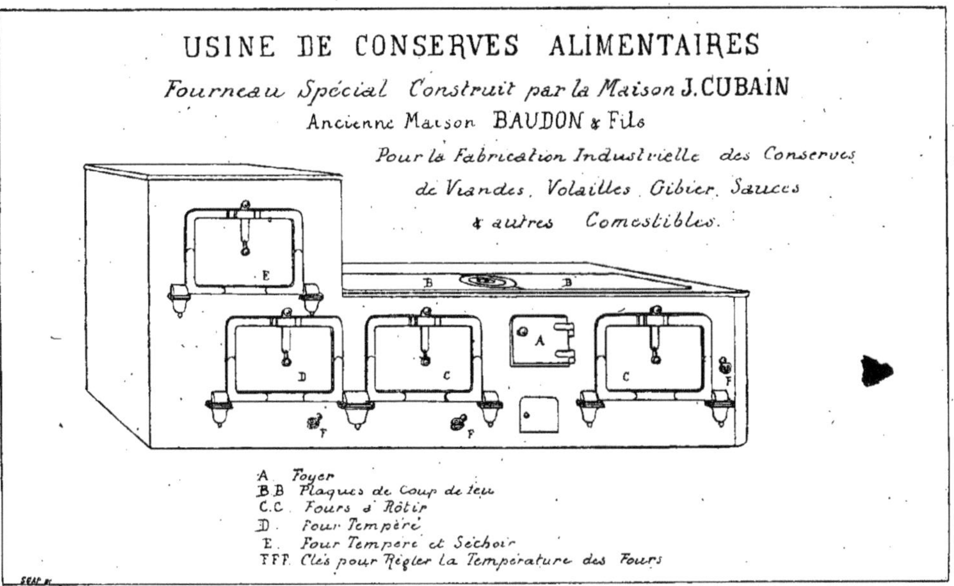

LE SANGLIER

Je ne sais pas si le sanglier ou le porc domestique ont le même ancêtre ; dans tous les cas, la ressemblance n'est qu'apparente, extérieure, intérieurement non. D'abord, le sanglier, qu'il soit ragot ou solitaire, petit ou gros, n'a pas de lard sous la peau, sa graisse est intérieure, mélangée à la viande, dont la couleur est rouge ; un vieux solitaire n'est bon à rien ; aussi la meilleure manière de l'employer est en hure ou en pâtés. Quelques morceaux bien marinés sont passables, mais après un long séjour dans la marinade afin d'enlever le goût de sauvage qui, dans un vieil individu, est persistant.

Il n'est pas possible d'échauder un sanglier ; il faut soit le raser, soit le brûler, soit l'écorcher ; le raser, lorsque l'on en a l'habitude et que l'on possède les couteaux nécessaires à ce travail. C'est ce qu'il y a encore de plus avantageux, puis suivez les opérations.

Marinade pour le sanglier.

Prenez carottes fraîches, oignons, racines de céleri et de persil, panais, laissez tous ces légumes en fines rouelles, passez-les soit au saindoux, soit à l'huile, jusqu'à presque complète cuisson. Mouillez ensuite avec autant de vin rouge et laissez cuire pendant trente minutes à petit feu ; pendant cette cuisson, vous ajouterez par litre de liquide employé :

50 grammes de sel ;
1 — de *droghe* (épices pilées) ;
2 — de neutraline.

Puis vous verserez cette cuisson bouillante dans une terrine contenant un assaisonnement complet d'aromates, savoir : quelques clous de girofle, quelques grains de piments, feuilles de laurier, thym, lavande, sauge, baie de genièvre, marjolaine, romarin.

Laissez refroidir à couvert, puis servez-vous de cette marinade suivant les indications.

N. B. — Toutes ces plantes aromatiques, après avoir servi comme condiments dans les bouillons, cuissons, marinades, etc., ne doivent pas être perdues ; après emploi, mettez-les toujours soigneusement sécher, soit au soleil ou à l'étuve et elles serviront pour parfumer les bois, pour fumer ; même humides, mélangées aux sciures, elles sont excellentes.

Jambon de sanglier.

Après les avoir rasés et brûlé l'extrémité des pieds au moyen d'un flamboir à gaz, car il faut laisser le pied au jambon de sanglier sans le détacher ;

Vous opérez ensuite comme pour les jambons de porc, en les salant huit jours à sec sur le lit de camp, puis vous les mettrez, suivant grosseur, de quinze jours à un mois dans une saumure composée par moitié de marinade cuite et de saumure anglaise fraîche.

Lavez ensuite à l'eau tiède, en frottant et raclant, laissez sécher deux jours au séchoir, puis fumez en ne ménageant pas les aromates.

Hure de sanglier.

Coupez toujours les têtes au ras des épaules afin d'avoir de belles hures, rasez, grattez, arrachez, brûlez, afin de le nettoyer le mieux possible, brûlez à l'esprit-de-vin les poils, et la laine restée dans les oreilles.

Désossez ensuite la tête, mais sans la fendre, en commençant l'opération par le cou ; si vous n'êtes pas habitué à ce travail, allez doucement, afin de ne pas faire de boutonnières dans la couenne ; laissez les oreilles bien attachées et droites ainsi que le groin ; enlevez ensuite de la boîte osseuse la cervelle et la langue, et mettez le tout, après l'avoir imprégné de salure, pendant vingt-quatre heures de côté, puis quinze jours ensuite dans la marinade des jambons. Ajoutez quelques bajoues de porcs ainsi que huit langues déjà saumurées, mais que vous laisserez se parfumer pendant ce temps dans la saumure-marinade.

Après cela, faites cuire le tout dans un bouillon aromatisé auquel vous ajouterez un peu de la marinade et les plantes qui y sont. Après cuisson de la tête préalablement roulée dans un linge, afin de pouvoir la retirer sans la briser, et les viandes retirées au fur et à mesure de leur cuisson, enlevez toutes les chairs restant autour des os de la tête, dépouillez les langues chaudes, coupez-les dans le sens de la longueur, mettez toutes ces viandes dans un bassin, ajoutez pistaches mondées et truffes cuites, 40 grammes de sel épicé par kilo et un peu de bouillon de la cuisson afin de maintenir l'humidité des viandes et la chaleur.

Fourrez la tête dans une poche à hure, ou une forme *ad hoc*, remplissez l'intérieur avec vos viandes chaudes, tirez la couenne afin de l'égaliser et qu'elle soit bien en place, mettez les oreilles dans les trous disposés à cet effet dans la poche, puis le tout bien plein, bien tassé et symétriquement, recouvrez la taille du cou par un morceau de couenne cuite de porc, fermez la poche, sanglez et ficelez avec des rubans de fil écru de 3 centimètres de large, puis mettez sous presse ou laissez refroidir suspendu, en chargeant quand même les chairs jusqu'à complet refroidissement.

Si l'opération du remplissage a duré longtemps et que le tout soit trop refroidi, une fois la tête bien bridée, remettez-la trois quarts d'heure dans la cuisson pour la réchauffer, puis mettez sous presse ; la hure sera alors ferme au découpage et la couleur doit être rose foncé ; truffes et pistaches doivent se montrer régulièrement.

Cette pièce volumineuse ne peut pas se faire partout ; elle demande un matériel approprié, grosses formes en cuivre étamé imitant la tête et s'ouvrant en deux parties pour faciliter le démoulage ; pour les petites hures, il y a des moules en terre vernissée.

Hure de sanglier.

Procédé spécial pour la conserve.

Je recommande ce procédé pour les petites têtes de marcassins ou de ragots ; opérez en suivant l'indication. Après l'échaudage et le nettoyage de la tête, la mise au sel, et à mariner, faites cuire ensuite dans le bouillon sus-indiqué les os, les langues, les chairs, etc., retirez-les du feu à peu près cuisson ordinaire ; passez-les, découpez et mettez dans une terrine en les arrosant de sang frais et d'épices.

Préparez ensuite un hachis de chairs maigres de sanglier auquel vous ajouterez 50 grammes de sel épicé par kilo, puis mettez en terrine, en mélangeant avec les chairs cuites auxquelles vous ajouterez des lardons de lard frais ainsi que des truffes pelées ou non, mais de bonne qualité, arrosez de sang frais afin de donner une belle couleur.

Retirez de la marinade la couenne de la hure, essuyez-la et garnissez-la comme une galantine du mélange ci-dessus. Sanglez, roulez, bridez et remettez en cuisson à feu doux pendant cinq à six heures ; retirez du feu, laissez refroidir, déballez, remettez en forme en pressant fortement et laissez refroidir trente-six heures.

Pour mettre en boîtes, vous pouvez faire des hures de toutes les grosseurs et de tous les poids, avec les peaux ou couennes de l'animal entier.

En les découpant et les garnissant suivant le diamètre de vos boîtes et en suivant identiquement l'opération, vous pouvez faire des hures depuis 500 grammes jusqu'à 5 kilos. Mais pour les emboîter, vous devez toujours les envelopper de mousseline ou de toile de coton légère, les passer et les mettre ensuite en boîtes recouvertes de saindoux vous donnerez :

> 1 h. 1/2 112 0/0 pour les boîtes d'un kilo,
> et 2 h. 1/2 au bain-marie.

N. B. — Dans la fabrication des hures, vous devez employer toutes les peaux, couennes, cous, oreilles, pieds, etc., dont vous n'auriez pas l'emploi ; mais cette fabrication doit être très soignée, bien aromatisée, d'un goût et d'une couleur appétissante.

Côtelettes de sanglier.

Faites mariner et continuez l'opération comme pour les côtelettes de porc frais.

Sanglier rôti.

Longue marinade, avec ou sans saumure à votre convenance; et continuez l'opération comme pour les rôtis de porc.

Boudins de sanglier.

Opérez comme pour le boudin noir, forcez en crème et en épices.

Saucisses de sanglier.

Même opération que pour le porc.

Sanglier à l'aigre-doux. (*Méthode romaine.*)

Découpez vos morceaux de sanglier, supprimez les couennes, laissez-les mariner dans la marinade pure sans saumure et sans adjonction de salure; deux ou trois jours suffisent.

Égouttez ensuite vos morceaux qui auront été coupés comme pour faire un ragoût, faites-les colorer sur le feu, dans du saindoux en le saupoudrant d'une cuillerée à bouche de sucre en poudre par kilo de viande. Quelques minutes après et lorsque la coloration est parfaite, mouillez avec un peu de marinade; laissez cuire à trois quarts de cuisson; à ce point ajoutez quelques biscuits napolitains, ramollis à l'eau tiède et une poignée de pignoles grillées; finissez la cuisson en y ajoutant une petite quantité de raisins de Corinthe et autant de sultanine.

Si c'est pour mettre en boîte :

Retirez les viandes à demi-cuisson, rangez en boîtes en y ajoutant pignoles et raisins ; jutez, soudez et donnez deux heures d'ébullition à 112 0/0 ou trois heures au bain-marie.

Pâté de sanglier dit de chasse.

La pâte pour ces pâtés de chasse doit être plus commune que celle des pâtés de foies gras ; pour cela faites l'opération suivante. Prenez comme dose :

1 kilog. de farine ;
300 grammes beurre ou saindoux ;
1 œuf entier ;
50 grammes sel ;
1/2 litre d'eau.

Commencez par bien mélanger l'eau, le beurre et l'œuf, incorporez ensuite la farine peu à peu, finissez en malaxant le tout sous la paume de la main. Laissez reposer une heure avant de l'employer, afin d'éviter le retrait, garnissez ensuite vos moulés en gardant assez de pâte pour faire le dessus et le décor.

Hachez ensuite les débris de chair, les épaules, cous et basses-côtes, mélangez aux chairs un tiers de gras de porc ; assaisonnez avec 50 grammes de sel épicé par kilo, et pour lier le hachis, ajoutez un verre de sang ; garnissez ensuite cette masse avec des lardons de gras et des lardons de chairs maigres. Autant que possible avant de faire ces pâtés, laissez mariner le tout quelques jours dans la marinade cuite ; ajoutez au dernier moment des parures de jambon, de langues, etc., voyez si la couleur est d'un beau rouge, puis remplissez vos formes garnies de pâte, couvrez avec une barde de lard et finissez votre pâté en décorant le dessus. Mettez au four et cuisez à chaleur de pain une heure et quart par kilo ; au sortir du four, introduisez par la cheminée quelques cuillerées de gelée réduite avec un peu de marinade afin d'en faire un excellent jus clair et de bon goût, laissez ensuite entièrement refroidir et finissez alors par remplir votre pâté de gelée clarifiée et bouchez la cheminée avec un peu de pâte crue afin d'éviter le contact de l'air.

Il faut au moins que le pâté ait trente-six heures de fabrication avant de le manger.

Terrine de sanglier.

Au lieu de mettre votre chair dans une forme garnie de pâte, garnissez de bardes de lard une terrine ronde ou ovale, remplissez-la avec cette masse, recouvrez d'une barde, poussez au four ; ayez soin que le fond de la terrine ait toujours un peu d'eau afin d'éviter la casse (suivez l'opération comme pour les terrines de foies gras) ; laissez deux heures au four, ne retirez qu'à cuisson complète, ajoutez pendant la cuisson du jus réduit afin que les chairs soient toujours humides ; laissez refroidir légèrement sous presse ; recouvrez ensuite de saindoux fondu ou de gelée très claire.

Pour la conserve, au lieu de terrines, employez des boîtes ; suivez exactement la même opération ; au sortir du four, versez dessus du jus réduit, afin que les chairs s'imprègnent d'humidité, mettez sous presse, finissez par couvrir de saindoux ou par une belle barde de lard demi-maigre. Soudez et une heure et demie à 112 0/0 par kilo.

Deux heures à l'ébullition au bain-marie.

Les bouillons.

Ont déjà été décrits au courant de la plume, pour les multiples articles de la fabrication, ils se composent des os, nerfs, épidermes, muscles, débris de toutes sortes, abatis, etc., enfin ces mille riens d'une cuisine ou d'un laboratoire. « La marmite à bouillon » doit être toujours en jeu, c'est là-dedans qu'échouent les restants des cuissons, les débris cuits ou crus, les couennes, etc., etc.

Soignez-la toujours, qu'elle ne bouille jamais à grand feu, écumez et garnissez et après le travail, passez-la à la serviette, afin de retrouver le lendemain un bouillon clair, qui vous servira pour faire vos jus, cuissons de galantines, consommés, etc., etc.

Et si vous n'en avez pas l'emploi, après l'avoir soigneusement dégraissé et tiré à clair, laissez-le s'évaporer jusqu'à consistance ; je dis s'évaporer et non bouillir, car cette réduction doit, pour rester blonde et de bon goût, ne jamais arriver jusqu'à l'ébullition.

Lorsque votre réduction sera au point voulu, laissez-la refroidir en la versant soit dans des moules en forme de tablettes, soit dans une terrine vernie, *c'est alors de la glace de viande.*

N. B. — Ne salez jamais votre marmite qu'au fur et à mesure de vos besoins, car vous ne pourriez pas vous servir des réductions ; elles seraient trop salées.

Jus.

Tous les débris, os, etc., de veau, mouton, agneau, porc, etc., servent à cet effet. Commencez par garnir le fond de votre braisière ou casserole de bardes, débris de lard, graisses ; couvrez ensuite par un émincé d'oignons, mettez les os par-dessus et mouillez avec un litre de bouillon ; mettez sur le feu, laissez réduire en colorant, remouillez avec un verre de bouillon, laissez encore tomber à glace, soignez bien cette opération qui doit se colorer d'un brun clair, jamais au brun noir ; les jus alors seraient amers et auraient le goût de brûlé ; remuez avez une spatule, la graisse et l'oignon doivent, en se colorant, donner le goût et la couleur voulue. Pour activer cette opération, poussez au four afin de faciliter la coloration ; mouillez alors, soit avec le bouillon décrit ci-dessus, soit avec de l'eau ; laissez bouillir, écumez, dégraissez, garnissez de légumes et d'aromates et laissez cuire en frémissant sept à huit heures et même davantage. Pendant cette cuisson, os, débris, peuvent s'incorporer dans ce jus que vous pouvez corser en gelée en y ajoutant des pieds ou des couennes.

Ces jus nous serviront pour les cuissons de galantines de gibier, pour la fabrication des sauces brunes, pour les civets, poivrades, etc.

Ces jus ne peuvent pas être réduits à glaces ; ils seraient trop colorés.

Consommés de volaille.
Pour voyages, convalescents, etc.

Prenez autant de kilogrammes de chair maigre de bœuf, de la cuisse surtout, que vous désirez de litres de consommé ; il faut que cette chair soit excessivement fraîche, bien juteuse ; commencez par la découper en lanières extrêmement minces, ou hachées grossièrement ; mouillez ces viandes avec un litre et demi de bon bouillon peu salé, et froid, laissez dégorger la viande dans ce bouillon, mettez ensuite sur le feu, remuez souvent afin que le fond ne s'attache pas ; ajoutez carcasses ou débris crus de volailles, dindes, etc., amenez doucement à l'ébullition ; pendant ce temps, vous aurez fait colorer à la broche ou au four une *jeune poule ;* lorsqu'elle sera bien colorée d'un blond doré, il est inutile qu'elle soit cuite, débrochez-la, et plongez-la dans votre consommé qui va bouillir.

Maintenez la température pendant quatre ou cinq heures sans jamais bouillir ; il faut qu'après ce temps d'évaporation et d'infusion, votre liquide ait diminué du tiers ; 10 kilos de viande et quinze litres de bouillon doivent donner après l'opération dix litres nets de consommés.

Le sang des viandes amené doucement à l'ébullition doit être suffisant pour la clarification du consommé ; opération très délicate pour terminer. Ayez un tambour ou tabouret à gelée sur lequel vous étendrez une ou deux serviettes fines, lavées et mouillées, commencez par verser sur ces serviettes votre consommé, déjà dégraissé ; laissez le sang cuit faire son dépôt sur les serviettes, c'est le meilleur de tous les filtres. A mesure que votre consommé passe limpide, clair comme le cristal, mettez-le en flacons, bouteilles ou boîtes émaillées ; soudez ou bouchez à mesure, et terminez l'opération en laissant ensuite: bouteilles et flacons une heure à l'ébullition ; si c'est des boîtes, trente minutes à 110 0/0 par kilo.

Consommé dit américain.

Hachez grossièrement les viandes maigres de bœuf, dans les mêmes proportions que ci-dessus. Mettez ensuite dans des boules de métal, argent, nickel ou étain fin, ces boules sont spéciales à ce travail (elles se nomment des lucottes) ; par kilo de chair mettez 1 litre de bon bouillon ; laissez bien infuser, puis bouchez l'ouverture, vissez le couvercle et mettez dans une marmite ou chaudière d'eau froide, il faut beaucoup d'eau.

Faites-la bouillir et marquez l'heure ; il faut six heures d'ébullition. A ce point ayez vos tabourets à gelée prêts ; versez dessus le contenu de la boule que vous venez de retirer de l'ébullition; il ne faut pas que le consommé, au sortir de la boule, touche du métal ; vous devez le laisser filtrer en le récoltant dans un vase de porcelaine ou de terre vernie ; laissez égoutter tranquillement, et conservez en flacons.

Ce consommé ne se boit que glacé ou bouillant, tiède il n'est pas agréable.

Les boules sont de toutes les grosseurs, depuis 500 grammes de viande jusqu'à 10 kilos ; elles sont en étain fin, et servent aussi pour la cuisson des truffes, la concentration peut être encore plus forte ; au lieu d'un litre de bouillon au kilo ne mettez qu'un décilitre, cela vous donnera, après le même temps d'ébullition, une tasse d'extrait, qui vaudra mieux pour votre santé qu'un hectolitre de Liebig.

Dans ces extraits, il ne doit y entrer ni légumes ni épices, à peine la quantité de sel nécessaire ; soit, si votre premier bouillon n'a pas été salé, 30 grammes de sel par kilo de viande.

Gelée de viandes.

Elles doivent se faire avec des os et viandes gélatineuses de veau, porc, etc., couennes, tendrons, têtes, pieds, etc., toutes viandes blanches et fraîches auxquelles vous pouvez joindre de la volaille.

Mouillez vos os ou autres matières avec autant de litres d'eau fraîche que leur poids en kilo ; mettez sur le feu, amenez à l'ébullition, écumez, garnissez de légumes et d'aromates ; salez très peu ; laissez de huit à dix heures au feu ; passez ensuite à la serviette, et laissez entièrement refroidir afin de dégraisser ; si votre gelée n'est pas assez consistante, laissez-la réduire jusqu'au point voulu, mais vous devez toujours éviter cette opération, qui use la gelée, et lui donne un mauvais goût ; de plus, au lieu d'être cassante, élastique, elle devient tirante et visquéuse, et se clarifie très mal ; il faut du premier coup mettre suffisamment de matières gélatineuses afin d'arriver vite et bien.

Lorsqu'elle est dégraissée et limpide, mettez-la sur le feu dans une casserole très propre, ou un bassin à confiture. Préparez votre tabouret à gelée, avec une serviette mouillée, battez quatre blancs d'œufs par litre de gelée que vous voulez clarifier ; ajoutez un verre de madère, et au premier bouillon de votre gelée, versez d'un seul coup vos œufs battus, ajoutez quelques feuilles d'estragon, un verre à liqueur de vinaigre ; au premier bouillon couvert que redonnera votre gelée, enlevez du feu et versez le tout sur la serviette ; reversez ce qui passe, jusqu'à ce que tout passe clair ; vous pouvez vous assurer de la limpidité avec une cuiller d'argent. Si votre blanc d'œuf a été poché à point la gelée doit être bien réussie, sinon elle ne passera que difficilement ; il faut alors la remettre sur le feu, la faire rebouillir et laver la serviette avant de recommencer. Ce sont des opérations qui ne manquent jamais avec un peu de pratique.

L'emploi des tabourets fermés comme ceux des liquoristes est plus sûr.

Vous versez votre gelée dans le molleton ; vous fermez le tabouret, la vapeur et la chaleur facilitent beaucoup cette opération.

Gelée à l'anglaise.

C'est celle-ci qui est généralement employée dans la fabrication des conserves. Opérez ainsi.

La veille que vous avez besoin de gelée, prenez la quantité de gélatine Coignet qui vous est nécessaire ; les feuilles en sont épaisses ; laissez-les tremper douze heures dans de l'eau fraîche, en été ; en hiver vingt-quatre heures ; elles reprendront alors leur épaisseur de plus d'un centimètre ; retirez de l'eau, mettez dans une casserole ou bassine émaillée, pesez-les au sortir de l'eau, et mettez autant de vin blanc, marsala sec ou sherry, que vous aurez de gélatine. Aromatisez et épicez fortement ; faites fondre le tout au bain-marie.

Prenez quatre blancs d'œufs ou trois œufs entiers par litre de liquide que vous battez avec un peu de vin ou d'eau, et à l'instant où votre gelée commence à bouillir, mélangez, ajoutez un peu de vinaigre pur, quelque gouttes ou bien du jus de citron ; remuez afin que le fond ne brûle pas ; au premier bouillon, versez le tout dans le molleton et laissez couler.

Il est nécessaire d'avoir un tabouret fermé s'il y a de grandes quantités à opérer, sinon une serviette suffit.

Serviettes à gelées.

Si la toile est trop grossière, la chaleur de la gelée la drape et elle ne laisse plus rien passer ; si elle est trop fine, le même fait se reproduit ; aussi comme ces opérations sont fréquemment répétées il vaut mieux se procurer de vraies serviettes pour gelée, en toile de fil fin à tissu large, de cette manière la chaleur du liquide ne la feutre pas.

Le molleton de coton ainsi que le tabouret sont de toute nécessité, pour peu que ces opérations se renouvellent.

Avant d'employer molletons ou serviettes, faites-les tremper dans de l'eau tiède et changez l'eau afin d'enlever à la toile ou au tissu le goût ou l'odeur de lessive.

LES SAUCES

Théoriquement, les sauces sont des jus et bouillons liés; elles se nomment grandes sauces. La cuisine française en reconnaît deux fondamentales qui sont la base du travail, savoir :

L'espagnole ou sauce brune. — Le velouté ou sauce blanche.

Pour lier ces deux sauces il faut du roux brun pour l'espagnole, blanc pour le velouté.

L'opération doit se faire ainsi :

Roux brun pour toutes les sauces brunes.

Faites fondre dans une casserole très propre et fraîchement étamée 800 grammes de beurre frais, incorporez 1.000 grammes de belle farine de froment (fleur de gruau) (toute farine commune ou échauffée doit être rigoureusement écartée), et au moyen d'une spatule de bois, remuez et mélangez beurre et farine; puis à la bouche du four ou sur des cendres chaudes laissez cuire le roux pendant une heure; le roux doit se colorer lentement, sans brûler et sans attacher au fond de la casserole; la teinte doit être d'un brun rouge et pas noire, ni grise; arrivé à cette teinte, retirez du feu, mettez en boîte ou en vase, pour servir suivant les besoins.

La teinte noire du roux indique que la cuisson a été précipitée, la teinte grise, que l'oxyde de plomb provenant d'un mauvais étamage s'est amalgamé avec la farine; ce roux est nuisible; pour arriver à la teinte brun rouge, la chaleur nécessaire représente 700 degrés; à peu près la chaleur de la friture.

Roux blanc.

Même préparation que ci-dessus, mais doit se cuire à feu modéré suffisant pour cuire la farine sans la colorer; ne laissez pas prendre couleur; remuez souvent, et si vous devez faire comme provision une certaine quantité de roux, faites étamer une casserole dont le fond sera très épais afin d'éviter le coup de feu.

Beurre manié.

Opérez le mélange à cru, sans faire fondre le beurre, et en choisissant de la fleur de gruau. Ne se fait qu'au moment de s'en servir, et en suivant indication.

250 grammes de farine incorporés dans 200 grammes de beurre frais.

Emploi des roux.

400 grammes de roux lient 4 litres de liquide.

Sauce espagnole.

N'est que du jus ou blond de veau lié ; opérez ainsi : mesurez la quantité de jus que vous désirez employer. Pour 4 litres, prenez 400 grammes de roux brun ; remuez sur le feu le tout afin de bien le délayer ; servez-vous à cet effet d'un fouet de fer ou de bouleau, soignez bien l'opération du délayage du roux ; pour plus de sécurité, commencez à le fondre avec peu de liquide, afin qu'il soit lisse et sans grumeaux. Amenez à l'ébullition le tout, et laissez cuire afin de dégraisser votre sauce tout en la dépouillant.

Le dépouillement d'une sauce consiste à ne faire bouillir la casserole que d'un côté, afin que tout le beurre du roux, ainsi que les écumes, montant à la surface, puissent s'enlever facilement. Pour cela, la casserole doit être pleine, et vous faciliterez l'opération en versant de temps en temps un peu d'eau froide dans la sauce.

Goûtez la sauce, elle doit être onctueuse et lisse, assez épaisse pour masquer votre spatule ; lorsqu'elle ne rendra plus ni beurre ni peau, qu'elle aura un aspect brillant au lieu d'être terne, retirez du feu, mettez en bouteilles ou en boîtes, après l'avoir passée au tamis fin ou à l'étamine, et soudez à chaud.

Donnez une heure d'ébullition à 112 pour 1 kilo ou deux heures au bain-marie.

Sauce venaison, *pour cerfs, chevreuils, sangliers.*

Prenez égale quantité de jus et de marinade cuite pour sanglier (voyez *Marinade*). Mesurez et liez avec du roux brun comme il est indiqué à la *Sauce espagnole*, laissez cuire à petit feu (sur un fourneau à gaz), écumez, dégraissez, retirez les peaux à mesure de leur formation, goûtez votre sauce, elle doit être bonne de goût, la marinade au vin doit lui avoir donné le bouquet nécessaire.

Arrivé à la réduction voulue, passez à l'étamine et emboîtez chaud.

Une heure à l'ébullition à 112 ou deux heures au bain-marie.

Sauce madère, *pour filets de bœuf, financières, etc.*

Prenez et mesurez la quantité de jus que vous désirez lier en y ajoutant, si vous avez des fonds ou cuissons de galantines, cuissons de champignons, eau de végétation de tomates fraîches et environ une bouteille de madère pour 10 litres de liquide. Avant de lier, si par suite des additions successives au jus vous le trouviez trop allongé, et trop peu coloré, faites-le réduire, puis liez suivez l'opération comme pour la sauce espagnole.

Arrivé au point de réduction et de bon goût, passez à l'étamine, emboîtez à chaud et soudez de suite ; une heure à 112 pour 1 kilo ou deux heures au bain-marie.

Sauce Périgueux, *pour gibiers principalement.*

A la sauce madère ci-dessus ajoutez les jus ou cuissons des gibiers, suivez l'opération identiquement en soignant le dépouillement, après l'avoir passé à l'étamine ; mélangez alors dans la sauce une poignée de truffes fraîches hachées, mélangez, emboîtez, et soudez vivement afin que le bouquet et l'arome des truffes se conservent dans la sauce :

1 h. 1/2 à l'autoclave à 112.
2 h. 1/2 au bain-marie.

Sauce tortue, *pour tête de veau ou garniture du même nom.*

Dans le chapitre consacré à la fabrication de la sauce tomate, j'ai recommandé de conserver précieusement les eaux de tomates qui, réduites à glace, trouvent leur emploi dans toutes ces sauces, et particulièrement celle-ci. Après avoir lié votre sauce madère, ajoutez-y soit de la glace de tomates, soit de la tomate en purée, peu, juste le nécessaire pour teinter la sauce en rouge brun ; vous pouvez employer, encore pour la sauce tortue, les cuissons de tête de veau et, au lieu de madère, du vin blanc ordinaire, laissez dépouiller, dégraissez et passez au tamis de soie, ou à l'étamine à cuillère, ou mieux encore au tamis-passoire. Mettez en boîtes vernies et une heure à l'autoclave à 112° pour les litres, deux heures au bain-marie.

Sauce italienne, *pour langues de bœufs, veaux, etc.*

A la sauce madère à laquelle, en place de vin, vous aurez mis des cuissons de champignons ou de cèpes et dont vous suivrez l'opération entièrement, une fois passée à l'étamine et au moment d'emboîter, vous ajouterez par litre de sauce prête, la garniture suivante :

Hachez finement un oignon moyen, trois échalotes, une petite gousse d'ail, passez ce hachis au beurre sans lui laisser prendre couleur, ajoutez une poignée de champignons frais, ou morilles, ou cèpes, hachés ou coupés en petits dés, mouillez avec un demi-verre de vin blanc ; après quelques minutes de cuisson, ajoutez, au moment de mélanger dans la sauce, une cuillerée de jambon maigre haché fin, et autant de truffes crues dans les mêmes conditions.

Emboîtez ensuite bouillant, soudez et donnez :

Une heure et demie à l'autoclave à 112 ou deux heures au bain-marie.

Sauce piquante, *spéciale pour le porc frais.*

A la sauce ci-dessus, lorsqu'elle est terminée, ajoutez la garniture suivante et par quantité pour un litre :

Un oignon, échalote et ail haché finement, faites cuire dans un verre de vinaigre au lieu de vin, ajoutez après cuisson 100 grammes de cornichons au vinaigre hachés finement avec 20 grammes de câpres, mélangez le tout à la sauce, mettez en boîtes, soudez et donnez une heure et demie à l'ébullition à 112 pour les litres et deux heures au bain-marie.

Sauce poivrade, *pour les gibiers, lièvres et chevreuils.*

Avec les os, débris de gibiers, faites un jus que vous mouillerez, soit avec du grand jus ordinaire, ou des cuissons de galantines, liez le jus comme pour la sauce espagnole, en ayant suivi, pour la préparation du jus, le procédé indiqué (voyez *Jus*); liez avec la quantité de roux brun nécessaire, poursuivez la même opération, en ajoutant à votre sauce une réduction de mirepoix. Ainsi composée, passez au beurre dans une casserole, oignons, échalotes, parures de jambon, laurier, thym, girofle et poivre en grain, mouillez le tout avec une bouteille de vin blanc et un verre de vinaigre, laissez réduire et mélangez ensuite à votre sauce, c'est son bouquet; dégraissez, dépouillez et après l'avoir passée à l'étamine, emboîtez et soudez à chaud, et laissez une heure et demie à 112 à l'autoclave.

N. B. — 1° Pour toutes ces sauces, je ne parle pas d'épices parce que je suppose que les jus et cuissons, ayant été assaisonnés, il doit y en avoir assez; en cas contraire, goûtez et assaisonnez à votre goût, sans faire dominer aucun arome au détriment d'un autre;

2° Toutes les sauces doivent se souder et s'ébullitionner bouillantes, afin d'en concentrer l'arome et le goût;

3° Après avoir dégraissé les sauces et enlevé les peaux qui se forment pendant le dépouillement, pour retirer tout le beurre de ces dégraissis, ajoutez-y de l'eau, faites donner un tour de bout, et laissez reposer, tout le beurre montera à la surface, et retirez-le, il servira, vous lui trouverez son emploi; quant au restant, tout retourne à la glace.

SAUCES BLANCHES

Le velouté.

Pour toutes les sauces à fond blanc il est nécessaire d'avoir de beaux bouillons, succulents, sans aucune coloration. Prenez la quantité de bouillon auquel vous aurez ajouté les fonds de cuissons de volaille, galantines, têtes de veau, champignons, etc., liez avec le roux blanc dans les mêmes proportions que pour l'espagnole; laissez bouillir, dégraissez, écumez, et laissez réduire jusqu'à consistance voulue, passez ensuite, et employez suivant indications.

Sauce suprême.

A la sauce velouté, après l'avoir passée à l'étamine dans une bassine plate, ajoutez par cinq litres de sauce un litre de crème, une pointe de muscade râpée, faites réduire le tout jusqu'à consistance voulue, emboîtez, soudez, et même ébullition à l'autoclave que pour les sauces brunes.

Sauce Toulouse.

Au velouté réduit, mais sans crème, ajoutez au dernier moment une liaison composée de quatre jaunes d'œufs sans germes, par litre de sauce. Afin que l'opération se fasse bien, délayez vos jaunes à part dans un peu de sauce froide, retirez ensuite la sauce du feu et remuez continuellement afin d'opérer la liaison, remettez sur le feu encore quelques minutes, mais sans quitter la spatule, passez à l'étamine, emboîtez, soudez, et laissez trente minutes à l'autoclave à 110 0/0, pour les litres; une heure au bain-marie.

Sauce béchamel, *pour garnitures de petits pâtés, etc.*

Liez avec du roux blanc la quantité de lait frais désignée, soignez cette liaison comme il est indiqué pour la sauce espagnole, ajoutez, après la première ébullition, deux oignons hachés crus, une feuille de laurier, sel et poivre en grain et par litre de sauce, 100 grammes de maigre de jambon cru et haché.

Faites cuire et réduire, sans dégraisser ni dépouiller; arrivé à consistance voulue, passez au tamis de soie ou au tamis Corthay très fin.

Emboîtez et laissez à l'autoclave :

20 minutes pour les 4/4 à 112.
15   —   1/2   —

Une heure au bain-marie.

Sauce ravigote chaude.

Pour têtes de veau, fraises de veau ou agneaux à la napolitaine.

Pour 1 litre de sauce velouté que vous mettrez sur le feu à bouillir, hachez 100 grammes d'échalote que vous blanchirez dans 1/4 de litre de vinaigre, mélangez ensuite avec le velouté, laissez réduire, et lorsque le tout sera bien lié, ajoutez pour la dose ci-dessus :

Un verre d'huile d'olive;

Une cuillère à café de moutarde anglaise en poudre, délayée dans le vinaigre froid, faites bouillir le tout et au moment d'emboîter, ajoutez une bonne pincée d'estragon et de persil haché, sel et poivre, mettez en boîtes, soudez et

30 minutes à l'ébullition pour les 4/4 au bain-marie.
20   —   —   1/2   —

Pour les flacons, cette sauce peut très bien s'y conserver et elle se mange chaude ou froide.

Sauce raifort.

Râpez la quantité de racine de raifort que vous voulez conserver, ajoutez-y de la cassonade et du vinaigre; mettez en petits flacons, hermétiquement bouchés, et conservez au frais; si c'est comme provision de voyage, passez les flacons à l'ébullition deux minutes.

Cette conserve, pour se servir, doit se mélanger avec une certaine quantité de crème aigre très épaisse; elle fait partie obligée du porc de lait à la russe.

Des garnitures.

Les principales garnitures servant à la conserve sont les suivantes :

Garniture tortue, *pour têtes de veau, filets de bœuf, etc.*

Petites truffes pelées et cuites;

Grosses olives d'Espagne dénoyautées;

Gros cornichons au vinaigre, coupés comme les olives;

Quenelles de godiveaux en boules rondes, cuites;

De gros champignons tournés et blanchis;

De petites têtes de cèpes bien rouges; les jaunes d'œufs ne se mettent qu'au moment de servir.

Rangez en boîtes ou en flacons cette garniture par quantités bien égales, saucez-la avec la sauce tortue très réduite, soudez et laissez à l'autoclave :

$$25 \text{ minutes à } 112 \text{ pour les } 4/4.$$
$$20 \quad — \quad 112 \quad — \quad 1/2.$$

Cette garniture, au lieu de se mettre en sauce, peut se conserver dans de la gelée clarifiée et réduite, et même temps d'ébullition.

En flacons, la même recommandation ; de cette manière la garniture reste bien nette, la sauce ne lui donne pas une teinte uniforme, le mélange pouvant s'opérer au moment du service.

Garniture financière, *pour filets de bœuf, vol-au-vent, etc.*

Mettez dans chaque boîte :
Un petit ris de veau piqué et blanchi ;
Quenelles de godiveaux ou de volaille ;
Quelques lames de truffes ;
Quelques petits champignons cuits ;
Crêtes de coqs blanchies ;
Quelques rognons de coqs *item*.

Saucez avec la sauce madère, ou comme ci-dessus avec de la gelée réduite et clarifiée.

Mettez au bain-marie et donnez une heure d'ébullition pour les 4/4 ou mieux en flacons, à bouchage hermétique ; ébullitionnez et laissez refroidir dans l'eau de l'ébullition afin d'éviter la casse ; ne remuez le flacon que lorsque la gelée sera de nouveau prise.

Tortues, *garnitures pour potages tortue à l'américaine.*

Pour cela, il faut de la tortue ; l'imitation en tête de veau n'a rien à faire dans ce traité.

Ayez vos tortues vivantes, et autant que possible récemment pêchées ; au cas où l'approvisionnement serait trop considérable, et pour ne pas les tuer toutes à la fois, laissez vos tortues dans une cave, au frais, et remettez-les tous les deux jours dans de l'eau fraîche, propre, mais légèrement salée ; une heure de séjour est suffisant pour les abreuver ; de cette manière vos tortues ne contractent pas le goût de vieux poisson mal salé.

Pour les tuer, mettez-les sur le dos et au bord d'une table solide ; attendez patiemment qu'elles sortent leur tête et d'un coup vif plongez-lui une brochette d'acier effilée dans le cou ; la carapace empêchera alors la tête de rentrer, puis coupez la tête. Suspendez-la par les pattes de derrière et laissez-la saigner pendant douze heures. Passez ensuite un couteau fort et bien affilé entre le plastron et la carapace, en suivant la ligne de la membrane, qui joint les deux parties ; ne coupez ni les pattes, ni les ailerons ; enlevez les boyaux ainsi que les graisses vertes ; détachez ensuite les ailerons et les nageoires. Mettez à part les noix, faites blanchir, grattez, rafraîchissez et coupez le tout en morceaux réguliers.

Lorsque toutes vos chairs sont taillées, les os nettoyés ainsi que le plastron : préparez une cuisson composée de vin blanc, épices, aromates, un peu d'eau, faites cuire tous ces morceaux dans ce bouillon, sauf la graisse verte.

Au fur et à mesure de la cuisson, retirez les morceaux et mettez dans une terrine.

Retirez les osselets, désossez les ailerons, puis passez le bouillon à la serviette.

Pendant cette première cuisson, vous aurez mis dans une casserole des débris de jambon cru, des os de carcasse de poules, ou canards, os de veau, passez tout cela au feu afin de le colorer, mouillez ensuite avec le bouillon de tortue ; ce jus doit être d'un beau blond ; ajoutez-y les aromates nécessaires, et laissez cuire à fond à extinction.

Passez à la serviette, liez avec de la fécule, réduisez très épais, et ajoutez confortablement de poivre de Cayenne et les épices spéciales à cette soupe ; ces épices se composent de marjolaine, thym, sarriette et sauge, poids égal, pulvérisés et dont vous mettez 1 gramme par litre de sauce ; réduisez pendant vingt-cinq minutes.

Vous aurez arrangé vos morceaux de tortue en boîtes, en mettant les chairs et les noix partie égale ; puis une petite quantité de graisse verte, blanchie et rafraîchie ; recouvrez avec le jus réduit, soudez et ébullitionnez :

Les 1/2 litres 1 heure 1/4 au bain-marie.
Les 4/4   —   1   —   3/4   —

Chaque boîte de litre doit représenter huit potages et pour cela, au moment de servir, il faut encore deux litres de bon consommé de volaille, ou de jus clair et corsé, ou encore de la cuisson de galantine. Au dernier moment, versez votre garniture dans ce jus, remuez jusqu'à l'ébullition ; goûtez si l'assaisonnement suffit, et servez en y ajoutant un verre de vieux madère.

Ce potage ne se lie pas à la farine, seulement à la fécule ou à l'arrow-root.

Oxtail.

Suivez même indication que pour la tortue, vous remplacez seulement cette dernière par des queues de bœufs coupées en tronçons, cuisez, assaisonnez, et terminez exactement de la même manière.

Une boîte de litre doit suffire pour huit potages et laissez à l'autoclave :

1 heure 1/2 à 112 pour les 4/4.
1 heure   à 112 pour les 1/2.

Bisque d'écrevisses.

Toutes les écrevisses trop petites pour servir à la conserve des queues ou pour la bordelaise seront cuites dans le même bouillon que pour les écrevisses au naturel (voyez cet article) ; en quelques minutes elles sont cuites.

Retirez-les du feu, et égouttez-les entièrement, avec leur cuisson, à laquelle vous ajouterez partie égale de bon bouillon ou consommé de bœuf.

Remettez au feu au premier bouillon ; vous y ajouterez la quantité nécessaire de riz du Piémont, lavé, mais non blanchi, couvrez la casserole, laissez le riz se crever pendant vingt-cinq minutes sur des cendres chaudes ou à l'entrée du four.

Pendant cette cuisson :

Épluchez les queues des écrevisses et mettez à part.

Enlevez l'intérieur des carapaces et mettez à part.

Avec les coquilles, pattes, débris des queues, pilez à extinction et faites un beurre d'écrevisses (voyez cet article).

Avec votre riz qui doit être à point, versez dans le mortier, ajoutez-y l'intérieur des carapaces, ainsi que la terrinée de homards ou de poupards que vous pourriez avoir; pilez le tout, puis passez à l'étamine, le tout bien complètement, puis remettez cette purée sur le feu, pour la chauffer, et au besoin la réduire, car elle doit être assez concentrée pour lier complètement 2 litres de consommé.

Ajoutez au dernier moment les queues d'écrevisses, le beurre, afin de colorer la purée d'un rouge vif, une pointe de cayenne.

Emboîtez chaud, soudez et laissez :

> 1 heure 1/2 à 116 à l'autoclave pour les 4/4 ;
> 2 heures 1/2 à 116 au bain-marie.

Au lieu d'étamine, vous pouvez employer la passoire Corthay, la plus fine.

Autre procédé, qui peut s'appliquer aussi aux bisques de homards, crevettes et coquillages.

Après avoir épluché les queues des écrevisses que vous mettrez à part, pilez à extinction les coffres et autres débris. Mettez-les au feu, en les mouillant avec leur cuisson augmentée de consommé, ou de bouillons réduits et corsés ; à la première ébullition, liez le tout avec de la crème de riz délayée à froid dans de l'eau, liez à consistance et réduisez à l'épaisseur voulue en remuant constamment.

Passez ensuite à la passoire, et colorez en y ajoutant un beurre fait soit avec du corail de homard, ou des œufs de langoustes; ajoutez les queues assaisonnées, emboîtez, soudez et même ébullition que ci-dessus.

Les bisques de langoustes, homards, crevettes

Se font d'une manière ou de l'autre.

Vous pouvez toujours remplacer les consommés par des bouillons de poissons corsés et riches, et les chairs pilées des mêmes poissons, cuites, peuvent entrer dans la bisque.

Pour servir les bisques, pour 1 litre de matière, ajoutez 2 litres de liquide, faites chauffer en remuant toujours; avant l'ébullition, retirez du feu et voyez l'assaisonnement en ajoutant en plusieurs fois 150 grammes de bon beurre fin et frais, servez ensuite.

N. B. — La bisque d'écrevisse est l'équivalent en France de la soupe tortue anglaise.

Quenelles de volailles.

Pour garniture.

Pour une dose à faire d'une seule fois, dans le mortier, levez les filets et les chairs de deux jeunes poules, ou d'une dinde, conservez les peaux bien entières, elles peuvent servir comme enveloppes de galantines.

Coupez filets et chairs en petits dés, pilez ensuite finement, puis passez au tamis; lorsque toutes les chairs auront passé, remettez au mortier, et en broyant amalgamez successivement et par petite dose la même quantité de panade (voyez *Pâte à choux pour godiveau*) et la même quantité de beurre frais, assaisonnez avec sel, poivre, muscade, ajoutez quatre jaunes d'œufs; votre farce doit être très lisse et liée, retirez du mortier, et laissez raffermir à la glace, faites un essai, gros comme une noix en le pochant à l'eau bouillante; l'essai doit être ferme, surtout pour mettre en boîtes.

Moulez ensuite, soit à la seringue, soit à la cuiller, soit en roulant sur la table farinée; conservez dans leur eau de cuisson, ou dans une sauce suprême ou Toulouse.

Laissez 1 heure au bain-marie pour les 4/4.

45 minutes pour les 1/2.

Autant que faire se peut, employez des boîtes basses afin d'éviter le tassement.

La garniture de quenelle se compose de : quenelles, champignons, crêtes, truffes, sauces suprême ou Toulouse.

Quenelles de poissons.

Garniture maigre.

Exactement même procédé que pour les quenelles de volailles, mais n'employez comme chairs à quenelles que merlans, brochets, carpes, etc., et dans les doses suivantes :

500 grammes de chairs ;
500   —   de panade ;
300   —   de beurre.

Sel, poivre, muscade, 4 jaunes d'œufs.

Broyez les chairs sans les passer au tamis, et amalgamez lentement et peu à la fois, afin que votre farce ne tourne pas.

Avec les os, débris de poisson, faites un bouillon corsé, mais dans une bassine émaillée, et après avoir poché vos quenelles à l'eau salée, conservez-les dans ce bouillon auquel vous ajouterez une feuille de gélatine Coignet afin de le corser.

Les garnitures au maigre se composent :

De quenelles de poissons, champignons, queues d'écrevisses ou de crevettes, moules, et huîtres.

Emboîtez et couvrez avec un suprême fait avec le bouillon de poisson où une sauce Toulouse.

Soudez et laissez au bain-marie :

> 1 heure pour les 4/4 ;
> 45 minutes pour les 1/2.

Moules à la marinière.

Garniture de bouchées, ou coquilles Saint-Jacques.

Grattez, enlevez la grappe à des moules bien fraîches, lavez ensuite à l'eau courante, égouttez, mettez dans une bassine émaillée, couvrez et au feu afin de les faire s'ouvrir (sitôt que la moule sent la chaleur, la coquille s'ouvre d'elle-même), retirez du feu, en les égouttant conservez l'eau qu'elles ont rendue, et retirez les chairs des coquilles sans les déchirer.

Préparez une petite julienne composée d'oignons blancs frais, racines de céleri, racines de persil et un petit panais, passez ces légumes au beurre, mouillez avec vin blanc et l'eau rendue par les moules ; laissez cuire en assaisonnant avec sel, poivre, muscade, un atome de poivre de Cayenne, liez cette cuisson avec un peu de roux blanc (voyez le dosage à l'article *Roux*); ayez juste la quantité de sauce suffisante pour saucer vos moules, comme un ragoût et sans remettre au feu ; après avoir opéré le mélange; emboîtez, soudez et même ébullition que pour les quenelles de poissons.

N. B. — Vous remarquerez que les moules rendent toujours un peu de liquide, ce qui éclaircira votre sauce ; tenez-la bien liée.

Ayez soin de passer l'eau des moules à la serviette avant d'en faire la sauce, afin d'enlever le sable et la vase.

Les huîtres se préparent de même pour garniture de coquilles ou de petites bouchées.

Beurre d'anchois. *Provisions de voyage.*

Lavez et épluchez autant d'anchois que de beurre, broyez le tout ensemble, passez ensuite au tamis de soie, et conservez en boîtes ou flacons, sans ébullition, mais hermétiquement fermé, et au frais.

Garniture chipolata.

La garniture se compose de lard de poitrine, coupé en lardons de 3 centimètres de longueur et blanchis à l'eau salée ;

De petites saucisses chipolata, cuites au vin blanc ;

De mousserons, morilles ou cèpes cuits au beurre ;

De marrons de Lyon rôtis, bien cuits et soigneusement épluchés ;

De petits oignons, épluchés et passés à la poêle afin de les colorer sans les cuire.

Arrangez toute cette garniture bien régulièrement en boîtes ou flacons, couvrez avec de la sauce madère, soudez et donnez :

> 1 heure à 116 pour les 4/4 ;
> 45 minutes à 116 pour les 1/2 ;
> 1 heure pour les flacons.

Laissez refroidir dans l'eau.

La choucroute, sa cuisson et ses garnitures.

Avant de mettre la choucroute en cuisson, si elle est fraîchement fabriquée, lavez-la seulement à deux eaux, pressez-la dans vos mains, afin de la sécher le plus possible. Si votre choucroute a plusieurs mois de fabrication, la blanchir à l'eau bouillante, puis rafraîchir à l'eau fraîche et bien l'égoutter. Pour la cuisson, couvrez-la avec eau, ou cuisson de galantines, bon bouillon de viande. Mais jamais avec des bouillis salpêtrés ou ayant servi à la cuisson de viandes fumées ; ajoutez de la graisse d'oie et une poitrine de porc salée, blanchie et lavée auparavant, mais jamais fumée ; retirez le lard à demi-cuisson ; la cuisson de la choucroute ou plutôt son braisage demande quatre heures ; ne la remuez pas afin de ne pas la briser ; cuite au four dans une braisière bien couverte, la choucroute est supérieure. A ce point, retirez-la du feu, égouttez-la, rangez-la dans des boîtes en y ajoutant un morceau de lard de poitrine et deux petites saucisses à choucroute, dites *Frankfürter-Wurst*, mais cuites à part, et une baie de genièvre ; serrez, tassez afin de bien remplir les boîtes ; ajoutez un peu de liquide, très peu, soit le bouillon de la cuisson, ou un verre à liqueur de vin blanc ou de cognac ou son équivalent de champagne, soudez et laissez à l'autoclave :

> 1 heure 1/4 à 112 pour les 4/4 ;
> 50 minutes   à 112 pour les 1/2.

Poitrines d'oies farcies et fumées.

Voyez fabrication de ce produit.

Après cuisson légère, mettez en boîte ovale, garnissez de choucroute tout autour, dessus et dessous, soudez après avoir arrosé d'un petit verre de madère sec et mettez à l'autoclave :

> 2 heures à 110 pour les boîtes de 2 kilos ;
> 1 h. 1/2 à 112 pour les boîtes de 1 kilo ;
> 50 minutes pour les boîtes de 500 grammes.

Cuisses d'oies farcies.

Même opération que ci-dessus.

N. B. — Les poitrines d'oies fumées se servent non seulement entourées de choucroute, mais avec la garniture chipolata.

Fabrication des rillettes.

Rillettes de Tours, du Mans, de la Sarthe, etc. — Prenez les poitrines fraîches d'un porc, ou n'ayant resté que quelques heures à la saumure.

Supprimez, enlevez, les côtes, os, tendrons, couennes, coupez ensuite en carrés réguliers de 2 à 3 centimètres ; faites fondre dans une bassine à fond plat 150 grammes de lard de panne, faites frire ensuite vos lardons dans cette graisse ; remuez-les continuellement afin de les rôtir de chaque côté, doucement, afin d'en retirer une belle graisse limpide et blanche ; vos lardons frits et d'une légère couleur blonde, retirez-les, ce sont des *rillons;* enlevez la graisse et mettez-la précieusement de côté, remettez vos rillons dans la marmite ou bassine où ils ont frit, après les avoir hachés, et commencez la cuisson qui est longue, sept à huit heures pour le moins.

Les deux poitrines vous auront donné environ 8 à 9 kilos de poids.

La cuisson des rillons se fait à petit feu, en remuant continuellement et en y ajoutant un peu d'eau fraîche afin d'éviter la trop grande coloration ; arrivé à ce point, retirez du feu, assaisonnez avec

> 200 grammes de sel épicé comme pour foie gras ;
> 10 — de paprika. —

Mélangez le tout en y incorporant le saindoux égoutté, puis mettez, soit en vases de faïence, ou en boîtes de 1/4 de litre ; ne donnez que vingt-cinq minutes d'ébullition au bain-marie, et pendant le refroidissement, remuez souvent les boîtes afin d'opérer un mélange parfait.

N. B. — Le feu ne doit jamais être très vif pour frire vos rillons ; c'est plutôt une cuisson très lente ; en la précipitant, vous n'arriveriez pas au résultat, qui est d'avoir une masse fine, onctueuse, laissant au palais la sensation de quelque chose de bien cuit, de fondu ; en précipitant la chaleur, vous durciriez le produit ; il deviendrait sec, et sur la langue ferait la sensation de sable fin.

Du plus ou moins de chaleur dépendra la teinte des rillettes.

Rillettes au jambon (*potted ham*).

Excellent pour employer toutes les parures des jambons et tous les maigres quelconques, que vous hacherez à la machine bien finement ; ensuite à petit feu, vous donnerez à ce hachis une cuisson lente dans du saindoux fondu ; ajoutez souvent de l'eau fraîche ; il faut que ces chairs séchées s'imprègnent de gras afin de devenir onctueuses ; aromatisez suivant votre goût, veillez surtout au sel, afin de ne pas forcer la dose, et terminez comme pour les rillettes de Tours.

Emboîtez sans ébullition à l'autoclave, à moins que vous ne vouliez une longue conservation ; alors donnez vingt-cinq minutes pour les 1/8 de litre.

Rillettes de langues (*potted tongues*).

Toutes les langues, après avoir été saumurées et cuites, ainsi que les débris et parures, peuvent servir pour cette fabrication ; suivez exactement pour cela le procédé ci-dessus. Les rillettes faites avec des langues de veaux, porcs, moutons, sont plus délicates que celles faites avec du jambon.

Rillettes de dindes (*potted turkey*).

En fait de rillettes de dinde, n'employez que les os, cuits à extinction, sur un feu ininterrompu, puis pilez et passez au tamis, incorporez-y des chairs cuites de veau, ou de porc, blanches ; faites l'opération en suivant l'indication comme elle est indiquée aux *Rillettes de jambon* ; incorporez la quantité de saindoux nécessaire ; assaisonnez comme pour le pâté de foie gras, et terminez l'opération comme ci-dessus.

Rillettes d'oies (*potted goose*).

L'oie a les mêmes propriétés que le porc ; elle se sale, se fume et se prête à toutes les combinaisons culinaires et agricoles.

Avant de la tuer, elle se plume deux fois, donnant une belle récolte de plumes et duvets.

Puis morte, sa poitrine se farcit et se fume.

Ses cuisses se transforment en jambonneaux, et ses ailerons en canetons, son foie gras blanc est le trésor de la cuisine et la base fondamentale d'une foule d'entrées ; ses boyaux servent à faire des cordes harmoniques. Sa graisse remplace avantageusement le beurre, ses pattes, cou, tête, poumon, foie, un excellent abatis, et ses os, après avoir servi, font encore de délicieuses rillettes en suivant le procédé indiqué pour les *Rillettes de dindes*, mais en employant aussi une notable quantité de foies de poules, poulets, dindes, canards et même d'agneaux, après leur avoir fait subir l'opération du blanchiment (voyez cet article).

Rillettes de poulets (*potted chicken*).

Suivez l'opération indiquée pour les rillettes de dindes, en n'employant que des produits blancs, afin d'avoir un produit crémeux et fin.

La fabrication et l'emploi de ces rillettes sont considérables ; comme provision de ménage, de voyage, et de garde-manger, il est de toute nécessité.

Non seulement il peut être employé dans la confection de tous les genres de petits pâtés feuilletés ou autres, mais comme hors-d'œuvre, sandwiches, canapés, tartines, etc., et aurait dû être mis en évidence par le baron Brisse dans son *Art d'accommoder les restes*.

LA CONSERVE ALIMENTAIRE
POUR L'ARMÉE

Viandes préparées en boites de 1.220 grammes, soit 1.000 grammes net pour 5 rations de 200 grammes.

De tout temps les gouvernements ainsi que les particuliers se sont préoccupés de l'alimentation de la troupe, surtout depuis l'invention d'Appert qui, dans son livre publié en 1836, enseigna l'art de conserver pendant plusieurs années toutes les substances animales et végétales.

La publication de ce premier traité fut faite par Appert contre la remise d'une somme de 12.000 francs à lui payée par le gouvernement français. Inutile d'ajouter que F. Appert est mort pauvre vers 1840, après avoir enrichi la France, car son livre fut immédiatement traduit et commenté dans le monde entier.

L'invention de l'autoclave, faite par lui, mais dont le brevet fut pris par Chevallier-Appert, n'est tombé dans le domaine du public que vers 1868 ou 1869 ; c'est depuis cette époque que la fabrication a pris une si grande extension. Aussi voyons-nous tous les savants, depuis Gay-Lussac, MM. Dumas, Payen, Pasteur, etc., prendre l'invention d'Appert pour l'analyser et la perfectionner.

Mais l'invention d'Appert ne prit une grande extension que lorsque M. Ph. Collin introduisit dans la fabrication le procédé de la boîte métallique, qui remplaça alors les vases de fer battu ainsi que les flacons de verre.

Dès ce moment la conserve industrielle fut fondée. La théorie de M. Pasteur sur les ferments ne fit que confirmer les procédés d'Appert, et l'on acquit ainsi la certitude qu'un produit soumis à une pression minimum de 110 0/0 de chaleur en vase clos hermétiquement, devenait neutre et les ferments détruits; on commença d'abord, pour arriver à ce résultat, à saturer les eaux d'ébullition avec du sucre ou du sel ; mais avec de la saumure bouillant à 20 0/0 de densité, on ne parvenait à peine qu'à 105 0/0 de chaleur.

L'invention par M. E. Bourdon du thermomanonètre et son adaptation spéciale à l'autoclave donnèrent alors le résultat voulu, puisque pour les végétaux et les viandes l'autoclave donne à volonté de 100 jusqu'à 120 0/0, ce qui rend la conserve apte à voyager et à se conserver sous toutes les latitudes, à condition toutefois que les manipulations aint été exactement suivies, surtout pour la conserve de viandes pour l'armée; ce sont ces opérations que nous allons décrire, puisqu'elles forment un tout et que l'une ne va pas sans l'autre, et de la première à la dernière elles s'enchaînent et donnent le résultat désiré qui est de fournir aux troupes de terre et de mer une nourriture saine, appétissante et ne débilitant pas l'estomac.

Commençons par :

L'abatage des animaux qui est une des premières recommandations.

Ne tuez pas un animal fatigué, laissez-le reposer sur une litière abondante et à l'ombre; tuez seulement à partir de minuit; laissez saigner les animaux abondamment. Les bêtes abattues pendant la nuit se conservent mieux que celles abattues en plein jour.

Dépouillez sitôt abattu et désossez immédiatement; les chairs étant encore chaudes votre travail sera accéléré. Les peaux, les cornes seront mises à part et seront l'objet de soins particuliers; ordinairement les peaux se salent, les cornes et les sabots se vendent à l'industrie. Les os de vos viandes désossées, mettez-les à cuire dans de grandes chaudières à vapeur et dans un panier spécial, afin de faciliter la vidange; il faut autant d'eau que d'os; vous pouvez ajouter les muscles, rôtis, tendrons; laissez dégorger vos os et débris une heure dans l'eau avant d'y mettre la vapeur, opération qui doit se faire lentement afin d'arriver à un commencement d'ébullition; écumez alors soigneusement, ne laissez jamais bouillir; il faut que ce liquide frémisse pendant 10 heures; la réduction doit être nulle et la limpidité comme un cristal de roche.

La graisse qui au dernier moment se trouvera sur le liquide doit être mise complètement à part, c'est de l'huile de pied de bœuf, et doit être vendue pour cela; c'est pourquoi vous ne devez pas saler ni assaisonner ce bouillon. Votre huile retirée, ouvrez le grand robinet de vidange et laissez doucement couler le bouillon dans des récipients de tôle galvanisée ou des rafraîchissoirs de fer battu étamés; le mieux serait encore de larges bacs de tôle émaillée qui, fixés à demeure, ne subiraient aucune détérioration.

Ne retirez les os de la chaudière que lorsque tout le bouillon sera écoulé; cette opération se fait au moyen de la grue qui, en enlevant le panier, le dépose hors de l'usine et dans un endroit abrité et clos, afin que les os se déssèchent et soient bons pour la vente. Les gros valent environ de 300 à 350 francs la tonne; les débris sont vendus aux fabricants d'engrais et de produits chimiques.

Les viandes une fois désossées, vous devez les assaisonner à raison de 40 grammes par kilo de chair, de la composition suivante, appelée sel d'enrobage :

1 kilo de sel marin pilé) Ou 2 kilos de sel marin raffiné.

1 — de sel blanc —)   (Voyez cette fabrication.)

1 — de cassonade pure.

200 grammes de sel de nitre (salpêtre).

30   —   d'acétate de soude.

Atelier de cuisson des viandes destinées à l'armée.
Marmites à vapeur basculantes installées par la maison ÉGROT.

Chaque appareil contient 600 litres ; tout autour des marmites fonctionne un petit chemin de fer Decauville, pour le transport des viandes crues et cuites. L'atelier de soudage des boites est organisé pour 20 soudeurs.

Mélangez immédiatement le tout et tenez au sec.

Vos viandes pesées et enrobées, dans la quantité de sel nécessaire, laissez-les reposer douze heures sur une table à saler, autant que possible en ciment ; conservez précieusement la saumure qui s'écoule des viandes ; elle ne doit pas être perdue ; elle peut au besoin servir à conserver les viandes pendant quelques jours.

Lorsque vous aurez acquis la conviction que vos viandes sont suffisamment saturées, mettez-les en cuisson dans le bouillon d'os fait précédemment toujours en quantités égales, 1 litre de bouillon non salé pour 1 kilo de viande.

Pour ces cuissons, voyez le matériel spécial construit par la maison Égrot, les paniers à viandes sont à compartiments, ce qui est préférable et évite le travail de l'agitateur qui fatigue les viandes et blanchit les jus. Dans les chapitres précédents traitant de la conservation des viandes de bœuf, j'ai indiqué, au chapitre du découpage, les choix à faire.

Assurément que pour la troupe, les vaches et les taureaux sont préférables aux jeunes bêtes qui, n'ayant pas la maturité, ont les chairs sans consistance et donnent une conserve trop délicate, et que l'autoclave ne raffermit pas ; ainsi les cous, épaules, poitrines désossées, sont ce qu'il y a de mieux pour cette fabrication.

Pour faciliter le travail des cuissons, taillez toujours vos morceaux du même poids et de la grosseur de vos boîtes, mettez-les à froid dans le bouillon d'os et amenez rapidement à l'ébullition et à partir de ce point, en réglant l'ébullition à 100 0/0 au moyen d'un thermomètre métallique, vous laisserez le temps suivant : 1/4 d'heure par livre ou 1/2 heure par kilo. C'est-à-dire que si votre panier ne contient que des morceaux de

1 kilo, ils resteront 1/2 heure.
2 — — 1 —
3 — — 1 — 1/2.
4 — — 2 —

Et ainsi de suite.

Je ne conseille pas les morceaux de plus de 4 kilos. Lorsque les viandes sont restées le temps nécessaire à leur première cuisson, enlevez le panier au moyen de la grue et posez-le sur des grilles en plan incliné communiquant aux tables de découpage et d'emboîtage ; en emboîtant il y a deux procédés, le premier consiste à ne mettre dans chaque boîte que le nombre de rations de 200 grammes que doit contenir la boîte, l'autre un seul morceau. Dans tous les cas dans une boîte de 1.220 grammes bruts, elle doit contenir 850 grammes de viandes cuites pour cinq rations et 150 grammes d'extrait concentré de bouillon de cuisson.

Après la cuisson de vos viandes, qui peut se faire en plusieurs fois, et toujours dans le même bouillon, vous devez finir de le concentrer dans des bassines spéciales dites à évaporation, afin de ne pas colorer les jus, les bassines émaillées sont préférables, surtout pour le refroidissement.

Lorsque vous commencez cette fabrication, afin d'arriver à un résultat mathématique, commencez par tout peser, l'eau et les os, pesez les viandes et le sel d'enrobage, et pesez encore les viandes au sortir comme à l'entrée en cuisson, et ayez comme but final, que si vous avez mis à enrober 100 kilos de viandes et à cuire

100 kilos d'os, il faudra que vos cent litres de bouillon arrivent par la réduction à compléter les 250 grammes manquant à chaque kilo, et que l'extrait de viande doit, par suite de sa composition restituer aux chairs les principes nutritifs qu'elle a perdus, car la viande sans sucs n'est pas nourrissante ni assimilable, et c'est justement ce bouillon qui doit les reconstituer, et qui donnera à la viande sa saveur.

Voyez à ce sujet le rapport de M. le docteur P. Muller dans sa thèse présentée en 1872 à l'Académie de médecine de Paris, thèse qui pour un conservateur est à lire et à méditer du commencement à la fin, car elle prouve par des faits à l'appui l'inanité et l'insanité du tant prôné procédé de Liebig.

Le sel de l'enrobage doit être suffisant pour saler la viande; d'ailleurs il faut peu d'épices, si ce n'est un peu de poivre et de piment; il n'est pas bon d'exciter l'estomac par une nourriture échauffante, car le soldat se fatiguerait vite d'une pareille nourriture; il ne faut pas non plus tomber dans le défaut contraire, et fabriquer quelque chose de fade et de débilitant : je recommande surtout l'ail qui par son principe aromatique est excellent pour la conserve.

Au coup d'œil ces viandes doivent être légèrement rosées et pas noires; la couleur naturelle est maintenue aux viandes par le sucre et le salpètre. La graisse doit être blanche et ferme, et en petite quantité; vous devez dégraisser soigneusement les bouillons et jus, car l'huile d'os n'est pas comestible. Une fois vos

Boîte spécimen spéciale à cette conserve et s'adaptant sur le sac.

Poids brut : 1220 grammes..
Poids net :, 1000   —
Ou cinq rations de 200 grammes de bœuf bouilli ou au jus.

boîtes remplies et jutées, laissez-les refroidir avant de les souder, essuyez minutieusement les bords de la boîte afin d'éviter le soufflage de la soudure, inévitable par la gélatine du bouillon. La boîte hermétiquement soudée, si vous la frappez d'une baguette d'acier, rendra un son cristallin, celles qui seront fuites rendront un son sourd; pour pouvoir passer deux fois le fer sur la soudure, laissez un procédé afin de laisser échapper l'air resté entre la chair et le couvercle, et terminez en bouchant ledit procédé par un point de soudure.

Lorsque votre diaphane ou votre vagonnet est plein mettez-le à l'autoclave, couvrez les boîtes d'eau froide ou tiède, et chauffez modérément; vous ne devez pas précipiter cette première opération, le réchauffement intérieur et extérieur de la boîte doit être identique; à partir du premier bouillon, marquez l'heure et laissez pour une boîte de 1,220 grammes le temps suivant :

50 minutes en pleine ébullition c'est-à-dire à 100.
1 heure 10   —   sous pression à 115-116.

Lorsqu'il y aura cinquante minutes que votre autoclave sera en pleine ébullition, fermez la soupape, serrez les tenons, purgez le manomètre et continuez l'ébullition ; en dix minutes le thermomanomètre sera arrivé à 116, ce qui fera donc une heure déjà de cuisson, et encore une heure sous pression, terminera l'ébullition finale.

A ce moment, ouvrez les robinets d'échappement de l'eau et de la vapeur ; arrivé à zéro, déclanchez, ouvrez et laissez rafraîchir les boîtes dans l'eau froide pendant quelques minutes, pour arrêter brusquement la cuisson et faire une réaction très favorable à la conservation et à la qualité de la marchandise.

N. B. — Voici pourquoi je recommande de chauffer d'abord graduellement et de rafraîchir ensuite, c'est qu'en opérant de cette manière, le jus ou bouillon de la viande restera en gélatine, les portions de viandes ne seront pas ratatinées ou racornies, ou en bouillies, comme cela arrive fréquemment.

Au sortir du panier, passez les boîtes à la sciure de bois, puis une à une trempez-les avant complet refroidissement dans un bain de vernis spécial au fer-blanc, la chaleur de la boîte est suffisante pour sécher cette peinture, qui est nécessaire pour éviter la rouille dans les soutes de navires, ou dans les casemates des forts.

Au chapitre du matériel, vous trouverez le dessin des boîtes usitées dans la troupe.

Le procédé que je viens de décrire est celui qui peut être employé dans toutes les usines à conserves alimentaires qui à un moment devraient fabriquer pour l'armée. Pour la grande industrie, fabriquant par jour de cinquante à deux cents bœufs, l'outillage est spécial, et la manipulation opérant sur de grandes quantités doit, pour ne pas être onéreuse, supprimer le plus possible de main-d'œuvre.

La base du travail est pourtant la même, les détails seuls sont changés.

Après l'abatage des animaux, désossez et découpez immédiatement en rations égales et régulières, enrobez à chaud et faites une première cuisson à plein bouillon en remuant avec une spatule de bois, l'agitateur mécanique abîme de trop quoique étant très nécessaire, emboîtez et garnissez vos boîtes avec un quart de feuille de laurier, une brindille de thym, trois grains de poivre et deux clous de girofle, servez-vous comme jus des bouillons concentrés et filtrés à clair, ce que vous pouvez obtenir en laissant décanter pendant douze heures vos bouillons avant de les concentrer en cuisant vos viandes dans le bouillon chaud, vous en saisissez l'extérieur, et vous concentrez les sucs nutritifs de la viande intérieurement ; cette opération doit être faite rapidement, et à grande vapeur, afin de ne pas trop arrêter l'ébullition, ce qui racornirait la viande, en la vidant, ne retirez alors vos viandes que lorsque le sang sera entièrement cuit, vous ne devez pas emboîter des viandes saignantes, ce qui blanchirait votre jus et laisserait un dépôt.

Continuez l'opération de l'autoclave comme il est indiqué plus haut, et laissez de même deux heures à l'autoclave en terminant la dernière heure sous pression.

Un procédé encore en usage recommande, une fois les boîtes soudées, d'y laisser un trou au centre, afin de pouvoir les mettre au bain-marie, jusqu'à ce que l'intérieur arrive à une chaleur de 80 degrés ; à ce point, fermer le trou par un point de soudure, et finir la cuisson à l'autoclave. Ce procédé est inutile, d'abord il demande une main-d'œuvre très longue, et un matériel considérable pour réchauffer les boîtes. En soudant, si le soudeur a laissé un procédé, cela lui permettra de souder deux fois, et l'air intérieur sera presque expulsé, la cuisson à l'autoclave, régulière pour commencer, et sous pression pour finir; le refroidissement des boîtes par l'eau afin d'arrêter la coction, permettra aux viandes de se maintenir; tous ces soins bien compris rendent le procédé du bain-marie complètement nul, et d'aucune utilité, il ne pourrait être employé qu'au cas où les viandes seraient emboîtées à cru, et jutées de même, ce qui serait un non-sens, et comme conserve un produit peu appréciable.

La question du sel est très importante. Les sels de mer ont un goût d'amertume très prononcé, de plus ils ne sont pas purs, pas plus que les sels de mines. Pour éviter les inconvénients qui pourraient en résulter, il faut raffiner les sels en opérant de la manière suivante :

Pilez finement les sels et mettez-les dans une cuve avec de l'eau froide, qu'au moyen d'un jet de vapeur vous réchaufferez jusqu'à l'ébullition, en remuant continuellement afin d'activer la fonte des matières. Après cela, laissez reposer jusqu'à limpidité parfaite, soutirez et laissez évaporer doucement en retirant de temps en temps avec une écumoire les sels cristallisés au fond des bassines.

Une seule bassine peut servir pour cet usage; à mesure que l'évaporation se produit, remettez de la saumure après avoir retiré le résidu.

De cette manière vous aurez des sels très purs et d'un goût parfait pour toutes vos manipulations.

Dans une usine opérant sur de grandes quantités de viandes chaque jour, tout ne doit pas servir pour la nourriture de la troupe. Les aloyaux, les filets, les premières côtes, les culottes doivent être préparés à part, d'après les procédés culinaires indiqués dans la première partie de cet ouvrage.

Avec les bouillons concentrés et jus, vous pourrez faire des sauces afin de préparer les conserves pour l'état-major en boîtes de cinq ou dix rations.

Ces boîtes sont faites pour être fixées aux courroies de la musette ou portemanteau et sont par séries étiquetées et peintes.

La première série se compose de cinq soupes à base d'extrait de bouillon; chaque boîte contient cinq rations de 200 grammes de légumes et d'extrait qui, additionné de 200 grammes d'eau, donne après un bouillon un potage excellent.

Les soupes :

Italienne au gras ;
Purée de pois au gras ;
Pâtes d'Italie au gras ;
Purée de haricots blancs au gras ou de lentilles ;
Purée d'orge perlé.

Les viandes :

Filets de bœuf piqué en jus ou en sauce ;
Culotte de bœuf braisée aux carottes ;

Côtes de bœuf rôties au jus ;

Tripes à la mode de Caen ;

Pâtés de bœuf en croûtes.

Les légumes :

Petits pois au beurre ;

Haricots verts au beurre ;

—   flageolets au beurre ;

Choucroute aux saucisses de bœuf fumées ;

Choux au jus et au lard.

A part ces conserves en boîtes et par rations, il y a encore pour les tables des commandants de corps et pour les capitaines de navires des dîners complets en boîtes suffisantes pour un service de dix couverts, dont voici la composition :

Potages.

Consommé extrait de volaille aux quenelles;

Purée de volailles aux quenelles (potage à la reine);

Purée de gibiers aux quenelles truffées (potage gentilhomme);

Purée de pois verts aux légumes (potage Saint-Germain);

Purée bisque d'écrevisse garnie ;

Potage tortue au madère;

Potage aux légumes (julienne, brunoise, garbure, croûte-au-pot).

Poissons.

Matelote de carpes et d'anguilles;

Brochet au bleu, sauce mayonnaise;

Saumon du Rhin, sauce rémoulade;

Truites au vin blanc, sauce genevoise;

Féras du lac Léman, grillées au beurre et à l'huile;

Filets de soles à la vénitienne.

Relevés de boucherie.

Culotte de bœuf à la choucroute ou nivernaise;

Filet de bœuf à la financière;

Quartier de chevreuil à la poivrade ;

Noix de veau piquée à la tomate ;

Tête de veau en tortue ou godard;

Bœuf salé et pressé à la gelée;

Aloyau rôti à la jardinière;

Jambon salé et fumé à la gelée.

Entrées.

Poulets sautés à la Toulouse ;
Poulets sautés aux champignons ou cèpes ;
Poulets sautés sauce tomate ;
Poulets sautés financière et sauce madère ;
Civet de lièvre ;
Civet de chevreuil ;
Perdreaux aux choux ;
Gibelotte de lapins ;
Salmis de grives ;
Pigeons aux petits pois ;
Pâtés de gibiers de toutes espèces ;
Galantines de volailles et dindes ;
Ballottines de gibiers.

Rôtis.

Poulets, dindes, perdreaux, canards ;
Faisans, bécasses, cailles, grives ;
Pigeons, pintades, etc.

Légumes.

Petits pois, haricots verts, flageolets ;
Artichauts en quartiers et fonds ;
Petites carottes, cardons, épinards, chicorée ;
Oseille, choux-fleurs, choucroute, etc., etc.

Toutes ces conserves sans distinction peuvent se manger froides ou chaudes ; l'étiquette indique toujours le mode d'emploi, ainsi que la manière de les préparer ; de cette manière, nul n'est embarrassé, et le premier venu, tant soit peu au courant de la cuisine et de la table, pourra servir un dîner excellent.

N. B. — Pour les saumures d'enrobage provenant de l'assaisonnement des viandes, l'analyse leur donne de 3 à 5 pour cent de leur poids d'extrait de viande pur, il est donc insensé de les perdre. Mais leur emploi dans les bouillons de cuissons par suite de la quantité d'albumine qu'elles contiennent, n'est guère possible ; le meilleur moyen d'en tirer parti, est de les faire chauffer lentement pour décolorer, et pocher le sang, écumer le mieux possible, et le filtrer jusqu'à complète siccité dans un filtre-étuve.

Le jus clair, riche en principes nutritifs, peut être mélangé dans les extraits de bouillon pour juter les viandes.

La saumure avant clarification peut encore servir pour clarifier des bouillons d'os qui par suite d'une ébullition trop vive auraient blanchi. Dans une grande usine possédant des bassines à vapeur d'une contenance de 1,500 litres, une de ces bassines doit être réservée, d'une manière continue, à faire les remouillages.

Pendant le travail, les ébullitions prolongées ne peuvent se faire. Pendant le découpage, des débris, des jus, des bouillons restent sans emplois; ils ne peuvent et ne doivent pas se mélanger aux cuissons en préparation. Aussi, après avoir retiré le premier bouillon des os, il est d'usage de leur faire subir encore une deuxième cuisson et dans cette cuisson se faisant de nuit ajoutez alors tous les débris, et surtout les saumures, ainsi que les têtes fraîches des animaux abattus pendant la nuit; soignez cette ébullition comme la première, elle doit durer au moins douze heures, sans bouillir au degré maximum de 90 0/0. La saumure d'enrobage, riche en albumine, aura servi à la clarification. Dégraissez soigneusement afin de retirer toutes les huiles, opération très facile si le liquide n'a pas bouilli; pour retirer les huiles et graisses quatre heures suffisent. La cuisson arrivée à son terme, tirez à clair dans de larges bacs en tôle émaillée, d'une contenance de 100 litres, et laissez reposer afin que toutes les matières solides tombent au fond du bac, et faites alors réduire dans des bassines à évaporation; ces ou cette bassine, d'une forme ronde, doit être autant que possible en tôle émaillée, très large de fond, et à rebords peu élevés; l'ébullition doit être très lente et le résidu doit être une masse blonde, appelée glace de viande, glace de volaille, servant pour toutes les préparations culinaires, que le docteur Liebig a faite sienne, une invention connue de temps immémorial, par tous les cuisiniers, qui ont toujours fait réduire à extinction leurs jus et bouillons sans emplois, dont ils retiraient un extrait qu'en termes techniques ils ont appelé et appellent encore de la « glace de viande », et qui était d'un usage constant, ce qui prouve que ce chimiste n'a pas inventé grand'chose.

Dans tous les cas, l'extrait de viande dit Liebig ou autres similaires devrait être proscrit comme nourriture; à peine est-il bon pour stimuler pendant une convalescence les muqueuses de l'estomac d'un malade, mais donné comme nourriture, comme reconstituant jamais, il équivaut à une diète complète et je vais le prouver par les deux extraits suivants.

M. Kemmerich, physiologiste allemand, a publié en 1869, dans un recueil de médecine de Vienne, le résultat de l'expérience qu'il a faite de l'extrait Liebig sur deux chiens de même taille: l'un pesait 12,470 grammes, il ne lui donne que de l'eau pure, et l'autre qui pesait 13,420 grammes, il lui donne de l'eau et 5 grammes par jour d'extrait Liebig; au bout de dix jours, ce dernier chien qui était le plus vigoureux ne pouvait plus marcher, au douzième jour il était mort; le premier ne buvant que de l'eau vivait encore, on lui redonna sa nourriture habituelle, quatre jours après il était rétabli.

Ainsi, loin de nourrir, l'extrait Liebig avait fait mourir un de ces animaux, et détail à noter, les résidus de la viande qui avaient servi à faire cet extrait, assaisonnés d'un peu de sel, avaient entretenu trois autres chiens en parfaite santé.

M. le docteur Bouchardat répéta la même expérience et fut convaincu.

M. Hepp, pharmacien à Strasbourg, a vu au bout de quinze jours mourir tous les chiens soumis à ce régime.

L'extrait de viande procédé Liebig fut pendant la guerre de 1870 consommé en quantité prodigieuse ; ce sont des millions de francs qui passèrent dans les poches de l'ingénieur Siebert de Hambourg, et si la mortalité des femmes et des enfants fut effroyable pendant le siège à Paris, c'est à cette mixture que la médecine doit s'en prendre, car loin d'être une panacée, c'est, par son emploi, se condamner à l'anémie et à la mort, et en 1873, à l'Exposition de Vienne la commission culinaire nommée pour résoudre ce problème, conclut exactement comme M. le professeur Müller, ce

APPAREIL A TRAVAILLER DANS LE VIDE
(Système ÉGROT, breveté s. g. d. g.)

A coupole mobile, à fond plat, et à agitateur mécanique. Spécial pour l'évaporation et la condensation des laits, glaces de viandes, extraits de viandes, les colles et l'albumine.

qui n'empêcha pas le produit d'avoir une médaille d'or, ramassée dans la boue des charniers sud-américains.

Je ne puis terminer cette nomenclature sans dire quelques mots des différents procédés de conservation à l'état frais des bœufs et des porcs, procédés portant les noms de leurs inventeurs. Commençons par le procédé de M. Martin de Lignac, qui est très pratiqué. M. de Lignac, au moyen d'un injecteur à main, incorpore de la saumure dans la viande d'un jambon de porc fraîchement tué, la saturation se fait automatiquement au moyen d'une table de calculs dressée d'avance.

Vous pesez le jambon d'abord et le laissez sur la balance en ajoutant autant de fois 50 grammes qu'il a de kilogrammes; par l'injecteur, vous introduisez dans l'intérieur des chairs la saumure, lorsque la balance trébuche, le jambon est saturé ; vous continuez alors l'enrobage extérieur et la salaison ordinaire.

J'ai déjà dit dans le chapitre *Salaison du porc*, le reproche que je fais à ce procédé qui n'économise le temps que pour les salaisons devant se consommer immédiatement, ou alors se mettre en boîtes.

Le procédé du docteur Morgan, de Dublin, consiste aussi dans l'injection de saumure ; sitôt le bœuf abattu et éventré, faites-lui une incision au ventricule droit du cœur et à l'oreillette, le sang veineux et artériel s'échappe immédiatement ; introduisez alors un tube métallique communiquant d'un côté par un tube de caoutchouc, dans l'oreillette gauche ou ventricule gauche, fixez et ligaturez fortement, et au moyen d'un robinet laissez entrer par le tuyau d'une hauteur de 8 à 12 mètres ou par pression automatique, une saumure nitrée qui remplacera le sang échappé, en trois quarts d'heure le bœuf doit être saturé, pendant ce temps, videz l'animal, et dépouillez-le ; sitôt froid et raffermi, découpez-le en morceaux réguliers, que vous suspendez à l'air, ou dans un séchoir à fumée froide pour cicatriser les coupures.

Un peu de fumée empêchera les mouches d'approcher et la conservation sera parfaite.

Les autres procédés ayant recours à des produits chimiques n'ont que faire dans un recueil pratique et je suis opposé à leur emploi. En tant que liquides, ils donnent mauvais goût aux viandes traitées et sont nuisibles aux fonctions de l'estomac.

Comme fumées ou vapeurs, ils rendent des services, car le boucanage ou l'enfumage des viandes n'a de résultats que par la composition chimique des fumées, qui en somme, n'est qu'un composé de créosote et d'acide pyroligneux avec traces d'acides phénique et salicylique.

Les chimistes de nos jours ont résolu scientifiquement l'effet de la fumée pour la conservation des viandes salées.

N. B. — N'employez jamais de bois résineux, ni de sciures de ces bois pour vos fumages ; ils donneraient un goût très prononcé de térébenthine aux produits.

Fabrication de l'extrait de viande. — De la glace de viande de volailles. Tablette de bouillon concentré.

Il existe une grande différence, culinairement parlant, entre l'extrait et la glace de viande.

Le premier, composé des sucs des viandes sans aucun principe gélatineux, ne peut être fait que dans les grandes usines à viandes, où le travail se trouve très distinct et où toutes les matières trouvent leur emploi.

Le cuir d'abord salé et séché ;
Les cornes et les sabots ;
Les os et le sang ;
La viande choisie soigneusement par catégories.
Dans ces travaux les os, muscles, etc., servent à faire la gélatine et les colles :

Le sang, de l'albumine ;

Les os cuits, du noir animal ;

Les graisses, de la margarine.

Aussi, inutile de penser à faire des bouillons, des consommés en un mot. Les viandes blanchies dans de grandes cages sont après ce blanchiment mises en boîtes peu ou mal assaisonnées, par de l'eau salée, parce que le bouillon dans lequel ont eu lieu tous ces blanchiments finit par s'enrichir de tous les sucs nutritifs des viandes coupées, et par conséquent facilement exsangues.

Aussi les blanchiments ou premières cuissons faites, ce bouillon, passé au filtre, est mis immédiatement à réduire dans une bassine spéciale, appelée appareil à évaporation dans le vide.

M. l'ingénieur Égrot, constructeur du modèle ci-joint, a obtenu d'excellents résultats dans cette nouvelle construction dont voici les principaux.

Appareil à vide à fond plat avec condenseur, injecteur, coupole mobile et agitateur.

1° Basse température, à dater de 30 degrés l'évaporation s'établit ;

2° Suppression des dépôts, croûtes sur les parois intérieures, par conséquent pas de déchets ;

3° Régularité dans la marche, et suppression de la surveillance ;

4° Prompt refroidissement de l'évaporateur.

Vidage de la matière instantané.

Et nettoyage facile de l'appareil.

L'appareil n° 51 est spécial pour la fabrication de l'extrait et de la glace de viande.

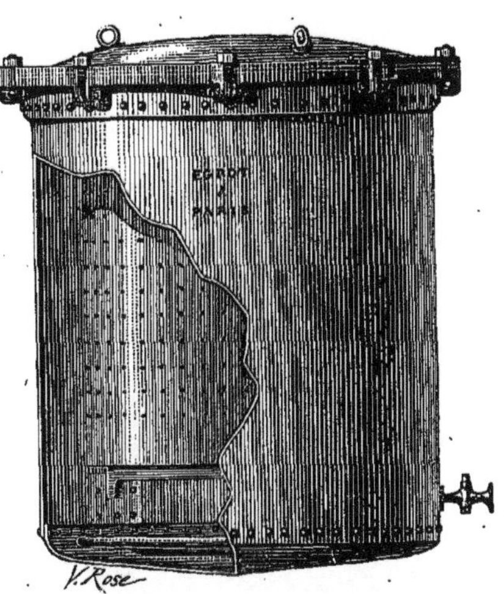

La chaudière à panier pour le traitement des os pour la *fabrication de la gélatine, l'extraction des graisses*, et en général pour le traitement de tous les résidus *provenant de l'abatage des animaux ;* permet un travail rapide et facilite au moyen d'une grue, le chargement et le déchargement des paniers. La manœuvre du couvercle, ainsi que sa fermeture, est la même que celles indiquées pour les autoclaves à légumes.

Le bouillon encore chaud mis à évaporer dans l'appareil indiqué à 30 degrés, les vapeurs appelées par la pompe commencent à se condenser ; la température très basse de 30 à 40 degrés a l'avantage de ne pas brunir l'extrait, de lui conserver sa limpidité.

Comme le principe gélatineux fait complètement défaut à cette réduction, elle n'aura aucun corps, elle restera fluide ; travaillé avec ces procédés et avec l'appareil, cet extrait sera supérieur comme goût, arome et principe à celui vendu dans le commerce sous le nom de Liebig.

Il est facile de se rendre compte que cet extrait est plus concentré que la glace de viande ; aussi le prix en est-il supérieur.

De tous les extraits actuellement vendables, c'est celui fabriqué en Nouvelle-

Calédonie, dans les établissements de la maison Ch. Prevet et Cⁱᵉ et avec les appareils perfectionnés, qui arrivent à ce degré supérieur de fabrication.

En résumé, pour fabriquer un extrait irréprochable, c'est toujours au détriment de la viande; au contact de la chair, le bouillon se refroidit, et les chairs n'ayant pas été complètement raidies, laissent écouler leurs sucs, et ce même bouillon servant plusieurs fois de suite pour la première cuisson des viandes à conserver, sans le laisser refroidir, est filtré bouillant et immédiatement concentré. N'ayant pas de sel ni d'aromate, il faut donc pour l'employer lui reconstituer ce qu'il n'a pas; aussi

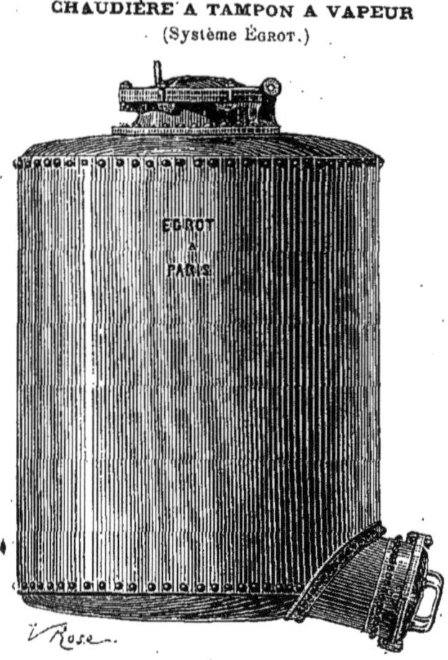

CHAUDIÈRE A TAMPON A VAPEUR
(Système Égrot.)

La chaudière à tampon permet de traiter les matières pour l'extraction des graisses et viandes d'équarrissage.

son emploi par cela même a laissé beaucoup à désirer; ce n'est pas un aliment complet; je préfère comme tablettes de bouillon concentré, celles fabriquées avec des glaces de viandes et de volailles qui, traitées premièrement comme un pot-au-feu, sont réduites ensuite dans un appareil à faire le vide; le résultat en est surprenant.

Il est un fait certain qu'un pot-au-feu bien soigné, cuisant à feu doux sans bouillir, dosé convenablement, c'est-à-dire une livre de viande par litre d'eau, donnera un résultat supérieur comme quantité nutritive, comme goût, saveur, bouquet, de préférence à ce même pot-au-feu bouillant à plein feu, et à plein bouillon. L'un, le premier, sera délicieux, l'autre, le dernier, sera immangeable; la viande en sera dure, coriace et comme ratatinée; aussi je suis parti de ce principe!

Comme en cuisine les glaces de viandes se font ordinairement avec les catacombes, c'est-à-dire le remouillage des bouillons et les débris des découpages et des jus.

J'ai soigné plusieurs fois ces marmites, en les faisant marcher une nuit entière sur un fourneau à gaz, j'avais réglé la cuisson au thermomètre à 90 degrés; c'est vous dire que le remouillage ne devait pas arriver à l'ébullition, et le matin, sans remuer la marmite après l'avoir dégraissée et éteint le gaz, je tirai à clair son contenu par le robinet en le passant à la serviette; j'obtins d'abord un bouillon blanc et d'une limpidité parfaite, d'un goût parfait quoique non salé et parfaitement dégraissé. Je fis l'évaporation dans une petite bassine à vapeur, à double fond, en fonte émaillée, et à cloche ou pompe pneumatique identiquement conforme, quoiqu'en petit, aux appareils servant à la fabrication du lait concentré. Cette bassine servait dans un laboratoire de pharmacie. Le travail d'évaporation fut très facile et le résultat surprenant. J'introduisis d'abord dans la bassine une partie du liquide, j'ouvris la vapeur réglée d'avance à ne pas arriver à l'ébullition, je restai dans les alentours de 50 ou 60 degrés; à mesure de la formation des vapeurs, la pompe les aspirait; je remplissais souvent la bassine en comblant le vide fait par l'évaporation et l'aspiration ; de cette manière les 100 litres que j'avais à réduire entrèrent peu à peu sous la cloche ; je maintins toujours la même température qui à mesure qu'augmentait la densité du liquide demandait alors un peu plus de chaleur. Lorsque l'extrait fut arrivé au point voulu de concentration je fermai la vapeur, et je laissai refroidir complètement sans enlever la cloche ; comme la bassine était émaillée, je n'avais aucune crainte pour la qualité du produit. Le lendemain j'enlevai d'un seul bloc le résidu ; la couleur en était blond clair, la transparence parfaite et le goût tellement différent de ce que j'avais jusqu'à présent obtenu que j'en fus étonné.

Le poids était de 5,200 grammes et cela sans écumes, ni dépôt, sans goût de cuir brûlé et cela obtenu avec des bouillons de deuxième qualité.

Je poursuivis l'épreuve, je mis à cuire dans un litre d'eau contenant 40 grammes de sel de cuisine une pincée de carottes, navets, poireaux, le tout taillé en julienne pour potage ; en dix minutes mes légumes furent cuits ; j'y ajoutai 100 grammes de glace de viande qui, celle-là, était gélatineuse, je laissai fondre et je versai ensuite le bouillon ainsi garni sur des croûtes et j'obtins un bouillon excellent, très succulent, ayant un goût de viande fraîche très prononcé et nullement le goût d'os et surtout cet arrière-goût de couennes brûlées qu'a l'extrait de viande Liebig.

Comme ce n'était qu'au point de vue de l'utilisation des résidus de cuisine que je fis cette expérience, j'en fus satisfait sous tous les rapports, qualité et quantité ; il est vrai que ces remouillages étaient riches, car ils se composaient en grande partie de viandes à consommé et de fonds de marmites à gelée, mais en résumé 5 kilos de glace à 4 francs, prix ordinaire de la vente en gros, payaient encore le litre de bouillon à 20 centimes et la qualité fut obtenue par la basse pression de la concentration, ainsi que par l'ébullition au gaz. Ce travail compris ainsi serait par le fait d'un bouilleur à vapeur chauffant une chaudière à double fond d'un côté et une bassine à évaporer de l'autre, dans le type de l'appareil n° 51.

LIVRE V

VOLAILLES

Depuis quelques années, les maisons américaines expédient en Europe des conserves de vieux dindes, de vieilles poules, oies et canards à des prix exorbitants.

Je ne conçois pas que dans le Mans, la Bresse, la Bretagne, la Normandie et le Midi de la France, cette fabrication ne puisse pas se faire.

L'Italie qui exporte en Suisse et en France des quantités énormes de volailles vivantes devrait aussi avoir sur place des usines pour cette fabrication.

Il est vrai que la consommation intérieure est nulle dans ce pays : il n'y faut penser qu'au point de vue de l'exportation.

L'Italie n'a pas dit son dernier mot, pays de production par excellence, fertile et agricole, dont la terre est riche et féconde, où tous les climats sont représentés et dont le gouvernement encourage et soutient l'industrie nationale.

Que faudrait-il pour mettre toutes ses richesses en exploitation? *Des hommes du métier!* et des capitaux!

La main-d'œuvre y est abondante, et pas chère, des ports de mer partout et des chemins de fer qui rayonnent en tous sens: c'est le travail, les transports, l'exportation assurée.

Et dans ce moment où tous et partout poussent le cri de guerre du combat pour l'existence, le « chacun pour soi », tous les projets, toutes les idées justes, qui peuvent concourir, soutenir et encourager le bien-être général, doivent être étudiées et appliquées.

L'Allemagne et la Russie ont coopéré à la fondation d'usines nationales de conserves alimentaires, à Moscou et ailleurs, le progrès industriel a déjà posé des jalons.

Et pourtant c'est à la France, et à la France seule, que tous, Américains, Anglais, Allemands, Russes, Italiens et Suisses, doivent l'initiation de cette industrie.

C'est Appert qui, par son procédé, a résolu le problème, perfectionné par M. F. Faucheux pour la préparation, par M. Collin, de Nantes, pour le travail des boîtes et la création de l'outillage spécial à cette fabrication.

Depuis cette époque, que de perfectionnements, que d'inventions, que de spécialités qui se sont créées, et qui ont fondé les usines colossales de Bordeaux, Nantes, Paris, etc., sans parler des fonderies pour le fer-blanc, le découpage des boîtes, l'impression sur métaux, qui ont fait de la conserve alimentaire actuelle, une des principales industries françaises.

On imite, on copie, mais l'art sera toujours là, où les inventeurs, les travailleurs ont vécu et sont morts.

Lorsque vous destinez des dindes, volailles, etc., pour la conserve, ayez toujours soin d'avoir des bêtes reposées, laissez jeûner tout en leur donnant à boire du lait coupé d'eau ou de la farine délayée, puis saignez en coupant la veine au cou ou sous la langue, laissez couler entièrement le sang et plumez chaud ; plus la bête sera chaude mieux vous pourrez enlever les plumes. Videz-les ensuite en retirant par l'anus tous les boyaux, et sans faire aucune incision au couteau, ce qui est très facile lorsque la bête est chaude.

Parez et troussez afin de lui donner une forme, rentrez le brechet de la poitrine et laissez refroidir à l'air.

Une plumeuse saigne et plume de quarante à soixante pièces à l'heure.

Les volailles, en général, se découpent crues ; à cet effet, commencez par détacher les deux cuisses, ensuite les ailerons avec une partie de la poitrine, puis l'estomac en plusieurs morceaux, suivant la grosseur de la pièce.

La carcasse et le croupion ne s'emploient pas pour la boîte.

Dindes au naturel.

Découpez votre dinde en morceaux comme il est indiqué ci-dessus, faites cuire dans un bouillon bien garni d'aromates et de légumes et peu de sel. Retirez du bouillon d'abord les ailerons et l'estomac ; il faut que tout cela soit à trois quarts de cuisson ; laissez les cuisses un peu plus longtemps. Parez vos morceaux, rangez-les en boîtes, jutez avec le bouillon de la cuisson réduit, afin que la cuisson entière recouvre vos morceaux de dinde.

Le bouillon auquel vous aurez ajouté les os et carcasses, ainsi que les abatis, doit être, une fois réduit à point, très peu salé.

Soudez et laissez à l'autoclave :

2 heures à 102 pour les boîtes de 1 kilo.

1 heures 1/2 à 102 pour les boîtes de 500 grammes.

N. B. — Les viandes blanches ne doivent pas être cuites sous pression ; mais afin que vos boîtes ne remuent pas dans l'autoclave, maintenez-les en place avec une plaque de fonte assez lourde, l'eau doit recouvrir entièrement les boîtes pendant l'ébullition, puis après être bien rafraîchies, avant de procéder au déchargement du diaphane ou panier.

Si votre première cuisson a été bien conduite, le bouillon bien écumé, et cuit à petit feu, vous y laisserez les os et carcasses jusqu'au dernier moment, vous obtiendrez alors un jus clair, limpide, et assez gélatineux pour qu'une fois sorti de l'autoclave, le tout soit en gelée très forte.

Dindes rôties.

Après avoir plumé, vidé et bridé vos dindes, faites les rôtir et prendre couleur, soit à la broche, soit au four ou à la bassine à vapeur ; découpez ensuite suivant le principe en morceaux réguliers, rangez en boîtes ovales autant que possible, aromatisez chaque boîte avec une escalope de feuilles de laurier, une brindille de thym, deux grains de poivre, un clou de girofle. Avec la carcasse, les abatis et le fond de votre marmite ou bassine, faites un bon jus, coloré, réduit en gelée ; jutez ensuite vos boîtes, mais au quart seulement, soudez et à l'autoclave, en suivant les recommandations pour les dindes au naturel.

2 heures à 102 à pour la boîte de 1 kilo.

1 heure 1/2 à 102 pour la boîte de 500 grammes.

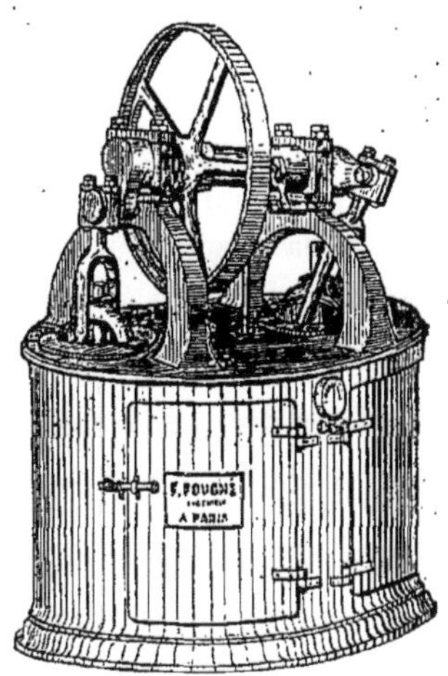

MACHINE A AIR FROID
fonctionnant sans produits chimiques
(Brevetée s. g. d. g.)
Avec armoire-glacière.

Cette machine produit directement de l'air froid à une température qu'on peut faire varier de 0° à 50° au-dessous et qu'il suffit d'envoyer par des conduits isolés dans les locaux à refroidir, dans des armoires-glacières spéciales.
Elle présente les avantages suivants :
Pas de produits chimiques ;
Grande facilité d'installation et de conduite ;
Pas d'entretien ;
Toujours prête à fonctionner.
Ces avantages en font la seule vraiment pratique pour les laiteries, fabriques de chocolat, colles, produits alimentaires, navires, etc.

N. B. — En lieu et place du jus ci-dessus, vous pouvez mettre du beurre clarifié, même quantité que de jus ; refroidissez entièrement avant de sortir le panier de l'autoclave.

Dindes aux nouilles.

Après avoir fait rôtir vos dindes comme il est indiqué ci-dessus, les avoir découpées, rangez-les en boîtes ovales de diverses grandeurs ; vous pouvez faire des choix dans cette conserve.

Le premier choix se compose des filets entiers aileron compris ; faites un lit dans le fond de la boîte avec des nouilles blanchies très fermes, égouttées, beurrées et assaisonnées ; posez sur ce fond une aile entière, entourez et recouvrez avec des nouilles ; arrosez le tout avec le fond de cuisson de votre dinde, soudez chaud.

Le deuxième choix se fait avec les cuisses entières, parées, et terminez comme ci-dessus :

2 heures à 102 pour les boîtes de 1 kil.

1 heure 1/2 à 102 pour les boîtes de 500 grammes.

N. B. — Voyez à l'article *Nouilles* la fabrication de ce produit. Cette conserve se mange chaude ; pour cela, faites chauffer la boîte quarante minutes dans l'eau bouillante, ouvrez et versez sur un plat.

Pour rendre cette opération facile et pratique, toutes les boîtes sont à bandes à ouverture à clef, au besoin vous pouvez y adapter un chauffoir.

Voyez la description de cet ustensile au *Matériel*. (Propriété de la maison Ch. Prevet.)

Dinde à la chipolata.

Même procédé que ci-dessus, après choix, garnissez les vides avec une garniture chipolata. (Voyez cet article.) Saucez la boîte avec une sauce madère, soudez chaud, et suivez l'opération de l'autoclave comme pour les dindes au naturel.

Fricassée de dinde au blanc.

Suivez le procédé comme pour la dinde au naturel. Après avoir retiré vos morceaux et cuit complètement les os et carcasses, passez à la serviette votre bouillon, liez-le avec du roux blanc, comme il est indiqué sauces Velouté et Toulouse. Votre sauce liée et dégraissée, passez-la à l'étamine, rangez vos morceaux en boîtes, garnissez les vides avec des champignons, des morilles, des mousserons, ou bien des petits cèpes ou bolets, soit l'un ou l'autre, saucez, soudez chaud.

2 heures à 100 pour la boîte de 1 kilo.

1 heure 1/2 à 100 pour la boîte de 500 grammes.

Le chiffre 100 indique une ébullition douce, sans coups-de-feu, afin que la sauce ne se décompose pas.

Fricassée de dindes au brun.

Même procédé que ci-dessus, au lieu de sauce Toulouse, saucez avec une sauce brune, mais sans madère.

Soudez à chaud et même ébullition.

Galantines de dindes.

Il y a deux manières de désosser une dinde : l'ancienne qui consiste à fendre la peau de la bête de la tête au croupion, sur le dos, et de désosser en levant les chairs des deux côtés, en ayant soin de ne pas entailler la peau. Cette méthode doit se faire lorsqu'il s'agit de faire avec une seule dinde plusieurs galantines de différentes grosseurs.

L'autre méthode, plus moderne, usitée dans les grandes maisons bourgeoises, consiste à fendre la peau du cou de la tête au ras du bréchet ou fourchette, puis avec la pointe du couteau de détacher les chairs de la carcasse, en descendant, de manière que la carcasse entière sorte par le cou. Cette méthode laisse la bête entière ; il n'y a pas besoin de coutures, la peau formant sac ; vous remplissez l'intérieur par l'ouverture du cou ; vous lui laissez sa forme longue et ronde, et après l'avoir roulée dans une serviette, vous ficelez les deux bouts, afin de la cuire. Lorsque vous ne devez faire qu'une seule galantine avec une dinde, cette dernière méthode est préférable ; si avec une dinde vous devez faire plusieurs galantines, soignez bien la peau ; évitez avec soin de l'ébrécher ou de la couper ; puis après l'avoir étalée, enlevez les chairs rouges, que vous hacherez et broyerez afin de les mélanger à la farce. Levez les filets, répartissez-les en parts égales sur toutes vos parties de peaux qui doivent faire des galantines séparées.

Prenez ensuite la quantité de farce fine à galantine, vous y ajouterez les chairs rouges ainsi qu'une garniture de truffes noires cuites, de langues à l'écarlate cuite, quelques lardons de lard ferme, le tout coupé en carrés de 1 centimètre, ajoutez un verre de madère, marsala ou cognac, mélangez bien le tout, puis, par parties égales, finissez vos galantines, donnez-leur une forme longue du diamètre des boîtes que vous voulez remplir.

Roulez chaque galantine dans un linge formant plusieurs tours, ficelez les deux extrémités et faites-les cuire dans un bouillon fait avec les carcasses, et bien aromatisé, mais peu salé.

Ayez soin de ne mettre dans votre bouillon, ni couennes de lard, ni os de porc ou saumure, car le salpêtre rougirait vos viandes et vous donnerait des galantines qui seraient saumurées ; c'est pour cela que vous devez faire cuire vos langues avant de les mélanger à la farce.

Si la farce est bien faite et qu'elle ne soit composée que de trois parties de maigre et une de gras, vous aurez peu de déchet à la cuisson, si, au contraire, votre farce est grasse, vous aurez un mauvais résultat.

Vous pouvez remplacer les truffes par des pistaches vertes mondées.

Les petites galantines se font depuis 500 grammes à 2 kilos.

Cuisson des galantines.

Marquez un fond de cuisson avec les os de porc frais, les carcasses et abatis de dindes, garnissez sans forcer en sel avec légumes et aromates.

Après quelques heures d'ébullition à petit feu, vos galantines étant emballées et ficelées, rangez-les à côté les unes des autres en ayant soin que le filet soit au-dessus, versez alors par-dessus votre cuisson bouillante, afin de raidir l'épiderme et saisir la viande, de cette manière elle ne perdra pas son suc, remarquez l'heure, laissez frémir sans bouillir, les galantines de 500 grammes resteront une heure, celles de 1 kilo une heure et demie. Retirez du feu, laissez un peu refroidir, avant de les égouter, sitôt que vous pourrez les déballer, faites-le promptement afin de les resserrer de tous les côtés, ficelez à nouveau, et mettez sous presse.

A ce moment, afin d'éviter des manutentions au lieu de réemballer vos galantines dans leur linge de cuisson, prenez de la mousseline blanche, roulez et ficelez de la grosseur précise pour remplir vos boîtes, il ne faut pas que la galantine soit plus haute ni plus large que le diamètre à remplir, si vous avez pesé vos chairs à la fabrication et bien combiné vos mesures, vous devez arriver à un bon résultat comme longueur, hauteur et largeur.

Après dix à douze heures de presse, vous pouvez emboîter en remplissant le vide autour de la galantine avec du saindoux clarifié, et contenant quantité égale de graisse de rognon de veau, hachée bien fine, lavée et clarifiée avec le saindoux au bain-marie.

Sur chaque galantine mettez une feuille de laurier, thym, girofle et macis.

Soudez et ébullitionnez à l'autoclave sans pression :

1 heure 35 minutes pour les 500 grammes.

1 heure 55 minutes pour les boîtes de 1 kilo.

Refroidissez bien les boîtes à l'eau fraîche avant de les remuer.

N. B. — Le deuxième procédé comme emballage des galantines consiste à prendre, lorsqu'elles sont refroidies, et qu'elles sortent de la presse, des boyaux de la grosseur voulue, après les avoir ramollis à l'eau tiède et bien essuyés, vous fourrez les galantines, vous ficelez les deux extrémités, vous emboîtez et vous terminez comme il est indiqué ci-dessus.

Cette méthode a plusieurs avantages, d'abord elle supprime la mousseline, qui empêche le découpage dans la boîte et oblige à sortir la galantine pour la découper.

Ensuite au lieu de saindoux vous pouvez le remplacer par la gelée clarifiée et faite avec le fond de cuisson après y avoir ajouté la quantité de gélatine nécessaire.

Enfin l'emploi du boyau permet de le colorer soit en rouge, soit en jaune.

Les fausses galantines se font en remplaçant les chairs des filets des dindes par des escalopes de veau bien blanc, la peau se fait avec des crépines de porc; et la manutention est la même sous tous les rapports.

La mise sous presse des galantines consiste à ranger vos galantines encore chaudes les unes près des autres, de mettre une planche par-dessus avec un poids assez lourd pour compresser l'intérieur.

La dinde entière désossée à la russe, qui est le nom donné à la dernière méthode de désossage est peu usitée dans la conserve industrielle, car une dinde en galantine pèse de 5 à 6 kilos, et ne peut être faite que dans des calibres spéciaux et ronds, la boîte ovale ne serait pas pratique. Aussi quelques fabricants opèrent d'une autre manière.

Après avoir roulé la galantine d'une forme longue et d'un diamètre pouvant entrer dans les demi-litres bas, que la cuisson et le refroidissement a eu lieu dans la forme indiquée plus haut, taillez alors votre galantine froide d'une taille régulière, et mettez chaque morceau en boîte, sans mousseline, ni boyaux, ni graisse, ni gelée, la chair doit remplir complètement la boîte, soudez et ébullitionnez à feu régulier pendant le temps indiqué, puis rafraîchissez longuement et évitez de remuer les boîtes chaudes.

Dindonneaux rôtis et piqués.

Prenez de jeunes dindonneaux, blancs et tendres, après les avoir vidés et bridés, arrondissez la-poitrine, raidissez les chairs pendant une minute à l'eau bouillante et salée, puis piquez les filets avec du lard frais salé, mais sans salpêtre ; faites rôtir ensuite à la broche à feu vif afin de colorer vivement, salez et mettez chaud en boîte, arrosez avec un peu de beurre clarifié, soudez et laissez trois heures à l'ébullition pour un dindonneau.

Cette conserve de dindonneaux spéciale aux grands comestibles, peut se servir de plusieurs manières — et être accompagnée des garnitures suivantes — nouilles, risotto, financière ou toulouse.

Petits poulets à la portugaise.

Cette conserve ne peut ou plutôt ne doit se faire qu'avec des poulets nouveaux.

Après avoir plumé et vidé vos poulets, coupez-les en deux, faites raidir à feu vif chaque moitié en la retournant afin de la colorer pendant douze minutes, puis égouttez.

Dans le beurre (ou l'huile) où ils ont cuits, mettez pour chaque poulet :

2 cuillerées à bouche d'oignons et d'échalotes hachés.

2   —   de jambon maigre cru coupé en morceaux de 1 centimètre.

2 gousses d'ail entières.

4 petites saucisses chorizos (voyez cet article).

Remuez le tout dans le beurre pendant quatre minutes afin de cuire à moitié l'oignon, retirez les gousses d'ail, versez un verre de bouillon par poulet, laissez cuire en ajoutant une cueillerée à café de poudre de poivron rouge et un brin de feuille de laurier, salez et assaisonnez.

Parez vos moitiés de poulets, enlevez les os saillants du dos et des pattes, rangez en boîte de une ou de deux moitiés après avoir nettoyé l'intérieur et enlevé les poumons, ajoutez les chorizos, saucez avec la sauce, soudez chaud et mettez à l'autoclave.

1 heure à 102-104 pour les boîtes de 1/2 poulet.

1 h. 45 à 100   pour les boîtes de 1   —

Cette conserve se sert avec une garniture de riz au safran.

Poulets rôtis.

Préparez et faites rôtir vos poulets comme il est indiqué pour les dindonneaux. Même temps d'ébullition à l'autoclave en tenant compte de la grosseur. Vous pouvez emboîter entier ou découpé.

Poulets sautés Marengo.

Dépecez vos poulets suivant leur grosseur en cinq, sept ou neuf morceaux.

Faites-les ensuite sauter à la poêle, dans un peu de saindoux, afin de les raidir et colorer, mais sans les cuire, retirez-les du feu, et dans la poêle, remplacez le saindoux par du beurre, auquel vous ajouterez par poulet une cueillerée à bouche d'oignons, d'échalotes, ail et persil haché, bien entendu que l'ail est facultatif, mouillez le tout avec une purée de tomates fraîches, ajoutez quelques carrés de maigre de jambon.

Rangez vos morceaux de poulets en boîtes. Voyez si votre sauce est à point comme sel et assaisonnement, elle ne doit pas être trop épaisse ni trop claire, versez-la chaude sur vos poulets, soudez et mettez à l'autoclave :

1 h. 35 minutes pour les boîtes de 500 grammes.
1 h. 55   —   pour les boîtes de 1 kilo.

Pour servir, faites réchauffer la boîte pendant trente minutes à l'eau bouillante, et servez en même temps une garniture d'œufs frits à l'huile.

Poulets sautés au paprika, *conserve viennoise.*

Pour arriver au résultat parfait, prenez des poulets vivants et opérez ainsi :

Saignez le poulet, et à peine mort trempez-le dans une bassine d'eau bouillante en le tenant par les pattes, vous pouvez le plumer d'un seul coup ; en passant la main par-dessus les plumes tombent ; flambez, videz et découpez vivement en roulant chaque morceau dans la farine, faites frire ensuite à grande friture, mais pas trop chaude, tous vos morceaux en commençant par les cuisses, l'estomac, et finir par les ailerons, retirez et laissez égoutter.

Préparez ensuite 100 grammes de jambon cru coupé en petits cubes, un petit oignon haché, faites cuire tout cela pendant dix minutes dans un verre de bouillon bien corsé, ajoutez sel, poivre, et au dernier moment, une cueillère à bouche de crème double, une demi-cueillère de paprika, une noix de beurre frais, et un jus de citron, versez sur votre poulet que vous aurez emboîté, après l'avoir paré.

Soudez et laissez à l'autoclave :

1 h. 15 minutes pour les boîtes de 500 grammes.
1 h. 35   —   pour les boîtes de 1 kilo.

Cette conserve, pour conserver son cachet, ne doit se faire qu'avec des poulets vivants et traités vivement, car la viande ne doit pas refroidir avant d'être cuite dans la friture. C'est là seulement qu'est le résultat.

Poulets sautés aux champignons.

Afin d'éviter que l'ébullition de l'autoclave n'abîme et ne détériore les viandes jeunes et tendres des poulets, opérez ainsi :

Après avoir découpé et paré vos poulets, roulez-les dans la farine et rangez-les sur les grilles à friture, toutes les cuisses ensemble, puis les ailerons et les poitrines séparés, afin d'arriver à une cuisson régulière. Faites chauffer une bassine ou une poêle de saindoux, plongez votre grille de cuisses d'abord, sitôt qu'elles sont d'une

GRILLES A ÉGOUTTER A PIEDS

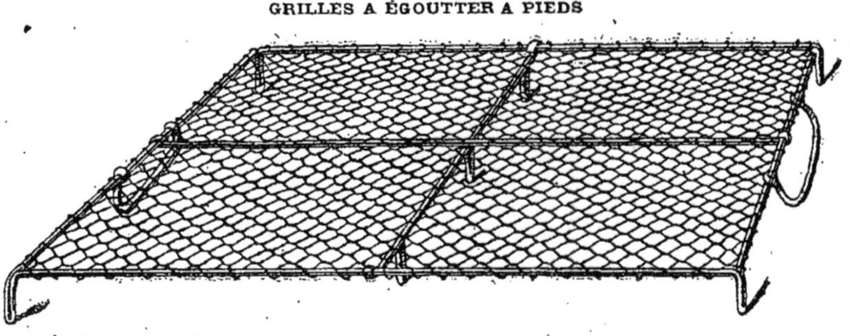

Servant pour les fruits, les viandes, etc. Les dimensions de ces grilles sont les mêmes que les plaques à rôtir.

belle couleur, retirez ; continuez par les ailerons, puis rangez soigneusement dans les boîtes, saucez avec une sauce au madère, garnissez de champignons frais et blanchis.

Soudez chauds et laissez à l'autoclave :

1 heure 35 minutes pour les boîtes de 1 kilo.

1 heure 15 minutes pour les boîtes de 500 grammes.

2 heures pour la boîte de 1 kilo 250 grammes.

Poulets sautés aux fines herbes.

Préparez vos poulets comme il est indiqué ci-dessus, mais faites-les colorer dans une friture d'huile d'olive, laissez bien égoutter avant d'emboîter, et ajoutez à chaque boîte un petit ragoût composé de :

Cèpes, ail, échalotes, persil, sel et poivre. Soudez et laissez à l'autoclave :

1 heure 35 minutes pour les boîtes de 1 kilo.

1 heure 15 minutes pour les boîtes de 500 grammes.

N. B. — Pour employer cette conserve, plongez chaque morceau de poulet dans une pâte à beignets. Faites frire d'une belle couleur et ajoutez au ragoût un peu de sauce tomate, faites chauffer et servez le tout ensemble, mais séparément.

Galantines de petits poulets.

Choisissez des petits poulets à peau blanche, inutile qu'ils soient gras, désossez-les à la russe comme il est indiqué pour la galantine de dinde, enlevez les os des cuisses, mais laissez à la peau du pilon la patte échaudée et parée.

Pesez pour chaque poulet 400 grammes de farce à galantine, ajoutez à la farce un verre de madère, des carrés de langue à l'écarlate cuite, quelques petites truffes ou des pistaches, introduisez la farce dans le poulet par la poche du cou, rabattez la peau sur l'ouverture, roulez dans une mousseline, ficelez les deux extrémités, les deux pattes repliées sur la poitrine.

Avec les carcasses, préparez un bon fond de cuisson, versez-le sur vos petites galantines et laissez frémir pendant une heure; lorsqu'elles seront tièdes, emballez à nouveau en suivant les indications comme pour les galantines de dindes.

Si vous les emballez avec de la mousseline, mettez de la graisse clarifiée dans la boîte ou de la gelée bien collée si vous vous servez d'un boyau.

2 heures d'ébullition pour les boîtes de   750 grammes.

2 h. 1/2   —   pour les boîtes de 1.200 grammes.

Rafraîchissez entièrement avant de sortir du panier.

Poulets ou poulardes truffés.

Choisissez pour cela de beaux poulets ou poulardes blanches, grasses et bien en chair, laissez toute la peau du cou, videz la volaille par la poche, afin de ne faire qu'une ouverture, et sur la poitrine entre la peau et les filets, rangez quelques belles lames de truffes.

Prenez ensuite les truffes crues et pelées que vous passerez ou cuirez à feu doux dans un peu de saindoux frais, bien assaisonné et aromatisé avec des quatre-épices à foies gras. Laissez refroidir avant d'introduire dans l'intérieur de la volaille.

Avant de rôtir, laissez pendant quelques jours au frais afin que les truffes parfument les chairs.

Pour les rôtir, emballez dans du papier graissé et mettez au four; à trois quarts cuisson, retirez, mettez en boîtes, coulez par-dessus la graisse de la cuisson bien propre, soudez chaud et laissez à l'autoclave :

1 h. 20 minutes pour 1 poulet.

1 h. 40   —   pour 1 poularde.

et laissez rafraîchir avant de retirer.

Poulardes braisées.

Videz et parez comme pour entrées. Donnez à votre poularde une forme ronde.

Faites cuire dans du bouillon blanc pendant vingt minutes. Retirez, couvrez la poitrine avec une large barde de lard frais que vous ficellerez. Mettez en boîte, recouvrez avec 150 grammes de saindoux, ajoutez 1 feuille de laurier, 1 brindille de thym, faites souder et laissez deux heures et demie pour une poularde à ébullition libre.

Pour servir cette conserve froide, entourez-la de gelée, et chaude avec une garniture financière ou chipolata.

Poulets nouveaux pour garniture de vol-au-vent.

Découpez en 5, 7 ou 9 morceaux les poulets de deuxième choix, faites-les raidir 10 minutes dans un peu de bouillon, que vous lierez ensuite au roux blanc, laissez cuire et dépouiller cette sauce pendant une heure, écumez ensuite, liez-la avec un peu de bonne crème fraîche (voyez *Sauce suprême*).

Rangez vos morceaux de poulets en boîtes, ajoutez quelques quenelles de godiveau, champignons, crêtes et rognons de poulets, saucez avec la sauce bien finie, soudez et laissez

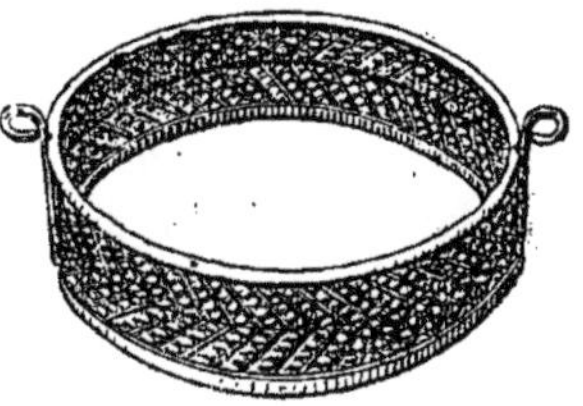

Pour la fabrication des pâtés, en croûtes et en boîtes, de viandes, volailles, gibiers, etc.

1 h. 20 m. pour les 500 grammes.

1 h. 40 m. pour le kilo.

Pâtés de dindes et volailles, *en croûtes et en terrines*.

Même manipulation que pour les oies et canards.

Pâtés de canards d'Amiens.

Voyez *Pâté de canard à la normande*.

Canards à la bordelaise.

Videz et découpez vos canards, faites-les mijoter dans un peu de beurre pendant quelques minutes.

Prenez ensuite un hachis de fines herbes, composé de parures de cèpes, oignons, échalotes et persil. Mélangez-le avec de la chair à saucisses maigre, puis avec de la crépine, formez-en des boules ou croquettes que vous ferez frire de belle couleur.

Rangez en boîtes vos morceaux de canards, ainsi que les crépinettes, ajoutez quelques beaux cèpes cuits à l'huile et bien fermes.

Arrosez le tout avec le beurre dans lequel vous avez cuit vos canards et que vous mélangerez avec quelques filets d'anchois.

Soudez chaud et laissez à l'autoclave :

1 h. 20 m. pour les 500 grammes.

1 h. 40 m. pour le kilo.

Cette conserve se mange chaude et doit être réchauffée 30 minutes à l'eau bouillante avant d'ouvrir la boîte.

Canards aux olives.

Videz et découpez vos canards de deuxième choix, faites la même opération que pour le canard bordelaise ; en place des cèpes, mettez des olives dénoyautées, saucez avec une sauce brune faite avec les carcasses et les abatis, soudez chaud et même ébullition que ci-dessus.

Canards aux petits pois.

Videz et découpez vos canards comme ci-dessus, faites-les cuire doucement dans un peu de saindoux. Pendant ce temps, faites passer sur le feu dans un peu de beurre 100 grammes par canard de petit salé coupés en carrés de 1 centimètre ; sitôt colorés mouillez-les avec un verre de vin blanc coupé d'eau, un petit oignon blanc, poivre, sel et muscade, ajoutez un demi-litre de petits pois moyens que vous venez de faire écosser, laissez cuire, lard, pois pendant 12 minutes ; ajoutez gros comme une noix de beurre manié ; remuez afin de lier le tout ; versez sur vos canards, soudez chaud et laissez à l'autoclave sans pression.

1 h. 20 pour 1 kilo.

1 heure pour 500 grammes.

Canards sauvages en salmis.

Toutes les conserves indiquées plus haut peuvent se faire avec des canards sauvages, seulement n'employez pas le foie ni la carcasse, qui donneraient à vos préparations une saveur trop prononcée.

Pour les canards sauvages opérez ainsi. Après avoir plumé, vidé et bridé vos canards en leur laissant le foie dans l'intérieur auquel vous aurez retiré le fiel, faites-les rôtir tout entiers dans un peu de beurre, saindoux ou graisse de volaille ; à demi-cuisson, retirez du feu, laissez refroidir, découpez ensuite en morceaux réguliers et bien parés, que vous rangerez à mesure dans les boîtes.

Tous les débris, os, cous, foies, carcasses, vous les pilez finement dans un mortier ou à la broyeuse ; mélangez-les avec la quantité nécessaire de sauce brune pour juter toutes vos boîtes. Laissez cuire cette sauce pendant vingt minutes, sans la faire réduire ; passez-la ensuite au tamis fin ou à l'étamine afin d'en extraire tous les sucs, remettez-la au feu, goûtez afin de vous assurer si elle est assez assaisonnée ; au premier bouillon, retirez-la du feu en la liant avec du sang de porc frais.

Saucez ensuite vos boîtes, soudez à chaud et laissez à l'autoclave à air libre :

1 h. 40 pour les 1/2 boîtes.

2 heures pour les 4/4 —

Canards aux navets.

Après avoir fait subir à vos canards la même opération que ci-dessus et les avoir rangés en boîtes, choisissez des navets nouveaux, tournez-les comme de petites carottes, faites-les blanchir, puis colorez au beurre avec un peu de sucre, garnissez les vides des boîtes, saucez avec une sauce salmis ou brune. Soudez et donnez à l'auto-clave dans les mêmes conditions.

Canards à la choucroute.

Généralement, ce sont de vieux canards gras qui servent à cette préparation; videz-les entièrement et entiers, faites-les cuire à moitié dans la choucroute; retirez-les ensuite et laissez cuire la choucroute complètement, garnissez ensuite vos boîtes avec les morceaux de canards; découpez de petites saucisses de Francfort et remplissez les vides avec la choucroute égouttée; ajoutez dans chaque boîte 2 grains de genièvre; soudez à chaud et laissez à l'autoclave comme pour les canards en salmis.

Avant de servir, faites réchauffer 15 à 20 minutes à l'eau bouillante.

Galantines de canards.

Choisir de bons canards bien en chair plutôt qu'en graisse, désossez à la russe.

Passez les foies au beurre après les avoir poudrés avec du sel épicé; pilez ce gratin, passez-le au tamis et mélangez ensuite avec la quantité de farce à galantine bien épicée, et liez avec la quantité de sang frais de porc nécessaire pour rougir la farce, faites cuire et finissez comme il est indiqué aux galantines de dindes.

Après refroidissement sous presse, enveloppez la galantine d'une baudruche ou d'un boyau de bœuf, mettez en boîtes, recouvrez de saindoux ou de gelée, soudez et laissez deux heures et demie pour une galantine entière; avant de retirer de l'auto-clave, rafraîchissez longuement.

Galantine de canards fumée.

Prenez de vieux canards bien en chair, désossez-les à l'ancienne et faites mariner pendant deux jours dans la saumure anglaise.

Préparez un hachis de chair à saucissons, mêlez au dernier moment un tiers de couennes de lard blanchies, salées, mais non fumées; mettez quelques pistaches, une langue de porc à l'écarlate coupée en gros dés. Mélangez le tout, fourrez votre canard en lui donnant une forme très allongée; suspendez pendant huit jours à l'air, faites fumer lentement; pour la cuire, vous l'envelopperez dans un linge et vous laisserez cuire 2 heures sans bouillir.

Puis terminez comme pour une galantine de dindes.

La galantine de canards ainsi traitée a beaucoup de ressemblance avec les *zamponi de Modène*.

Confit de canard à la toulousaine.

C'est principalement avec les beaux canards de Toulouse que le confit doit se faire.

Mais malgré cela, tous les autres peuvent servir. Coupez les canards en deux parties dans le sens de la longueur, c'est-à-dire que chaque moitié ait un filet et une cuisse; enlevez le plus possible d'os de la carcasse, et laissez ensuite vos canards six heures dans la saumure anglaise, après les avoir bien assaisonnés de salure (voyez cet article).

Retirez et suspendez à l'air pour les sécher, mettez ensuite sur le feu une certaine quantité de saindoux frais, ou de graisse de volailles ou d'oies en suffisante quantité pour baigner vos chairs; puis laissez cuire à petit feu, en mijotant; ce ne doit pas être une friture, mais une cuisson ; tâtez de temps en temps avec une aiguille; lorsque vous verrez que la chaleur a bien pénétré les chairs des cuisses, retirez, mettez en boîtes, remplissez les vides avec la graisse de la cuisson; ajoutez dans chaque boîte une feuille de laurier, 3 grains de poivre, 1 clou de girofle, soudez à chaud et donnez à l'autoclave :

2 heures à 102 pour les boîtes de 1 kilo.

N. B. — Toutes les variétés de canards sauvages ou domestiques peuvent se conserver en faisant attention aux différentes sortes de cuisson.

Oies.

Vider et brider vos oies, les faire rôtir à la broche, découpez-les une fois refroidies ; rangez les morceaux dans des boîtes, arrosez le tout avec un peu de graisse d'oie clarifiée, aromatisez avec une feuille de laurier et une feuille d'estragon. Soudez et laissez à l'autoclave :

1 heure 1/2 pour les boîtes de 1 kilo.

Oie sauvage à la choucroute.

Après avoir plumé, puis échaudé l'oie sauvage, videz-la entièrement, puis lavez à l'eau courante, garnissez l'intérieur de laurier, sauge et thym ; laissez mortifier pendant quelques jours, puis faites-la cuire à petit feu, comme un confit de canard. Lorsqu'elle est cuite, laissez-la égoutter, découpez en morceaux ; rangez symétriquement dans des boîtes, garnissez les vides avec de la choucroute, et des petites saucisses de Francfort ou de Strasbourg.

Tassez bien les boîtes, ne mettez pas de jus, soudez et laissez à l'autoclave à 100 0/0, deux heures pour une boîte de 1 kilo.

Oie confite à la paysanne.

Prenez de belles oies grasses et bien en chair, découpez-les crues et enlevez l'os du gras des cuisses et l'os de la poitrine, puis, laissez pendant six heures tous ces morceaux dans la saumure anglaise, retirez de la saumure, lavez à l'eau froide, et laissez sécher.

Prenez ensuite de la panne ou du lard frais tendre, pilez ou hâchez à la machine. Mettez tout, chairs et graisses, dans une braisière, garnissez de feuilles de laurier, bouquet garni et quelques gros oignons piqués de clous de girofle ; puis, à petit feu, laissez mijoter, retirez d'abord les poitrines, puis les cuisses, rangez à mesure dans des boîtes, ou des vases de grès; laissez reposer la graisse, tirez-la à clair après l'avoir passée dans un linge fin; remplissez vos boîtes en couvrant entièrement de graisse, ajoutez une feuille de laurier et une feuille de sauge.

Soudez, si vous mettez dans les boîtes, et laissez à l'autoclave :

2 heures pour les boîtes de 1 kilo.

Si vous conservez en vase de grès, recouvrez d'une vessie, et mettez au frais ; ayez soin, lorsque vous retirez les chairs à mesure de vos besoins, de ne pas laisser à découvert les morceaux restants, faites refondre la graisse.

Oies à la gelée.

Dépecez vos oies à cru ; rangez tous les morceaux dans une braisière, les carcasses, les cous, les abatis au fond, les cuisses et les filets par-dessus ; ajoutez quelques pieds de porc frais ou de veau et des couennes fraîches ; garnissez de légumes et d'aromates. Mouillez le tout avec de la gelée non clarifiée et du vin blanc; mettez sur le feu, laissez écumer et cuisez à petit feu.

Retirez les morceaux au tiers de leur cuisson, laissez les pieds et les carcasses cuire entièrement, retirez du feu, passez la cuisson à la serviette, clarifiez à l'œuf entier après avoir bien dégraissé. Le mieux est de laisser refroidir la gelée, pour mieux la dégraisser; elle se clarifiera plus facilement. Elle doit être savoureuse et fortement collée.

Avant de mettre vos morceaux d'oies en boîtes, parez-les, couvrez entièrement avec de la gelée clarifiée, soudez et laissez à l'autoclave :

1 heure 1/2 pour les 500 grammes.
1 — 3/4 pour 1 kilo.
2 — pour les 2 —

Laissez refroidir vos boîtes dans l'autoclave à l'eau courante, la rosace en dessous, sans les remuer.

Poitrines d'oies fumées et farcies.

Enlevez seulement les poitrines de vos oies, désossez entièrement en enlevant les os des ailerons, ainsi que le brechet, roulez-les dans la salure et laissez douze heures dans la saumure anglaise.

Retirez, ficelez en leur donnant une forme ronde, cousez les deux peaux, laissez sécher à l'étuve, puis fumez à fumée d'aromates, huilez au sortir du fumoir. Si vous désirez les conserver en boîtes, enveloppez chaque poitrine dans un boyau de bœuf, que vous ferez raidir quelques minutes à l'eau bouillante ; remettez sécher au fumoir pendant quelques jours ; mettez en boîtes à sec, soudez et laissez huit minutes à l'autoclave, et rafraîchissez vivement.

En baril, elles se conservent très bien dans de l'huile pendant une année.

Oies aux choux rouges.

Cette méthode est très usitée dans le Nord. Faites cuire vos quartiers d'oies comme pour l'oie confite.

Prenez des choux rouges, taillez-les en choucroute, saupoudrez de sel fin, afin qu'ils rendent leur eau de végétation. Faites-les cuire avec un peu de graisse d'oie, Ajoutez le quart de leur volume de pommes hachées, une poignée de raisins de Smyrne par oie ; laissez cuire les choux entièrement, mais fermes, retirez du feu, mélangez une poignée de pain grillé et pilé par oie ; remuez sans briser les choux, foncez vos boîtes, garnissez avec des morceaux d'oies et de petites saucisses chipolata. Recouvrez avec les choux, soudez et laissez à l'autoclave :

2 heures pour les boîtes de 500 grammes.
2 h. 20 pour les boîtes de 1 kilo.

Saucissons de poitrines d'oies fumées ou non.

Il faut pour cela la peau entière de l'oie, ainsi que les filets ; employez la chair des cuisses, énervée, pilée et mélangée avec partie égale de gorge de porc ; ajoutez quelques dés de jambon cru gras et maigre ; pilez votre farce et assaisonnez-la avec 40 grammes de sel épicé par kilo et 1/2 gramme de salpêtre par kilo.

Une peau entière d'oie doit faire deux saucissons ; fendez le filet de la poitrine afin de le dédoubler, remplissez de farce, rassemblez les deux peaux, cousez et enfilez le tout dans un boyau gras, bien droit, suspendez les saucissons pendant huit jours au séchoir ; fumez ensuite à fumée froide au sortir du fumoir, passez les boyaux au rouge vif (voyez *Rose nouveau*), laissez sécher et huilez ensuite.

La cuisson de ce saucisson est d'une heure à petit feu ; laissez refroidir vingt-quatre heures avant de découper.

En boîte le saucisson se conserve cru ou cuit.

Cru, huit minutes à l'autoclave suffisent.

Cuit, une heure par saucisson entouré de son boyau et sans être crevé ; ne mettez ni saindoux, ni gelée.

Hochepot d'oies à la strasbourgeoise.

Prenez les cuisses des oies que vous venez d'employer pour les saucissons, ou les poitrines ou bien des oies entières, dont l'âge vous garantit la dureté.

Découpez en morceaux réguliers, faites colorer dans un peu de graisse d'oie ; sitôt coloré, saupoudrez avec quelques cuillerées de farine (fleur de gruau), mouillez à couvert avec vin blanc et bouillon, salez et aromatisez ; laissez cuire à moitié, retirez alors vos viandes, et dans la sauce finissez d'y cuire de petits navets nouveaux blanchis, ainsi que de petites carottes tournées ; faites colorer à la poêle, avec une pincée de sucre et de la graisse d'oie, de petits oignons blancs et bien épluchés.

Faites ensuite blanchir 300 grammes de lard de poitrine salé et coupé en gros dés, par oie. Retirez vos légumes de la sauce, garnissez vos boîtes avec les morceaux d'oies, les légumes, navets, carottes, oignons, marrons grillés, petit salé et saucisses chipolata.

Dégraissez votre sauce, passez-la à l'étamine, saucez vos boîtes, soudez et laissez à l'autoclave :

2 heures à 100 0/0 pour les boîtes de 1 kilo.

N. B. — Pour servir ce ragoût d'oies, faites réchauffer la boîte trente-cinq minutes à l'eau bouillante, chauffez pareillement une demi-boîte de pommes de terre nouvelles ; au dernier moment ouvrez les boîtes et mélangez le tout ensemble, après avoir égoutté l'eau des pommes de terre.

Galantines d'oies.

Prenez pour cela une oie jeune à la peau blanche et grasse, désossez-la entièrement à l'ancienne, en lui conservant la peau du cou bien entière ; piquez les filets avec des lardons de lard, prenez la quantité nécessaire de farce à galantine, ajoutez les chairs des cuisses pilées ou hachées très fin, un verre de cognac, quelques morceaux de foies gras de deuxième choix, assaisonnez de sel épicé à foies gras, 20 grammes par livre, truffez si c'est nécessaire, puis garnissez vos peaux, roulez, recousez, donnez une forme longue et bien ronde, enveloppez dans un linge, ficelez fortement, laissez deux heures en cuisson à petit feu, retirez, déballez, resserrez les linges et mettez sous presse pendant vingt-quatre heures. La galantine d'oies entière froide doit peser 3 kilos.

Emboîtez dans une boîte ronde, calibre de 4 kilos, recouvrez de saindoux clarifié, garnissez avec une feuille de laurier, thym et clou de girofle, soudez et laissez trois heures à l'ébullition à 104 0/0.

Autant que possible, emboîtez toujours soit dans une mousseline, soit dans un boyau, afin d'y mettre le moins de saindoux possible, mais en ayant soin de bien remplir la boîte afin d'éviter le ballottement.

Pour de petites galantines, agissez comme pour les galantines de dindes, en ayant soin de mettre une barde de lard frais dessus et dessous, afin d'éviter aux chairs coupées le contact du fer-blanc.

Patés d'oies en croûtes.

Mettez de côté toutes les chairs des cuisses et des carcasses des oies dont vous avez employé les poitrines.

Coupez ces chairs en carrés de 1 à 2 centimètres, mettez-les dans une terrine vernie pendant quelques jours avec un peu de vin blanc et des aromates ; ajoutez à ces chairs la même quantité de lard et de chair maigre de porc coupés de la même grosseur, et laissez mariner le tout ensemble.

Préparez ensuite une farce à galantine fine de veau ou de porc assaisonnée avec 40 grammes par kilo de sel épicé.

Pesez vos viandes coupées, ajoutez le même poids de farce, mélangez le tout ensemble avec la main, et laissez reposer ; pendant ce repos préparez la pâte à pâtés de la manière suivante.

Pâte à pâtés.

Mettez sur la table propre et sèche :

    1 kilo de farine ;
    300 grammes de graisse d'oie fondue ou fraiche pilée et passée au tamis ;
    2 œufs entiers ;
    1 pincée de sel ;
    1/4 litre d'eau.

Amalgamez le tout ensemble, en le passant sous la paume de la main, afin de lui donner du corps, puis foncez vos moules à pâtés.

Il faut que les moules aient le même diamètre que les boîtes, qu'ils soient pincé et à charnières, façon de Strasbourg ; en passant je ferai remarquer que les formes basses et évasées ne sont plus employées : la forme des moules à pâtés est cylindrique et haute.

Après avoir essuyé et graissé les moules, foncez-les avec la pâte préparée, de l'épaisseur de 1 centimètre ; garnissez l'intérieur avec la masse finie, mouillez les bords de la pâte avec de l'eau froide, soudez le couvercle, pincez les bords après les avoir parés, décorez le dessus, faites une cheminée en la doublant de papier fort, mettez au four chaud et laissez une heure par kilo ; en retirant du four, laissez entièrement refroidir, enlevez la forme ; votre pâté doit être d'un beau brun clair et doré d'une belle couleur.

En sortant du four, introduisez par la cheminée un demi-verre de réduction de madère et de bouillon réduit à glace.

Ne mettez vos pâtés en boîtes que lorsqu'ils sont froids, environ vingt-quatre heures après leur sortie du four.

Soudez et passez à l'autoclave en ayant soin d'y placer les boîtes la cheminée au-dessus, afin d'éviter que pendant l'ébullition la graisse et le jus sortent du pâté.

Laissez à l'ébullition libre deux heures par kilo, rafraîchissez avant de remuer les boîtes, qui toutes doivent être à bandes.

Terrines d'oies.

Prenez des terrines, essuyez-les, foncez-les avec des bardes de lard, remplissez ensuite la terrine avec la farce décrite ci-dessus, lissez le dessus avec une lame de couteau et posez une barde ciselée, ajoutez une feuille de laurier et une demi-feuille d'oranger séchée, couvrez chaque terrine de son couvercle, poussez au four dans des plaques à bain-marie.

Laissez depuis une heure jusqu'à trois heures au four, suivant la grandeur des terrines ; vous vous apercevrez de la cuisson lorsque les bardes seront fondues, et que la graisse de la terrine sera devenue limpide et claire.

Retirez alors du four, laissez refroidir, après avoir égoutté le jus de chaque terrine ; tirez à clair et remettez la graisse, sans jus, sur vos terrines.

Lorsqu'elles seront froides, terminez en finissant de recouvrir la farce avec du saindoux clarifié, afin de mettre les chairs cuites à l'abri de l'air.

Les terrines bien cuites et bien soignées peuvent se conserver quatre mois pendant la saison froide.

Pour la saison chaude, opérez de la manière suivante :

En lieu et place des terrines spéciales, prenez des capsules en terre du diamètre des boîtes à remplir, et suivez l'opération comme ci-dessus ; lorsque la capsule est froide, mettez-la dans sa boîte, soudez et laissez à l'autoclave :

> 2 heures à 100 pour le kilo.
> 1 heure 20 m. pour les 500 grammes.

Ayez soin de ne pas remuer les boîtes pendant l'ébullition, et de les laisser complètement refroidir avant de les manipuler.

Si vous n'avez pas de capsules ou doublures, mettez directement en boîtes, laissez cuire au four, en ayant soin que le fond de la boîte baigne toujours dans un peu d'eau, afin d'éviter qu'elle se dessoude.

Laissez refroidir ; après avoir enlevé le jus et remis la graisse, recouvrez de saindoux, soudez et laissez à l'autoclave :

> 2 heures pour les boîtes de 1 kilo.
> 1 h. 30   —   500 grammes.

Pâté de canards d'Amiens.

Les Rouennais ont la spécialité pour engraisser les canards à l'épinette, mais cette spécialité est aussi réclamée par les Nantais ; il ne reste donc à Amiens que ses excellents pâtés de canards.

Il faut absolument que les canards soient de première jeunesse ; à peine les étaus formés, saignez, plumez-les en les échaudant, afin qu'ils ne refroidissent pas. Videz-les promptement, et troussez-les en leur ramassant les cuisses et les ailes, rentrez le croupion dans l'intérieur.

Avec le foie, le poumon, le cœur, faites un petit hachis avec un oignon nouveau, échalote, persil, sel, poivre et quatre épices, hachez le tout bien finement, ajoutez une poignée de mie de pain, mélangez bien le tout, puis introduisez-le dans l'intérieur du caneton.

Ceci fait, faites une abaisse de pâte à pâté, étendez-la, posez une barde de lard frais au milieu, mettez le caneton par-dessus, recouvrez d'une autre barde, assaisonnez de sel épicé, ramenez les bords de l'abaisse afin de recouvrir le canard, soudez avec un peu d'eau, décorez le dessus, ne laissez qu'un petit trou comme cheminée, dorez et poussez au four, et laissez cuire pendant une heure pour un canard, une heure et demie pour deux.

Pour éviter que la pâte en chauffant s'affaisse et glisse, vous pouvez mouler les côtés de la pâte dans des éclisses de bois ou un cadre dont les rebords n'auront au plus que 3 centimètres de hauteur.

Si le four est trop chaud, recouvrez le pâté d'une feuille de papier huilé.

Ce pâté se mange chaud ou froid.

Élans, daims, cerfs, chevreuils.

Les derniers élans que j'ai vus à l'état sauvage c'était dans les montagnes du Caucase, lors des chasses de S. A. I. le grand-duc Michel de Russie ; quelquefois, lors des grandes chasses, une ou deux de ces belles bêtes tombaient sous les balles des carabines.

Leur chair est noire, appétissante, moins repoussante comme saveur que celle du sanglier ; préparée toute fraîche à la cosaque, c'est-à-dire en schisslick, et la faim aidant, cela passait très bien.

La selle, les filets et faux-filets sont, bien apprêtés, délicieux à manger.

Les cuisses marinées, piquées, comme des fricandeaux de veau, sont excellentes.

Quant aux chairs des quartiers de devant, ce n'est guère qu'en schisslick, pâtés, saucissons mélangés avec poids égal de porc frais, que vous pourrez les employer. Les **daims et cerfs** s'emploient de même. Le **chevreuil** s'emploie tout entier et se prépare en ragoût, civet, pâtés, terrines, etc.

Comme je ne fais pas, après mes illustres confrères, un livre de cuisine, mais un traité de conserves, je n'ai donc à rechercher que ce qui peut être utile au conservateur et à l'industriel ; c'est au cuisinier à profiter de mes indications, et je suis persuadé qu'il le fera.

Car la conserve est l'âme de la cuisine, et tout cuisinier aimant son métier a toujours eu et aura toujours la marotte de la conserve, et avec un petit outillage, un petit autoclave construit spécialement pour les cuisines d'hôtels, restaurants et maisons bourgeoises, c'est maintenant partout, sous toutes les latitudes, dans tous les pays, le travail assuré pour celui qui veut travailler.

N. B. — Je recommanderai encore de faire mariner dans la marinade cuite toutes les viandes de sanglier, daims et cerfs, pour les attendrir et leur enlever le goût de sauvage.

Mais le chevreuil jamais.

Pour les bêtes indiquées ci-dessus, reportez-vous à l'apprêt du sanglier pour les conserves.

Et si parfois mes procédés, mes méthodes ne sont pas classiques d'après les livres de cuisine, je ferai remarquer que la conserve n'est pas tout à fait de la cuisine, et qu'il m'a fallu tenir compte du travail de l'autoclave, afin de conserver aux produits leur forme, leur saveur et leur couleur.

CHEVREUILS

Noix de chevreuil au naturel.

Choisissez pour cela de gros chevreuils, bien en chair ; après les avoir dépouillés, lavez à grande eau et essuyez vivement et soigneusement afin d'enlever tous les poils, qui ordinairement sont peu adhérents à la peau et se détachent facilement.

Désossez les cuissots, comme une cuisse de veau, dénervez, piquez et faites-les cuire dans la plaque à rôtir à feu vif et à demi-cuisson. Les chairs doivent être saisies, afin que le suc ne sorte pas ; ne vous préoccupez pas de la tendreté, l'autoclave se chargera de ce soin.

Avec les os, nerfs, parures, faites un bon jus bien coloré, mouillez-le avec des fonds de cuissons de galantines ou de champignons, liez au roux brun, et faites une sauce poivrade. Mettez vos noix piquées en boîtes, garnissez de champignons, de quenelles, de godiveaux ou de chipolata, saucez avec la sauce finie, soudez et laissez à l'autoclave :

1 h. 40 m. pour les boîtes de 1 kilo.
1 h. 15 m. pour les boîtes de 500 grammes.

Pour la noix de chevreuil au naturel.

Au lieu de sauce, mettez du beurre frais fondu et clarifié, aromatisez les boîtes et laissez à l'autoclave le même temps que ci-dessus.

Noix de chevreuil financière.

Après avoir préparé les noix de chevreuil comme il est indiqué ci-dessus, garnissez le vide des boîtes avec la garniture financière, et saucez avec une sauce poivrade ; même ébullition à l'autoclave que pour les noix à la chipolata.

Filets de chevreuil.

Levez les filets en les désossant sans détacher le filet mignon, piquez et opérez comme pour les fricandeaux ou les noix.

Mettez en boîtes soit au naturel, soit garnis avec une des garnitures indiquées ci-dessus.

Côtelettes de chevreuil.

Détaillez les côtelettes en les parant, raidissez-les en les passant au beurre dans la poêle ; mettez en boîtes, saucez avec une sauce poivrade ; garnissez de champignons ou toute autre garniture.

Soudez et laissez à l'autoclave :

1 h. 40 m. pour les boîtes de 1 kilo.
1 h. 15 m. pour les boîtes de 500 grammes.

Civet de chevreuil.

Il y a plusieurs manières d'opérer, je vais indiquer les unes et les autres.

Prenez les épaules désossées, les cous et les poitrines, en y laissant le moins d'os possible.

Avec les os et débris faites un jus.

Ne prenez qu'une quantité de 10 kilos de chairs, davantage vous ne feriez pas une bonne manipulation.

Puis dans la bassine à civet, large et plate de fond, à bords peu élevés, mettez 1 kilo de beurre ou de graisse d'oie clarifiée, faites un roux brun avec 1 kilo 250 grammes de farine extra. (Les farines de deuxième choix relâchent les sauces.)

Laissez colorer le roux à feu doux ; lorsqu'il est d'un brun rougeâtre, mettez les 10 kilos de chairs, enrobez chaque morceau en remuant avec une spatule, ne retirez pas du feu, remuez continuellement afin de raidir les viandes ; mouillez avec 8 litres de vin rouge ordinaire et autant de jus de viandes, ou bouillons de galantines ou cuissons de champignons.

Remuez jusqu'à l'ébullition, assaisonnez avec 500 grammes de sel épicé ; laissez cuire trente minutes. Retirez les viandes avec une écumoire sitôt que vous vous apercevrez qu'elles ne sont plus saignantes, et mettez-les dans une terrine ; garnissez ensuite la sauce avec oignons, laurier, échalotes, une gousse d'ail, thym ; mettez le foie, le poumon et le cœur et laissez dépouiller à petit feu afin de bien l'écumer et la dégraisser.

Si la sauce est trop épaisse, elle ne pourra pas dépouiller ; remouillez avec du bouillon ou de l'eau, afin de faciliter son dépouillement.

Rangez pendant ce temps vos morceaux de chevreuil en les parant.

Ajoutez des lardons de petit lard de poitrine salé et blanchi, de petits oignons glacés à la poêle, quelques champignons.

Voyez votre sauce ; si elle est à point comme cuisson, goût et épaisseur, retirez-la du feu, et liez-la avec 1 litre de sang frais de porc dans lequel vous aurez ajouté un demi-verre de vinaigre.

Sitôt liée, passez à l'étamine, saucez vos boîtes, soudez et donnez à l'autoclave :

2 heures à 102 pour 1 kilo.

1 h. 40 m. pour les 500.

Rafraîchissez avant de retirer de l'autoclave.

Avec 10 kilos de chairs, vous devez comme résultat faire une moyenne de :

24 à 25 boîtes de 1 kilo ou 50 à 52 boîtes de 500 grammes.

Civet de chevreuil au vin blanc.

Même travail que ci-dessus; vous remplacez le vin rouge par du vin blanc, et vous ne liez pas au sang.

Tenez la sauce un peu blonde.

Terminez comme ci-dessus et ajoutez les mêmes garnitures.

Civet de chevreuil à l'aigre-doux.

C'est l'habitude italienne ; s'ils n'y mettent pas une réduction de chocolat, il n'y a que ça juste.

Coupez votre chevreuil en carrés de 4 centimètres, mettez dans la bassine à civet (*tegama*) 1 kilo de saindoux, laissez chauffer fortement, passez vos viandes en y ajoutant 300 grammes de sucre en poudre; faites prendre couleur, mouillez avec 4 litres de marinade cuite et un demi-litre de vinaigre ; laissez donner quelques bouillons, enlevez les viandes avec une écumoire et ajoutez au jus une poignée de légumes et d'aromates, de la marinade et quelques litres de bouillon ou de bon jus.

Liez le tout avec la quantité de roux brun nécessaire; qu'elle ne soit pas trop liée, passez à l'étamine après l'avoir dégraissée et dépouillée.

Remettez au feu en y ajoutant une poignée de raisins de Smyrne épluchés, autant de Corinthe, une poignée de câpres et un pot de 500 grammes de gelée de groseilles.

Voyez si l'assaisonnement est à point comme épices et comme goût; elle ne doit être ni trop sucrée, ni trop piquante.

Rangez vos viandes en boîtes, et sur chacune d'elles mettez quelques pignoli grillés.

Saucez, soudez et donnez à l'autoclave :

2 heures pour les kilo.

1 h. 20 pour les 500 grammes.

Autre procédé pour le civet.

Au lieu d'enrober vos viandes dans le roux, si vous avez des jus, bouillons ou marinades, faites d'abord votre sauce.

Faites raidir à la poêle par petites quantités et à feu vif vos morceaux de chevreuil dans un peu de saindoux.

Une fois colorés, égouttez la graisse et mettez vos morceaux dans la sauce.

Retirez après vingt-cinq à trente minutes de cuisson et terminez comme ci-dessus.

Cette manière a l'avantage de raidir immédiatement les chairs, sans les déformer, et de concentrer les sucs.

Pâtés de chevreuil en croûtes, en terrines, en boîtes.

Prenez toutes les chairs inférieures dont vous pourrez disposer en cerfs, daims, biches, etc., désossez entièrement, enlevez les nerfs et les peaux, hachez finement en incorporant 1/3 de gras de lard, ou de graisse de veau ou de bœuf pour 5/3 de maigre (n'employez jamais de graisse de mouton), assaisonnez avec 50 grammes de sel épicé par kilo.

Ajoutez au hachis une partie de chairs coupées en dés de deux centimètres, jambons, lard, gras et maigre, gorges de porc ou langues de chevreuil. Mélangez le tout en ajoutant deux verres de sang frais de porc.

Terminez les opérations comme il est indiqué, aux pâtés d'oies en croûtes, en terrines ou en boîtes.

Même cuisson au four pour les pâtés, les terrines ou les boîtes.

LIÈVRES

Civet de lièvre.

Après avoir dépouillé vos lièvres, videz-les en enlevant les intestins, mettez soigneusement à part les fressures et le sang, enlevez du foie la poche à fiel.

Vous ne pouvez faire que six à huit lièvres à la fois dans la même bassine, mais rien ne vous empêche d'en faire plusieurs.

Ce travail demande à être excessivement soigné.

Détaillez les bêtes, autant que possible, à la scie, afin d'éviter les débris d'os, inévitables lorsqu'on se sert du couperet pour couper les os ; faites trois morceaux dans chaque cuisse, quatre dans les reins que vous séparerez ensuite en deux morceaux, deux dans chaque patte de devant, deux dans les côtes, un dans le cou et la tête séparez-la en deux moitiés.

Au fur et à mesure du découpage, mettez les morceaux en terrines, afin de ne pas perdre le sang.

Les coffres des poitrines, ainsi que les peaux du ventre se cuisent, mais ne s'emboîtent pas.

Mettez dans la bassine un kilo de beurre ou de graisse d'oie clarifiée, ajoutez autant de farine qu'il en faudra pour faire un roux brun (environ 1 kilo 500).

Le roux terminé, passez vos viandes vivement sans trop les remuer, afin de ne pas les froisser, mouillez avec 8 litres de vin rouge ordinaire, 8 litres de bouillon de galantine ou fonds de champignons, eaux de tomates réduites, etc.

N'employez que ce que vous avez de mieux et de meilleur, ajoutez comme aromates oignons en lames, girofle, macis, serpolet, thym, échalotes et poivre en grains.

Ne laissez cuire vos viandes que vingt minutes dans la sauce, retirez-les avec une écumoire, laissez cuire et réduire votre sauce en la dépouillant comme il est indiqué au civet de chevreuil, goûtez-la et assaisonnez convenablement, ayez soin que le sel ne domine pas.

Ajoutez, dans la terrine où sont les foies et le sang recueilli pendant le dépouillement, un litre de sang frais de porc et quelques gouttes de vinicoline délayée à l'eau bouillante.

Liez votre sauce en la retirant du feu ; une fois liée, elle ne doit plus bouillir.

Elle doit être d'un brun rouge et non noire.

Garnissez vos boîtes en parant chaque morceau. Enlevez les esquilles d'os, ainsi que les débris d'aromates restés autour des chairs, ajoutez dans chaque boîte quelques petits lardons de lard de poitrine salés et fumés et frits à la poêle, quelques oignons glacés. Saucez, soudez et même ébullition à l'autoclave que pour le chevreuil. Comme résultat, voici ce que trente lièvres doivent produire :

30 lièvres prix d'achat à 3 fr. 50 .... Fr.	105	»
5 kilos lard de poitrine et sang	10	20
Petits oignons et farine.........................	2	75
Quatre-épices, 1 flacon........................	1	»
30 litres de vin rouge à 0,45 cent..................	13	50
210 boîtes fabriquées à 0,10 —	21	»
210 — fermetures à 0,05 —	10	50
Fr.	163	95
Frais de fabrication, 10 0/0	16	40
Avoir. Fr.	180	35
210 1/2 boîtes civet à 1 fr. 50 ..,.	315	»
30 peaux à 0,60 cent.........................	18	»
Fr.	333	»

Différence : Fr. 152, 65.

N. B. — Vous pouvez aussi pour le civet de lièvre adopter la dernière méthode indiquée pour le civet de chevreuil, c'est-à-dire de passer les viandes à la poêle.

Reins de lièvres piqués.

Prenez les reins ou râbles de gros lièvres, enlevez délicatement l'épiderme, piquez au lard frais sans salpêtre, faites-les rôtir à feu vif, mettez en boîtes, arrosez avec du beurre clarifié, même ébullition à l'autoclave que pour les noix de chevreuil.

Reins de lièvres sauce poivrade et sauce civet.

Après avoir piqué et fait rôtir vos râbles, saucez et garnissez comme pour les noix de chevreuil et terminez comme il est indiqué.

Civets de lièvres au vin blanc.

Même opération que pour le civet au vin rouge, mouillez avec du vin blanc ; liez au sang, forcez un peu en vinaigre et un peu plus d'oignons glacés dans la garniture.

Lièvres sautés aux fines herbes.

Découpez vos lièvres comme il est indiqué ci-dessus ; passez les chairs à feu vif et à la poêle avec 100 grammes de lardons de petit salé et 100 grammes de saindoux ou de graisse d'oie. Laissez colorer les morceaux de lièvres et retirez du feu, détachez chaque fois le fond de la poêle avec un peu de vin blanc, mettez de côté et recommencez l'opération; lorsque toute votre quantité de lièvre sera passée ou sautée, faites un bon fond de jus avec deux bouteilles de vin blanc, une bouteille de réduction d'eau de tomates et un litre de bonne glace de viande; ces quantités sont indiquées pour huit lièvres.

Passez ce jus au tamis après deux minutes de cuisson; remettez-le sur le feu en y ajoutant deux litres de crème à bouillir; liez au premier bouillon avec la quantité de roux blanc nécessaire, assaisonnez avec 40 grammes de sel épicé par lièvre.

Ajoutez à la sauce, au dernier moment, un hachis de ciboulettes, persil et serpolet frais; mettez en boîtes vos morceaux de lièvres en les parant; couvrez-les avec cette sauce, mais aux trois quarts; soudez et laissez à l'autoclave le même temps que pour les civets de lièvres.

Vous pouvez ajouter dans vos boîtes comme garniture :

Une abondante quantité de petits cèpes, champignons blanchis ou oignons glacés.

N. B. — Toutes ces sauces de gibiers doivent toujours être aromatisées avec un bouquet garni de thym, laurier et serpolet; il est inutile d'y ajouter des épices, le sel épicé étant préparé à cet usage.

Lièvres à l'anglaise.

Prenez un bon lièvre, plutôt vieux que trop jeune, découpez-le comme pour civet, laissez le cœur et le foie, mettez-le dans une bassine émaillée, couvrez-le juste à hauteur avec du bouillon froid, de gelée si possible, ajoutez:

1 oignon haché grossièrement;
3 échalotes hachées grossièrement;
1 gousse d'ail écrasée;
1 cuillerée à bouche de carry en poudre;
Sel, poivre, muscade, une pointe de Cayenne.

Laissez cuire cinq minutes, liez avec une grosse noix de roux blanc.

Sitôt fondu, emboîtez et soudez; laissez deux heures à l'autoclave à 104 0/0 pour 1 kilo.

N. B. — Pour servir cette conserve à l'anglaise, ouvrez la boîte, versez le contenu dans un plat creux de porcelaine à feu; recouvrez d'une abaisse de pâte à pâtés, soudez les bords à l'eau, selon l'habitude; dorez à l'œuf ou au lait; poussez quarante-cinq minutes au four et servez chaud.

Pâtés de lièvres en croûtes.

Après avoir dépouillé et vidé un bon lièvre bien en chair (les vieux sont excellents pour cet usage), enlevez les chairs des filets et du filet mignon, après les avoir dénervés, mettez à part avec la même quantité de lardons de poitrine de porc salé et non fumée, arrosez avec un verre de marsala et laissez douze heures à mariner ; avec les chairs des cuisses et des devants et autant de porc frais, assaisonnées de 40 grammes par kilo de sel épicé, faites une farce fine, bien hachée, mélangez ensuite le tout, farce et chairs marinées, finissez vos pâtés en croûtes comme il est indiqué pour les oies, mettez au four.

Pendant la cuisson du pâté, faites tomber à glace un jus fait avec les os et débris du lièvre ; mouillez avec du bouillon de veau après un léger assaisonnement, laissez réduire à fumet ; en sortant le pâté du four, introduisez par la cheminée quelques cuillerées de cette réduction. Laissez refroidir entièrement avant de mettre en boîtes, et donnez pour un pâté de 1 kilo 500 deux heures d'ébullition à l'autoclave sans pression.

Si c'est pour conserver pendant quelques jours, coulez par la cheminée un peu de graisse d'oie fondue et clarifiée et bouchez l'orifice avec un tampon de pâte crue.

Terrines de lièvres truffés.

A la farce préparée comme ci-dessus, mettez en terrines, ajoutez dans l'intérieur et de place en place, quelques truffes crues et pelées, couvrez de bardes de lard frais et de quelques brins de serpolet ; mettez au four dans une caisse à bain-marie, laissez suivant grandeur, de quarante minutes à deux heures et demie ; lorsque vous verrez le dessus de la terrine d'une belle couleur et le jus clair, retirez du four, laissez refroidir, sous presse légère, et pour terminer, suivez la même opération que pour la terrine d'oie.

Terrines de lièvres truffés en boîtes.

Même travail que ci-dessus et terminez comme pour les pâtés d'oies en boîtes.

LAPINS

Gibelotte de lapins de garenne.

Détaillez vos lapins comme les lièvres ; coupez en gros dés 200 grammes de lard de poitrine salé et séché par lapin, ainsi que deux oignons et trois échalotes émincés. Ayez du roux blanc prêt en quantité nécessaire ; ayez une bonne poêle en fer battu, forte et épaisse et assez grande pour contenir deux lapins à la fois ; opérez ainsi :

Faites revenir dans cette poêle et à bon feu, avec un peu de saindoux ou mieux de graisse d'oie, 200 grammes de petit salé coupé ; lorsqu'il commence à colorer, mettez vos lapins, faites sauter vivement afin de raidir et colorer les chairs, égouttez la graisse, mouillez avec 1 litre de bouillon et vin blanc, assaisonnez largement avec 50 grammes de sel épicé ; ajoutez deux cuillerées à bouche d'oignons et d'échalotes hachés, une pincée de sarriette et autant de serpolet frais ; liez avec du roux blanc ; laissez cuire cinq minutes, retirez du feu, emboîtez en répartissant dans chaque boîte autant de morceaux de cuisses que de reins ; ajoutez quelques champignons et petits oignons glacés, saucez, soudez et laissez à l'autoclave une heure quarante minutes pour les boîtes de 1 kilo.

N. B. — Il faut dix minutes en tout pour sauter deux lapins à bon feu en ayant prêts tous les ingrédients nécessaires.

Une fois cette première opération terminée, lavez votre poêle et recommencez ; de cette manière, les chairs ne seront pas trop cuites et vous aurez une belle conserve qui se tiendra bien à l'autoclave.

Même application pour les lapins domestiques qui peuvent remplacer avantageusement les lapins de garenne.

Lapins de garenne au carry.

Suivez l'opération précédente ; mettez 250 grammes de lardons pour deux lapins ; passez à la poêle sans leur donner trop de couleur ; égouttez la graisse ; ajoutez deux cuillerées à bouche de cary en poudre, faites sauter afin de bien enrober vos morceaux, puis mouillez avec bouillon et jus, ajoutez quatre moyens oignons coupés en dés ainsi qu'un peu d'échalotes; après cinq minutes de cuisson retirez le tout du feu; délayez la sauce des lapins avec quatre jaunes d'œufs, faites chauffer en remuant afin que l'œuf ne poche pas, assaisonnez de sel épicé 50 grammes pour deux lapins; emboîtez chaud; votre sauce doit seulement recouvrir les morceaux; soudez à chaud, ébullitionnez de même, laissez le même temps que pour la gibelotte de lapins.

Lapins de garenne aux petits pois.

Même opération que pour la gibelotte, en lieu et place des oignons et échalotes que vous remplacez par trois quarts de litre de petits pois blanchis et reverdis comme pour la conserve; ajoutez quelques petites carottes nouvelles, laissez bouillir le tout cinq minutes; emboîtez et soudez à chaud et terminez à l'autoclave comme ci-dessus.

N. B. — Les lapereaux, et les levrauts se traitent de la même manière; vous diminuerez le temps de cuisson à l'autoclave de trente minutes à cause de la tendreté des chairs.

Lapins sautés au paprika.

Même opération que pour les lapins au carry; vous remplacerez ce dernier par une cueillerée à café de paprika de Hongrie, ou d'Espagne. Assaisonnez, et mettez lardons et petits oignons, et dans chaque boite une petite saucisse dite *chorizo;* opérez et terminez comme pour la gibelotte.

N. B. — Les lapins au carry ou au paprika sont d'un grand secours à la campagne, en voyage ou en chasse; ils se réchauffent facilement à l'eau bouillante ou avec le chauffoir (*brevet Ch. Prevet et C*[ie]).

Lapins à l'anglaise (*rabbit paës*).

Opérez identiquement comme pour le lièvre à l'anglaise.

Vous ajouterez dans le plat de porcelaine, au moment de le mettre au four, une tranche de jambon cru ou de lard de poitrine (bacon).

Recouvrez de pâte, et terminez comme il est indiqué. Ce pâté se mange chaud ou froid.

Pâtés de lapins domestiques.

A défaut de lapins de garenne, prenez des lapins domestiques gros et gras, désossez-les après les avoir saignés, conservez précieusement le sang mélangé avec quelques gouttes de vinaigre; mettez à part les chairs des râbles. Désossez les cuisses ainsi que les devants, avec ces chairs hachées avec égales quantité de veau ou de porc, faites une farce fine assaisonnée de sel épicé, et d'une pincée de thym et de serpolet pulvérisé.

Aux chairs des râbles coupées en carrés longs, ajoutez quelques lardons de lard de poitrine, entrelardé, ajoutez une cuillerée de fines herbes passées au beurre.

Ordinairement les pâtés de lapin se font dans des moules longs et pincés, et s'emboîtent facilement dans des boîtes de 4/4 à asperges (voyez modèle).

Pour remplir vos moules, faites un lit de farce et un lit de chairs ; ajoutez pistaches ou truffes à volonté, et terminez comme pour le pâté d'oies. Au sortir du four, introduisez par la cheminée quelques cuillerées de réduction faite avec les os et débris du lapin.

Suivez exactement pour terminer comme il est indiqué au pâté de lièvre.

N. B. — Le hachis de fines herbes pour les pâtés de lapin de garenne ou domestique se fait ainsi : pour un lapin, prenez un gros oignon et trois échalotes hachées, persil, ciboulettes et serpolet ; ajoutez à ce hachis, lorsqu'il est cuit au beurre, les chairs du foie, du cœur et du poumon. Au sortir du feu ajoutez une poignée de mie de pain, et mélangez ce hachis avec les chairs et le sang légèrement vinaigré.

Terrines de lapin

Suivez exactement la formule ci-dessus, puis mettez en terrines, avec bardes de lard dessous et dessus ; cuisez au four et terminez comme pour les autres terrines.

GIBIERS

Faisans rôtis entiers.

Choisissez toujours pour cette conserve des faisans bien frais et en bon état, sans être abîmés par le coup de feu ; videz-les soigneusement et enlevez les poumons, bridez, bardez, et faites colorer à la broche pendant quinze minutes ; débrochez, laissez égoutter, mettez en boîtes en les posant sur une barde de lard non salée.

Mettez dans l'intérieur du faisan une feuille de laurier, une feuille de sauge, une pincée de mignonnette ; arrosez ensuite le faisan avec un peu de beurre clarifié, bien frais, soudez au plus vite et laissez à l'autoclave pour un gros faisan, boîte n° 1, deux heures et demie à 104 0/0.

Si le faisan est moyen, boîte n° 2, deux heures à 104 0/0.

Si ce sont des faisandeaux de un à trois à la boîte, une heure quarante minutes suffisent.

Laissez entièrement refroidir les boîtes sous presse afin que les faisans ne remuent pas, et toujours la poitrine au-dessus.

Faisans entiers truffés.

Choisissez des faisans sains et frais, videz-les, remplissez-les de truffes fraîches, pelées et passées auparavant au feu dans un peu de saindoux épicé et aromatisé.

Laissez refroidir les truffes avant de fourrer le faisan ; ceci fait :

Enveloppez le faisan dans un morceau de crépinette d'agneau ou de jeune porc, enveloppez-le encore d'une feuille de papier huilé, poussez au four pendant vingt minutes, retirez le papier, et laissez encore quelques minutes afin de colorer la crépine.

Retirez du four, emboîtez, jutez avec la graisse même du rôti, mais sans jus, soudez et laissez deux heures et demie à l'ébullition.

La quantité de truffes pour chaque faisan étant facultative, cela dépend du prix et de la saison.

Si la conserve est de premier choix, mettez ce qu'il faut, environ 250 grammes de truffes fraîches et pelées pour un faisan.

Graouses entières rôties.

C'est un rôti d'amateur peu usité en conserve, surtout entier à cause de l'amertume de la carcasse, qui finit par envahir même les filets. La graouse est excellénte en salmis, en pâtés et en terrines.

Coqs de bruyères. — Tétras.

Même remarque que pour les graouses, la carcasse gâte le produit, mais très bons en pâtés ou terrines.

Faisans sautés sauce madère.

Découpez vos faisans comme il est indiqué aux petits poulets, ne mettez pas les carcasses, enlevez l'os du gras de cuisse, et parez les poitrines.

Faites colorer à la poêle comme il est indiqué aux poulets sautés. Retirez le jus, rangez les morceaux dans les boîtes, saucez avec une sauce madère finie, dans laquelle vous incorporerez le fumet obtenu par les carcasses et les abatis. Truffez suivant convenance, ayez soin, si vous employez des truffes fraîches et crues, de les faire bouillir préalablement dans la sauce.

Soudez et donnez à l'ébullition deux heures et demie pour les boîtes de 1 kilo, et diminuez le temps d'après les grandeurs des boîtes.

Salmis de faisans truffés.

Pour les salmis, vous pouvez employer tous les faisans abîmés par le fusil ; videz-les, bridez comme pour rôt, et faites-les rôtir entiers, mais aux trois quarts ; retirez du feu, laissez refroidir dans la plaque où ils ont rôtis.

Découpez-les ensuite en morceaux (voyez la planche spéciale à cet effet) avec les débris que vous pilerez finement, le fond de la plaque et la sauce brune que vous allongerez avec quelques verres de madère. Laissez dépouiller et bien dégraisser, goûtez-la. Il faut qu'elle soit haute en goût, sans être trop épicée, le fumet de faisan doit dominer.

Passez à l'étamine, et après liez au sang de porc comme pour une sauce civet.

Saucez ensuite vos boîtes en y ajoutant comme garniture quelques lames de truffes, ce qui ne nuit jamais dans un salmis de gibier. C'est le parfum obligé surtout des faisans. Laissez à l'autoclave :

1 h. 40 m. pour les boîtes de 1 kilo.
1 h. 15 m. pour les boîtes de 500 grammes.

Faisans à la financière.

Pour avoir un faisan financière hors ligne, le mieux est de chauffer une boîte.

contenant un faisan entier pendant trente minutes, à l'eau bouillante, et une boîte de garniture financière.

Au moment de servir, ouvrez les boîtes, mettez le faisan sur un plat et la garniture autour.

Galantines de faisans.

Désossez les faisans à la russe, enlevez les chairs des cuisses afin de les hacher finement ; en général elles sont très nerveuses, et avec une farce fine comme pour les galantines de dindes, ajoutez les chairs des faisans ou de chevreuils broyées au mortier avec un salpicon de langues à l'écarlate, foies gras et truffes cuites.

Mélangez le tout sans écraser le foie gras. Assaisonnez de sel épicé.

Fourrez votre galantine, repliez sur l'ouverture la peau du cou, roulez dans un linge, ficelez et laissez mijoter une heure dans le bouillon des carcasses et des abatis et une heure ensuite comme refroidissement.

En retirant du feu, laissez refroidir et mettez en presse pendant douze heures.

Emboîtez ensuite après avoir enveloppé à nouveau votre galantine dans une mousseline ou un boyau gras.

Couvrez avec de la graisse d'oie clarifiée ou du saindoux mélangé de graisse de veau. Aromatisez chaque boîte avec une feuille de laurier, une feuille de sauge, une pincée de serpolet et trois grains de genièvre.

Soudez et laissez à l'autoclave deux heures trente minutes pour une galantine entière, et refroidissez avant de retirer de l'autoclave.

Pâtés de faisans.

Le vrai pâté de faisan doit se faire de la manière suivante :

Après avoir fait des galantines comme il est indiqué ci-dessus et après cuisson, foncez des moules ovales de pâte à pâté, garnissez l'intérieur de farce à galantine, dans laquelle vous incorporerez un gratin fait avec les foies de faisans, enveloppez la galantine de cette farce dessous, autour et dessus, recouvrez votre pâté, décorez le couvercle, et laissez au four le temps nécessaire pour que la croûte prenne une belle couleur. Comme l'intérieur, composé de galantine, est déjà cuit, ne vous préoccupez que de la croûte ; au sortir du four, introduisez par la cheminée un fumet très réduit et fortement gélatiné, et terminez comme pour le pâté de dinde ou de foie gras.

Vous pouvez remplacer le faisan par des pintades, le résultat est le même, soit pour galantines, soit pour pâtés.

Autre manière de pâtés de faisans.

Si pendant la fabrication, vous avez des faisans trop abîmés, qu'il vous soit impossible de les employer désossés ou découpés, employez alors les chairs de la manière suivante :

La chair du faisan, étant très parfumée, peut se mélanger avec toute autre chair : de lapin, lièvre, même avec du mouton.

Faites un hachis bien fin, bien aromatisé; parfumez-le avec un gratin de foie de volailles et de débris de faisans cuits passés au tamis; colorez avec un peu de sang frais.

Garnissez de cette farce vos croûtes de pâtés, et finissez comme il est indiqué ci-dessus.

Après complet refroidissement, remplissez le vide de la croûte par la cheminée de belle gelée anglaise, bien clarifiée et aromatisée avec le fumet de faisan.

Ce pâté sera à point le deuxième jour après sa cuisson.

Terrines de faisans.

Même opération que ci-dessus; garnissez vos terrines de bardes, et mettez au four, en suivant les indications prescrites pour les *terrines de foies gras*, ainsi que pour les *boîtes*.

N. B. — Les conserves de faisans demandent à être bien assaisonnées de sel épicé à la dose de 20 grammes par livre ou 40 grammes par kilo.

Gélinottes de Russie.

Pour les gélinottes, je ferai la même remarque que pour les graouses, les coqs de bruyère, les perdrix blanches. La carcasse est tellement amère qu'elle gâte le produit; il est donc impossible de conserver la gélinotte entière, si ce n'est au moment où elle est tuée, chose presque impossible.

Quartiers de gélinottes à la russe.

Taillez et découpez des gélinottes les poitrines et les cuisses seulement, faites-les raidir au beurre et mettez en boîtes.

Avec les carcasses et les foies colorés dans le beurre, faites un jus bien réduit, ajoutez un peu de crème à bouillir et quelques cuillerées de sauce béchamel, passez au tamis, qu'elle soit bien assaisonnée; saucez vos boîtes et laissez à l'autoclave :

1 h. 20 minutes pour les boîtes de 1 kilo.
1 h. 10 — pour les — de 500 grammes.

N. B. — Pour servir cette conserve, ouvrez la boîte, retirez chaque morceau en le rangeant sur un plat d'argent, saucez et saupoudrez avec un peu de mie de pain frite au beurre, faites légèrement gratiner au four et servez immédiatement.

Gélinottes grillées.

Plumez, flambez et videz vos gélinottes, fendez-les en deux parties, enlevez la carcasse, ne laissez que le filet et la cuisse à chaque moitié, aplatissez avec un coup de batte, assaisonnez avec un peu de paprika, faites griller à petit feu sur le gril en les retournant; mettez en boîtes, arrosez de beurre fondu clarifié, ajoutez dans chaque boîte 2 grains de genièvre et un peu de laurier et faites souder. Laissez à l'autoclave :

1 h. 40 minutes à 102-104 pour une boîte de deux quartiers.
2 h. 20   —   pour quatre quartiers.

N. B. — Pour employer cette conserve, ouvrez la boîte, retirez les morceaux de gélinottes, saupoudrez-les avec un peu de chapelure brune, faites réchauffer sur le gril et servez avec une sauce tartare ou une sauce ravigote chaude.

Pâtés de gélinottes.

Suivez exactement la méthode indiquée pour les pâtés de faisans ; ayez soin de ne jamais employer les carcasses ni l'intérieur, et terminez l'opération comme il est indiqué.

Terrines de gélinottes.

Même méthode que pour les terrines de faisans ou de foies gras.

PERDREAUX

Perdreaux entiers rôtis.

Choisissez toujours des perdreaux jeunes et sains. Plumez, flambez, videz et bridez, enveloppez d'une barde de lard frais non salé ni saumuré, assaisonnez l'intérieur avec une pincée de mignonnette, laurier et romarin, jamais de sel afin de ne pas rougir les chairs.

Faites colorer pendant 10 minutes au four ou à la broche.

Emboîtez les perdreaux en les posant dans la boîte sur une barde de lard frais.

Soudez après avoir mis quelques cuillerées de beurre frais clarifié.

Laissez à l'autoclave :

1 h. 20 minutes à 104 pour 1 perdreau.

1 h. 40 — à 104 pour 2 perdreaux.

N. B. — Emboîtez les perdreaux dans des boîtes ovales à bande, et assez étroites pour que le perdreau ne ballotte pas.

Rafraîchissez toujours les boîtes à l'eau fraîche jusqu'à extinction, pour toutes les conserves de viandes, volailles ou gibiers, afin que l'intérieur soit complètement froid.

Perdreaux rôtis truffés.

Même préparation que ci-dessus.

Après avoir passé vos truffes au saindoux et à petit feu, en les assaisonnant d'un peu de quatre épices sans sel, fourrez vos perdreaux, enveloppez-les ensuite d'une petite crépinette d'agneau ou de jeune mouton, faites-les rôtir, seulement pour les colorer, pendant 15 minutes.

Emboîtez ensuite en les arrosant légèrement avec la graisse de leur cuisson, mais sans jus.

Soudez et laissez à l'autoclave à 10 0/0 :

1 h. 30 minutes pour 1 perdreau.

2 h. 40 — pour 2 perdreaux.

Rafraîchissez.

N. B. — La truffe doit cuire dans le saindoux, mais à petit feu ; il ne faut pas qu'elle frie ; pour plus de sécurité, il vaudrait mieux la faire cuire au bain-marie pendant une heure que de trop la chauffer.

Ballottines de perdreaux.

Suivez exactement le procédé indiqué pour les *Galantines de faisans*.

Désossez-les à la russe, mais laissez les pattes adhérentes à la peau, afin d'attester la marchandise.

Puis avec d'autres gibiers de deuxième choix, épaules et collets de chevreuils ou cerfs, vous faites une farce fine, dans laquelle vous mélangez un gratin fait avec les foies et les intérieurs du gibier ; vous pilerez et passerez au tamis ce gratin avant de le mélanger.

Truffez si besoin est, ou mettez quelques pistaches mondées.

Enveloppez dans des linges ou des mousselines, faites-les pocher à petite cuisson sans ébullition, pendant une heure.

Laissez refroidir, déballez, mettez sous presse et enveloppez ensuite, en les fourrant, dans un boyau où une mousseline.

Emboîtez, recouvrez de graisse de veau clarifiée et de saindoux, 1 feuille de laurier, thym, girofle et poivre en grain.

Soudez et laissez à l'autoclave :

1 h. 40 pour 1 ballottine.

2 heures pour 2 ballottines.

Si vous fourrez vos ballottines dans des boyaux, vous pourrez, au lieu de saindoux, y mettre de la gelée très forte et bien clarifiée.

Rafraîchissez.

Perdreaux en terrines ou en boîtes.

Après avoir fait les ballottines ou galantines comme il est indiqué ci-dessus, lorsqu'elles sont cuites ou refroidies, vous pouvez vous en servir pour les préparations suivantes :

En pâtés , en terrines ou en boîtes.

Pâté de perdreaux.

Montez à la main ou dans un moule *ad hoc* votre pâte à pâtés ordinaire ; chemisez la pâte au fond et sur les côtés de farce fine bien assaisonnée, posez au centre votre galantine crue ou cuite, recouvrez de farce, posez une barde très légère par-dessus, recouvrez d'une abaisse de pâte bien soudée et bien pincée sur les bords, décorez d'un beau décor bien en relief, faites une cheminée, dorez et poussez au four chaud.

Laissez 1 h. 1/2 si la galantine est déjà cuite, 2 heures si elle est crue, et terminez comme il est indiqué aux *Pâtés de foies gras* ou *de faisans*.

N. B. — Le travail sera toujours mieux soigné si votre galantine est entière, et vous pourrez mieux la cuire et surtout mieux la truffer.

Perdreaux en terrines.

Même procédé que ci-dessus : au lieu d'une croûte de pâté, prenez une terrine ovale, foncez-la de farce fine, posez au centre la ballottine, recouvrez de farce et d'une belle barde, poussez au four et au bain-marie et laissez cuire entièrement; laissez refroidir et recouvrez ensuite la terrine de graisse d'oie fondue et clarifiée.

Si vous avez eu soin, au sortir du four, d'égoutter le jus de la terrine et de le remplacer par de la belle graisse bien cuite, cette terrine pourra se conserver pendant 3 à 4 mois comme une terrine de foies gras.

Vous pouvez aussi faire de petites terrines rondes n°ˢ 14, 12 et 10 ; en les chemisant de farce, vous mettez au milieu un beau tronçon de galantine froide ; recouvrez de farce et poussez au four comme pour les petites terrines de foies gras et terminez comme celles-ci.

Pour les boîtes agissez de même.

Après les avoir bien garnies de farce et d'un beau morceau de galantine, soudez et laissez à l'autoclave :

> 1 h. 20 m. pour les boîtes de 200 à 400 grammes.
> 1 h. 40 m.   —   500   —

Rafraîchissez.

Perdreaux aux choux.

A cette fin choisissez des perdrix trop dures pour être rôties ou pour galantines.

Plumez, flambez, videz et troussez en entrée, prenez ensuite les choux frais, coupez-les en quartiers, faites-les blanchir à grande eau salée, rafraîchissez longuement, puis enlevez les troncs, ainsi que les grosses côtes, formez-en des bouquets, mettez-les dans une braisière, ou une bassine émaillée avec les perdrix ; faites cuire à part une poitrine de porc salée ainsi que des saucisses de Francfort.

Égouttez vos choux, découpez vos perdreaux, rangez en boîtes, choux, un demi-perdreau ou deux demis, suivant grandeur des boîtes; garnissez avec un lardon de la poitrine blanchie et une ou deux saucisses; arrosez avec une ou deux cuillerées de beurre clarifié, soudez et laissez à l'autoclave :

> 1 h. 30 m. pour une boîte d'un demi-perdreau.
> 1 h. 50 m. pour un perdreau entier.

Rafraîchissez.

Perdreaux à la choucroute.

Identiquement comme ci-dessus ; remplacez les choux par de la choucroute; voyez *Choucroute et sa cuisson.*

Même ébullition à l'autoclave.

Perdreaux chasseur.

Plumez, videz et coupez vos perdreaux en deux moitiés comme pour les gélinottes grillées ; assaisonnez chaque quartier avec un peu de poivre et de 4 épices, huilez ou beurrez légèrement et faites griller au gril. Sitôt colorés, retirez et mettez en boîtes ; saucez avec la sauce suivante : coupez par perdreau 50 grammes de jambon cru maigre et de bonne qualité, en petits dés ; passez-le au beurre avec autant d'oignons hachés et une échalote ; ajoutez une cuillerée à bouche de champignons hachés et un peu de persil blanchi et reverdi ; mouillez le tout avec un verre de vin blanc et un verre de bon bouillon, laissez cuire un quart d'heure et liez avec un peu de roux blanc, assaisonnez, versez sur vos perdreaux, soudez et laissez à l'ébullition.

1 heure à 102 pour 1 demi-perdreau.

1 h. 20 min. pour 2 demi-perdreaux.

N. B. — Les boîtes employées pour cette conserve doivent être ovales et très basses. Pour les servir, faites réchauffer 20 minutes à l'eau bouillante, ouvrez et servez sur un croûton de pain frit au beurre.

Salmis de perdreaux.

Employez pour cette conserve tous les perdreaux abîmés ou trop faits ; plumez, videz et faites-les rôtir aux trois quarts ; découpez ensuite en morceaux réguliers. Pilez les carcasses, cous, parures et foies ; faites-en un gratin que vous délayerez dans une sauce brune faite avec des jus de gibiers ; assaisonnez, laissez dépouiller et bien dégraisser ; liez au dernier moment avec un peu de sang frais ; passez ensuite à l'étamine ou au tamis fin. Rangez ensuite vos morceaux de perdreaux en boîtes, garnissez avec quelques têtes de champignons blanchis et quelques lames de truffe cuites, saucez et soudez, laissez à l'autoclave :

1 heure pour les 500 grammes.

1 h. 20 pour le kilo.

Perdreaux financière.

Le perdreau doit être entier ou en morceaux comme ci-dessus ; garnissez la boîte d'une garniture financière, saucez avec la même sauce, soudez et laissez à l'autoclave comme pour le salmis.

Vous pouvez aussi mettre perdreau et garniture séparément.

Perdreaux chipolata.

Mêmes procédés que ci-dessus ; garniture et sauce chipolata.

Perdreaux à la Périgueux.

Perdreau entier et sauce Périgueux.

Perdreaux aux choux rouges.

Voyez le procédé indiqué pour les *Oies aux choux rouges* ou *à la choucroute*.

Perdreaux à l'espagnole.

Voyez le procédé indiqué pour les *Poulets à la portugaise*.

BÉCASSES

La bécasse est le plus fin, le plus parfumé de tous les gibiers.

Une bécasse rôtie à point et bien truffée, un verre de champagne rosé, et en voilà assez pour faire un excellent déjeuner.

Aussi cette conserve demande à être soignée. Dans la bécasse, bécassine ou bécasson, les intestins ont une grande valeur; il n'y a qu'à retirer le gésier.

Bécasses rôties à la gastronome.

Plumez, flambez, videz complètement et retirez seulement le gésier à vos bécasses fraîches et grasses; bardez avec une large barde de lard frais, ficelez-la afin qu'elle ne se détache pas. Rentrez la tête par le bec dans l'intérieur du cou.

Gratin.

Hachez à cru et finement les intestins ainsi que le foie; ajoutez un tout petit oignon haché; passez le tout au beurre; assaisonnez, et pour chaque bécasse ajoutez gros comme une noix de glace de viande et 1 cuillerée à café de mie de pain ou de chapelure blanche.

Laissez cuire le tout suffisament pour que l'oignon soit cuit, passez ensuite au tamis et garnissez l'intérieur de chaque bécasse avec ce gratin. Fermez l'ouverture avec une petite barde de lard afin qu'à l'autoclave ce gratin reste dans la bécasse.

Mettez une barde dans le fond de votre boîte; posez la bécasse dessus chaude, faites colorer 6 minutes à four vif, soudez et laissez à l'autoclave 50 minutes; rafraîchissez avant de retirer.

Manière de servir.

Retirez la bécasse de la boîte et avec une petite cuiller retirez le gratin et étendez-le régulièrement sur une croûte de pain de la grandeur du gibier; posez le

tout sur un plat d'argent, arrosez avec le fond de la boîte et poussez au four quinze
minutes; salez, glacez légèrement et servez avec un bouquet de cresson bien frais.

Bécasses truffées.

Suivez l'opération comme pour les bécasses ci-dessus ; après avoir retiré les intestins
introduisez par le plus petit orifice possible vos truffes gelées et cuites dans lesaindoux
comme il est indiqué aux *Faisans truffés;* enveloppez la bécasse, au lieu d'une barde,
d'un morceau de crépine très fine et laissez colorer ensuite au four pendant douze minutes, emboîtez chaud et mettez une barde au fond et sur le dessus de chaque boîte;
soudez et laissez à l'autoclave, une heure pour une boîte d'une bécasse.

N. B. — Pour le gratin, après l'avoir fait identiquement comme ci-dessus, mettez-
le dans de petites boîtes de 1/8 ou de 1/4; soudez et ébullitionnez comme la bécasse.

Manière de servir.

Pour cela, faites de petits croûtons de pain taillés en cœur, passez-les au beurre
frais; sitôt colorés, retirez-les et garnissez-les avec le gratin.

Retirez votre bécasse de la boîte, faites-la réchauffer à petit feu pendant vingt
minutes sur un plat d'argent, glacez et entourez avec les croûtes légèrement chauffées
et le jus de la boîte.

Salmis de bécasses.

Prenez, pour faire les salmis, les bécasses de deuxième choix ; après les avoir
plumées, faites-les rôtir sans les vider, à demi-cuisson.

Découpez-les ensuite et rangez en boîtes, avec les carcasses, les parures et
l'intérieur, pilez finement le tout et délayez dans la quantité de sauce brune nécessaire
pour saucer vos boîtes.

Laissez cuire, dégraissez et dépouillez, et liez au sang ; ajoutez dans vos boîtes
truffes et champignons cuits, saucez le tout avec votre sauce passée à l'étamine ou au
tamis fin.

Soudez et laissez à l'autoclave :

1 heure pour une boîte de 1 bécasse.
1 h. 20 minutes pour 2 bécasses.

N. B. — Pour servir le salmis, entourez-le de croûtes gratinées, comme il est
indiqué plus haut.

Galantine de bécasses.

Pour cela, choisissez des bécasses bien fraîches et bien saines, désossez-les à la
russe en laissant les pattes. Remplissez-les ensuite avec une farce à galantine très
fine et bien assaisonnée, dans laquelle vous ajouterez le gratin passé au tamis et
un salpicon de truffes et de foies gras cuits; enveloppez la galantine dans une mousseline, et laissez cuire trente-cinq minutes à petit feu, laissez refroidir, emballez à

nouveau, mettez sous presse légère, et emboîtez en ajoutant dans chaque boîte la tête de la bécasse bien nettoyée et cuite.

Recouvrez de saindoux clarifié avec égale partie de graisse de veau blanche, soudez et laissez à l'autoclave à air libre :

1 heure 1/2 pour 1 bécasse.

N. B. — Au lieu de mousseline, emballez après cuisson dans un boyau de bœuf, ficelez les deux bouts, et finissez de remplir la boîte avec de la gelée clarifiée et très collée.

Même ébullition à l'autoclave.

Rafraîchissez avant de retirer vos boîtes de l'autoclave.

Bécasses farcies.

Ne désossez pas vos bécasses, videz-les soigneusement, et introduisez dans l'intérieur une farce à galantine fine et bien truffée.

Enveloppez d'une crépine ; laissez rôtir à petit feu pendant vingt minutes, qu'elles soient bien colorées ; posez ensuite votre bécasse dans une boîte garnie d'une barde de lard frais, ajoutez un peu de beurre clarifié, ou le fond du rôti bien clair.

Soudez et laissez à l'autoclave une heure dix minutes pour une bécasse.

Pâtés de bécasses.

Le procédé est le même que celui indiqué pour les perdreaux, en ayant soin de toujours mettre dans la farce le gratin de bécasses.

La truffe est le complément obligé de la bécasse.

Terrines de bécasses.

Voyez *Perdreaux en terrines ou en boîtes*.

Bécassines rôties.

Suivez les indications comme pour les *Bécasses rôties;* elles se mettent en boîtes de deux, trois ou six pièces ; remplissez l'intérieur avec le gratin dans lequel vous aurez ajouté égale quantité de chairs de lièvre ou chevreuil, hachées finement et bien assaisonnées; ne mettez dans chaque bécassine que la valeur d'un petit œuf de cette farce; bardez, faites rôtir pendant six minutes, mettez en boîtes, soudez et laissez à l'autoclave :

50 minutes pour les boîtes de 2.
1 heure   pour les   —   de 6.

Rafraîchissez longuement.

Bécassines et bécassons *préparés pour entrées froides, pâtés ou garnitures.*

Désossez tous ces petits gibiers à la russe, bien soigneusement, ne leur laissez que les pattes, enlevez même les os des cuisses, ce qui, en désossant à la russe, est très facile.

Avec les intestins, préparez un gratin que vous mélangerez dans suffisante quantité de farce fine à galantine, dans laquelle vous ajouterez des parures de foies gras cuits, ainsi que des hachures de champignons et de fines herbes.

Passez le tout au tamis ; que cette farce ne soit pas trop grasse, afin qu'elle ne fasse pas trop de déchet à la cuisson.

Remplissez vos gibiers avec cette farce ; qu'ils soient d'une forme bien dodue et allongée ; ployez la peau du cou sur l'ouverture afin de la fermer le plus hermétiquement possible.

Vous pouvez introduire dans chaque pièce, après l'avoir remplie, une petite truffe cuite.

Roulez chaque bécassine ou bécasson dans une bande de papier à plusieurs tours, afin qu'elles ne se déforment pas. Rangez-les sur une grille et faites-les pocher au bain-marie dans de la graisse d'oie fondue.

En mettant chauffer la graisse au bain-marie, la cuisson est plus régulière, plus certaine qu'à feu nu ; vous éviterez le coup de feu, qui serait inévitable si la graisse chauffait à plus de 100 0/0, votre gibier se crèverait ou se racornirait.

Laissez refroidir dans la graisse, emballez ensuite dans de petits boyaux ou de la baudruche, rangez en boîtes, sans oublier les têtes nettoyées et blanchies, couvrez avec de la graisse, du beurre clarifié ou de la gelée ; soudez et laissez à l'ébullition une heure pour les boîtes de six.

N. B. — Cette conserve peut servir pour chaufroid, et est spéciale pour cet usage ; pour pâtés ou caisses, terrines, etc., supprimez les pattes, et opérez alors comme pour les perdreaux.

Pluviers dorés et vanneaux.

Suivez les mêmes opérations que pour les bécasses, perdreaux ou bécassines ; ces gibiers, quoique plus ordinaires, peuvent très bien remplacer dans les perdreaux la conserve ; ils sont excellents en ballottines et pour pâtés.

CAILLES

Plumez et videz de belles cailles grasses, autant que possible des cailles de cages, que quelques jours avant de tuer vous nourrirez avec des baies de genièvre; coupez têtes et ailes, laissez les pattes. Bardez-les avec une barde de lard frais; après les avoir enveloppées d'une feuille de vigne tendre et fraîche, faites rôtir à la broche ou à four vif pendant six minutes; débrochez, mettez en boîtes, arrosez chaque caille d'un peu de beurre frais clarifié, soudez et laissez à l'autoclave :

1 h. 10 m. pour les boîtes de 2 à 4 cailles.
1 h. 20 m. pour les boîtes de 4 à 6 cailles.

N. B. — Pour parfumer les cailles, mettez dans chaque boîte un grain de genièvre.

Cailles à la cendre.

Désossez des cailles à la russe, en ne laissant que le moignon qui tient la patte.

Préparez un salpicon composé de filet mignon de porc frais, de foie gras d'oie, de canard ou de poularde; ajoutez à cela les foies des cailles et autant de truffes crues; assaisonnez avec un peu de sel épicé et une cuillère de fines herbes.

Remplissez vos cailles, repliez les pattes sur la poitrine, donnez-leur une belle forme, beurrez-les, et enveloppez ensuite chaque caille dans de la pâte à pâté, soudez bien les jointures, donnez une forme longue et ronde, et posez chaque caille dans un cercle de fer-blanc du même diamètre que la boîte; servez-vous pour cela de corps de boîtes sans fonds.

Faites cuire ensuite au four chaud, après avoir doré le dessus de la pâte ; il faut que la pâte prenne une belle couleur, bien dorée.

Au sortir du four, enlevez les cercles, mettez chaque caille dans une boîte, soudez et laissez à l'autoclave :

1 heure pour 1 caille.
1 h. 35 m. pour 3 cailles.
1 h 45 m. pour 4 cailles.

Cette conserve se mange froide.

Cailles à la grecque.

Plumez, videz de belles cailles fraîches, préparez des bardes de lard et des feuilles de vigne ; faites cuire du riz à la créole, presque sec ; après quinze minutes de cuisson, retirez du feu, et mélangez, avec une fourchette, quelques cuillerées de purée de tomate bien assaisonnée ; laissez un peu refroidir, avant de remplir vos cailles.

Bardez avec bardes et feuilles de vigne et poussez six minutes à four chaud, emboîtez ensuite, en les arrosant d'un peu de beurre clarifié et d'un atome de feuille de laurier, soudez et laissez à l'autoclave :

45 minutes pour 1 caille.

55 minutes pour 2 cailles.

1 h. 10 m. pour 3   —

1 h. 20 m. pour 6   —

Cette conserve se mange chaude.

Cailles aux petits pois.

Prenez de belles cailles fraîches ; après les avoir vidées et bridées, les pattes en dedans, faites-les cuire pendant six minutes dans un peu de bon bouillon bien assaisonné. Retirez-les du feu ; ajoutez au bouillon pour six cailles, 100 grammes de petit lard de poitrine salé et coupé en petits morceaux, trois quarts de litre de petits pois blanchis et reverdis ; liez ce ragoût avec une noix de roux blanc, assaisonnez avec un peu de quatre-épices, mais pas de sel. Rangez vos cailles en boîtes, entourez-les de petits pois ; que vos boîtes soient bien pleines ; soudez et laissez à l'autoclave exactement le même temps que pour les cailles à la grecque (cette conserve se sert chaude).

Cailles aux truffes.

Plumez, videz et désossez à la russe de belles cailles fraîches.

Avec les foies, préparez un petit hachis avec autant de chair de porc, persil, ciboulettes et une échalote ; passez ce hachis au beurre et au feu jusqu'à entière cuisson ; ajoutez, en retirant du feu, une poignée de chapelure blanche et un œuf entier (pour six cailles). Remplissez bien vos cailles, enveloppez-les dans une barde de jambon cru que vous ficellerez ; poussez huit minutes au four afin de laisser prendre couleur ; emboîtez ensuite en arrosant chaque caille avec un peu de beurre clarifié.

Soudez et laissez à l'autoclave comme pour les cailles à la grecque.

N. B. — Au lieu de beurre clarifié, vous pouvez les arroser avec une sauce périgueux, ou avec un émincé de truffes noires cuites dans la sauce brune faite avec les carcasses des cailles et un verre de madère.

Pâtés de cailles.

Faites une farce fine avec du veau bien blanc ou des chairs de lapin domestique; opérez comme pour la farce fine à galantine. Ajoutez, après l'avoir passée au tamis, des truffes noires cuites et des morceaux de parures de foies gras. Remplissez vos cailles désossées, et terminez comme il est indiqué pour pâtés de perdreaux.

Cailles en ballottines, *pour entrées froides, pâtés et terrines.*

Les mêmes cailles préparées comme ci-dessus, bien farcies avec un morceau de foie gras et une truffe ; enveloppez ensuite dans une mousseline, donnez une forme allongée, ficelez et laissez cuire vingt minutes comme pour une galantine; retirez du feu, resserrez les mousselines et laissez refroidir sous presse.

Déballez et fourrez-les dans un boyau ou une baudruche, recouvrez de saindoux clarifié ou de gelée clarifiée et bien corsée.

Soudez et laissez à l'autoclave :

1 heure   pour les boîtes de 1 ballottine.
1 h. 40 m. pour les boîtes de 3 ballottines.

N. B. — Pour les servir, déboîtez-les en les faisant légèrement chauffer ; enlevez le boyau et saucez votre ballottine avec une sauce chaufroid brune et entourez-la avec des croûtons de gelée clarifiée.

Cailles en terrines et en boîtes.

Même procédé que ci-dessus ; après avoir laissé refroidir vos galantines, mettez-les en terrines ou en boîtes, en les garnissant tout autour avec de la farce bien truffée. Bardez et mettez cuire au four comme pour les terrines de foies gras.

GRIVES

Grives entières rôties au genièvre.

Plumez, flambez et enlevez seulement le gésier à de belles grives fraîches, bardez-les largement en ajoutant sous chaque barde un tiers de feuille de laurier ; embrochez et faites rôtir à feu vif pendant cinq minutes en les arrosant de beurre fondu.

Emboîtez ensuite en mettant dans chaque boîte et pour chaque grive deux grains de genièvre ; arrosez avec le fond de la lèche-frite augmenté de beurre clarifié.

Soudez et laissez à l'autoclave :

50 minutes pour les boîtes de 2 grives.
1 h. 20 m. pour les boîtes de 6 grives.

N. B. — Pendant l'ébullition, posez un poids lourd sur les boîtes afin qu'elles ne remuent pas et ne viennent pas flotter à la surface de l'eau ; rafraîchissez avant de les retirer.

Grives aux olives.

Plumez, flambez et enlevez le gésier à de belles grives ; dépouillez la tête, rentrez-la dans le cou en la tournant.

Bridez les pattes en retroussis.

Passez au beurre pour chaque six grives, un oignon, 100 grammes de jambon cru et un litre de bouillon ; rangez vos grives dans ce fond ; laissez cuire cinq minutes dans ce fond, retirez vos grives, emboîtez, faites réduire le fond avec suffisante quantité de sauce brune, dégraissez et passez à l'étamine.

Remplissez le vide des boîtes avec de petites olives vertes dénoyautées, saucez vos boîtes, soudez et laissez à l'autoclave :

50 minutes pour les boîtes de 2 grives.
1 h. 20 m. pour les boîtes de 6 —

Rafraîchissez avant de les retirer de l'autoclave.

Salmis de grives.

Choisissez pour le salmis toutes les grives qui laissent à désirer.

Plumez, flambez et faites rôtir sans les vider, pendant sept minutes, dans un bon fond de beurre clarifié et de parures de jambon maigre et cru.

Retirez du feu, découpez seulement les poitrines en les parant, puis avec les cuisses et les intestins (excepté le gésier que vous retirerez) faites un gratin que vous pilerez finement et mélangerez avec suffisante quantité de sauce brune, laissez cuire doucement, écumez et assaisonnez.

Rangez symétriquement les poitrines des grives dans les boîtes, en nombre égal, trois, six ou douze ; garnissez avec quelques têtes de champignons blanchis ou de petits cèpes ; ajoutez au besoin une petite truffe, cela ne nuit pas.

Passez la sauce à l'étamine, puis liez-la au sang, mais sans la faire rebouillir.

Saucez vos boîtes bien chaudes, soudez immédiatement et laissez à l'autoclave comme pour les grives au genièvre.

Grives en cerise, *hors-d'œuvres ou entrées froides.*

Plumez, désossez à la russe les plus petites grives que vous aurez mises à part ; qu'elles soient bien fraîches, afin que pendant l'opération du désossage, la peau ne crève pas ; n'y laissez ni os, ni pattes.

Préparez une farce fine à galantines ; passez-la au tamis et incorporez le gratin fait avec les intestins, passés au beurre et au tamis comme pour le gratin de bécasses, assaisonnez avec 40 grammes par kilo de sel et 2 grammes de quatre-épices.

Au moyen d'un poche à douille, fourrez vos grives, mettez au milieu une petite truffe noire et un petit morceau de foie gras cuit et donnez-leur une forme ronde comme une boule en les ployant dans un petit carré de mousseline que vous ficellerez comme un tampon.

Pour les cuire, faites-les pocher au bain-marie dans de la graisse d'oie fondue ou du saindoux ; trente minutes suffisent pour cette cuisson.

Laissez refroidir, retirez de la graisse en resserrant la mousseline et la ficelle, afin qu'elles soient bien rondes ; après douze heures de refroidissement, retirez-les des mousselines, enveloppez chaque cerise dans un morceau de boyau ou baudruche ramolli à l'eau tiède. Rangez en boîtes, couvrez de saindoux clarifié ou de gelée corsée parfumée avec tous les débris de désossage, soudez et laissez à l'autoclave :

50 minutes pour les boîtes de 6.

1 h. 20 m. pour les boîtes de 12.

N. B. — Ayez soin de mettre dans chaque boîte autant de têtes et de pattes entières qu'il y aura de grives, que le tout soit bien nettoyé ; l'emploi de la gelée de gibier au lieu de saindoux a cet avantage que cette gelée peut servir pour corser et parfumer la sauce chaufroid, ou même pour glacer l'entrée.

Ballottines de grives.

Faites la même opération que ci-dessus, seulement vous laisserez les pattes adhérentes au moignon des cuisses.

Farcissez comme pour les cerises, roulez dans une mousseline en donnant une forme allongée, faites pocher au bain-marie et terminez comme pour les cerises, en ajoutant la tête.

N. B. — Vous pouvez, au lieu de saindoux ou de gelée, envelopper chaque grive dans une barde de lard frais, soudez et ébullitionnez.

L'emploi de la baudruche ou du boyau a l'avantage que ni la graisse ni la gelée ne rougissent les viandes, et que l'ébullition à l'autoclave, ne déforme pas les pièces, ce qui vous permet de les retirer intactes des boîtes et de les servir de même.

Pâtés de grives.

Désossez et farcissez vos grives, comme il est indiqué ci-dessus, et avec la même farce formez un moule à pâté rond ou ovale, et garnissez-le de farce et de grives, et terminez comme pour les pâtés de perdreaux, ou autres.

Terrines de grives *des Alpes au genièvre.*

Levez les filets de vos grives sans les désosser, avec les chairs de cuisses faites une farce très fine dans laquelle vous incorporerez le gratin fait avec tous vos débris et broyé finement afin que le résidu soit une purée passée au tamis fin ou à l'étamine.

Votre farce doit être très foncée comme couleur et liée avec un peu de sang de lièvre si possible, garnissez vos terrines, en faisant des lits avec les filets des grives ; truffez avec des truffes en lames et du foie-gras frais bien assaisonné ; couvrez chaque terrine d'une barde, poussez au four jusqu'à entière cuisson, et laissez refroidir sous presse ; couvrez ensuite avec du saindoux clarifié dans lequel vous aurez fait dissoudre quelques tablettes de cire blanche et terminez en fermant le tout avec une feuille d'étain ; soudez le couvercle avec une même bande, et tenez au frais ; votre terrine bien cuite peut se conserver six mois.

Pour conserver ces terrines en boîtes, servez-vous au lieu de terrines à couvercles ou à anses, façon Nérac ou Sarreguemines, de capsules unies de terre vernie ; emboîtez après cuisson, soudez et ébullitionnez comme pour les boîtes de foies-gras, ou de bécasses.

N. B. — La farce pour les terrines de grives des Alpes doit être très crémeuse ; pour arriver à ce point, vous pouvez ajouter de un à trois œufs entiers par kilo de chairs, et travaillez longuement à la spatule ; assaisonnez avec quatre-épices, comme pour une farce à galantine et une pincée de genièvre pilé finement ; il en faut très peu afin qu'à la cuisson le goût d'amertume ne soit pas trop prononcé.

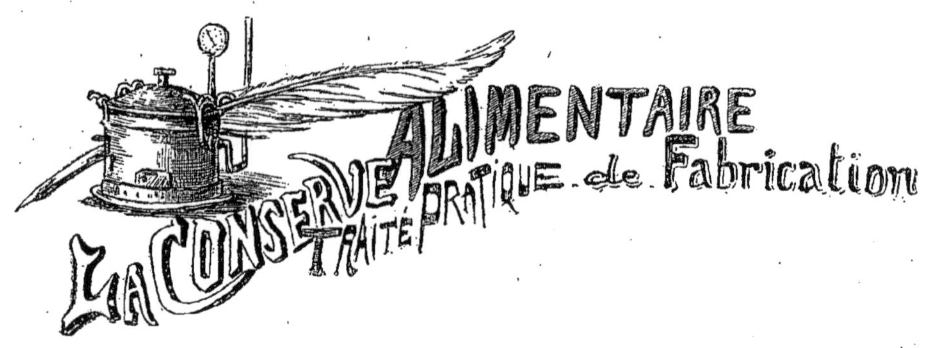

ORTOLANS

Gibier riche et cher, extrêmement recherché, surtout quand il est gras.

L'Italie et le Midi de la France en engraissent une grande quantité en cages, comme on le fait avec la caille.

La valeur de ce gibier varie depuis 1 franc la pièce à 10 francs.

Aussi vous ne devez le farcir qu'avec une farce de volaille et de foies-gras.

C'est une des plus riches entrées de la cuisine française.

Ortolans à la Pènedo.

Ordinairement les ortolans sont toujours plumés ; ce qui permet de les choisir gras et frais ; désossez-les à la russe, en y laissant les pattes et les cuisses, mais pas la carcasse, que vous enlèverez entièrement.

Faites une farce avec des chairs de poules ou de dindes, très fine et passée au tamis. Broyez-la après avec égale quantité de foies gras cuits afin de la rendre onctueuse. Assaisonnez avec 40 grammes de sel épicé par kilo ; fourrez les ortolans à la poche, introduisez ensuite par l'ouverture une petite truffe cuite et bien noire, ployez la peau du cou afin de fermer hermétiquement. Roulez chaque ortolan dans une bande de mousseline à plusieurs tours, sans ficeler, rangez-les sur une grille, puis faites-les pocher dans de la graisse d'oie ou du beurre clarifié au bain-marie.

Ce ne doit pas être une cuisson, mais un raffermissement des chairs ; laissez refroidir dans la graisse et ne retirez la grille qu'au dernier moment afin de bien les laissez égoutter pendant douze heures.

Vous les envelopperez dans un boyau après cela et vous fermerez chaque bout avec un peu de fil et en les posant dans les boîtes, roulez-les dans une barde très mince de bon lard frais, assaisonnez chaque boîte avec un quart de feuille de laurier, thym, marjolaine, trois grains de poivre blanc et deux clous de girofle.

Il faut que vos boîtes soient bien garnies et les pattes bien entières ; mettez les têtes nettoyées dans les vides, soudez et laissez à l'autoclave :

1 heure pour les boîtes de 6.

1 h. 30 minutes pour les boîtes de 12.

Cette conserve se sert froide après que chaque ortolan a été chaufroité avec une sauce blonde et très transparente et posé dans une papillotte de papier dentelé décoré avec de la gelée clarifiée.

Ortolans à la périgueux (*entrée chaude*).

Chaque ortolan doit être, au sortir de la boîte, réchauffé dans une caisse de papier spécial et servi avec une sauce périgueux.

Ortolans à la piémontaise (*Ré Umberto primo*).

Au sortir de la boîte, roulez chaque ortolan dans une feuille de vigne très tendre et une petite barde très fine de gras de jambon, poussez à four chaud pour cuire la barde et la feuille de vigne. Sitôt coloré, dressez sur un risotto aux truffes blanches, ou une purée de polenta au fromage de parmesan.

Ortolans rôtis au naturel.

Voyez bécasses ou bécassines.

Mauviettes, becfigues, etc.

Ces petits gibiers peuvent servir aux mêmes usages que l'ortolan, quoique moins recherchés; ils n'en sont pas moins un gibier très fin et dont le prix rend possible la conservation de ce produit.

Faites-leur subir les mêmes opérations que pour les bécassons ou les ortolans.

Pintades.

Les Anglais les nomment *Guinea-Fowll*; les Italiens, *Pharaones*, je pense à cause de leur tête dont la conformation rappelle un casque antique.

C'est une gallinacée bien difficile à engraisser et presque toujours sèche; elle a la chair un peu plus rouge que celle du faisan; lorsqu'elle est vieille, elle est coriace et dure à cuire, mais les jeunes pintades sont un rôti très recherché.

Vous pouvez les employer en conserves, comme le gibier ou la volaille, au besoin elle peut remplacer le faisan en galantine et elle s'accommode très bien avec la truffe.

Pigeons, pigeonneaux, ramiers.

Mêmes préparations que pour les cailles; n'employez que des pigeons très frais et bien en chair; vous pouvez, avec les pigeons, faire les conserves suivantes:

Pigeons aux petits pois;

Pigeons sautés aux olives;

Pigeons en galantines et en ballotines;

Pigeons à l'italienne;

Salmis de ramiers.

Crêtes de coqs.

Choisissez les crêtes des poulets gras et jeunes; les crêtes de poules ou de vieux coqs deviennent jaunes ou noires à la cuisson et se raccornissent tellement qu'elles deviennent à rien.

Autant que possible ayez des crêtes fraîches dont le sang est encore liquide.

Mettez-les dans l'eau froide et sur le feu, remuez-les avec la main; lorsque vous ne pourrez plus en supporter la chaleur, retirez du feu, égouttez les crêtes, et mettez-les dans un fort torchon de toile avec une poignée de gros sel et frottez afin de détacher l'épiderme de la crête, ce qui doit se faire facilement; jetez vivement ensuite à l'eau fraîche, afin d'arrêter la cuisson; le sang ne doit pas être poché. Passez les extrémités au couteau et changez l'eau souvent afin de faciliter le dégorgement; plus elles dégorgeront, plus elles seront blanches comme de la porcelaine; si elles né dégorgeaient pas, c'est qu'elles seraient trop échaudées. Lorsque l'on n'a pas l'habitude de cette opération, il vaut mieux essayer sur de petites quantités; généralement il faut de douze à dix-huit heures pour les blanchir, l'eau tiédie facilite l'opération.

Lorsqu'elles sont bien blanches, faites un blanc qui se compose, d'eau fraîche, une poignée de farine première par litre d'eau, les chairs de deux citrons, et un centilitre de conservateur; faites bouillir en remuant; au premier bouillon, jetez les crêtes dans cette cuisson; retirez immédiatement du feu, laissez refroidir quelques minutes, égouttez et mettez en flacons ou en boîtes. Recouvrez, soit avec le blanc de la cuisson que vous passerez à la serviette, ou avec de la gélatine clarifiée, finissez les flacons en les recouvrant de graisse de veau fondue. Bouchez et ébullitionnez à l'autoclave.

10 minutes pour les demi-boîtes de 500 grammes.
6 minutes pour les flacons de 1/8 ou de 1/4.

N. B. — Autant que possible, sitôt le temps d'ébullition terminé, enlevez l'eau et rafraîchissez si c'est des boîtes; pour les flacons, même recommandation de ne pas les laisser refroidir dans l'eau de l'ébullition. Au lieu de gélatine clarifiée, vous pouvez mettre de l'eau salée, 50 grammes par litre.

Rognons de coqs.

Même préparation que pour les crêtes, et même ébullition; recouvrez toujours les flacons de graisse de veau fondue.

Financière en flacons.

Choisissez de belles crêtes et de beaux rognons; après les avoir blanchis et cuits au blanc, égouttez et rafraîchissez à l'eau froide, après un seul bouillon dans l'eau, mettez un ou deux centilitres de neutraline liquide.

Préparez aussi quelques belles têtes de champignons tournés et décorés, olives dénoyautées et truffes en lames.

Égouttez tous ces articles sur une serviette et rangez-les ensuite symétrique-ment dans les flacons, les crêtes d'abord, que vous maintiendrez droites en les calant avec les champignons et les truffes. Faites en sorte que l'arrangement soit régulier, que tous les vides soient remplis par un décor ; lorsque le flacon sera bien plein, finissez le remplissage avec de la belle gelée bien clarifiée, bien collée et légèrement colorée, couvrez ensuite de graisse de veau fondue. Bouchez et donnez à l'autoclave :

6 minutes à partir de 100 degrés pour les 1/8 et les 1/4.

10   —   —   —   pour les 1/2.

Conservation des œufs de poules.

Les œufs destinés à être conservés doivent être très frais ; pour vous en assurer, mettez-les dans un baquet d'eau froide, ceux qui resteront *couchés* seront frais ; ceux qui resteront *debout* sur une de leurs pointes seront déjà moins frais, ne les mettez pas ; quant à ceux qui surnagent, ils sont presque gâtés.

En les mirant à la lumière au moyen d'un oroscope, vous les choisirez très bien ; l'outil étant d'un prix très bas, c'est une dépense presque nécessaire.

Il y a plusieurs procédés très économiques de conserver les œufs :

1° A l'eau de chaux, ou mieux au lait de chaux ; pour ce procédé, opérez ainsi :

Rangez vos œufs frais sur la pointe dans des petits barils que vous défoncez ou qui ont un large trou permettant d'y entrer le bras. Rangez les œufs sans les choquer ; tout œuf fêlé est perdu, puis prenez un litre de chaux vive pour cinq litres d'eau, faites fuser la chaux qui doit être fraîchement calcinée. Laissez reposer après avoir bien mélangé et versez sur les œufs l'eau bien limpide ; il est inutile d'y mettre la chaux. Il faut que les œufs soient toujours couverts de liquide, pour vous en servir ou pour les expédier, retirez-les du baril, lavez-les à l'eau courante, laissez-les sécher ou essuyez et emballez-les soigneusement dans de la balle d'avoine.

2° Le deuxième procédé consiste à remplacer le lait de chaux par de la saumure de sel cuite à 25 0/0. Lorsque vos œufs sont complètement recouverts de liquide, mettez par dessus une couche d'huile ordinaire d'un centimètre d'épaisseur, c'est suffisant pour intercepter l'air extérieur et empêcher l'évaporation de la saumure.

Œufs de vanneaux.

Faites subir aux œufs de vanneaux la même opération que pour les œufs de poules, afin de vous assurer de la fraîcheur, l'œuf de vanneau surtout, vers la fin de la saison, est presque toujours couvé.

Rangez ceux qui sont irréprochables dans des boîtes de fer-blanc après les avoir plongés dans de la bougie fondue tiède. Remplissez tous les vides avec du son de blé, afin qu'ils ne se choquent pas, soudez et laissez à l'autoclave, une heure à 110 0/0 pour la boîte de un kilo.

De cette manière, la couleur verte et les taches rousses resteront bien nettes.

Pour réchauffer des œufs de vanneaux conservés, il faut les mettre quarante minutes à l'ébullition dans la boîte, si vous les réchauffez par petite quantité. Au sortir de la boîte, après les avoir essuyé, huilez-les légèrement avant de les faire chauffer à l'eau tiède.

Je recommande cette conserve aux cuisiniers qui doivent souvent servir, et à n'importe quel prix, des œufs de vanneaux.

Voici encore un procédé qui a·son mérite. Choisissez des œufs excessivement frais, trempez chaque œuf dans de la cire fondue très claire, sitôt prise, rangez vos œufs dans un vase de grès et couvrez-les avec une saumure composée de cinq cents grammes d'acétate de soude par litre d'eau, faites fondre entièrement l'acétate et que vos œufs soient toujours recouverts.

Ne les mettez à cuire qu'au fur et à mesure de vos besoins.

Un dernier procédé consiste à baigner les œufs dans un liquide (cette dernière expérience est trop récente pour pouvoir en apprécier le résultat), une fois égouttés, les ranger en caisses; la conservation est garantie d'une ponte à l'autre. Le procédé n'étant pas dans le domaine du public, ne peut pas être publié.

LES FOIES GRAS

Les foies gras jouent un grand rôle dans l'industrie et dans la cuisine ; ce sont ordinairement des maisons spéciales qui se chargent de cette fabrication, mais ce n'est pas un monopole. Dès le moment que vous avez les matières premières abondantes et fraîches et le matériel nécessaire, vous pouvez fabriquer.

L'Allemagne, l'Autriche, la Hongrie et la Bohême exportent une grande quantité de foies gras.

L'Alsace et la Lorraine, et spécialement Strasbourg, avaient, avant la guerre, le monopole des pâtés et terrines de foies gras truffés. Dans l'Italie, Mantoue et Vérone en produisent une certaine quantité et en France, nos départements du Midi ont aussi cette spécialité de foies gras d'oies et de canards. C'est de cette production que Toulouse est le centre, ce qui fait qu'ils ont le foie gras et la truffe, deux produits qui vont bien ensemble, car un pâté de foie gras sans truffes ne se conçoit pas !

La cuisine demande une grande quantité de foie gras naturel et le travail exige des foies de qualité irréprochable.

Il est donc nécessaire de choisir et d'éprouver les foies, plutôt que de livrer des boîtes dont vous n'êtes pas absolument certain du contenu.

Foies gras au naturel.

Prenez des foies frais, blancs et fermes, n'ayant pas dégorgés dans l'eau, enlevez le fiel en ciselant la partie verte du foie qui est amère, puis rangez vos foies dans un récipient plat et bas de bord, posez-les de manière à ce que la poche à fiel que vous venez de vider se trouve à la partie visible, le récipient doit avoir un couvercle hermétique et doit à son tour pouvoir se poser dans l'eau du bain-marie. Il n'y a pas de matériel pour ce travail aussi disposé que les bassines à confire les marrons.

Vos foies bien rangés dans le récipient, recouvrez-les de saindoux frais, mettez au bain-marie et laissez *pocher* vos foies, vous devez comprendre que la graisse ne doit jamais bouillir, qu'elle doit chauffer dans l'eau bouillante tout doucement et jusqu'au point où vous ne pourrez plus y supporter le doigt.

J'insiste sur ce point et sur ce matériel, qui est de première nécessité, un foie mal poché, n'a plus de valeur, un foie bien poché vaut le double, arrivé doucement à ce degré de chaleur, le foie gras a fait son retrait, l'eau, le sang ont été éliminés et se trouvent dans le saindoux, les foies de mauvaise qualité ont fondu, ceux qui n'étaient que graisse ont disparu. Ce qui reste de visible, c'est de la belle marchandise. Laissez-les complétement refroidir avant de les sortir de leur graisse, préparez vos boîtes, aromatisez-les, au besoin. Posez au fond une barde de lard frais, afin que le foie ne touche pas le métal, ajoutez une feuille de laurier, thym, girofle et sel épicé spécial aux foies gras. Posez vos foies dans les boîtes, recouvrez-les avec la graisse que vous aurez épurée et au besoin clarifiée.

Soudez et donnez à l'ébullition libre :

> 35 minutes pour les boîtes de 400 grammes.
> 45 — pour les — de 600 —
> 60 — pour les — de 1 kilo à 1.200.

Ayez soin de rafraîchir dans l'autoclave avant de les retirer.

N. B. — Si vous avez des épluchures de truffes fraîches, vous pouvez en mettre quelque peu dans la boîte, afin de parfumer le foie.

Cette manière de procéder pour les foies au naturel, quoique longue à cause du refroidissement, est supérieure comme résultat au procédé suivant qui consiste à ranger les foies dans des plaques à rôtir. Les recouvrir dessus et dessous de bardes de lard et de papier huilé, et les pousser à four doux pour les faire suer. Cette manière plus expéditive ne les fait pas dégorger, mais concentre et cuit le sang intérieur, ce qui fait des foies gras, rouges, gris, noirs, de mauvaise conservation, car le sang pousse à la fermentation.

Je conseille le premier procédé pour les fabricants de terrines et pâtés, qui doivent conserver une grande provision pour la fabrication d'automne, cette manière de procéder leur permet de faire des bidons de 4 à 5 kilos, dont ils seront absolument sûrs, pouvant, non-seulement après cuisson et refroidissement, choisir les qualités et faire une remarque sur la boîte, mais encore en conserver une plus grande quantité dans chaque bidon.

L'ébullition des bidons de 4 à 5 kilos doit se faire à l'ébullition libre et laisser refroidir la boîte dans l'eau fraîche.

Laissez deux heures.

Pâtés de foies gras truffés. (*Préparation du foie.*)

Avant de commencer la fabrication, prenez vos foies choisis blancs et fermes, les mous qui, sous la pression des doigts, n'ont pas de consistance, mettez-les dans la farce.

Taillez vos foies en gros morceaux, pesez le tout et en les mettant en terrines, enveloppez-les de tout côté avec du sel épicé, 50 grammes par kilo de foie gras.

Laissez-les sur glace ou au frais pendant douze heures, avant de les employer.

Faites la farce à foie gras.

Préparation de la farce (*pour terrines et pâtés*).

Prenez comme chair les cuisses, les filets et les côtes de porc frais, bien blanc et jeune, enlevez les nerfs et les peaux, mettez les deux tiers de maigre et un tiers de gras ferme, pesez la masse et incorporez, au moyen des mains, 50 grammes de sel épicé par kilo de chair.

Hachez à la machine américaine ou au billot, le résultat est supérieur haché finement, passez au tamis à farce qui est en fil de cuivre et à berceau, puis votre farce passée, vos foies aromatisés, vos truffes fraîches, pelées ou non pelées, et que vous aurez fait suer avec quelques verres de madère dans un bidon en étain fin, à fermeture hermétique et que vous mélangerez ensuite à la farce, dont vous ferez un essai en la pochant gros comme une noix dans un moule à dariole à l'entrée du four. Les truffes doivent toujours suer avant de les employer ; la truffe crue se cuit difficilement dans un pâté et encore moins dans une terrine, et elle ferait blanchir et fermenter au bout de peu de temps, et ne faciliterait pas la conservation.

De ces trois préparations :

Macération des foies et des épices, fabrication de la farce, cuisson des truffes, dépend le résultat de votre fabrication ; aussi soignez et veillez à ce que tout soit parfaitement fait.

Si vous désirez faire des pâtés, ayez les moules garnis déjà depuis quelques heures, employez des formes pincées, façon Strasbourg, ce qui est plus expéditif que de les monter à la main.

Préparation de la pâte à pâtés.

Prenez 2 kilos de farine, 1re de cylindre,

    1 — graisse de foies gras, ou graisse d'oie crue, pilée et passée au tamis.

    150 grammes de sel fin.

Opérez ce mélange en incorporant de force sous la paume de la main, la graisse et la farine, puis pour lier le tout, ajoutez quelques gouttes d'eau par petite quantité à la fois ; vous pouvez mettre 3 œufs entiers par kilo de farine.

Cette pâte doit être ferme et avoir du corps, laissez reposer deux heures avant de garnir vos moules.

Et remplissez l'intérieur de foies gras en morceaux dont vous boucherez et remplirez les vides avec de la farce et des truffes ; il faut que le foie gras domine, la farce n'est là que pour lier les morceaux et boucher les vides ; terminez en dôme afin de laisser assez de bords pour souder et pincer le couvercle ; avant de placer votre couvercle de pâté, mettez sur la farce et en étalant avec le couteau une grosse noix de beurre manié, posez ensuite le couvercle, décorez-le, dorez à l'œuf, faites une cheminée et poussez au four à pâtés, à chaleur gaie, ferrez le dessous de vos pâtés avec plusieurs plaques, couvrez-les d'un papier huilé, et pour un pâté de 1 kilo laissez une heure et quart au four.

Votre croûte doit être dorée, assurez-vous de la cuisson au moyen d'une aiguille à brider que vous introduisez dans le pâté par la cheminée.

Rendez-vous compte du résultat par l'odorat en retirant l'aiguille, elle ne doit conserver ni matière crue, ni être froide; vous devez, lorsque vous la retirez après quelques secondes d'arrêt dans le pâté, vous assurer avec la main si la chaleur est la même dans toute sa longueur; une fois habitué au four, vous n'avez plus besoin de toutes ces remarques, vous marchez à coup sûr, connaissant sa chaleur.

En retirant vos pâtés du four, bouchez de suite la cheminée avec un morceau de pâte crue, que vous remplacez plus tard par un bouchon cuit, et laissez huit jours en gallon fermé avant de les faire manger. Il faut, pour être moelleux, qu'un pâté de foies gras soit rassis; un jour en été, quatre jours en hiver.

Pâtés en croûtes et en boîtes (*pour la conservation d'été*).

Après avoir laissé vos pâtés reposer et refroidir pendant deux jours, si vous désirez les conserver en boîtes, suivez ce procédé : pendant que le pâté cuit dans le four, préparez une réduction de glace de viande blonde, gelée clarifiée, madère sec, réduisez à en faire un extrait fort en gélatine ; au sortir du pâté du four, introduisez par la cheminée ce fonds réduit, et laissez-le s'infiltrer dans la masse, imbibez autant que faire se peut, et lorsque le pâté est refroidi, finissez de remplir le vide avec une bonne graisse d'oie fondue et assaisonnée ; je dis graisse et non saindoux ; introduisez cette pâte dans des boîtes de même dimension, soudez et donnez une heure et demie d'ébullition pour un pâté de 1 kilo 500.

Ayez bien soin de ne pas ébullitionner votre boîte, en retournant le pâté, qui doit toujours conserver sa position, à la cuisson comme pendant le refroidissement.

Pour toutes les formes à pâtés, voyez *Matériel de pâtisserie.*

Terrines de foies gras truffés.

C'est Sarreguemines en Alsace, Limoges en France, qui ont la spécialité de la fabrication de la terrine vide blanche, jaune vernie ou décorée, riche ou ordinaire. Les numéros employés généralement dans l'industrie sont pour la terrine basse 14, 14°, 12, 10, 9, 5, 4; pour les terrines hautes 00, 0, 1, 2, 3, 4.

Les prix des terrines vides varient depuis 15 centimes à 15 francs, et pleines depuis 1 fr. 50 à 100 francs.

Le détail des formes rondes ou ovales est tellement varié qu'il vaut mieux échantillonner chez les potiers que de créer des modèles.

Vous employez pour la terrine la même farce et les mêmes foies que pour le pâté, sauf que les foies doivent être coupés d'après le numéro de la terrine que vous voulez remplir, et suivant la qualité que vous fabriquez, premier, deuxième ou troisième choix ; remplissez vos terrines de farce, foies et truffes, lissez le dessus en bien le tassant, posez une barde de lard ou le couvercle de la terrine, posez sur des plaques spéciales, mettez de l'eau afin que vos terrines baignent au moins d'un centimètre; poussez les plaques au four gai, laissez cuire jusqu'au moment où vous verrez la graisse de la terrine commencer à frire, retirez vos terrines, laissez refroidir en les découvrant pendant vingt-quatre heures; lorsque vous verrez que la graisse et le jus sont rentrés dans la farce, posez les terrines les unes sur les autres afin de les presser, ou si vous avez des coins vernis, spéciaux à cet objet, posez-les, laissez refroidir vingt-quatre heures.

Après, démoulez, changez de terrines, ce qui se fait généralement, car les terrines qui vont au four sont du matériel sacrifié, et qui servent continuellement ; vos terrines définitives sont neuves et propres ; en les changeant, vous opérez le classement et vérifiez vos foies. Cette fabrication demande un homme du métier, versé dans la fabrication et cuisinier ou pâtissier, connaissant les diverses cuissons et manipulations.

Une fois vos terrines froides, inspectées et changées, recouvrez-les de saindoux blanc dans lequel vous ajouterez une légère quantité de cire blanche ; remplissez vos terrines jusqu'à pleins bords, recouvrez de papier d'étain, couvrez en introduisant le couvercle de force, bordez et soudez une bande de papier d'étain que vous fixez avec de la colle spéciale, étiquetez et laissez huit jours avant de déguster.

Pour les voyages et dans l'été, comme les terrines se conservent mal, et pour éviter tout mécompte, faites vos foies gras truffés en boîtes, opérez pour les garnir de la même manière que pour les terrines, et mettez au-dessus gros comme une noix de beurre manié, laissez assez de place pour pouvoir souder les petites boîtes à cru et donnez :

Une heure et demie d'ébullition pour les numéros pesant de 125 à 250 grammes.

Deux heures pour les 500 grammes, pour tous les numéros au-dessus ; faites-les d'abord pocher au four comme les terrines, laissez refroidir et remplissez le vide avec de la graisse de foies gras fondue et aromatisée, soudez et donnez une ébullition de une heure et demie à deux heures et demie, suivant les grandeurs dans les boîtes, forcez en foie et non en farce, et lorsque vous devez ouvrir les boîtes, ne le faites qu'après les avoir laissées quelques heures dans la glace pour les raffermir.

Pour pocher vos boîtes au four, mettez une feuille de basilic fraîche, et recouvrez-la d'une barde de lard non salé.

Saucisson de foie gras truffé.

Prenez 2 kilos de chairs dans le cuissot ou le filet de veau, aussi blanc que possible ; dénervez et coupez en morceaux, ajoutez à ces 2 kilos nets de viandes 1 kilo de foie gras de deuxième choix poché et refroidi,

500 grammes de porc frais.

500   —   —   salé, sortant de la saumure.

Hachez finement le tout, et pilez-le ensuite au mortier pour en faire une pâte bien homogène, assaisonnez tout en pilant avec 160 grammes de sel épicé, et ajoutez l'un après l'autre cinq œufs entiers, retirez du mortier et mettez au frais, ajoutez ensuite en mélangeant avec la main :

500 grammes de langue de bœuf à l'écarlate, rouge et bien cuite, coupée
en petits dés de 5 millim. ;
100 grammes de pistaches mondées et bien vertes ;

500 grammes de truffes cuites et coupées comme la langue ;

1 verre de bon cognac ;

1.000 à 1.200 grammes de beau foie gras bien ferme et bien frais que vous couperez en bandes de toute la longueur du foie et ayant 4 centimètres de diamètre ; assaisonnez ces bandes la veille autant que possible en les roulant dans le sel épicé.

Prenez ensuite des boyaux gras de 40 centimètres de long, propres et bien essuyés, entonnez la farce et placez bien au centre du boyau les bandes de foie gras ; serrez bien les deux bouts, attachez, ficelez et procédez à la cuisson en plongeant vos saucissons dans l'eau tiède ; chauffez, amenez au degré d'ébullition pendant six minutes, mais sans bouillir afin de ne pas crever les boyaux, retirez du feu et laissez refroidir dans la cuisson, jusqu'au moment où vous pouvez y mettre la main ; resserrez ensuite le boyau, afin de remplir les vides que le foie aura faits en pochant ; essuyez ensuite et passez-les dans une solution de safran ou de jaune d'or, laissez sécher et refroidir dans un lieu sec et frais et enveloppez ensuite de papiers et faveurs.

Un autre procédé commercial consiste à faire pocher les saucissons d'abord dans un menu de bœuf, puis, après cuisson et refroidissement, on déchire le menu sans toucher le saucisson qui est roulé ensuite dans des bandes de lard gras, bien régulières, puis glissé dans un boyau gras, qui est remis à pocher, et coloré ensuite ; de cette manière, le saucisson devient plus gros, plus lourd, mais la qualité est la même, il a subi un truc qui augmente son poids.

Saucisson de saumon *(maigre)*.

Prenez la farce indiquée à l'article *Quenelles de poisson* ; incorporez à cette farce truffes cuites et quelques queues de crevettes. Remplacez le foie gras par des morceaux de saumon frais, bien assaisonné ; laissez cuire sans ébullition pendant quinze minutes, et retirez du feu ; suivez le procédé indiqué au premier procédé, et colorez ensuite rose saumon (voyez ce colorant).

BEURRES

Les beurres.

1° Matériel servant à la fabrication du beurre par le système centrifuge, procédés F. Fouché;

2° Salaisons des beurres pour la conserve ;

3° Beurre fondu;

4° La coloration du beurre naturel;

5° Margarine ou beurre d'oléo ;

6° Les graisses alimentaires.

Je n'ai à entrer dans les procédés de fabrication du beurre qu'au point de vue de la conserve.

Le plus important pour la conservation du beurre, c'est le lavage, après viennent le malaxage et l'épurage.

Pour la qualité du beurre, la première de toutes les conditions, c'est sa fabrication.

Dans l'ancien système, encore en faveur aujourd'hui, le beurre se fait à la baratte. La crème est plus ou moins fraîche, de là provient souvent, si ce n'est pas toujours, le goût défectueux du beurre.

Dans la Normandie, célèbre pour ses pâturages et ses beurres d'Ysigny et de Gournay, les traites se mettent en vases de grès, hauts de forme, étroits de fond, larges et évasés du haut; puis on abandonne le lait au frais pendant quelques jours, de trois à cinq, suivant la saison ; on écrème ensuite ; quelquefois, souvent même, la crème a de la barbe, c'est-à-dire un commencement de moisissure.

Dans la baratte, le beurre se mélange, et suivant la richesse de la crème et son bouquet, la qualité est plus ou moins supérieure; ces beurres fabriqués ainsi demandent à être excessivement lavés, afin d'enlever le plus possible le lait resté dans le beurre.

Avec ce procédé, le lait est perdu pour la consommation; il ne peut plus être employé que pour la porcherie.

Maintenant dans le système centrifuge, le beurre se fait immédiatement après la traite avec le lait frais, qui, mis tout ensemble dans une bassine à double fond chauffée par un jet de vapeur, afin que la température soit maintenue entre 15 et 17 degrés, est continuellement vanné (c'est-à-dire remué) afin que la température soit égale partout.

De la bassine, il coule lentement dans la centrifuge qui, marchant au moteur, doit faire 750 tours à la minute ; cette vitesse vertigineuse fait monter la crème plus légère que le lait ; arrivée au bord de la centrifuge, elle s'écoule dans le panache. Le lendemain cette crème peut être barattée. Ce produit est d'une qualité supérieure et d'une grande conservation, mais il faut le colorer, et cette coloration s'obtient par divers colorants, dont les plus autorisés sont :

La fleur des prés, ayant l'arome du serpolet ;

La fleur des prairies, ayant l'arome de la noisette.

Quelques gouttes dans la crème avant le barattage suffisent pour donner au beurre une teinte jaune d'or plus ou moins foncée.

10 grammes de sel de neutraline, dans 100 litres de crème, détruisent les derniers ferments lactiques qui pourraient être en suspension dans le beurre, et aident à la conservation, en donnant au beurre, par suite de son mélange avec les sulfates de chaux, le goût si fin de la praline.

Ceci n'est plus à discuter ; le beurre, par ce procédé, peut se conserver beaucoup mieux qu'avec l'acide benzoïque.

Si vous désirez conserver votre beurre frais quelques jours de plus sans le saler, prenez un vase de grès, haut et large de ventre ; après avoir échaudé le vase et frotté avec une poignée d'orties fraîches, passez-le à l'eau fraîche, et mettez au fond un litre de saumure de sel blanc à 12 degrés faite à chaud. Passez ensuite votre beurre dans le vase, sans laisser aucun vide ; la saumure en montant servira de fermeture, laissez-la afin que votre beurre ne soit jamais en contact avec l'air, couvrez le vase avec une mousseline. Ayez soin, lorsque vous désirez retirer du beurre du vase, de ne jamais y mettre la main, mais toujours le prendre avec une palette de bois, jamais en métal.

Une autre manière consiste à mouler le beurre en petites formes ovales ou rondes de 125 grammes à 500, d'envelopper chaque forme dans une mousseline et de les mettre ensuite dans un vase de grès, ou un tonneau, en pleine saumure ; afin que le beurre soit maintenu au-dessous du niveau de l'eau, posez un clayon par-dessus, afin de le maintenir au fond.

En retirant vos formes de la saumure, lavez-les à l'eau fraîche afin d'enlever le goût salé.

Beurre salé dit demi-sel.

Lorsque votre beurre a subi toutes les opérations décrites ci-dessus, lavage, malaxage et épurage, que la coloration est parfaite, pétrissez-le avec 2 kilos 500 grammes de sel très fin et blanc par 100 kilos de beurre. Mettez en pots ou en boîtes, recouvrez chaque pot d'une mousseline et d'un peu de saumure, et laissez au frais.

Pour tasser le beurre dans les boîtes, servez-vous d'une tamponneuse, du diamètre de la boîte, afin d'éviter une main-d'œuvre onéreuse. Soudez et mettez au frais.

Beurre salé.

De 10 à 16 kilos de sel blanc par 100 kilos de beurre, c'est très salé, mais ce n'est pas immangeable ; ces sortes de beurres se mettent en barils et sont pour l'exportation dans le Nord.

Pour les pays chauds, les colonies, le beurre se met dans des boîtes de fer-blanc.

La France et la Lombardie en font un grand objet d'exportation. Malheureusement, la Hollande, l'Allemagne depuis quelques années, ont inventé, ou plutôt ont adopté l'invention du chimiste Mouriès, qui pendant le siège de Paris, en 1871, était parvenu à faire un beurre artificiel qu'il a nommé *margarine*.

Les Américains en font aujourd'hui une fabrication prodigieuse, et au moyen d'une manipulation chimique, cette margarine prend l'aspect du beurre frais, et si l'opération est faite dans les conditions voulues, il est difficile, pour ne pas dire impossible à un acheteur de ne pas s'y laisser prendre; inutile de dire que la qualité est irréprochable.

La loi dit bien que la margarine doit être vendue sous son nom, et non comme beurre, mais la plupart du temps, les truqueurs la mélangent avec le beurre, et la supercherie est pour ainsi dire impossible à vérifier.

La loi anglaise est plus sévère que la loi française ; de fortes amendes sont infligées aux détaillants. Le fabricant est libre, mais le revendeur doit étiqueter la marchandise sous son vrai nom.

C'est à un total fabuleux que la margarine est consommée en Angleterre : 30.000.000 (trente millions de tonnes) par an, venant principalement de la Hollande et du Danemark sous le nom de beurre danois, et c'est pour cela que devant l'avilissement des prix quelques maisons françaises d'exportation ont dû opérer le mélange de beurre et de margarine. C'était un tort; et aujourd'hui beaucoup de maisons se repentent d'avoir cédé à l'entraînement; la marque qui était connue et souvent préférée et qui pendant de longues années avait toujours contenté la clientèle, s'est trouvée en peu de temps avilie et méprisée.

Le client veut bien payer bon marché, mais lorsque le bon marché est mauvais, il n'y retourne pas et préfère augmenter le prix et avoir bon.

C'est un peu ce qui est arrivé pour presque tous les articles d'exportation alimentaire; les rivaux étrangers ont fait bon marché et mal, le prix a tenté l'acheteur, mais le produit n'a pas séduit, car ce n'est qu'à force de travail et de perfectionnement qu'on peut soutenir une marque et faire une concurrence sérieuse.

La margarine, sa fabrication.

Depuis vingt ans que la margarine est entrée dans l'alimentation parisienne et que l'inventeur, M. Mouriès, chimiste, a commencé cette fabrication, les autres peuples en ont profité.

Voici sommairement la base de cette fabrication :

Au moyen de graisse de rognons de bœufs extrèmement fraîche, hachée et saturée par la chaleur, puis soumise à la presse hydraulique à froid, le liquide qui s'échappe de la presse est semi-liquide, d'un jaune clair; c'est l'oléine ou oléo-margarine. Depuis son invention, ce sont les Américains qui en fabriquent le plus; c'est par chargements complets de navires que cet article est débarqué à Rotterdam, qui est le marché central de ce produit. C'est là que les Danois puisent pour fabriquer leur beurre et ce sont eux qui, par le fait, ont la supériorité pour la production européenne.

La fabrique parisienne travaillant très bien, faisant un produit toujours de premier choix, suffit à la consommation locale.

Les autres fabricants ne font que l'oléine et pas de beurre.

Plusieurs procédés de manipulation sont employés. Le plus usité consiste à opérer le mélange à la baratteuse, puis malaxer, afin de rendre la pâte très homogène ; si dans le mélange vous employez une certaine quantité de lait frais non écrémé vous obtenez le beurre danois.

Un autre procédé consiste à mélanger dans la baratte la crème fraîche additionnée de 50 à 80 pour cent de margarine, après coloration.

Par ce mélange, on obtient un produit supérieur ; c'est le procédé des fermiers ; en parfumant ce mélange au moyen des colorants spéciaux, fleur des prés ou fleur des prairies, vous obtenez une imitation parfaite du beurre naturel.

Actuellement, le bas prix de la margarine a fait baisser les beurres et *vice-versa* ; d'ailleurs, cette marchandise n'est pas de conserve, elle doit s'employer à l'état frais ; sa valeur diminue de prix chaque jour, et une oléine qui a 15 à 25 jours de magasin n'est vendue qu'aux savonniers.

Les résidus des presses, après extraction de l'oléo, c'est de la stéarine, dont les fabricants de bougies emploient la totalité.

Les prix de ces diverses marchandises sont très variables; c'est une bourse ; aussi la spéculation s'y donne large carrière.

Pour terminer la manipulation de la margarine, vous devez, au sortir de la baratte, passer le beurre sur le malaxeur et au besoin à l'épureuse, afin de lui retirer toutes les impuretés, ainsi que le petit-lait qui pourrait le faire aigrir.

Plus le beurre est propre et lavé, plus le produit sera de conserve.

J'ai déjà dit que la loi anglaise venait d'édicter des mesures sévères et de fortes amendes envers les fabricants et marchands de beurre artificiel.

Toutes ces mesures sont très platoniques. Vous pouvez surveiller et contrôler les opérations des usines sur place, mais comme les analyses chimiques sont impuissantes à découvrir la fraude; que, d'une part, vous pouvez avoir des beurres très naturels qui seront mauvais, et, d'autre part, des beurres artificiels qui seront excellents, les chimistes renoncent à se prononcer.

En somme, le consommateur peu fortuné qui, pour un prix modique, a de la graisse alimentaire de bonne qualité, ne doit pas se plaindre.

Il n'y a, à mon avis, fraude que lorsque le fermier vend un produit falsifié pour un produit naturel.

Beurre fondu ou beurre cuit.

Il arrive fréquemment que par les grandes chaleurs de l'été, par les perturbations atmosphériques, les laits ou les crèmes à beurre tournent, aigrissent ou prennent un mauvais goût, que même certains beurres, par suite de la nourriture des vaches laitières, sont amers, impossible de les saler; le goût, malgré le sel, domine toujours; le mieux, alors, est de fondre, de cuire ces beurres.

Opération très délicate qui demande beaucoup de surveillance et une chaudière de fonte ayant un rebord évasé comme un entonnoir, pour éviter les accidents, surtout lorsque les beurres ont déjà un commencement de fermentation. Ils montent en écumes et débordent facilement.

Pour éviter cet inconvénient, les marmites à fondre spéciales à cet effet ont un collier ou panache à bec, qui fait l'office d'égouttoir; sous le bec, vous mettez un récipient; de cette manière, vous éviterez les pertes.

Il faut commencer la fonte avec très peu de feu, écumer soigneusement, ajouter un petit sachet de mousseline contenant une feuille de laurier, une feuille de sauge, une branche de sarriette et deux clous de girofle par kilo que vous laisserez infuser pendant tout le temps de la cuisson.

Lorsque vous verrez que le beurre commence à s'éclaircir, qu'il devient ambré, que les résidus se colorent légèrement en brun clair (noisette), éteignez le feu complètement et laissez reposer et refroidir; passez-le ensuite au travers d'une mousseline dans des vases de grès ou de terre vernie, ou des baquets de bois neuf, et laissez au frais jusqu'à complet refroidissement; arrosez le dessus avec un peu de saumure à 12 degrés, couvrez d'une mousseline et conservez au frais; ce beurre peut se conserver plusieurs années.

Graisse alimentaire.

La fabrication et la manipulation des graisses sont très délicates; elles demandent des soins assidus et surtout des produits d'une grande fraîcheur; c'est excellent pour tous les usages culinaires.

Le bas prix des graisses de boucherie, bœuf et veau, permet de faire ce produit dans d'excellentes conditions et il n'aura pas le goût ni l'odeur du suif, surtout si vous n'employez pas les suifs de mouton.

Dans les pays où on engraisse beaucoup de volailles et d'oies, il est facile de se procurer chez les éleveurs ou sur les marchés, des graisses dites *râtis* qui enveloppaient les boyaux ou intestins des volailles tuées; comme ces intestins sont retirés à l'état chaud, en pinçant le bout d'un râtis, vous le séparez facilement de l'intestin en le tirant en sens contraire; ce sont ces graisses de râtis qui, mélangées avec le suif de boucherie en plus ou moins grande quantité, font un produit excellent.

Généralement un beau et bon bœuf fournit 50 kilos de graisse de premier choix. Procurez-vous cette dépouille le plus fraîche possible, hachez cette graisse finement et laissez-la dégorger dans 50 litres d'eau froide contenant 500 grammes du carbonate de soude.

Remuez souvent cette masse afin que la graisse se désagrège ; après huit heures de dégorgement, égouttez dans des corbeilles ou paniers perforés, laissez-y le moins possible d'humidité.

Fondez ensuite dans une chaudière de fonte, jamais dans du cuivre non étamé, faites fondre à petit feu, ajoutez un sachet de mousseline contenant oignons, carottes et épices diverses.

Il faut 8 à 10 heures de cuisson pour fondre et clarifier cette graisse qui, mélangée avec les rôtis de volaille ou d'oies, ainsi que des graisses de porc frais ou de veau, doit se clarifier lentement ; remuez avec une spatule de bois ou de fer afin que le fond ne s'attache pas ; il ne doit rester, après huit heures de cuisson, aucun résidu, sauf quelques peaux ou membranes desséchées ; le meilleur procédé pour cette cuisson est la bassine à vapeur (voyez les divers modèles fabriqués par la maison Égrot, 23, rue Mathis).

En surveillant attentivement la dernière période de cuisson, afin d'éviter les coups de feu et surtout de surchauffer cette graisse qui doit rester onctueuse et d'une limpidité parfaite, colorez à ce moment avec cinq centilitres de colorant dit *fleur des prés*, pour 50 litres de matière. Eteignez complètement le feu ou la vapeur, laissez reposer à clair et soutirez dans un bac métallique ou mieux dans des bassins en tôle émaillée, si c'est possible, puis finissez en remuant souvent, après avoir assaisonné dans les proportions suivantes :

Pour 50 litres de graisse fondue, 1 kilo de sel fin, dit de table, et 50 grammes de poivre blanc moulu au moment et dans la graisse afin d'en concentrer l'arome.

Lorsque vous verrez que la graisse commence à se tourner en onguent, versez-la dans les vases ou barils, tassez fortement afin de dégager les globules d'air qui se trouvent dans la masse, couvrez et laissez au frais comme il est dit pour le beurre cuit.

Si vous n'avez pas assez de colorants, forcez alors en carottes que vous laisserez cuire ; cette addition vous donnera une légère couleur ambrée, qui sera identique au beurre cuit.

Le saindoux.

Pour avoir un produit supérieur comme qualité et comme nuance, il faut fondre les saindoux à la vapeur dans des bassines émaillées ; cette méthode seule vous donnera un produit franc de goût et d'odeur, et surtout blanc comme la neige. En cas de manque de vapeur, employez alors le matériel indiqué pour la fonte du beurre et de la graisse alimentaire et suivez le même procédé que ci-dessus.

Le saindoux ne doit pas s'assaisonner ; ordinairement, il se met en vessies de bœuf, porc, etc.

Pour remplir ces vessies, soutenez-les dans un baquet d'eau, et une fois pleines, serrez l'ouverture avec une forte ficelle, enlevez l'entonnoir et abandonnez la vessie sur l'eau jusqu'au refroidissement.

En les retirant, resserrez la fermeture, passez autour de chaque vessie une cordelette en croix, et suspendez le tout à l'air jusqu'à ce que la vessie soit sèche, emmagasinez ensuite dans des caisses en les entourant de son de blé ou de sciure de bois, afin de les conserver pendant les chaleurs.

Dans l'industrie on distingue deux qualités de saindoux :

1° La panne qui enveloppe les rognons et qui sert en pharmacie et en parfumerie sous le nom d'axonge ;

2° Les gras, qui se composent de toutes les parties grasses du porc, ainsi que les râtis des intestins.

Les deux qualités peuvent se mélanger et donneront un produit de premier choix.

Hachez finement à la machine les gras que vous destinez à la fonte et laissez-les dégorger pendant quelques heures dans de l'eau fraîche, afin de dissoudre toutes les parties sanguinolentes ; ajoutez 500 grammes de carbonate de soude, puis 50 litres d'eau ; remuez fréquemment, afin de faciliter le dégorgement, égouttez ensuite dans des corbeilles, et mettez à fondre, après avoir retiré le plus d'humidité possible ; pesez cette quantité, et ajoutez à la fonte le quart d'eau, chauffez en remuant ; si vous devez mélanger les deux qualités de saindoux, ne le faites qu'après que la deuxième a commencé à chauffer, car l'axonge fond plus facilement que les gras ; vous aurez eu soin d'y ajouter la même quantité d'eau.

Lorsque vous commencez à voir la fonte devenir liquide et laiteuse, retirez toujours au fur et à mesure la partie fondue, par petite quantité à la fois afin de l'avoir toujours blanche ; remuez le saindoux fondu jusqu'au refroidissement, afin qu'il soit lisse et en pommade, et coulez-le en vessie à mesure.

CHAUDIÈRE A VAPEUR
(Système Égrot.)

Spéciale pour la fonte des graisses et des saindoux. Le même modèle peut servir dans la charcuterie pour cuire les jambons, les viandes pour la conserve, et peut être munie des accessoires suivants :
1° Paniers perforés,
2° Grues et palans.

Remuez jusqu'à la fin de la fonte ; après une cuisson lente et longue, vous passerez les résidus dans la presse à gras.

Le résultat de cette opération doit vous procurer par suite de l'addition de 25 0/0 d'eau à la fonte, une augmentation de poids variant de 15 à 18 0/0, et afin d'en opérer l'assimilation d'une manière complète, il faut remuer continuellement jusqu'au refroidissement.

En lavant, ou plutôt en laissant dégorger vos graisses dans de l'eau carbonatée, vous obtiendrez un saindoux très blanc, et si vous pouvez opérer ces fontes dans des bassines émaillées, le résultat sera extra.

Généralement le saindoux ne s'assaisonne pas, mais pour la vente courante, rien n'empêche d'y incorporer, pendant le refroidissement et au dernier moment 2 0/0 de sel blanc pilé très fin ; inutile de recommander d'agir toujours avec des matières fraîches.

LE LAIT

APPAREILS POUR LA CONSERVATION NATURELLE ET LE TRANSPORT DU LAIT.

Procédé F. Fouché.

Premièrement le lait ne peut et ne doit être conservé qu'à l'état naturel, tous produits antiseptiques doient être prohibés pour sa conservation ; aussi le lait à l'état pur, ainsi qu'il résulte de l'analyse faite par M. E. Fedit, de Vichy, sur du lait provenant de la ferme modèle de Vichy, appartenant à M. A. Gravier, a donné le résultat suivant :

Poids du lait à la température de + 15 degrés...	1032,40
Beurre.................................	38,70
Lactine.................................	50,95
Caséum.................................	19,30
Albumine et matières extractives.............	6,10
Cendres (matières minérales, etc.)	8,15
Eau	909,20
	1032,40

Le procédé employé par M. F. Fouché pour conserver le lait dans son état naturel, et en permettre le transport, même à de grandes distances, c'est de le « stériliser », c'est-à-dire détruire les germes fermentescibles en le chauffant et en le refroidissant immédiatement sans que l'air extérieur puisse lui apporter d'autres germes de fermentation. Les récipients sont construits de manière à être entièrement remplis, afin d'éviter le vide qui, par le ballottement du transport, provoquerait la formation du beurre.

Le matériel nécessaire pour réaliser ces conditions, comprend :

1° Des récipients de forme appropriée, munis d'une fermeture spéciale hermétique (fig. 1 et 2) ;

2° Des vases d'expansion que l'on adapte sur les récipients avant de procéder au chauffage et que l'on enlève après le refroidissement ;

3° Des stérilisateurs disposés pour chauffer les récipients soit à feu nu, soit par la vapeur ;

4° Des rafraîchissoirs pour le refroidir rapidement.

APPAREIL CONTINU POUR LA CONSERVATION DU LAIT
(Breveté S. G. D. G.)

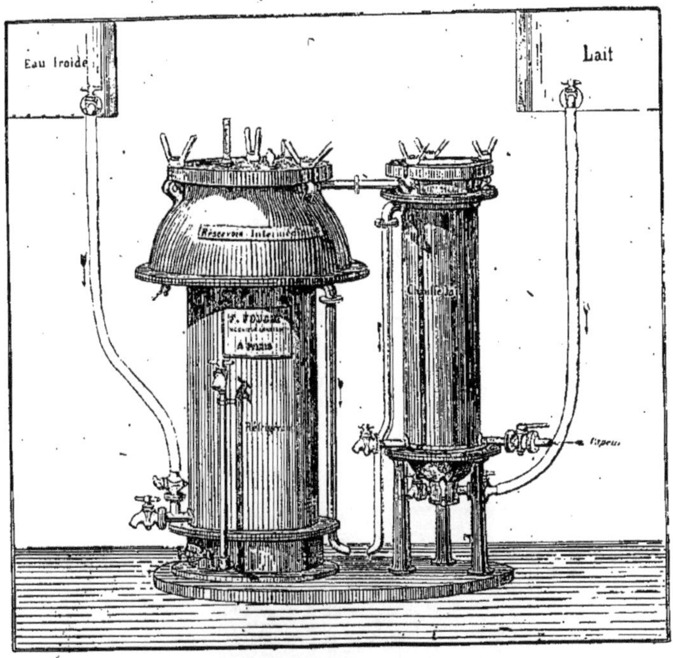

Cet appareil se compose d'un chauffe-lait multi-tubulaire chauffé à la vapeur ; d'un réservoir intermédiaire où le lait conserve la chaleur que lui a fournie le chauffe-lait pendant un temps suffisant pour la destruction des germes, et d'un réfrigérant multi-tubulaire. Le lait à conserver est contenu dans un réservoir mélangeur d'où il s'écoule d'abord à travers les tubes du chauffe-lait. Il passe de là dans le réservoir intermédiaire et traverse ensuite le faisceau tubulaire du réfrigérant d'où il sort ensuite refroidi. On le reçoit dans des pots (préalablement échaudés par un jet de vapeur afin de détruire les germes qu'ils pourraient contenir), il est alors prêt à être expédié. Le chauffage et le refroidissement étant ainsi pratiqués successivement d'une manière continue, et à l'abri du contact de l'air, il en résulte que la conservation du lait (pendant deux ou trois jours), est assurée *sans que le lait ait pris aucun goût de cuit* et cela avec une grande économie de temp. et d'argent.

Ce procédé permet d'opérer sur de grandes quantités et très rapidement, et le résultat en est certain.

Le lait *(sa conservation par divers procédés)*.

1° A l'état naturel, il ne peut se conserver qu'à la ferme ou à la vacherie, avant la formation de l'acide lactique. A cet effet, procurez-vous un matériel spécial, un large bassin en cuivre argenté, en fonte émaillée; ou mieux encore en aluminium.

Ce bassin doit être à fond plat, à rebords peu élevés et ayant un vaste foyer de chauffe, que vous entretenez avec des copeaux ou de la braisette à défaut de vapeur.

A mesure de la traite, versez le lait en le passant au tamis fin avant son refroidissement dans le bassin.

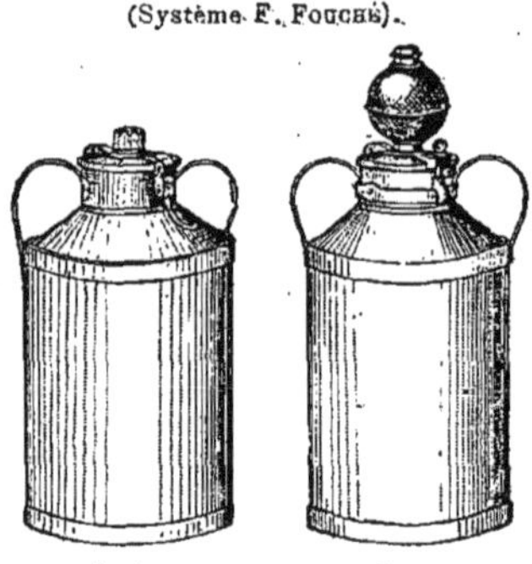

(Système F. Fouché).

fig 1					fig 2

Pots à lait à fermeture hermétique pour la conservation et le transport du lait en tous pays.

Entretenez la chaleur à 66 0/0 afin qu'il s'évapore sans bouillir, remuez-le souvent avec une grande spatule en bois blanc, buis ou peuplier, pendant trente minutes afin qu'il soit bien homogène et que les vapeurs aqueuses se dégagent facilement ; il faut qu'il réduise d'un cinquième ; ajoutez 50 gr. de sucre très blanc et pilé, par chaque litre de lait restant.

Passez encore une fois à l'étamine de laine pour retirer toutes les impuretés ; mettez en boîtes bien propres, en flacon de verre, c'est préférable ; soudez ou bouchez à l'aiguille afin qu'il n'y ait aucun vide ; mettez à l'ébullition à l'air libre : cinquante minutes pour les boîtes ; une heure pour les flacons d'un litre.

Le lait conservé par ce procédé est excellent pour tous les usages de la cuisine et de la table.

CHAUDIÈRE DOUBLE A VAPEUR

Marmite à lait spécialement pour la laiterie et la fromagerie. Le même modèle se fait à feu nu ; le couvercle est à fermeture et peut servir pour la stérilisation du lait.

Lait condensé, système suisse.

Les puissantes compagnies qui opèrent dans ce pays ont un matériel et un outillage spécialement fabriqués pour ces opérations.

Les boîtes se soudent à la machine ; les ennuis que les compagnies ont eus avec leur personnel de soudeurs, les ont obligées de remplacer ces derniers par la machine. L'étiquetage, le remplissage se font automatiquement. La main-d'œuvre est réduite de plus en plus ; à part le personnel technique, chimistes et manipulateurs, le restant est fait par des manœuvres.

La fabrication ne s'arrête ni jour, ni nuit; la fabrication est par 100 litres de lait pur, pesé tous les jours au lactomètre, additionné de 60 grammes de sucre cristallisé indigène n° 1, par litre de lait.

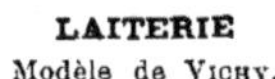

LAITERIE
Modèle de Vichy.

Salle pour le barattage et l'écrémage à la centrifuge.

Le tout s'évapore sous cloche à une chaleur de 50 degrés. Le lait s'évapore sans bouillir ; la conduite des pompes demande un personnel très compétent, afin d'éviter que le lait lui-même passe dans les pompes au lieu et place des vapeurs humides.

Pour 100 litres de lait, le résultat doit donner 18 litres de résidu, qui mis en boîtes de 450 grammes sera, pour être employé, additionné de cinq fois son volume d'eau.

Il est bien entendu que cette dernière réduction est subordonnée à la qualité du lait : plus le lait sera riche, plus il rendra à la réduction, qui doit être un sirop de lait, d'un jaune pâle, ni trop épai, ni trop liquide.

Vous devez le refroidir en le remuant continuellement, et l'emboîter mécaniquement dans la boîte par la capsule, qui se soude de même ; cette préparation ne retourne pas à l'autoclave ; une fois soudé, la manutention est terminée, ce lait se conserve sous toutes les latitudes ; la boîte même, ouverte, ne se détériore pas pendant assez longtemps.

Le prix ordinaire du lait, dans les montagnes suisses des Alpes ou du Jura, varie de 10 à 13 centimes le litre; la loi étant très sévère pour les fraudeurs, la fraude est nulle; d'ailleurs la production est tellement importante, qu'elle serait inutile.

Les derniers rapports de la Société d'Agriculture du canton de Genève estiment la production journalière, pour ce petit canton, à 56.000 litres, et la consommation à 36.000 ; il y a donc excédent de production, et cet excédent, mal réparti, est le plus souvent perdu ou mal employé.

D'un autre côté, la grande quantité de margarine jetée dans le commerce à

LAITERIE

Modèle de Vichy.

Salle de malaxage et de pesage du beurre.

tellement avili le prix du beurre que cette industrie n'est plus rémunératrice, puisqu'il faut de 23 à 28 litres de lait pour un kilogramme de beurre.

L'organisation des compagnies de lait condensé demande un immense matériel roulant, afin que deux fois par jour, le lait, même à de grandes distances, soit rapidement recueilli et amené à l'usine souvent par les sentiers et les routes des montagnes ; la fatigue est extrême pour les hommes et les chevaux.

Les ustensiles servant au transport sont chaque fois lavés à la vapeur.

Quelques usines fabriquent aussi le café au lait, le chocolat au lait et quelques autres produits lactés.

Lait conservé sans sucre.

Les deux premiers procédés emploient du sucre. Le premier donne comme résultat que sur 100 litres de lait et 5 kilos de sucre, vous obtenez 75 litres de liquide à conserver; par le deuxième, avec 100 litres de lait et 6 kilos de sucre cristallisé, vous obtenez 18 à 20 litres de résidus.

Ce dernier procédé est à l'état naturel et sans sucre. Pour cette opération, il est de toute nécessité de la faire non dans des boîtes, mais dans des récipients de 5 litres au moins, en fer-blanc brillant, étamé à l'étain pur.

Ces récipients auront la forme de bouteilles, avec un petit goulot d'étain fin, long de 6 centimètres; à ce goulot, vous adapterez un petit entonnoir de fer-blanc contenant 2 décilitres. Vissez l'entonnoir au goulot afin qu'il ne fuie pas.

Remplissez ces bouteilles de lait fraîchement trait, ou encore chaud; il faut que le lait remplisse la bouteille, le goulot et l'entonnoir; puis posez ces bouteilles dans l'eau du bain-marie, faites bouillir pendant deux heures; il faut que le liquide contenu dans les bouteilles s'élève à une température de 85 degrés.

A ce moment, au moyen d'une pince, serrez le goulot au-dessus de l'entonnoir, et coupez l'étain, soudez hermétiquement la coupure avec une goutte de soudure et un fer chaud. Laissez refroidir ce lait ainsi traité, qui, n'ayant pas bouilli, est à l'état pur, par la chaleur du bain-marie. Les ferments et l'air sont expulsés du récipient et il n'y a aucun vide dans le récipient, point essentiel qui empêche le ballottement du liquide, ce qui pourrait provoquer la formation du beurre.

THERMOMÈTRE CENTRIFUGE
Pour essai instantané du lait.
(Système F. FOUCHÉ.)

Cet appareil consiste essentiellement en un mouvement de rotation rapide. Ce plateau vertical ou horizontal, établi de manière à pouvoir être animé porte disposées suivant des rayons, une série de gaines dans lesquelles on place des tubes d'essai gradués contenant les liquides, l'ouverture de ces tubes étant tournée vers le centre du plateau. Sous l'influence de la force centrifuge, les substances les plus lourdes sont entraînées vers le fond des tubes, où elles ne tardent pas à s'accumuler ; on en mesure le volume d'après le nombre de divisions qu'elles occupent.

PETITE ÉCRÉMEUSE CENTRIFUGE A BRAS
(Système F. FOUCHÉ.)

Permettant d'obtenir de la crème instantanément.

INSTALLATION COMPLÈTE D'ÉCRÉMAGE MÉCANIQUE

Avec réservoir d'alimentation, chauffe-lait et régulateur.

LAITERIE, MODÈLE DE VICHY

DE LA FERME DES PENEYS.

Comprenant :
   1 bouilleur de vingt chevaux-vapeur ;
   1 moteur horizontal de dix chevaux de force.

LAITERIE MODÈLE DE VICHY

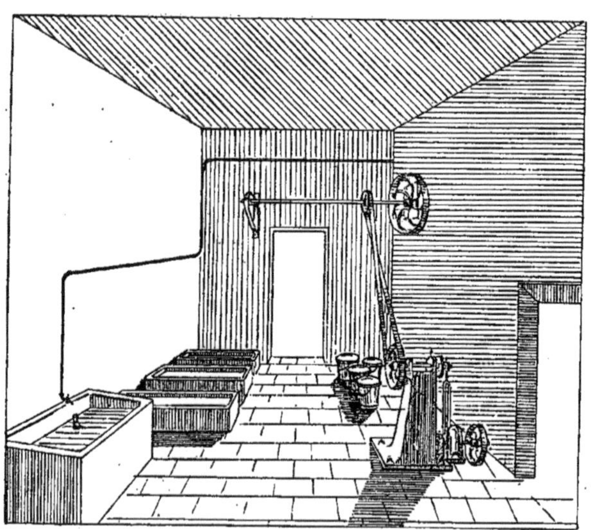

Salle pour l'épurage et le lavage des beurres.

ANTISEPTIQUES

L'ACÉTATE DE SOUDE. — LE BIBORATE DE SOUDE. — LA BORO-GLYCÉRINE. — LE BORATE
ET ACIDE BORIQUE.

Acétate de soude,

Depuis trente ans, de nombreux procédés tour à tour préconisés, puis abandonnés, ont été essayés. Quelques-uns ont donné des résultats. Les seuls qui subsisteront sont celui d'Appert, en boîtes hermétiques et par l'ébullition ; l'autre, par le froid artificiel dans des locaux construits spécialement pour cet usage. La méthode d'Appert, que je viens dans ce trop gros volume de mettre à la portée de tous les travailleurs, s'il n'est pas le dernier mot de la conserve, en est, dans tous les cas, le procédé pratique par excellence.

Par le froid artificiel et dans des caves-glacières appropriées à cet usage, je ne citerai, comme parfait fonctionnement, que la cave-glacière des abattoirs municipaux de la ville de Genève, construite d'après les plans et système de Raoul Pictet; la température y est constante à 4° au-dessous de zéro. La viande s'y conserve très bien durant huit jours pendant les plus grandes chaleurs de l'été; quinze jours, c'est le maximum ; au bout de cette période, les viandes ne contractent pas de mauvais goût, mais elles blanchissent et se couvrent de moisissures.

Une cave-glacière, qui est ouverte à chaque instant, ne peut pas conserver la même température : la chaleur du dehors retombant en vapeur humide sur les viandes produit un commencement de décomposition, qui commence par des taches de moisissures. Pour obvier à cet inconvénient, plusieurs produits antiseptiques peuvent être employés à l'état cristalisé ; ils aident d'une manière importante à conserver tous les produits alimentaires, et voici les principaux : *l'acétate de soude* est un précipité de carbonate de soude et d'acide acétique servant à la fabrication du vinaigre de bois. L'acétate de soude a été employé la première fois par M. Sacc, professeur à Neuchâtel, pour la conservation des substances alimentaires. Le seul reproche à faire à ce procédé, c'est que les bains, dans lesquels les viandes sont plongées, finissent par laver les chairs, à les noyer pour ainsi dire, car elles restent douze heures dans un bain d'eau contenant dix grammes par litre de sel d'ammoniaque.

Retirer les viandes, les sécher à l'air, les mettre en tonneaux en les recouvrant d'acétate de soude ; vingt-quatre heures après recommencer cette dernière opération, en changeant les morceaux de place, les retournant et les rechargeant d'acétate, cela fait en tout quarante-huit heures. Retirer alors les viandes, les suspendre à l'air.

Les viandes, par suite de ces diverses opérations, sont racornies, desséchées ; elles n'ont plus d'eau ; de plus le travail par l'acétate est cher ; la manipulation pour retirer l'acétate des saumures est difficile.

Saupoudrer les viandes, gibiers, poissons, volailles de sel d'acétate de soude pour en prolonger la conservation pendant quelques jours, c'est là le seul emploi rationnel de ce sel qui est remplacé avantageusement par le *biborate de soude*, qui fut découvert en 1808 par MM. Gay-Lussac et Thénard, en décomposant l'acide borique à l'aide du potassium.

Pour en revenir au professeur Sacc, dont les travaux multiples sont de premier ordre, il a actuellement abandonné ses études de chimie pour se consacrer au service de la République Argentine.

Tous les autres procédés de conservation, bons pour des essais de laboratoire, ne valent guère en pratique. C'est ainsi que l'emploi des acides acétique, carbonique, phénique, pyroligneux, salicylique, sulfureux, ont été essayés, préconisés, puis ont disparu. Ce qui reste de plus certain, ce sont les dérivés du bore : acétate de soude et biborate de soude, appelé commercialement *sel de conserve*, vu surtout ses qualités antiputrides.

Un mélange de biborate de soude, acétate de soude et de boro-glycérine produirait certainement un sel de conserve plus puissant et plus énergique que le biborate seul.

La recommandation que je dois faire dans l'emploi de ces substances, c'est d'être bien certain de la provenance et de la fabrication, vu que ces produits sont souvent mélangés de sel d'alun ou de plomb, et leur emploi, dans ce dernier cas, exercerait sur l'économie, et surtout dans les intestins un mauvais effet.

L'acétate et le biborate sont employés en pharmacie, et les eaux thermales de Vichy en contiennent une notable quantité.

Le borax et l'acide borique ont été beaucoup employés par les Américains, qui ont essayé de ces sels pour expédier des viandes fraîches. Le succès n'a pas répondu à l'attente. C'était toujours au moyen de bains, de saumures, que l'opération avait lieu ; les viandes découpées et mises en tonneaux étaient saumurées avec la dissolution suivante :

80 litres d'eau bouillante versés sur :

3 kilos de salpêtre.

3 — sel marin.

10 — biborate de soude.

Que le tout soit bien fondu, bien mélangé, et une fois refroidi et, au moment de verser cette saumure sur les viandes, y ajouter trois litres d'acide borique liquide ou trois kilos d'acide borique cristallisé, ainsi qu'un kilogramme de sucre.

Avant d'employer les viandes pour la conservation, il fallait les sortir de la saumure, les faire dégorger vingt-quatre heures dans l'eau fraîche ; tout cela ne valait pas grand'chose, les viandes noyées d'eau étaient peu substantielles, difficiles à rôtir ; il est vrai que les viandes ne devaient rester que quarante-huit heures dans la saumure; mais, quand même, le bain était nuisible; il est vrai qu'il n'y avait plus de crainte à concevoir au sujet de la décomposition, les ferments étaient complètement détruits et le principe nutritif de la viande aussi, ce qui faisait que les équipages condamnés à se nourrir de cette conserve ne digéraient plus, leurs intestins étaient atones.

Pour l'emploi des caves-glacières, deux procédés sont recommandables : c'est premièrement, pour conserver des viandes et leur donner toujours le coup d'œil de fraîcheur, de les saupoudrer au moyen d'un petit soufflet de sel de conserve lorsqu'elles sont froides et de les laisser à l'air froid et à l'abri du soleil.

Deuxièmement, lorsque les animaux viennent d'être tués, que les viandes sont encore tièdes, les baigner pendant dix minutes dans un bain d'eau fraîche contenant par litre 10 décilitres de neutraline liquide ou 10 grammes de sel de neutraline ; cette manipulation, répétée tous les huit jours dans la cave-glacière, suffit pour conserver pendant les mois de grandes chaleurs et sans aucune déperdition les quartiers de viandes les plus susceptibles.

L'emploi du charbon, de l'acide pyroligneux, de la créosote, rentre dans le fumage des viandes ; tout autre emploi de ces matières est interdit, comme alimentation s'entend.

L'emploi du gaz acide carbonique, déjà employé comme pression pour les pompes à bière, pourra peut-être un jour être employé pour conserver toutes les substances alimentaires; c'est peut-être le procédé le plus simple que l'avenir nous fournira pour la petite industrie.

La fabrication chimique de la boro-glycérine se fait facilement au moyen d'une cornue de verre, et après avoir porté au rouge égale quantité de glycérine et d'acide borique; afin que le mélange soit bien homogène, laissez refroidir et mettez de côté à l'abri de l'humidité.

Mélangé avec partie égale de biborate de soude, et d'acétade de soude et dosé suivant emploi en sel ou en saumure, il permettra la conservation parfaite des fruits et des aliments.

En résumé, de tous les procédés et méthodes, rien n'a encore pu remplacer le système d'Appert; la boîte seule a donné un résultat tangible, mais le goût du public, qui a besoin de voir pour croire, ce qui est bien fin de siècle, demande autre chose que la boîte métallique pour les conserves de luxe, les comestibles fins ; c'est le verre qu'il faut adopter pour les conserves de viandes, gibiers, volailles, fruits ; le verre, le demi-cristal serait le nec-plus-ultrà ; mais là on se butte à l'impossibilité, la fermeture ! Quand je dis fermeture, c'est quelque chose de durable, qui fasse corps avec le verre, et que les années n'altèrent pas; pour cela il ne faut qu'un ciment métallique pouvant souder verre et métal, et résister à la pression de la vapeur de l'autoclave.

LE MATÉRIEL

La fabrication de la boîte métallique.

La boîte métallique pour la conserve est, pour ainsi dire, le résumé du travail.

C'est dans la fabrication de la boîte que l'industriel peut arriver à faire un bénéfice et occuper son personnel pendant toute l'année.

Je ne parlerai que pour mémoire de la *boîte sertie;* ce procédé n'est pas encore entré d'une manière pratique et certaine pour la fabrication.

La boîte de conserve qui doit subir la pression de l'autoclave demande une fermeture très résistante.

Le procédé est pourtant expéditif: avec une sertisseuse du prix de 600 à 700 francs et deux hommes ou un moteur, on peut fermer 4.000 boîtes par jour, mais, je le répète, le sertissage d'une boîte pleine ne réussit pas à coup sûr et voici le pourquoi :

L'obturation du couvercle avec le corps de la boîte s'obtient par un fil de caoutchouc qui se trouve comprimé au sertissage ; à ce moment l'obturation est parfaite.

Mais mettez la boîte à l'autoclave ; la pression de 106 à 116 fait dilater le métal ; pendant cette dilatation la fermeture est toujours complète, mais au refroidissement le métal reprenant sa position convexe, la dilatation n'existe plus et, comme les bords sertis sous la force de la pression se sont dilatés, le sertissage a subi une tension qui a sensiblement relâché le cercle de caoutchouc.

Au bout de quelques mois de fabrication, vous êtes tout étonné de trouver des boîtes bombées, là où vous croyiez trouver une fabrication irréprochable.

Je ne prétends pas dire que l'industrie et la science ne finiront pas par trouver un joint sans reproches ; le procédé existe, je l'ai vu pratiquer en 1873 par les Valaques des provinces danubiennes.

J'ai vu ces gens, conservateurs ambulants, fermer par leur mastic les vieilles boîtes à conserves hors d'usage et qu'ils faisaient resservir en y adaptant un fond fait à la main.

J'ai vu mettre ces boîtes ainsi traitées à l'eau bouillante et après ébullition retirer les boîtes; le mastic, par l'effet de la chaleur, était devenu d'une dureté métallique comme de la soudure d'étain, sans aucune fuite, sans bavures ; l'opération se faisait de la manière que les vitriers emploient pour mastiquer les carreaux.

La couleur du mastic au sortir de l'ébullition était gris noir ; je ne pense pas que ce mastic puisse servir pour le montage des boîtes, mais il peut servir pour les fermetures.

Fabrication de la boîte métallique.

Il y aurait peut-être possibilité d'appliquer ce mastic et d'en trouver le manipulateur pour remplacer le caoutchouc pour la boîte sertie ; je crois alors que la fabrication pratique pour cette boîte serait trouvée.

Et le négociant, l'industriel pourrait supprimer d'une manière presque absolue la corporation des soudeurs-boîtiers, et je vous assure que pour beaucoup cela sera un soulagement de ne plus subir les obligations et conditions imposées par la corporation.

La fabrication de la boîte métallique est pour ainsi dire monopolisée par quelques grandes maisons, ce qui pour tous les fabricants de Paris et même de France est à meilleur compte que s'ils fabriquaient eux-mêmes. Ce n'est pas que le matériel soit coûteux, mais il est important surtout pour les maisons employant plusieurs types de boîtes, chaque forme demandant un outillage spécial, qui ne serait rémunérateur que si la maison fabriquait annuellement plusieurs millions de boîtes.

Aussi, pour la petite industrie, pour le charcutier, le chef de cuisine, il y a bénéfice à s'adresser au fur et à mesure des besoins aux spécialistes qui lui livreront la quantité nécessaire et le type demandé.

Pour le fabricant de province ou de l'étranger, qui fabrique annuellement une quantité de boîtes ayant le même type, ou un type-marque de fabrique, l'outillage s'impose, il permet dans la morte-saison d'employer le personnel et d'empêcher le chômage.

Les principaux fabricants pour ces spécialités sont principalement parisiens. Comme chaque fabrication demande des outils spéciaux, et que le cadre de ce traité ne comporte pas une multiplicité de dessins, je suis à la disposition du lecteur pour lui fournir gratuitement les plans, dessins ou outillages dont il pourrait avoir besoin. En un mot, me consacrant entièrement à l'œuvre entreprise, je tiendrai toujours le fabricant au courant des nouveaux procédés, ainsi que des types qui pourraient lui convenir. La formation de l'École pratique pour la conserve alimentaire qui, à l'apparition de ce volume, sera un fait accompli, donnera à tous les négociants et industriels s'occupant de la partie un personnel technique et capable, pouvant assumer la responsabilité d'une fabrication.

Un des principaux outils pour une usine de conserve alimentaire et même pour le plus petit laboratoire, c'est le banc à souder, au gaz d'éclairage ou au gaz carburé ; dans les pays où le pétrole coûte quelques sous le litre, l'emploi du ventilateur hydrocarburateur est tout indiqué pour le

Chauffage. — Éclairage. — Soudage des boîtes de conserves.

La pratique a suffisamment établi les avantages résultant de l'emploi du gaz éclairant pour le chauffage en général, pour que je n'aie pas à le décrire ici, mais l'économie apportée par l'insufflation d'un courant d'air dans les brûleurs m'oblige à parler ici des appareils T. Pieplu.

Il me serait trop long d'énumérer toutes les applications qui ont été faites, de décrire tous les systèmes de foyers ou de brûleurs pouvant par un dispositif spécial brûler air et gaz, économisant ainsi 60 0/0 de ce dernier, tout en donnant un maximum supérieur de chaleur.

Aussi je ne décrirai que le ventilateur hydraulique, son application au chauffage des moteurs à gaz ou fers à souder pour la fabrication de la boîte à conserve et pour sa fermeture ;

VENTILATEUR HYDROCARBURATEUR

(Système Pieplu, breveté, S. G. D. G.)

Produisant le gaz pour l'éclairage et le chauffage.

Ensuite le ventilateur hydrocarburateur Pieplu produisant air et gaz pour le chauffage et l'éclairage, dans tous les locaux ou localités n'ayant pas le gaz de houille.

Le ventilateur T. Pieplu, 20, rue Bréa, à Paris, qui par sa forme ressemble au compteur à gaz ordinaire, donne, au lieu de gaz, de l'air d'une façon continue et sous une pression variant de 30 millimètres à 30 millimètres d'eau.

Mais par un contrepoids, sa durée de marche est subordonnée à la hauteur même de chute de ce dernier ; le rapport d'engrenages est calculé de manière à avoir mouflé à deux cordes une marche de trois heures pour une hauteur de 3 mètres ; on a donc tout avantage à suspendre le poids le plus haut possible.

L'appareil étant posé, on le remplit d'eau jusqu'à son niveau ; en remontant le contrepoids, l'air sort du ventilateur par un raccord de côté qui est branché sur la canalisation qui fournit l'air ; à chaque placé occupée par le soudeur, sous l'établi sont deux robinets portant des tubes de caoutchouc, l'un d'air et l'autre de gaz, aboutissant aux suçons des fers à souder ; le réglage est fait par les deux robinets placés sous l'établi ; le gaz doit toujours brûler à bleu dans les montures ou fers.

Selon le travail, les montures sont de formes différentes ; celle le plus généralement employée est la monture à fourchette représentée ci-contre.

Toutefois, pour le capsulage des boîtes à asperges, je recommanderai la monture dite lanterne, et pour tous les autres emplois, le type nantais ; cette monture chauffe plus que toutes les autres et ne laisse aucune flamme apparente.

La monture dite lanterne, préconisée par quelques soudeurs, consomme énormément de gaz.

Après le ventilateur et l'établi ou banc à souder agencé, vient la tournette ou billot, appelé billot-tournant ; c'est un plateau monté sur un axe vertical, ledit axe tourillonnant dans les coussinets d'un bâti forme C et ayant à sa partie inférieure un petit volant permettant, à l'aide du pied du soudeur, de faire tourner tout le système.

La boîte à souder se plaçant au centre du plateau est tenue en place au moyen des crampons à ressorts ; le soudeur peut donc la faire tourner comme il le désire avec un seul pied, et ayant les deux mains libres pour tenir de la droite son fer à souder, et de la gauche sa baguette de soudure.

L'application d'un carburateur au ventilateur hydraulique imaginé et créé par le constructeur T. Pieplu, a rendu applicable un mode d'éclairage et de chauffage pour toutes les usines, fermes, châteaux n'ayant pas le gaz de houille.

Le gaz produit par l'essence de pétrole, ayant 650 de densité, donne un gaz riche en pouvoir éclairant, et se comporte, pour le chauffage et l'éclairage, comme le gaz de houille.

Les frais de premier établissement sont les mêmes que pour le gaz ordinaire ; la canalisation et les appareils brûleurs sont les mêmes ;

Pour le soudage au gaz des boîtes à conserves.

il supprime seulement toutes les formalités si ennuyeuses imposées par les Compagnies du gaz ; le dépôt de 7 francs par brûleur exigé par ces dernières équivaut à l'achat complet du ventilateur hydrocarburateur, nécessaire pour l'éclairage d'une grande usine ; il est vrai que, pour obliger le consommateur à l'emploi du gaz, les Compagnies sont parvenues à faire frapper les pétroles d'un droit de consommation exorbitant.

Les pétroles coûteraient sans cela de 10 à 15 centimes le litre ; vienne une crise charbonnière, il faudra bien alors dégrever les pétroles : ce sera un bien, car le pétrole est le gaz de l'avenir, et son emploi industriel sera considérable lorsqu'il sera considéré comme matière première au même titre que la houille ou le minerai.

Malgré cela, son emploi dans le carburateur est encore inférieur comme prix au gaz ordinaire.

Le ventilateur déjà décrit est muni à sa partie supérieure d'une tubulure pourvue d'un robinet de réglage, lequel, étant ouvert, laisse passer l'air dans un cylindre inférieur dit carburateur.

Le carburateur dans lequel on verse l'essence de pétrole en quantité réglée par un robinet-niveau, possède à l'intérieur des brosses circulaires tournant dans l'essence de telle sorte qu'à son passage l'air, en les traversant, fait volatiliser les gouttelettes en suspension dans les poils des brosses, entraîne leurs vapeurs et les conduit brûler dans chaque spécimen de becs ou brûleurs.

Les dessins donnent l'explication des ventilateurs simples et du carburateur.

L'ABATAGE

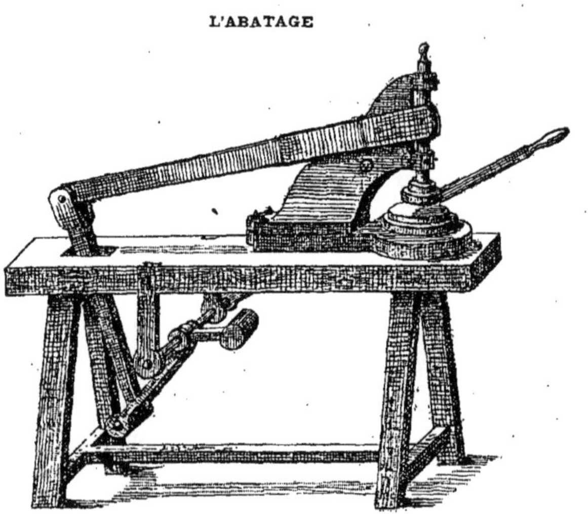

Servant à découper les flans ainsi que les corps de différents types ou boites.

Le banc à souder étant organisé dans la partie la plus éclairée de l'usine afin d'éviter autant que possible le travail à la lumière, — car rien ne vaut le travail fait au jour, — passons à la description du matériel pour le découpage de la boîte, ainsi qu'aux diverses qualités et dimensions du fer-blanc employé.

L'abatage.

Le prix varie, suivant la force de l'outil, de 300 à 500 fr. L'abatage porte les coupoirs à métaux qui se montent sur l'arbre au moyen d'une tige à clavette ou par trois vis à chapeau; les découpoirs sont de toutes dimensions : carrés, longs, ronds ou ovales, suivant que les formes des boîtes sont longues, carrées ou rondes. Lorsque le poinçon, c'est-à-dire la partie supérieure du découpoir et la seule qui soit mobile, vient à mâcher, vous enlevez le poinçon en retirant la clavette et, au moyen d'un marteau à bec arrondi et poli, vous battez le bord intérieur du poinçon à l'endroit de la mâchure, ce qui fait au poinçon un diamètre plus grand; c'est un travail assez difficile et demandant une certaine habitude que celui de remettre au point voulu le taillant d'un poinçon qui est en fer doux, tandis que la matrice qui le reçoit est en acier trempé et se trouve fixée sur l'abatage par deux clavettes à boulons très solides; la mise en marche de cet outillage demande beaucoup de précision, les guidons doivent être bien à leur place et à angle droit avec le découpoir.

Il y a sur chaque matrice deux guides qui maintiennent la feuille de fer-blanc juste au point voulu pour découper. Vous devez tenir la feuille de la main gauche et découper de la main droite.

La matière, étant trempée, ne doit ni se limer ni se battre; un coup de meule très léger est suffisant pour aviver le tranchant; huiler continuellement pendant le travail pour éviter le frottement.

La surveillance et la mise en marche surtout de l'abatage pour corps et pour fonds demandent un homme habitué à ces travaux, car d'un manque d'aplomb ou avec un poinçon mal battu vous pouvez faire éclater la matrice.

Avant la mise en marche, essayer doucement s'il n'y a pas de porte-à-faux.

Les fonds découpés s'appellent flans et ne deviennent fonds ou rosaces qu'après l'estampage au balancier.

L'abatage ne sert que pour découper, comme je l'ai déjà dit, les flans des boîtes rondes, ovales, carrées et les corps des litres et demi-litres hauts ou bas; au-dessus du diamètre du litre, c'est la cisaille qui opère.

L'abatage peut aussi servir pour estamper les flans depuis le litre jusqu'au 1/8, c'est-à-dire les plus petits calibres de boîtes rondes; mais c'est incommode, vu qu'il est difficile d'adapter à l'abatage le polichinelle du balancier qui détache mécaniquement, au moyen d'une tige de fer, le faux fond de la matrice, afin d'en détacher le flan estampé qui pourrait rester collé au fond; pour le flan resté après le poinçon, une tige de fer formant ressort le détache en remontant et le fait glisser dans la caisse.

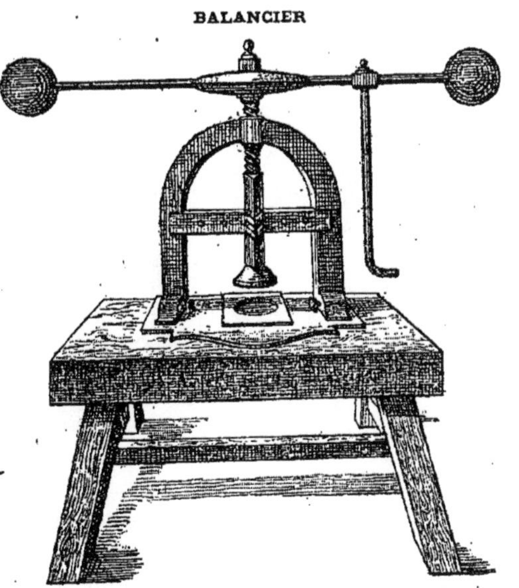

Pour estamper les flans.
L'appareil complet comprend le polichinelle automatique
pour détacher le fond de la matrice.

Le balancier.

Un balancier tout monté, prêt à fonctionner avec tous ses accessoires, est un outil cher, car il demande, surtout pour les flans de grandes dimensions, une grande précision et surtout une grande force; en général les formes varient, mais la force doit être en proportion du travail à effectuer.

Dans les balanciers de première force à tige, il est nécessaire d'avoir un écrou d'arrêt que vous réglez juste au point voulu, afin que le choc ne coupe pas les moulures du métal, ce qui arrive trop fréquemment.

Le balancier à arc est à boules ou à volant; le volant est préférable à cause des accidents.

Les prix des balanciers varient de 400 à 700 francs; vous devez y ajouter les accessoires, le jeu de la tige dit polichinelle.

Vous ne pouvez pas découper au balancier ; sa construction ne permet pas ce genre de travail ; vous ne devez qu'estamper les fonds et rosaces de tous les calibres de boîtes.

Les poinçons portent au centre une rosace mobile se dévissant à volonté, suivant que vous devez estamper des fonds unis ou des rosaces.

La rosace du poinçon peut porter les marques de fabrique gravées, ou la dénomination du produit.

Mais en général on se sert, pour la dénomination des produits, d'un petit balancier à levier, portant au poinçon un composteur dans lequel vous mettez le jeu de lettres ou les numéros désirés, et que vous changez à mesure de vos besoins.

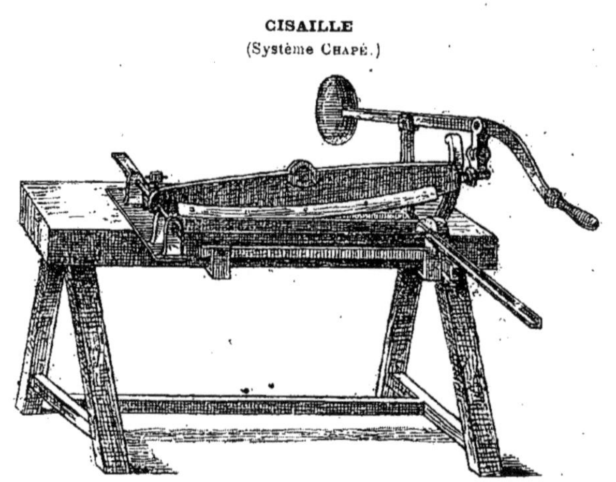

Le composteur, rond ou droit, peut porter de quatre à six lettres ou chiffres, servant à repérer toute une fabrication.

La cisaille.

Et spécialement le modèle ci-inclus et portant le nom de son créateur M. Chappé. Cette cisaille coupe tous les corps de boîtes de n'importe quelle dimension, dès l'instant que les guides sont placées aux distances voulues et réglées au millimètre, que le butoir à coulisse est au point juste, vous pouvez équarrir les feuilles de fer-blanc avec les guides d'équerre et les découper ensuite.

Un ressort près de la poignée de la mise en marche s'approchant à volonté, règle les deux lames du couteau afin de couper le fer-blanc sans mâchures.

La forme et la construction de cette cisaille est la plus pratique, la plus sûre, la plus expéditive qui puisse être employée pour la fabrication de la boîte. La moyenne d'un ouvrier découpeur (à la journée) est de 8 c. de 4/4, soit 4.800 corps de boîtes de litres, ou 6 c. de 1/2 litres soit 5.400 corps. Avec l'abatage pour les corps, la moyenne est de 14 à 15 c. par jour en marche continue.

N. B. — Au moyen de caissettes de bois mobiles et faites spécialement pour chaque dimension de corps, vous établissez entre l'équerrre et le couteau de la cisaille une tablette qui vous permet de manipuler la feuille de fer-blanc sans qu'elle se voile ou se courbe.

En somme, un outil découpant de quatre à six cents corps de boîtes par jour est suffisant même pour une usine de grande importance, et permet de supprimer l'abatage spécial pour les corps de litres et 1/2 litres.

Après le découpage et l'échancrage, les corps des boîtes subissent par paquets de quatre à six un passage dans la briseuse ou rouleuse afin d'unir le fer-blanc et afin qu'après le passage du corps dans la moulureuse, le corps soit uni, sous les doigts, et ne forme pas des côtes désagréables au toucher.

Briseuse ou rouleuse

composée de trois rouleaux se réglant au moyen d'un pas de vis. Après avoir découpé et échancré les corps, passez-les à la briseuse par paquets de cinq à six corps, en ayant soin de les forcer avec la main gauche de sortir droit au lieu de les laisser se rouler, ce qui ne faciliterait pas le travail de la moulureuse.

ÉCHANCREUSE

Pour échancrer les coins des corps de toutes les boîtes rondes, ovales ou carrées.

Cette opération assouplit le fer, et donne à la boîte un corps lisse et sans côtes, ce qui est inévitable lorsque vous employez un fer-blanc un peu fort.

L'échancreuse.

Échancrer une boîte consiste à découper les deux angles du corps de la boîte à souder.

Cette opération est de toute nécessité, car vous ne pourrez pas cordonner ou monter un corps de boîte non échancré, la fermeture n'en serait pas hermétique ; la partie du corps échancré doit être mise à l'intérieur et le cordon de soudure doit fermer la boîte juste au milieu de la moraille double, et l'échancrure se termine en haut comme en bas de la boîte par une goutte de soudure.

MOULUREUSE
(Système CHAPÉ.)

Pour moulurer et cintrer les corps de boîtes. Marche à la main ou au moteur.

L'opération de la fermeture est le point essentiel d'une bonne fabrication, car la plus grande partie des fuites surtout à la fermeture se trouvent au point de jonction de la feuille, c'est-à-dire à l'échancrure ; c'est pourquoi si vous devez passer deux fois le fer à souder sur la boîte, laissez un procédé de quelques millimètres afin de pouvoir souder hermétiquement ; vous fermerez le procédé ensuite.

Moulureuse. — Tourneuse. — Mouleuse.

Il y a plusieurs fabricants spécialistes pour cet outil ; l'un fabrique des moulureuses spéciales pour les boîtes à asperges et la boîte ronde, un autre fabrique mieux tout ce qui est spécial pour la sardine ou le poisson en général.

Une moulureuse doit avoir trois paires de galets ou molettes :

1 pour la boîte à sardines ;

1 pour la boîte ordinaire;

1 pour toutes les dimensions de corps dont les fonds sont supérieurs à 110 millimètres.

Dans tous les cas achetez toujours vos poinçons et matrices ainsi que les estampes à la maison qui a établi les galets.

Car l'un ne va pas sans l'autre, les joncs des galets sont adaptés aux estampes pour les fonds, ce qui rend impossible de se servir d'estampes faites par une autre maison que celle qui a fait les galets et *vice versa*.

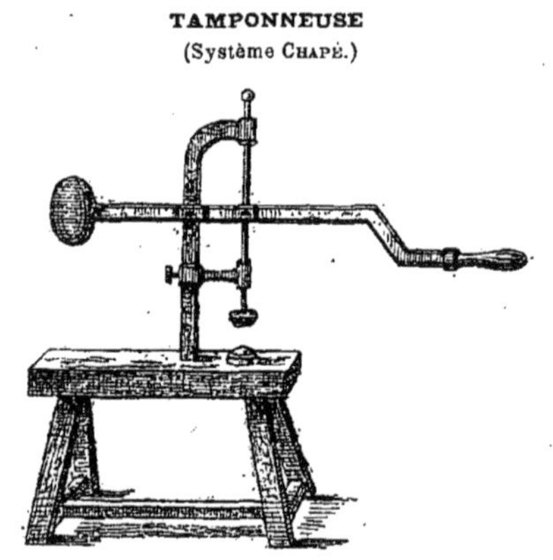

TAMPONNEUSE
(Système Chapé.)

Pour équarrir les corps de boites ovales et carrées pour gibiers, poissons et asperges.

La hauteur de la gorge correspond à la hauteur du bord du couvercle, sans cela votre couvercle ou fond ne serait pas de la dimension et ne reposerait pas sur le cordon de la moulure et rendrait la fermeture impossible; le fond se trouverait ou trop élevé ou trop bas, le fer à souder ne pourrait pas fonctionner d'une manière précise.

Pour mouluret les grands calibres, comme les galets sont alors trop éloignés les uns des autres, vous devez garnir la tige de rondelles de bois afin d'éviter le gondolement du fer-blanc et obtenir un cintrage parfait.

Lorsque vous réglez la moulureuse pour la longueur des corps, ayez soin d'y mettre la plus grande précision et surtout de régler les *guides droit* afin de donner le moins de bord possible; quant aux *guides à cintrer*, réglez-les pour chaque format; votre corps doit former un rond parfait.

Les deux bords de la boîte doivent se rejoindre naturellement, ce qui vous évitera de les frapper à la bigorne.

Tamponneuse.

Cet outil, spécial pour les boîtes carrées ou ovales, rectifie les corps après le montage afin d'obtenir un diamètre parfait; les moules sont en bois dur, mais vous pouvez éviter cet outil lorsque vous avez d'excellentes lanternes ayant la grandeur juste de la boîte et une bigorne droite, dite bigorne à bougie, pour rectifier les angles.

Dans une grande fabrication, cet outil est nécessaire en ce sens qu'il permet aux découpeurs de livrer les paquets de corps entièrement prêts à être soudés.

Voici la liste du matériel et de l'outillage nécessaires pour la fabrication de la boîte pour conserves alimentaires :

Balancier suivant force................ de 400 à 700 francs.

Abatage................................ de 300 à 500 —

Cisailles.............................. de 250 à 350 —

Tourneuse ou moulureuse............... de 200 à 350 —

Galets en plus (la paire)................ 100 francs.
Tamponneuse.......................... 100   —
Échancreuse 110   —
Brideuses 175   —
Outillage des découpoirs.

Boîtes à sardines.

1/8 ordinaire.............. ...	Ovale 1/4 et 1/2 chaque...	160
1/4 —	Asperges 4/4.............	160
1/4 américain	Asperges 1/2.............	160
1/2 ordinaire............ ...	Harengs ou maquereaux...	160
Extra ordinaire pour 17 ^{m}/^{m}. 100		

Boîtes rondes.

Pour 250 grammes........ 100	Pour 750 grammes........	100
— 500 — 100	— 1 kilo ou litre.......	100

Boîtes haricots verts.

250 grammes............. 100	3 kilos..................	120
500 — 100	5 kilos..................	130
1 kilo.................. 110	10 kilos................ .	150

Outils.

Plaques cannelées pour baguettes de soudure et 1 cuiller à 6 ou 7 trous.... 45	Ratières triples p. asperges. 15
Marmite à fondre la soudure. 40	Fers à souder............. 12
Cuiller pour écumer......... 10	Tas pour battre les fers.... 45
Moraille double complète.... 20	Marteau ou masse......... 5
Moraille simple............ 10	Étau à limer (suivant poids).
Lanterne à équarrir suivant grandeur avec septème... 30	Porte-fer................. 2
	Cuivre pour fer environ.... 2
	Robinets 3 jeux à......... 2,50
Boîte à soudure........... 4	Caoutchouc la paire 5
Billot tournant............ 20	Lampe de table.......... 5
	1 bigorne ordinaire (au cours).
Ratière pour 9/2 et 9/4.... 10	1 — à bougie (au cours).

Fers-blancs.

Les prix des fers-blancs brillants varient suivant les provenances et les fabricants; la marque anglaise W-W, qui est la qualité la moins chère, la plus mince, a 10 m/m; c'est suffisant pour la boîte à conserve, surtout si au découpage, en équarrissant, vous avez soin de mettre de côté les feuilles défectueuses, qui sont peu nombreuses dans chaque caisse et qui ne sont jamais une perte.

Les fers-blancs brillants généralement employés sont plus économiques que les fers imprimés.

Généralement les usines métallurgiques qui font l'impression des fers, la font toujours très bien, à un prix moins élevé que si vous étiez obligé d'ajouter le prix des étiquettes qui valent 12 à 15 francs le mille ; ajoutez la soudure et la façon de l'étiquetage ainsi que la perte de temps, vous calculerez facilement que tous ces frais augmentent la boîte blanche et par conséquent diminuent le prix de revient de la boîte imprimée, qui a tous les avantages pour elle, propreté et économie ; mais les usines ne tiennent pas à imprimer la feuille de WW ; elles veulent généralement im-

MORAILLES DOUBLE ET SIMPLE

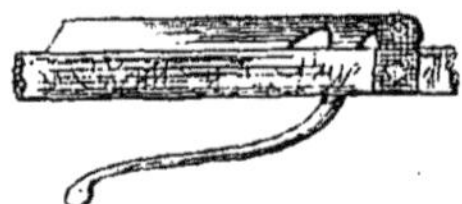

Pour souder les montages des différents types de boîtes
pour la conserve alimentaire.

primer les fers-blancs plus lourds, partant plus chers, et cela augmente la boîte d'une manière très sensible, surtout que la manutention est dispendieuse ; découpez, échancrez, moulurez, paquetez et souvent pour avoir une boîte bien lisse, bien ronde, sans quoi vous êtes obligé de passer les corps à la briseuse ; toutes ces manutentions augmentent le prix de revient, lorsque vous ajoutez au métal les prix des façons, des soudeurs, soit :

> 22 fr. 50 le mille pour fabriquer ;
> 25 francs le mille pour la fermeture ;
> Plus 9 kilos de soudure pour chaque mille de boîtes fabriquées ;
> — 4 —   —   par chaque mille de boîtes fermées.

Gaz, résine : un fer à souder, en 10 heures de travail, brûle 1 fr. 50 de gaz.

Un ouvrier soudeur dans sa journée de 10 heures, lorsqu'il n'est pas taxé, peut fabriquer 100 boîtes en 50 minutes ; pour les fermetures, où la nécessité oblige de ne s'arrêter que lorsque tout est soudé, un bon ouvrier peut fermer une moyenne journalière de 12 à 1.500 boîtes, et malgré cela, malgré les hauts prix payés, vous êtes encore obligé de les servir, de leur apporter à portée de la main les boîtes à souder et d'enlever celles qui sont finies ; je m'empresse de reconnaître que dans ce tableau il y a des exceptions, mais elles sont rares.

Aussi, MM. les négociants feront bien de prendre par écrit leurs précautions et de ne traiter qu'avec des maisons sérieuses, garantissant le personnel à employer. Car autant la fabrication est attrayante, facile lorsque la brigade est courageuse, autant elle est difficile, longue et ennuyeuse, lorsque dans la troupe il y a une brebis galeuse. Tous ces inconvénients disparaissent lorsque vous fabriquez dans les grands centres où vous avez tout sous la main, où les métallurgistes par contrat vous fournissent les métaux et les soudeurs ; cette dernière partie n'est plus sous votre responsabilité. Mais loin des centres, en pleine campagne, il y a des moments où il faut beaucoup de courage et surtout beaucoup de patience.

Le diamètre des corps, suivant les fabricants d'outillages, varie de quelques millimètres, ce qui fait qu'il est souvent impossible d'assembler des corps et des fonds venant de plusieurs maisons.

Pour échancrer les corps, vous devez vous régler sur le diamètre des fonds et ne jamais commencer le montage ou la fabrication des différents types de boîtes que vous avez à fabriquer, sans vous être assuré que l'échancrure correspond au diamètre du fond.

Vous devez arriver très juste, votre fond doit s'adapter dans la moulure avec un

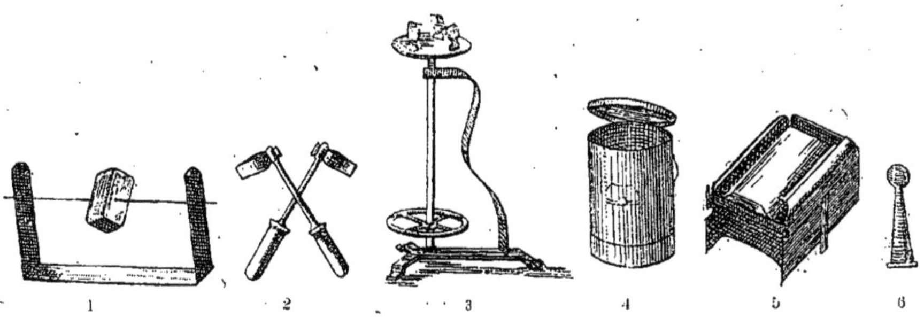

USTENSILES DIVERS
Servant à la fabrication et à la fermeture des boîtes à conserves.

1. Lanterne à équarrir les corps de boîtes carrées.
2. Fers à souder ancien système.
3. Billot-tourniquet pour souder.
4. Marmite à charbon de bois pour chauffer les fers à souder.
5. Ratière, pour souder les boîtes carrées, à sardines ou à asperges.
6. Fonçoir pour faciliter la mise en place des dessus de boîtes et des fonds.

seul coup de marteau; il ne doit pas y avoir de vides, car votre soudure coulerait, le rebord de la moulure doit être excessivement restreint, il doit être à peine indiqué par la mouleuse, afin d'économiser le plus possible de soudure; il ne faut pas croire que l'épaisseur de l'étain donne de la solidité; ce qu'il faut pour souder, c'est de la soudure au litre, bien propre, bien coulée, toujours très fraîche, et des fers chauds; la quantité maximum de soudure à employer est calculée à 9 kilos pour 1,000 boîtes de litres, et en pesant ce que vous livrez au soudeur et en comptant le nombre fabriqué, vous devez chaque soir vous rendre compte de la fabrication.

Les dimensions des corps sont approximatives, puisque le découpage est subordonné au diamètre des fonds; géométriquement le diamètre est le 1/3 de la circonférence et l'agrafage est en plus; je ne parle ici que des corps découpés à la cisaille; si votre fabrication est assez considérable, en lieu et place de cisaille, vous employez l'abatage; comme les découpoirs des corps sont identiques aux flans, vous n'avez pas à vous préoccuper de toutes les recommandations pour les litres, demi-litres, 1/4 et 1/8, puisque d'un seul coup d'abatage, vous découpez et échancrez un corps avec une précision difficile à atteindre avec une cisaille.

Les usines métallurgiques vous livrent aussi les corps et les flans découpés, moulurés et estampés, mais non pas montés.

Dans ce cas, voyez ce qui vous sera le plus économique.

Pour une petite fabrication spéciale et momentanée, où vous ne pourrez pas avoir un personnel toute l'année, l'achat des métaux tout préparés est plus avantageux, vous n'avez pas ainsi l'achat et l'entretien d'un matériel coûteux.

Un mois ou six semaines avant le commencement de votre fabrication, vous mettez les soudeurs aux pièces en plein travail, et vous serez en mesure pour le jour où vous commencerez vos opérations.

Il y a chaque année une petite différence dans le prix des métaux, soit fers ou étains, mais voici une moyenne où il y a peu à retrancher comme prix, dimensions, poids et qualité :

Fers-blancs brillants marque W.-W.

La caisse 238 millimètres + 457, boîtes 1/2 haute   225 feuilles, poids 52 kilog.
   —   295   —   + 490   —   1/2 basse   .225   —   .   —   65   —
   —   330   —   + 490   —   4/4 litre haut 150   —   —   52   —
   —   222   —   + 440   —   4/4   —   225   —   —   47   —

Les dimensions des fers-blancs sont toujours comptées au millimètre, le poids des caisses est net, le bois est en plus.

Ayant le poids, la dimension et la quantité de feuilles et dans chaque caisse, vous devez avoir le résultat suivant :

La quantité de 4/4 ou litres de 150 feuilles de 4 corps = 600
     —   de 1/2   —   de 225   —   de 4 —   = 900

Le poids net du métal varie par caisse de 44 à 45 kilos et le prix de 40 à 50 fr. par 100 kilos en W. W.

Le prix de fabrication pour le litre et le demi-litre à payer aux soudeurs est de 22 fr. 50 le mille pour la monture et 25 francs par mille pour la fermeture, soudure, et gaz en plus.

Si les fuites à la fabrication et à la fermeture sont pour le compte des soudeurs, vous devez payer le tarif plein; si au contraire les fuites sont à la charge du négociant, il retiendra 12 0/0 sur les prix payés aux soudeurs.

Les prix ci-dessus sont ceux tarifés pour les boîtes de litres et 1/2 litres; celles de 1/4 et 1/8 ont une petite diminution.

Pour les boîtes imprimées.

Ayant dessins, noms, avec un tirage noir, rouge, vert, sur fond or, argent ou gris acier et par quantité d'au moins 5 caisses.

Les corps découpés, moulurés et paquetés par dix, ainsi que les flans estampés, deux pour chaque corps, vous pouvez établir les prix suivants :

4/4 litres formé haute le cent. 11 fr. 70 ou 115 francs le mille.
1/2   —   —   —   7 fr. 35 ou   70   —   —
1/2   —   —   —   7 fr. 25 ou   69   —   —

Pour les boîtes blanches.

Le prix de revient est inférieur à celui-ci; mais vous devez faire entrer en compte les étiquettes et l'étiquetage.

Boîtes à asperges, carrées Potin ou Dione.

Les boîtes découpées à la cisaille, moulurées et dressées à la lanterne ont une longueur de 22 c/m ou 220 millimètres, 4/4 ou 2 kilos et valent de 20 à 22 francs le cent avec un fond uni et un fond rosace pour le dessus de la boîte ou côté à ouvrir, (les corps sont à capsules); les boîtes de 1/2 ou 1 kilo ont aussi 22 centimètres de longueur, avec capsules et fonds unis et à rosaces et valent de 15 à 17 francs le cent.

Les autres types de dimensions différentes appelés Diane, et qui peuvent servir pour les harengs et les maquereaux, ont des prix en rapport avec ceux indiqués ci-dessus.

Pour le montage et le soudage de la fermeture il faut des ratières de dimensions justes, et souder creux et à fer chaud.

D'ailleurs vous êtes toujours à même de faire le prix de revient des métaux et de discuter.

Le tarif des soudeurs pour les boîtes à asperges ainsi que pour toutes les boîtes carrées ou ovales est supérieur aux boîtes rondes et suivant le type presque le double, surtout pour les asperges.

Dans la fabrication industrielle, il est impossible d'être à la fois soudeur et cuiseur.

Aujourd'hui, un chef de cuisine digne de ce nom ne sera pas complet et ne doit pas, lorsqu'il arrive à une position élevée, ne pas savoir souder.

Ce matériel est si peu coûteux, quelques centaines de francs, et vous pourrez avoir un établi comprenant ventilateur, hydrocarburateur avec tourniquet, fers, morailles, etc., et en une saison, cette petite dépense sera vite récupérée: avec cela un petit autoclave, ou un appareil Jumeau (voyez dessin spécial au *Matériel*), et vous aurez le matériel nécessaire pour un chef de grande maison, sa batterie de cuisine étant plus que parfaite pour le restant de son outillage.

C'est en travaillant que l'on apprend, en faisant beaucoup de remarques, et en les écrivant; avec beaucoup d'essais et de la persévérance on arrive à la perfection dans la conserve alimentaire ; que cela soit pour les légumes, pour les fruits ou pour les viandes, il faut l'exactitude en tout.

D'ailleurs cette dépense pour un cuisinier sera un bien pour beaucoup d'entre eux, cet argent sera bien placé, beaucoup mieux que dans les actions et les obligations des mines de fromages de Brie, que nous autres gogos achetons souvent avec enthousiasme, et qui enrichissent les spéculateurs véreux, tout en ruinant les travailleurs honnêtes.

La soudure fonte et coulage.

J'ai déjà dit dans l'introduction de cet ouvrage de quoi se composait la soudure employée dans la conserve alimentaire.

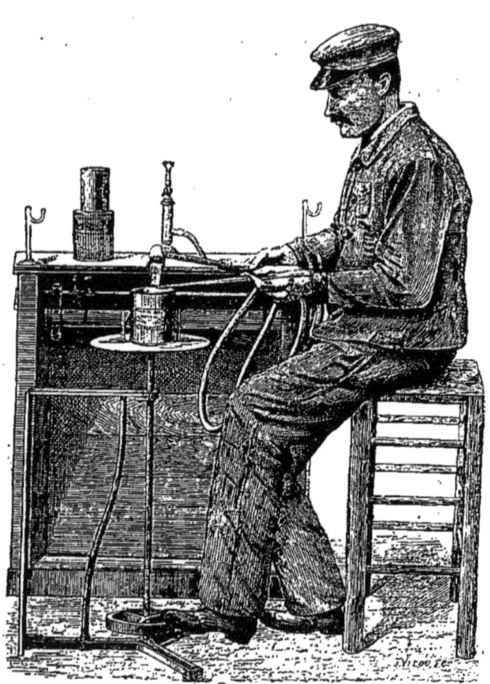

Soudeur-boîtier en fonction.

On ne fera jamais assez attention à cet agent si utile pour obtenir une fermeture irréprochable.

L'emploi des vieux plombs ayant déjà servi pour différents usages domestiques et surtout les vieux tuyaux à gaz doivent être exclus d'une usine ; seuls les plombs provenant de feuilles de toiture peuvent servir, mais mélangés avec des plombs neufs en saumon.

Pour l'étain, même lorsqu'il serait composé de vieilles vaisselles, il doit être refusé ; inutile de vouloir employer ces déchets, l'aléa est trop grand ; la vraie économie consiste à employer des saumons d'étains et de plombs neufs ; avec ces deux métaux, il n'y a pas de soufflures à craindre, votre travail est meilleur, plus sûr, et plus accéléré que par une soudure déjà fondue et souvent mélangée de zinc, d'antimoine, et quelquefois de nickel ; impossible d'épurer un pareil amalgame, vous avez beau écumer, détruire le zinc en le brûlant avec de l'acide chlorhydrique pur, vous abîmez votre soudure et n'obtenez qu'un mauvais résultat.

Malgré la différence dans les prix entre le neuf et le vieux, il y a encore plus d'économie à employer le premier.

Pour obtenir une belle soudure, opérez suivant cette méthode :

La fonte.

Sciez, — c'est ce qu'il y a encore de plus pratique, — un saumon de plomb de 20 kilos.

Mettez-le à fondre à feu de bois ou de charbon de bois dans une marmite spéciale en bronze pour faciliter la fonte qui doit être faite ou en plein air, ou sous une cheminée à hotte ayant un fort tirage.

Mettez dans la marmite un peu de vieille huile à friture ou du suif de mouton ; laissez-le brûler avec le plomb, ajoutez environ une demi-livre de résine, et remuez cette fonte avec un bâton provenant d'une branche de sapin.

Lorsque la fonte est bien limpide, que la résine et la graisse ont éclairci et épuré le plomb, commencez à y mettre par petite quantité à la fois l'étain, que vous aurez préalablement fondu, et coulé en lingot, de 1 kilogramme chaque.

Pour 20 kilogrammes de plomb, il faut 10 kilogrammes d'étain ; à ce moment, lorsque vous commencez à mettre l'étain, il faut diminuer le feu, et le continuer seulement avec quelques morceaux de charbon de bois.

Écumez encore la soudure, ajoutez un peu de résine propre, et doucement, commencez à faire chauffer la cuiller à couler.

Une des principales précautions à prendre lorsque vous fondez de la soudure, c'est, autant que possible, de ne pas toucher le plomb en fusion avec quelque chose de froid, que ce soit l'écumoire ou le lingot d'étain, et surtout la cuiller à couler ; le contact du froid avec le chaud provoquerait une explosion qui pourrait vous brûler grièvement et vous aveugler.

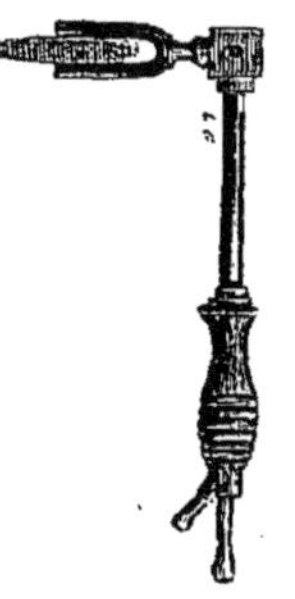

Ces précautions prises, et votre soudure à point, suiffez votre cuiller, et commencez à couler. Si les trous de votre cuiller étaient bouchés, c'est qu'elle ne serait pas assez chaude, laissez-la quelques minutes en pleine soudure ; si cela ne suffit pas, débouchez alors chaque trou avec une aiguille en fil de fer.

Lorsque votre cuiller se trouve être chargée de graisse ou de résine, ce qui arrive assez fréquemment, pour la nettoyer, faites-la brûler dans un peu de charbon de bois, et avec un grattoir, vous pouvez détacher facilement les croûtes qui l'enveloppent.

Le tour de main pour couler rapidement la soudure, n'est pas difficile, retirez votre cuiller au tiers pleine seulement ; tenez-la de la main droite, et comme elle a sept trous et que votre plaque à couler a vingt-huit rainures, vous devez avoir assez de soudure pour les remplir d'une seule fois, en quatre coups.

Cette habitude sera vite apprise ; vous commencez par un bout, et vous laissez traîner la cuiller dans ses rainures jusqu'au bout opposé ; vous relevez la cuiller en baissant la main qui tient le manche et vous recommencez.

Vos baguettes de soudure doivent être rondes, bien régulières, plutôt petites que grosses.

Ayez soin que la chaleur de la soudure soit toujours au même point, trop de feu la brûlerait ; pas assez, vous empêcherait de bien la couler.

Ayez soin de mettre de côté bien soigneusement toutes les écumes de vos soudures, sans exception ; lorsque vous en aurez de quoi faire une fonte, c'est-à-dire un pain plus ou moins volumineux, enlevez alors la marmite à fonte, et dans le foyer même, entourez votre pain avec du charbon de bois mélangé de coke, allumez, couvrez le foyer et laissez fondre et brûler le pain, l'étain et la soudure fondus tomberont dans les cendres du cendrier ; en les lavant vous retrouverez votre métal.

PLAQUE DOUBLE POUR COULER LA SOUDURE

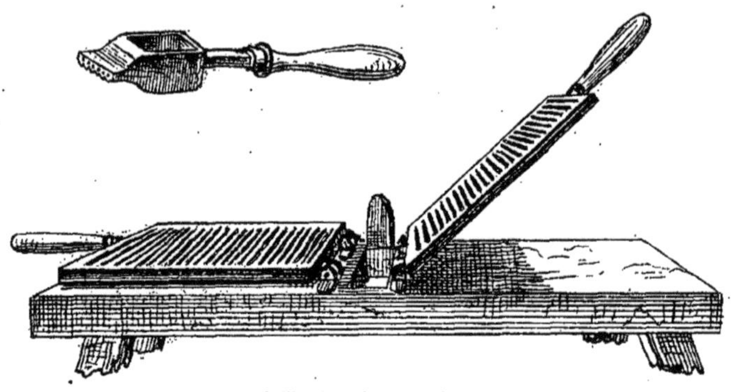

Cuiller à couler la soudure.
Les plaques sont montées sur une table dont le centre à rainures laisse tomber les baguettes après refroidissement.

Cette opération se fait généralement deux fois par an.

Vos plaques à couler étant montées sur charnières et ayant chacune une poignée, en levant la plaque, vous détachez toutes vos baguettes d'un seul coup, et en glissant elles tombent d'elles-mêmes dans le tiroir ou la caisse, placée en dessous.

Le prix moyen des métaux neufs est :

Pour l'étain　　de 345 fr. environ les 100 kilos.
— le plomb de　36 fr. —　　—
Donc 10 kil. étain à 345 fr. . . . . Fr. 34,50
20 kil. plomb à　36 fr. . . . .　7,20
Déchets, combustible, manutention . . . .　3 »
　　　　　　　　　　　　　　　　　44,70

Le kilo de soudure revient alors à 1 fr. 50.

TABLE DES MATIÈRES

LIVRE PREMIER

LIVRE II.

INTRODUCTION SUR LA FABRICATION ET LE CHOIX DES FRUITS. — REMARQUES GÉNÉRALES SUR LEUR CONSERVATION

LIVRE III

LA SARDINE, SA FABRICATION, INTRODUCTION SUR LA SARDINE ET SUR SES MANIPULATIONS

LIVRE IV

VIANDES

LIVRE V

VOLAILLES

Volailles.

Remarques sur le chevreuil.

Pages.

Grives.

Ortolans.

Œufs.

Pages.

Foies gras.

Beurres.

Laits.

LIVRE VI

LE MATÉRIEL SERVANT À L'INDUSTRIE DE LA CONSERVE ALIMENTAIRE

PARIS. — IMPRIMERIE P. MOUILLOT, 13, QUAI VOLTAIRE. — 45631.